石油石化职业技能培训教程

免费提供网络学习增值服务
手机登录方式见封底

有机合成工

(上册)

中国石油天然气集团有限公司人事部　编

石油工业出版社

内 容 提 要

本书是由中国石油天然气集团有限公司人事部统一组织编写的《石油石化职业技能培训教程》中的一本。本书包括有机合成工应掌握的基础知识、初级工操作技能及相关知识，并配套了相应等级的理论知识练习题，以便于员工对知识点的理解和掌握。

本书既可用于职业技能鉴定前培训，也可用于员工岗位技术培训和自学提高。

图书在版编目(CIP)数据

有机合成工. 上册/中国石油天然气集团有限公司人事部编. —北京:石油工业出版社,2020.12

石油石化职业技能培训教程

ISBN 978-7-5183-4040-8

Ⅰ. ①有… Ⅱ. ①中… Ⅲ. ①有机合成-技术培训-教材 Ⅳ. ①O621.3

中国版本图书馆CIP数据核字(2020)第087396号

出版发行:石油工业出版社

(北京安定门外安华里2区1号 100011)

网　　址:www.petropub.com

编辑部:(010)64251613

图书营销中心:(010)64523633

经　　销:全国新华书店

印　　刷:北京晨旭印刷厂

2020年12月第1版　2020年12月第1次印刷

787毫米×1092毫米　开本:1/16　印张:25.75

字数:600千字

定价:90.00元

(如出现印装质量问题,我社图书营销中心负责调换)

版权所有,翻印必究

《石油石化职业技能培训教程》

编 委 会

主 任：黄 革

副主任：王子云 何 波

委 员（按姓氏笔画排序）：

丁哲帅 马光田 丰学军 王 莉 王 雷
王正才 王立杰 王勇军 尤 峰 邓春林
史兰桥 吕德柱 朱立明 刘 伟 刘 军
刘子才 刘文泉 刘孝祖 刘纯珂 刘明国
刘学忱 江 波 孙 钧 李 丰 李 超
李 想 李长波 李忠勤 李钟磬 杨力玲
杨海青 吴 芒 吴 鸣 何 峰 何军民
何耀伟 宋学昆 张 伟 张保书 张海川
陈 宁 罗昱恒 季 明 周 清 周宝银
郑玉江 胡兰天 柯 林 段毅龙 贾荣刚
夏申勇 徐春江 唐高嵩 黄晓冬 常发杰
崔忠辉 蒋革新 傅红村 谢建林 褚金德
熊欢斌 霍 良

《有机合成工》编审组

主　　编：胡志刚　吴雪峰

副 主 编：奚　昊　刘景忠

参编人员（按姓氏笔画排序）：

　　　　丁新亮　马向军　王　强　卢晓红　关立华

　　　　李　刚　张龙传　林云海　单　军　赵　岩

参审人员（按姓氏笔画排序）：

　　　　刘焱楠　殷雪松

PREFACE 前言

随着企业产业升级、装备技术更新改造步伐不断加快,对从业人员的素质和技能提出了新的更高要求。为适应经济发展方式转变和"四新"技术变化要求,提高石油石化企业员工队伍素质,满足职工鉴定、培训、学习需要,中国石油天然气集团有限公司人事部根据《中华人民共和国职业分类大典(2015年版)》对工种目录的调整情况,修订了石油石化职业技能等级标准。在新标准的指导下,组织对"十五""十一五""十二五"期间编写的职业技能鉴定试题库和职业技能培训教程进行了全面修订,并新开发了炼油、化工专业部分工种的试题库和教程。

教程的开发修订坚持以职业活动为导向,以职业技能提升为核心,以统一规范、充实完善为原则,注重内容的先进性与通用性。教程编写紧扣职业技能等级标准和鉴定要素细目表,采取理实一体化编写模式,基础知识统一编写,操作技能及相关知识按等级编写,内容范围与鉴定试题库基本保持一致。特别需要说明的是,本套教程在相应内容处标注了理论知识鉴定点的代码和名称,同时配套了相应等级的理论知识练习题,以便于员工对知识点的理解和掌握,加强了学习的针对性。**此外,为了提高学习效率,检验学习成果,本套教程为员工免费提供学习增值服务,员工通过手机登录注册后即可进行移动练习。**本套教程既可用于职业技能鉴定前培训,也可用于员工岗位技术培训和自学提高。

有机合成工教程分上、下两册,上册为基础知识、初级工操作技能及相关知识,下册为中级工操作技能及相关知识、高级工操作技能及相关知识、技师操作技能及相关知识以及技师高级技师操作技能及相关知识。

本工种教程由吉林石化分公司任主编单位,参与编写的单位有兰州石化分公司、抚顺石化分公司。在此表示衷心感谢。

由于编者水平有限,书中错误、疏漏之处请广大读者提出宝贵意见。

编　者

CONTENTS 目录

第一部分 基础知识

模块一 化学基础知识 ··· 3
   项目一 基本量及概念 ·· 3
   项目二 热力学基础知识 ·· 5
   项目三 溶液及酸、碱、盐的基础知识 ·· 7
   项目四 化学反应基础知识 ·· 11
   项目五 化学反应速率和化学平衡的基础知识 ·· 20
   项目六 有机化合物的基础知识 ··· 23

模块二 化工基础知识 ·· 40
   项目一 化工基本概念 ··· 40
   项目二 流体力学基础知识 ·· 54
   项目三 传热基础知识 ··· 61
   项目四 传质基础知识 ··· 66

模块三 计量基础知识 ·· 85
   项目一 计量 ·· 85
   项目二 计量器具知识 ··· 89
   项目三 计量相关法律、法规 ··· 92

模块四 化工机械与设备基础知识 ··· 96
   项目一 常用阀门、垫片及动设备密封形式 ·· 96
   项目二 有机化工常用机械设备的作用、原理 ··· 101
   项目三 设备材质及使用 ··· 119
   项目四 设备防腐知识 ·· 149

模块五　仪表基础知识 ……………………………………………………………… 155
　　项目一　测量基本概念 …………………………………………………………… 155
　　项目二　常用温度、压力、流量、液位测量仪表的原理 ………………………… 159
　　项目三　特殊仪表的基本知识 …………………………………………………… 178
　　项目四　调节阀的基本知识 ……………………………………………………… 181
　　项目五　自控系统基础知识 ……………………………………………………… 182

模块六　化工安全知识 ……………………………………………………………… 212
　　项目一　安全生产知识 …………………………………………………………… 212
　　项目二　安全制度基本知识 ……………………………………………………… 213
　　项目三　消防安全基础知识 ……………………………………………………… 217
　　项目四　职业病防治基础知识 …………………………………………………… 219
　　项目五　个人防护用品基础知识 ………………………………………………… 224

第二部分　初级工操作技能及相关知识

模块一　工艺操作 …………………………………………………………………… 233
　　项目一　相关知识 ………………………………………………………………… 233
　　项目二　开车前循环水系统的投用 ……………………………………………… 260
　　项目三　开车前装置氮气系统的投用 …………………………………………… 260
　　项目四　接受物料的操作 ………………………………………………………… 261
　　项目五　离心泵的启动操作 ……………………………………………………… 262
　　项目六　备用泵的切换操作 ……………………………………………………… 263
　　项目七　反应器温度的正常控制 ………………………………………………… 263
　　项目八　离心泵的停车操作 ……………………………………………………… 264
　　项目九　换热器的停车操作 ……………………………………………………… 265

模块二　设备使用与维护 …………………………………………………………… 266
　　项目一　相关知识 ………………………………………………………………… 266
　　项目二　液位计的投用操作 ……………………………………………………… 280
　　项目三　常用阀门的使用 ………………………………………………………… 280
　　项目四　运转设备润滑油脂的正常补加 ………………………………………… 281
　　项目五　机泵检修时监护 ………………………………………………………… 282

模块三　事故判断与处理 …………………………………………………………… 283
　　项目一　相关知识 ………………………………………………………………… 283
　　项目二　离心泵汽蚀的判断 ……………………………………………………… 299

项目三　离心泵打量不足的判断 300
　　项目四　离心泵汽蚀的处理 300
　　项目五　离心泵打量不足的处理 301
　　项目六　干粉灭火器的使用 302
模块四　绘图与计算 303
　　项目一　相关知识 303
　　项目二　单一物料工艺流程的绘制 308
　　项目三　表压的换算 309
　　项目四　换热的单一物料计算 309

理论知识练习题

初级工理论知识练习题及答案 313

附　录

附录1　职业技能等级标准 365
附录2　初级工理论知识鉴定要素细目表 375
附录3　初级工操作技能鉴定要素细目表 381
附录4　中级工理论知识鉴定要素细目表 382
附录5　中级工操作技能鉴定要素细目表 388
附录6　高级工理论知识鉴定要素细目表 389
附录7　高级工操作技能鉴定要素细目表 394
附录8　技师理论知识鉴定要素细目表 395
附录9　技师操作技能鉴定要素细目表 400
附录10　高级技师操作技能鉴定要素细目表 401
参考文献 402

第一部分

基 础 知 识

模块一　化学基础知识

项目一　基本量及概念

一、质量

质量是量度物体惯性大小的物理量,是物理学中的基本量纲之一,符号为 m。在国际单位制中,质量的基本单位是千克(符号 kg)。最初规定 $1000cm^3$(即 $1dm^3$)的纯水在 4℃时的质量为 1kg。实验室中天平是测质量的常用工具。

CAA001　质量的概念

二、质量分数

质量分数是指溶液中溶质质量与溶液质量之比,也指化合物中某种物质质量占总质量的百分比。用符号 w 表示。

计算见式(1-1-1):

$$w(B) = \frac{m(B)}{m} \tag{1-1-1}$$

式(1-1-1)中 $w(b)$ 的量纲为 1,也可用百分数表示。

ZAA008　质量分数的概念

三、质量守恒定律

化学反应的过程,就是参加反应的各物质(反应物)的分子破裂后重新组合为新的分子而生成其他物质的过程。在化学反应前后,参加反应的各物质的质量总和等于反应后生成的各物质的质量总和。这就叫作质量守恒定律。该定律又称物质不灭定律。

CAA002　质量守恒定律的概念

四、体积

体积是指物件占有多少空间的量,用符号 V 表示。体积的国际单位是立方米(m^3)。

CAA003　体积的概念

五、密度

(一)气体、液体密度

密度是指物质单位体积内的质量,用符号 ρ 表示。计算见式(1-1-2)

$$\rho = m/V \tag{1-1-2}$$

CAA009　气体密度的概念
CAA007　液体密度的概念

一般来说,不论什么物质,也不管它处于什么状态,随着温度、压力的变化,体积或密度也会发生相应的变化。

气体的体积随它受到的压力和所处的温度不同而有显著变化。对于理想气体,其状态方程见式(1-1-3)

$$p = \rho RT \tag{1-1-3}$$

式中 R——气体常数。

固态或液态物质的密度,在温度和压力变化时,只发生很小的变化。

(二)相对密度

相对密度是指物质的密度与参考物质的密度在各自规定的条件下之比。符号为 d,无量纲量。一般参考物质为空气或水:当以空气作为参考物质时,其密度为在标准状态(0℃和101.325kPa)下干燥空气的密度(1.293kg/m³ 或 1.293g/L);当以水作为参考物质时,其密度为 3.98℃时纯 H_2O 的密度(999.972kg/m³)。

六、原子结构

原子是指化学反应不可再分的基本微粒。原子在化学反应中不可分割,但在物理状态中可以分割。原子由原子核和绕核运动的电子组成。原子构成一般物质的最小单位,称为元素。目前已知的元素有 119 种。

需要注意的是,原子是化学变化中的最小微粒。但不是构成物质的最小微粒,原子又可以分为原子核与核外电子,原子核由质子和中子组成,而质子数正是区分各种不同元素的依据。质子和中子还可以继续再分。所以,原子不是构成物质的最小粒子,但原子是化学反应中的最小粒子。

构成原子的结构粒子之间的数量关系如下:

(1)质量数(A)= 质子数(Z)+ 中子数(N)。
(2)质子数 = 核电荷数 = 原子核外电子数 = 原子序数。

注:中子决定原子种类(同位素),质量数决定原子的近似相对原子质量,质子数(核电荷数)决定元素种类;原子最外层电子数决定整个原子显不显电性,也决定着主族元素的化学性质。

七、物质的量

(一)物质的量概念

物质的量是把一定数目的微观粒子与可称量的宏观物质联系起来的一种物理量,用符号 n 表示。它表示物质所含微粒数(N)(如:分子,原子等)与阿伏加德罗常数(N_A)之比,即 $n = N/N_A$。阿伏伽德罗常数的数值为 0.012kg ^{12}C 所含碳原子的个数,约为 6.02×10^{23}。物质的量是国际单位制中 7 个基本物理量之一,单位为摩尔,简称摩,符号为 mol。1mol 粒子集体所含的粒子数与 0.012kg ^{12}C(碳 12)中含有的碳原子数相同。

(二)物质的量浓度

物质的量浓度是一种常用的溶液浓度的表示方法。即溶液中溶质 B 的物质的量除以混合物的体积,简称浓度,用符号 $c(B)$ 表示,即:

$$c(B) = \frac{n(B)}{V} \tag{1-1-4}$$

式中 $c(B)$——溶质的物质的量浓度;
　　　n——溶质的物质的量,mol;

V——溶液的体积，L。

如果没有做特别说明的话，那么认为溶剂为水。物质的量的单位为 $mol \cdot m^{-3}$，常用单位为 $mol \cdot dm^{-3}$ 或 $mol \cdot L^{-1}$。

项目二　热力学基础知识

一、热力学基本概念

(一)温度

温度是表示物体冷热程度的物理量，微观上来讲是物体分子热运动的剧烈程度。温度只能通过物体随温度变化的某些特性来间接测量，而用来量度物体温度数值的标尺叫温标。

温标规定了温度的读数起点(零点)和测量温度的基本单位。国际单位为热力学温标(K)。目前国际上用得较多的其他温标还有华氏温标(℉)和摄氏温标(℃)。

摄氏温度和华氏温度的关系：$℉ = 1.8℃ + 32$

摄氏温度和热力学温度的关系：$K = ℃ + 273.15$

(二)临界点

临界点是指由某一种状态或物理量转变为另一种状态或物理量的最低转化条件。

临界压力是指物质处于临界状态时的压力(压强)。即在临界温度时使气体液化所需要的最小压力。

每种物质都有一个特定的温度，在这个温度以上，无论怎样增大压强，气态物质不会液化，这个温度就是临界温度。降温加压是使气体液化的条件。但只加压，不一定能使气体液化，应视当时气体是否在临界温度以下。因此，要想使物质液化，首先要设法达到它自身的临界温度。

(三)饱和蒸气压

在密闭和一定温度条件下，与固体或液体处于相平衡的蒸气所具有的压强称为饱和蒸气压。同一物质在不同温度下有不同的饱和蒸气压，并随着温度的升高而增大。纯溶剂的饱和蒸气压大于溶液的饱和蒸气压；对于同一物质，固态的饱和蒸气压小于液态的饱和蒸气压。

饱和蒸气压是液体的一项重要物理性质，液体的沸点、液体混合物的相对挥发度等都与之有关。

(四)吸热、放热反应

化学反应中的能量变化，通常表现为热量的变化。化学反应的特点是有新物质生成，新物质和反应物的总能量是不同的，这是因为各物质所具有的能量是不同的。化学反应的实质就是旧化学键断裂和新化学键的生成，而旧化学键断裂所吸收的能量与新化学键生成所释放的能量不同导致发生能量的变化。

在化学反应中，反应物总能量大于生成物总能量的反应叫作放热反应。

吸热反应是指最终表现为吸收热量的化学反应。吸热反应中反应物的总能量低于生成物的总能量。吸热反应的逆反应一定是放热反应。

(五)常见的放热反应

(1)所有燃烧或爆炸反应。

(2)酸碱中和反应。

(3)多数化合反应。

(4)活泼金属与水或酸生成 H_2 的反应。

(5)很多氧化还原反应(但不能绝对化)。如氢气、木炭或者一氧化碳还原氧化铜都是典型的放热反应。

(6)NaOH 或浓硫酸溶于水。

(六)常见的吸热反应

(1)大多数分解反应。

$$CaCO_3 \xrightarrow{高温} CaO + CO_2 \uparrow$$
$$CuSO_4 \cdot 5H_2O = CuSO_4 + 5H_2O$$

(2)盐水解反应。

(3)离解。

(4)少数化合反应。

$$C(s) + CO_2(g) \xrightarrow{高温} 2CO$$

$I_2 + H_2 = 2HI$(此反应为可逆反应,因为生成的碘化氢不稳定)

(5)其他。

$$2NH_4Cl(s) + Ba(OH)_2 \cdot 8H_2O(s) = BaCl_2 + 2NH_3 \uparrow + 10H_2O$$
$$C + H_2O(g) = (高温)CO + H_2$$

二、理想气体状态方程

CAA005 气体的标准摩尔体积的概念

(一)气体的摩尔体积

单位物质的量的气体所占的体积,叫作该气体的摩尔体积,单位是 L/mol。理想中 1mol 气体在标准大气压下的体积为 22.4L,较精确的是:$V_m = 22.41410$ L/mol。

(1)标准状况(简称标况)是指气体在 0℃、1.01×10^5 Pa 下的状态。

(2)1mol 气体在非标准状况下,其体积可能为 22.4L,也可能不为 22.4L。如在室温(20℃,一个大气压)的情况下气体的体积是 24L。

(3)气体分子间的平均距离比分子的直径大得多,因而气体体积主要取决于分子间的平均距离。在标准状况下,不同气体的分子间的平均距离几乎是相等的,所以任何气体在标准状况下气体摩尔体积都约为 22.4L/mol。

(4)此概念应注意:①气态物质;②物质的量为 1mol;③气体状态为 0℃和 1.01×10^5 Pa(标准状况);④22.4L 体积是近似值;⑤V_m 的单位为 L/mol 和 m^3/mol。

(5)适用对象:纯净气体与混合气体均可。

ZAA001 理想气体状态方程的概念

GAA004 理想气体状态方程的计算

(二)理想气体状态方程

理想气体状态方程,又称为理想气体定律或普适气体定律,是描述理想气体在处于平衡态时,压强、体积、物质的量、温度间关系的状态方程。它建立在玻意耳-马略特定律、查理定律、盖·吕萨克定律等经验定律上。

其方程为 $pV = nRT$。这个方程有 4 个变量:p 是指理想气体的压强,V 为理想气体的体积，n 表示气体物质的量，而 T 则表示理想气体的热力学温度；常量 R 为摩尔气体常数，$R=8.31441\pm0.00026\text{J}/(\text{mol}\cdot\text{K})$。此方程以其变量多、适用范围广而著称，对常温常压下的空气也近似适用。

如果采用质量表示状态方程，即 $pV=mrT$，此时 r 是和气体种类有关系的，$r=R/M$，M 为此气体的平均摩尔质量。

用密度表示该关系为 $pM=\rho RT$（M 为摩尔质量，ρ 为密度）。

(三) 道尔顿分压定律

道尔顿分压定律（也称道尔顿定律）描述的是理想气体的特性。在任何容器内的气体混合物中，如果各组分之间不发生化学反应，则每一种气体都均匀地分布在整个容器内，它所产生的压强和它单独占有整个容器时所产生的压强相同。也就是说，一定量的气体在一定容积的容器中的压强仅与温度有关。

$$p_B = \frac{n_B RT}{V} \qquad (1-1-5)$$

例如，0℃时 1mol 氧气在 22.4L 体积内的压强是 101.3kPa。如果向容器内加入 1mol 氮气并保持容器体积不变，则氧气的压强还是 101.3kPa，但容器内的总压强增大一倍。可见，1mol 氮气在这种状态下产生的压强也是 101.3kPa。道尔顿分压定律从原则上讲只适用于理想气体混合物，不过对于低压下真实气体混合物也可以近似适用。

项目三　溶液及酸、碱、盐的基础知识

一、溶液的基础知识

(一) 溶液

1. 溶液的概念

溶液是由至少两种物质组成的均一、稳定的混合物，被分散的物质（溶质）以分子或更小的质点分散于另一物质（溶剂）中。物质在常温时有固体、液体和气体三种状态。因此溶液也有三种状态，大气本身就是一种气体溶液，固体溶液混合物常称固溶体，如合金。一般溶液只是专指液体溶液。液体溶液包括两种，即能够导电的电解质溶液和不能导电的非电解质溶液。所谓胶体溶液，更确切地说应称为溶胶。其中，溶质相当于分散质，溶剂相当于分散剂。在生活中常见的溶液有蔗糖溶液、碘酒、澄清石灰水、稀盐酸、盐水等。

2. 溶液的组成

(1) 溶质：被溶解的物质（例如，用盐和水配置盐水，盐就是溶质）。

(2) 溶剂：能溶解其他物质的物质（例如：用盐和水配置盐水，水就是溶剂）。

(3) 两种溶液互溶时，一般把量多的一种叫溶剂，量少的一种叫溶质。

(4) 两种溶液互溶时，若其中一种是水，一般将水称为溶剂。

(5) 固体或气体溶于液体，通常把液体称为溶剂。

3. 溶液的分类

饱和溶液：在一定温度、一定量的溶剂中，溶质不能继续被溶解的溶液。

不饱和溶液:在一定温度、一定量的溶剂中,溶质可以继续被溶解的溶液。

饱和与不饱和溶液的互相转化:不饱和溶液通过增加溶质(对一切溶液适用)或降低温度(对于大多数溶解度随温度升高而升高的溶质适用,反之则须升高温度,如澄清石灰水)、蒸发溶剂(溶剂是液体时)能转化为饱和溶液;饱和溶液通过增加溶剂(对一切溶液适用)或升高温度(对于大多数溶解度随温度升高而升高的溶质适用,反之则降低温度,如澄清石灰水)能转化为不饱和溶液。

4. 酸碱度的概念

酸碱度是指水溶液的酸碱性强弱程度,用 pH 值表示。

pH 值亦称氢离子浓度指数、酸碱值,是溶液中氢离子活度的一种标度,pH 的定义式为:

$$pH = -\lg[H^+]$$

其中[H^+](此为简写,实际上应是[H_3O^+],水合氢离子活度)是指溶液中氢离子的活度(稀溶液下可近似按浓度处理),单位为 mol/L。

热力学标准状况时,pH=7 的水溶液呈中性,pH<7 的显酸性,pH>7 的显碱性。

pH 值范围为 0~14,只适用于稀溶液,即氢离子浓度或氢氧根离子浓度小于 1mol/L。

(二) 溶解与结晶

1. 概念

广义上说,超过两种以上物质混合成为一个分子状态的均匀相的过程称为溶解。而狭义的溶解是指一种液体对于固体、液体或气体产生化学反应使其成为分子状态的均匀相的过程。

溶质以晶体的形式析出,这一过程称为结晶。结晶过程可分为晶核生成(成核)和晶体生长两个阶段,两个阶段的推动力都是溶液的过饱和度(结晶溶液中溶质的浓度超过其饱和溶解度之值)。

2. 溶解度

溶解度是指在一定的温度和压力下,物质在一定量的溶剂中溶解的最高量。

物质溶解与否,溶解能力的大小,一方面取决于物质(指溶剂和溶质)的本性;另一方面也与外界条件如温度、压强、溶剂种类等有关。在相同条件下,有些物质易于溶解,而有些物质则难于溶解,即不同物质在同一溶剂里溶解能力不同。通常把某一物质溶解在另一物质里的能力称为溶解性。例如,糖易溶于水,而油脂不溶于水,就是它们对水的溶解性不同。溶解度是溶解性的定量表示。

通常把在室温(20℃)下,溶解度在 10g/100g 水以上的物质称为易溶物质;溶解度在 1~10g/100g 水称为可溶物质;溶解度在 0.01~1g/100g 水的物质称为微溶物质;溶解度小于 0.01g/100g 水的物质称为难溶物质。可见溶解是绝对的,不溶解是相对的。

气体的溶解度还和压强有关,压强越大,溶解度越大,反之则越小。

其他条件一定时,温度越高,气体溶解度越低。

3. 溶解度的计算

溶质的质量分数=溶质质量/溶液质量×100%

在一定温度下,某固态物质在 100g 溶剂里达到饱和时所溶解的克数,叫作这种物质在这种溶剂里的溶解度。用符号:S 表示。

例如,在一定温度下,一定量的饱和溶液中含有固体溶质的量称为该固体物质在指定温度下的溶解度。通常以一定温度下,物质在 100g 溶剂中达到饱和时所溶解的克数来表示某物质在该溶剂中的溶解度,如 20℃时,100g 水中最多能溶解 35.8g 氯化钠,即该温度下氯化钠的溶解度为 35.8g/100g 水。

二、电解质溶液的基础知识

(一) 电解质

ZAA009 电解质的基本性质

电解质是溶于水溶液或在熔融状态下能够导电的化合物。根据其水溶液或熔融状态下导电性的强弱,可分为强电解质和弱电解质。

电解质都是以离子键或极性共价键结合的物质。化合物在溶解于水中或受热状态下能够离解成自由移动的离子。离子化合物在水溶液中或熔化状态下能导电;某些共价化合物也能在水溶液中导电,但也存在固体电解质,其导电性来源于晶格中离子的迁移。

强电解质是在水溶液中或熔融状态下几乎完全发生离解的电解质,不存在离解平衡。一般包括强酸、强碱,活泼金属氧化物和大多数盐(如硫酸、盐酸、碳酸钙、硫酸铜等)。

弱电解质是在水溶液中或熔融状态下不完全发生离解的电解质。强弱电解质导电的性质与物质的溶解度无关。一般包括弱酸、弱碱,少部分盐(如醋酸、一水合氨($NH_3 \cdot H_2O$)、醋酸铅、氯化汞)。另外,水是极弱电解质。

(二) 离解平衡

ZAA010 电离平衡的概念

具有极性共价键的弱电解质(例如部分弱酸、弱碱)溶于水时,其分子可以微弱离解出离子;同时,溶液中的相应离子也可以结合成分子。弱电解质分子离解出离子的速率不断降低,而离子重新结合成弱电解质分子的速率不断升高,当两者的反应速率相等时,溶液便达到了离解平衡。此时,溶液中电解质分子的浓度与离子的浓度分别处于相对稳定状态,达到动态平衡。

弱电解质在一定条件下离解达到平衡时,溶液中离解所生成的各种离子浓度以其在化学方程式中的计量为幂的乘积,跟溶液中未离解分子的浓度以其在化学方程式中的计量为幂的乘积的比值,即溶液中的离解出来的各离子浓度乘积($c_{(A^-)} \times c_{(B^-)}$)与溶液中未离解的电解质分子浓度($c_{(AB)}$)的比值是一个常数,叫作该弱电解质的离解平衡常数,简称离解常数。

$$A_xB_y \rightleftharpoons xA^+ + yB^-$$

则,$K(电离) = [A^+]^x \cdot [B^-]^y / [A_xB_y]$

式中 $[A^+]$、$[B^-]$、$[AB]$ 分别表示 A^+、B^- 和 AB 在离解平衡时的物质的量浓度。

三、酸碱盐的基础知识

(一) 酸碱盐的概念

CAA017 酸碱盐的概念

酸是指离解时产生的阳离子全部是氢离子的化合物;碱是指离解时产生的阴离子全部是氢氧根离子的化合物;盐是指离解时生成金属阳离子(或铵根离子)和酸根离子的化合物。

可以简记为:氢头酸、氢氧根结尾碱、金属开头酸根结尾的是盐。

(二) 氢氧化钠

CAA019 氢氧化钠的性质

氢氧化钠,化学式为 NaOH,俗称烧碱、火碱、苛性钠,是一种具有强腐蚀性的强碱,一般为片状或块状形态,易溶于水(溶于水时放热)并形成碱性溶液,另有潮解性,易吸取空气中的水蒸气(潮解)和二氧化碳(变质),可加入盐酸检验是否变质。

氢氧化钠在水处理中可作为碱性清洗剂,溶于乙醇和甘油;不溶于丙醇、乙醚。氢氧化钠与氯、溴、碘等卤素发生歧化反应,与酸类起中和作用而生成盐和水。

(三)硫酸

CAA023 硫酸的性质

硫酸(化学式:H_2SO_4)是硫的最重要的含氧酸。无水硫酸为无色油状液体,10.36℃时结晶,通常使用的是它的各种不同浓度的水溶液。硫酸是一种最活泼的二元无机强酸,能和绝大多数金属发生反应。

硫酸在不同的浓度下有不同的应用,以下为一些常见的浓度级别,不同浓度硫酸性能指标见表1-1-1。

表1-1-1　不同浓度硫酸性能指标表

H_2SO_4 质量分数,%	密度,kg/L	浓度,mol/L	俗称
10	1.07	1.09	稀硫酸
29~32	1.21~1.24	3.7~4.2	铅酸蓄电池酸
62~70	1.52~1.60	9.6~11.5	室酸、肥料酸
98	1.84	18.4	浓硫酸

浓硫酸,俗称坏水,是一种具有高腐蚀性的强矿物酸。浓硫酸是指质量分数不小于70%的硫酸溶液。浓硫酸在浓度高时具有强氧化性,这是它与稀硫酸最大的区别之一。同时它还具有脱水性、强腐蚀性、难挥发性、酸性、吸水性等。

稀硫酸是指硫酸的水溶液,具有以下性质:

(1)可与多数金属(比铜活泼)和绝大多数金属氧化物反应,生成相应的硫酸盐和水。

(2)可与所含酸根离子对应酸酸性比硫酸根离子弱的盐反应,生成相应的硫酸盐和弱酸。

(3)可与碱反应生成相应的硫酸盐和水。

(4)可与活泼性在氢之前的金属在一定条件下反应,生成相应的硫酸盐和氢气。

(5)加热条件下可催化蛋白质、二糖和多糖的水解。

(6)能与指示剂作用,使紫色石蕊试液变红。

由于稀硫酸中的硫酸分子已经完全离解,所以稀硫酸不具有浓硫酸的强氧化性、吸水性、脱水性(俗称炭化,即强腐蚀性)等特殊化学性质。

(四)硝酸

CAA024 硝酸的性质

硝酸是一种具有强氧化性、腐蚀性的强酸,属于一元无机强酸,是六大无机强酸之一,也是一种重要的化工原料。

纯硝酸为无色透明液体,浓硝酸为淡黄色液体(溶有二氧化氮),有窒息性刺激气味。浓硝酸含量为68%左右,易挥发,在空气中产生白雾(与浓盐酸相同),是硝酸蒸气(一般来说是浓硝酸分解出来的二氧化氮)与水蒸气结合形成的硝酸小液滴。露光能产生二氧化氮,二氧化氮重新溶解在硝酸中,从而变成棕色。有强酸性,能使羊毛织物和动物组织变成嫩黄色。能与乙醇、松节油、碳和其他有机物猛烈反应。能与水混溶,能与水形成共沸混合物。

(五)水硬度

CAA025 水硬度的概念

水硬度是指水中Ca^{2+}、Mg^{2+}的总量,它包括暂时硬度和永久硬度。水中Ca^{2+}、Mg^{2+}以酸式碳酸盐形式存在的部分,因其遇热即形成碳酸盐沉淀而被除去,称之为暂时硬度;而以硫酸盐、硝酸盐和氯化物等形式存在的部分,因其性质比较稳定,不能够通过加热的方式除去,故称为永久硬度。

硬水软化就是将硬水中的钙、镁等可溶性盐除去的过程,其方法很多,常用的有煮沸法、化学软化法、离子交换软化法等。

项目四 化学反应基础知识

一、化学方程式的基本知识

(一)化合价

化合价是一种元素的一个原子与其他元素的原子化合(即构成化合物)时表现出来的性质。一般情况下,化合价的价数等于每个该原子在化合时得失电子的数量,即该元素能达到稳定结构时得失电子的数量,这往往决定于该元素的电子排布,主要是最外层电子排布,当然还可能涉及次外层能达到的由亚层组成的亚稳定结构。常见元素及基团化合价表,详见表1-1-2。

CAA012 元素化合价的概念

表1-1-2 常见元素及基团化合价表

元素名称	元素符号	化合价	元素名称	元素符号	化合价
钾	K	+1	硅	Si	+4
纳	Na	+1	碳	C	+2,+4
银	Ag	+1	氮	N	-3,+2,+4,+5
钙	Ca	+2	磷	P	-3,+3,+5
镁	Mg	+2	硫酸根	SO_4^{2-}	-2
钡	Be	+2	碳酸根	CO_3^{2-}	-2
锌	Zn	+2	硝酸根	NO_3^-	-1
铜	Cu	+1,+2	氢氧根	OH^-	-1
铁	Fe	+2,+3	铵根	NH_4^+	+1
铝	Al	+3	磷酸根	PO_4^{3-}	-3
锰	Mn	+2,+4,+6,+7	次氯酸根	ClO^-	-1
氢	H	+1	碳酸氢根	HCO_3^-	-1
氟	F	-1	亚硫酸根	SO_3^{2-}	-2
氯	Cl	-1,+1,+5,+7	锰酸根	MnO_4^{2-}	-2

(二)化学反应方程式

化学方程式,也称为化学反应方程式,是用化学式表示化学反应的式子。化学方程式反映的是客观事实。因此书写化学方程式要遵守两个原则:一是必须以客观事实为基础;二是要遵守质量守恒定律。

CAA013 化学反应方程式的表示方法

1. 书写步骤

以$NaHCO_3$受热分解的化学方程式为例:

第一步:写出反应物和生成物的化学式。

$$NaHCO_3 - Na_2CO_3 + H_2O + CO_2$$

第二步:配平化学式。

$$2NaHCO_3 - Na_2CO_3 + H_2O + CO_2$$

第三步:注明反应条件和物态等。

$$2NaHCO_3 \xrightarrow{\triangle} Na_2CO_3 + H_2O + CO_2\uparrow$$

第四步:检查化学方程式是否正确。

2. 反应条件

(1)热化学方程式写反应条件。一般的在等号上方标记△。配平系数也可以不是1,可以是分数或者相互之间可以约分。

(2)常温常压下可以进行的反应,不必写条件。

(3)反应单一条件时,条件一律写上面;有两个或更多条件的,上面写不下则写在下面;既有催化剂又有其他反应条件时,一律把催化剂写在上面。

(4)是可逆反应的一律用双向箭头表示。

3. 气体符号或沉淀符号

气体符号"↑"和沉淀符号"↓"是化学反应中生成物的状态符号。只有生成物才能使用"↑"或"↓"符号,使用时写在相应化学式的右边。

二、氧化还原反应

(一)氧化还原反应的概念

氧化还原反应是化学反应前后,元素的氧化数有变化的一类反应。在无机反应中,有元素化合价升降,即电子转移(得失或偏移)的化学反应是氧化还原反应。在有机反应中,有机物引入氧或脱去氢的作用叫作氧化反应,引入氢或失去氧的作用叫作还原反应。

氧化与还原的反应是同时发生的,即是说氧化剂在使被氧化物质氧化时,自身也被还原。而还原剂在使被还原物还原时,自身也被氧化。

氧化还原反应的特征是元素化合价的升降,实质是发生电子转移。

(二)氧化剂与还原剂

1. 常见的氧化剂

在氧化还原反应中,获得电子的物质称作氧化剂。

常见的氧化剂中,氟气的氧化性最强,相应的,氟离子的还原性最弱,实际上,仅有少数化合物能氧化氟离子生成氟气,且基本为歧化反应。

凡品名中有"高""重""过"字的,如高氯酸盐、高锰酸盐、重铬酸盐、过氧化钠等,都属于此类物质。常见的氧化剂有氧气(或空气)、氯气、重铬酸钠、重铬酸钾、高锰酸钾、硝酸等。常见的这类物质有:氯酸盐,ClO_3^-;高氯酸盐,ClO_4^-;无机过氧化物,Na_2O_2、K_2O_2、MgO_2、CaO_2、BaO_2、H_2O_2;硝酸盐,NO_3^-;高锰酸盐,MnO_4^-。

(1)典型的非金属单质如 F_2、Cl_2、O_2、Br_2、I_2、S、Si 等(其氧化性强弱与非金属活动性基本一致)。

(2)含有变价元素的高价化合物,如 $KMnO_4$、$KClO_3$、浓 H_2SO_4、HNO_3、MnO_2、$FeCl_3$ 等。

(3)金属阳离子如:Fe^{3+}、Cu^{2+} 等。

2.常见的还原剂

还原剂是在氧化还原反应里,失去电子或有电子偏离的物质。

(1)活泼的金属单质:如 Na、Al、Zn、Fe 等。

(2)活泼的金属氢化物:如氢化铝锂 $LiAlH_4$。

(3)某些非金属单质:如 H_2、C、Si 等。

(4)碱金属单质:如 Li、Na、K 等。

(5)处于低化合价时的氧化物:如 CO、SO_2、H_2O_2 等。

(6)非金属氢化物:如 H_2S、NH_3、HCl、CH_4 等。

(7)处于低化合价时的盐:如 Na_2SO_3、$FeSO_4$、$SnCl_2$ 等。

(8)硼氢化钾 KBH_4、硼氢化钠 $NaBH_4$、草酸 $H_2C_2O_4$、乙醇 C_2H_5OH 等。

(三)氧化还原反应的配平

1.电子守恒法

1)配平原理

发生氧化还原反应时,还原剂失去电子、氧化剂得到电子。因为整个过程的本质是还原剂把电子给了氧化剂,在这一失一得之间,电子守恒。故根据还原剂失去电子的数目和氧化剂得到电子的数目相等,结合二者化合价的改变情况,可以分别把氧化剂、还原剂的计量数计算出来,这样整个氧化还原反应就顺利配平了。

2)方法和步骤

(1)标出发生变化的元素的化合价,确定氧化剂和还原剂,并确定氧化还原反应的配平方向。

(2)列出化合价升降的变化情况。当升高或降低的元素不止一种时,需要根据不同元素的原子个数比,将化合价变化的数值进行叠加。

(3)根据电子守恒配平化合价变化的物质的计量数。如 A 元素降低 3 价,B 元素上升 5 价,则需找到 3 与 5 的最小公倍数 15,则有 5molA、3molB 参与氧化还原。

(4)根据质量守恒配平剩余物质的计量数。根据质量守恒检查配平无误。

例如:

$$KMnO_4 + HCl \longrightarrow Cl_2 + MnCl_2 + KCl + H_2O$$

标出化合价,因该反应是部分氧化还原反应,故确定先配平生成物 Cl_2 和 $MnCl_2$,同时列出化合价升降情况,配平化合价变化的物质 Cl_2 和 $MnCl_2$ 的计量数。

降低 Mn→Mn,5e×2。

升高 Cl→Cl_2,2e×5。

所以先配平为:

$$KMnO_4 + HCl \longrightarrow 5Cl_2 + 2MnCl_2 + KCl + H_2O$$

再根据质量守恒配平剩余的物质,并根据质量守恒检查配平无误。最终配平结果为:

$$2KnO_4 + 16HCl == 5Cl_2 + 2MnCl_2 + 2KCl + 8H_2O$$

2. 待定系数法

1）配平原理

质量守恒定律告诉我们，在发生化学反应时，反应体系的各个物质的每一种元素的原子在反应前后个数相等。通过设出未知数（如 x、y、z 等均大于零）把所有物质的计量数配平，再根据每一种元素的原子个数前后相等列出方程式，解方程式（组）。计量数有相同的未知数，可以通过约分去掉。

2）方法和步骤

对于氧化还原反应，先把元素化合价变化较多的物质的计量数用未知数表示出来，再利用质量守恒把其他物质的计量数也配平出来，最终每一个物质的计量数都配平出来后，根据某些元素的守恒，列方程解答。

例如：

$$KMnO_4 + HCl \longrightarrow Cl_2 + MnCl_2 + KCl + H_2O$$

因为锰元素和氯元素的化合价变化，故将 Cl_2 和 $MnCl_2$ 的计量数配平，分别为 x、y，再根据质量守恒将其他物质配平，即配平为：

$$yKMnO_4 + (3y+2x)HCl \Longrightarrow xCl_2 + yMnCl_2 + yKCl + 4yH_2O$$

最后根据氢元素守恒，列出 x 和 y 的关系式：$3y + 2x = 8y$，得出 $2.5y = x$，把方程式中的 x 都换成 y，即：

$$yKMnO_4 + 8yHCl \Longrightarrow 2.5yCl_2 + yMnCl_2 + yKCl + 4yH_2O$$

将 x 约掉，并将计量数变为整数，故最终的配平结果为：

$$2KMnO_4 + 16HCl \Longrightarrow 5Cl_2 + 2MnCl_2 + 2KCl + 8H_2O$$

三、基本有机化学反应

（一）加成反应

1. 加成反应的概念

[ZAA014 加成反应的定义]

加成反应是不饱和化合物类的一种特征反应。指反应物分子中以重键结合的或共轭不饱和体系末端的两个原子，在反应中分别与由试剂提供的基团或原子以 σ 键相结合，得到一种饱和的或比较饱和的加成产物。这个加成产物可以是稳定的；也可以是不稳定的中间体，随即发生进一步变化而形成稳定产物。根据机理，加成反应可分为亲核加成反应、亲电加成反应、自由基加成反应和环加成反应。能发生加成反应的官能团：碳碳双键、碳碳三键、碳氧双键、碳氮三键、苯环。

2. 亲电加成反应

[JAA005 亲电加成反应的机理]

亲电加成反应，简称亲电加成，是亲电试剂（带正电的基团）进攻不饱和键引起的加成反应。反应中，不饱和键（双键或三键）打开并与另一个底物形成两个新的 σ 键。亲电加成中最常见的不饱和化合物是烯烃和炔烃。

对进攻试剂而言，如果是获取电子倾向强烈的，如卤素、氯化氢中的 H^+ 等，与烯、炔加成反应时，先是由亲电的部分（H^+、X^+）进攻多电子的烯、炔的重键，称为亲电加成。不饱和烃受亲电试剂进攻后，π 键断裂，试剂的两部分分别加到重键两端的碳原子上。反应的决速步由亲电试剂进攻而引起的加成反应，故称为亲电加成反应。亲电加成中最常见的不饱和化合物是烯烃和炔烃。

亲电试剂在进攻反应中心时,试剂的正电部分较活泼,总是先加在反应中心电子云密度大的原子上,即电子云密度较大的双键碳上。常见的亲电试剂有卤素(Cl_2、Br_2)、无机酸(H_2SO_4、HCl、HBr、HI、HOCl、HOBr)、有机酸(F_3C—COOH、CI_3C—COOH)等。

亲电加成有多种机理,包括:碳正离子机理、离子对机理、环鎓离子机理以及三中心过渡态机理。

化合物的亲电加成活性主要看超共轭效应供电子作用大小。炔烃虽然较烯烃多一个 π 键,但与亲电试剂的加成反应却较烯烃难反应,通常认为是由于三键的 π 键的比双键难以极化而不易给出电子与亲和试剂结合。在 s 与 p 杂化轨道中,s 轨道成分越大,键长就越短,越难极化,键的解离能越大,炔烃的三键碳原子是 sp 杂化,而烯烃的碳原子是 sp2 杂化,故乙炔的 π 键强于乙烯的。1-丙烯,一个甲基连接双键。1-丁烯,一个乙基连接双键。2-丁烯,两个甲基。供电子作用,两个甲基>乙基>甲基。所以亲电加成活性:2-丁烯>1-丁烯>丙烯>乙烯>乙炔。

3. 亲核加成反应

亲核加成反应是由亲核试剂与底物发生的加成反应。一般是亲核试剂中带负电荷的部分(即亲核部分)先进攻底物中不饱和化学键带部分正电荷一端原子,并与之成键,π 键断开形成另一端原子的负离子中间体,然后试剂中的亲电部分与负离子中间体结合,形成亲核加成产物。反应发生在碳氧双键、碳氮三键、碳碳三键等不饱和的化学键上。

> JAA006 亲核加成反应的机理

1) 具有代表性的亲核加成反应

(1) 醛或酮的羰基与格氏试剂加成的反应。

$$RC=O+R'MgCl \rightarrow RR'C—OMgCl$$

再水解得醇,这是合成醇的良好办法。在羰基中,O 稍显电负性;在格氏试剂中,C—Mg 相连,Mg 稍显电正性,C 是亲核部位。于是格式试剂的亲核碳进攻亲电的羰基碳,双键打开,新的 C—C 键形成。

(2) 水、醇、胺类以及含有氰离子的物质都可以与羰基加成。碳氮三键(氰基)的亲核加成主要表现为水解生成羧基。

(3) 端炔的碳碳三键也可以与 HCN 等亲核试剂发生亲核加成,如乙炔和氢氰酸反应生成丙烯腈($CH_2=CH—CN$)。

2) 亲核反应的判断标准

羰基碳正电性强的活性强,空间阻碍小的活性强,连有吸电子基可使正电性加强,推电子基减弱,重点是亲核取代,即先加成再消除的机理还要有负碳离子反应。

亲核加成反应活性最强的化合物是 CCl_3CHO。

> JAA004 双烯合成反应的机理

4. 双烯合成反应

双烯合成即狄尔斯-阿尔德反应,由共轭双烯与烯烃或炔烃反应生成六元环,是有机化学合成反应中非常重要的碳碳键形成的手段之一,也是现代有机合成里常用的反应之一。

反应有丰富的立体化学呈现,兼有立体选择性、立体专一性和区域选择性等。

双烯合成反应一般分为外型加成和内型加成两类。

(1) 外型加成。在双烯加成反应(狄尔斯-阿尔德反应)中,当二烯烃为环状化合物、亲双烯体为不对称结构时,反应可以按两种方式进行。亲双烯试剂较小的一边位于双烯环下边时,称为外型加成,得到外型加成产物。

(2)内型加成。在双烯加成反应中,当二烯烃为环状化合物、亲双烯体为不对称结构时,反应可以按两种方式进行。亲双烯试剂较小的一边位于双烯环上边时,称为内型加成,得到内型加成产物。

JAA003 不对称加成规则

5. 不对称烯烃加成规则

不对称加成是指烯烃在加成反应时,氢、卤素或其他基团在加成时存在一定的区域选择性,这里涉及马氏规则和反马氏规则。

1)马氏规则

当发生亲电加成反应(如卤化氢和烯烃的反应)时,亲电试剂中的正电基团(如氢)总是加在连氢最多(取代最少)的碳原子上,而负电基团(如卤素)则会加在连氢最少(取代最多)的碳原子上。

2)反马氏规则

不对称烯烃与卤化氢等亲电试剂发生加成反应的取向与按马氏规则预测的取向不一致时,称为反马尔可夫尼可夫规则。反马氏规则的情况大致有两种:在光及过氧化物作用下,发生了游离基加成反应(参见过氧化物效应);当亲电试剂中氢原子的电负性大于所连的原子或原子团时,从形式上看加成的取向是违反马氏定则的。

(二)取代反应

ZAA015 取代反应的定义

1. 取代反应的概念

取代反应是指有机化合物分子中任何一个原子或原子团被试剂中同类型的其他原子或原子团所替代的反应,用通式表示为:R—L(反应基质)+A—B(进攻试剂)→R—A(取代产物)+L—B(离去基团),属于化学反应的一类。

取代反应可分为亲核取代、亲电取代和均裂取代三类。如果取代反应发生在分子内各基团之间,称为分子内取代。

ZAA016 烷基化反应的定义

2. 烷基化反应

烷基化反应是指有机化合物分子中连在碳、氧和氮上的氢原子被烷基所取代的反应。

1)常见烷基化反应与机理

(1)羰基的α碳上氢的烷基化。羰基的α碳上的氢呈弱酸性,羰基的α碳原子在强碱(如氨基钠、氢化钠)的作用下,能与卤代烷发生烷基化反应,生成α碳烷基化产物。

酮和酯的直接烷基化会发生自身缩合,也会发生多烷基化反应。要获得α-碳单烷基化产物,可用四氢吡咯、吗啉等仲胺制成烯胺,再与活泼的卤代烷(碘甲烷、卤代苄等)反应,生成取代的烯胺,经水解即得烷基化的羰基化合物。

(2)活泼亚甲基的烷基化。处于两个活性基团之间的亚甲基比较活泼,在醇钠作用下容易烷基化。活性基团可以是硝基、羰基、酯基或氰基等。例如,取代的丙二酸酯合成法(2)和乙酰乙酸酯合成法(1):

$$CH_2COOC_2H_5 + HCH_2COOC_2H_5 \xrightarrow[CH_3COOH \text{ 酸化}]{C_2H_5ONa} CH_2COCH_2COOC_2H_5 + C_2H_5OH \quad (1)$$

$$CH_2(COOEt)_2 + C_2H_5ONa \longrightarrow C_2H_5OH + NaCH(COOEt)_2$$
$$R-X + NaCH(COOEt)_2 \longrightarrow NaX\downarrow + R-CH(COOEt)_2 \quad (2)$$

式中 R 为烷基;X 为卤素。取代的丙二酸酯、乙酰乙酸酯水解后容易脱羧、分解成取代乙酸或酮,此反应广泛用于有机合成。这些烷基化反应都是在无水条件下进行的。

(3)相转移催化的烷基化。利用相转移催化剂使处于两个互不相溶的液相系统中的反应物进行反应。无须在无水条件下操作,可以用浓氢氧化钠水溶液代替无水醇钠。反应条件温和,操作简便。常用的催化剂有四级铵盐(Q^+X^-),如$(n-C_4H_9)_4N^+HSO_4^-$、四级磷盐$[(C_2H_5)_3P^+CH_2C_6H_5]Cl^-$或冠醚等。反应物于界面处与碱作用,生成负碳离子。后者与四级铵盐正离子形成离子对,转移到有机相中,与卤代烷进行烷基化反应。

2)重要化学反应

傅列德尔-克拉夫茨烷基化反应,当所用烷基有三个碳原子以上的直链烷基时,碳正离子要重排。

在烷基化反应中用三个以上碳原子的直链伯卤代烷的烷基化试剂时,特点为:

(1)烷基化反应亲电试剂为碳正离子,有重排现象,故烷基化产物有异构化现象。

(2)烷基化反应为可逆反应,故烷基苯可进行歧化反应,即一分子烷基苯脱烷基变成苯;另一分子烷基苯增加烷基变成二烷基苯。

(3)生成的烷基苯更容易进行烷基化反应,故烷基化反应能生成多元取代产物。

(4)苯环上有强吸电子基(如硝基、磺基)时不易发生烷基化反应。

常用的酰基化试剂有酰卤、酰酐和羧酸。酰基化反应催化剂的作用是形成酰基碳正离子,特点为:

(1)酰基化反应不发生酰基异构现象。

(2)酰基化反应不能生成多元酰基取代产物。

(3)酰基化产物含有羰基,能与路易斯酸络合消耗催化剂,催化剂用量一般至少是酰化试剂的二倍。苯环上有强吸电子基时不发生酰基化反应。

3. 芳烃的取代反应

芳烃的取代反应分为芳族亲电取代反应和芳族亲核取代反应两类。

> ZAA026 芳烃的取代反应

1)芳烃的亲电取代

芳烃通过硝化、卤化、磺化、烷基化或酰基化反应,可分别在芳环上引进硝基、卤原子、磺酸基和烷基或酰基,这些都属于亲电取代。芳环上已有取代基的化合物,取代剂对试剂的进攻有定位作用。苯环上的取代基为给电子基团和卤原子时,亲电试剂较多地进入其邻位和对位;取代基为吸电子基团时,则以得到间位产物为主。此外,除发生这些正常反应外,有时试剂还可以进攻原有取代基的位置并取而代之,这种情况称为原位取代。

亲电芳香取代反应是指芳香环系上的取代基(通常是氢原子)被亲电试剂取代的反应。该反应中最重要的类型包括芳香环系的硝化反应、卤代反应、磺化反应以及傅-克反应。

2)苯取代反应的定位效应

> JAA008 苯环上的取代反应机理

一元取代苯进行二元硝化时,已有的基团对后进入的基团进入苯环的位置产生制约作用,这种制约作用即为取代基的定位效应。取代基的定位效应是与取代基的诱导效应、共轭效应、超共轭效应等电子效应有关的。

(1)取代基的诱导效应和共轭效应。

诱导效应与原子的电负性有关。比碳电负性强的原子或基团能使苯环上的电子通过 σ

键向取代基移动,即具有吸电子的诱导效应。电负性比碳弱的原子或基团使取代基上的电子通过 σ 键向苯环移动,即具有给电子的诱导效应。

共轭效应是取代基的 σ(或 π)轨道上的电子云与苯环碳原子的 p 轨道上的电子云互相重叠,从而使 σ(或 π)电子发生较大范围的离域引起的,离域的结果如使取代基的 σ 电子向苯环迁移则发生了给电子的共轭效应,如使苯环上的 π 电子向取代基迁移则发生了吸电子的共轭效应。产生给电子共轭效应的取代基有:

$$—NR_2>—OR>—F,—O^->—OR,—F>—Cl>—Br>—I$$

绝大多数取代基既可与苯环发生诱导效应,也可发生共轭效应,最终的表现是两者综合的结果。大部分取代基的诱导效应与共轭效应方向是一致的,但有的原子或基团的诱导效应与共轭效应方向不一致。例如,卤素的电负性比较大,它具有吸电子诱导效应,卤苯的卤原子的 p 轨道与苯环碳上的 p 轨道平行重叠,卤原子的孤电子对离域到苯环上,发生给电子的共轭效应,但总的结果是吸电子的诱导效应大于给电子的共轭效应,因此卤素是吸电子基,它使苯环的电子云密度降低。取代基的综合电子效应可以从取代苯的偶极矩大小和方向上表现出来。

在烷基苯中,烷基与苯环不发生共轭作用,但烷基的 C—H 中 σ 电子与苯的 π 电子能发生 σ-π 超共轭作用,烷基的超共轭作用有微弱的给电子能力。

(2)硝基苯的硝化反应。

硝基苯硝化的反应式及实验数据如下:

硝基苯+发烟硝酸+浓硫酸(95℃)>间二硝基苯(93%)+邻二硝基苯(6%)+对二硝基苯(1%)

将上面的式子与苯的硝化对比,可以得出下述结论:

① 硝基苯比苯难硝化得多,需要用比较强的条件,例如,提高反应温度、增加酸的浓度等来实现。

② 硝基苯硝化时,主要得到间位产物,邻、对位产物极少。

硝基苯比苯难硝化的原因是:苯环的硝化是一个亲电取代反应,硝化反应的机理表明:整个反应的关键一步是硝基正离子进攻苯环形成中间体碳正离子。在硝基苯中,因氧、氮的电负性均大于碳,因此,硝基有吸电子的诱导效应,又因为硝基的 π 轨道与苯环的离域 π 轨道形成一个 π-π 共轭体系,使苯环的 π 电子云也向硝基迁移,所以,硝基是一个具有强吸电子诱导效应和吸电子共轭效应的取代基。它使苯环的电子云密度有较大程度的下降,这一方面增加了硝基正离子进攻苯环的难度,同时也降低了反应过程中产生的中间体碳正离子的稳定性,所以硝基苯比苯难硝化。

(3)甲苯的硝化反应。

甲苯硝化的反应式及实验数据如下:

甲苯+浓硝酸+浓硫酸(30℃)>邻硝基甲苯(58%)+对硝基甲苯(38%)+间硝基甲苯(4%)

甲苯完全硝化,可直接得到三硝基甲苯(TNT)。

实验结果表明:①甲苯比苯容易硝化;②甲苯硝化时,主要得到邻位和对位产物。

甲苯比苯容易硝化的原因是:甲基具有微弱的给电子超共轭效应,这种超共轭效应使苯环上的电子云密度有所增加,这一方面使硝基正离子更容易进攻苯环,同时也使反应过程中产生的中间体碳正离子的电荷得到分散而稳定。所以甲苯比苯更易硝化。但甲基的给电子能力是很弱的,因此它对苯环的活泼性影响较弱。

4. 氯苯的硝化

氯苯硝化的反应式及实验数据如下:

氯苯+浓硫酸+浓硝酸(60~70℃)>邻氯硝基苯(30%)+对氯硝基苯(70%)+间氯硝基苯(极微量)

实验结果表明:(1)氯苯比苯难以硝化;(2)氯苯硝化时主要得到邻、对位取代产物。

氯苯比苯难以硝化的原因是:氯原子的吸电子诱导效应比给电子共轭效应大,总的结果使苯环上的电子云密度降低,这一方面使硝基正离子不易进攻苯环,另一方面使反应过程中产生的中间体碳正离子更不稳定,反应时过渡态势能增大,所以氯苯比苯难硝化。

芳烃的亲核取代:芳烃的亲核取代需要一定条件才能进行。如卤代芳烃一般不易发生,但当卤原子受到邻位或对位硝基的活化,则易被取代。

5. 查依采夫规则

查依采夫规则是指:2-丁醇脱水时,主要产物是2-丁烯,1-丁烯是次要的;1-丁烯取代基与C=C双键的超共轭效应使前者较为稳定。也可以描述成:在β-消去反应中主要产物为双键上烷基取代基最多的烯烃(或最稳定的烯烃)。但这并不是一个绝对的规则,只是相对来说"更容易"向规律描述的"方向"反应,规律描述生成的有机物在总体上占绝大多数而已。

1) 离去基团影响

有时单分子消除反应出现紧密离子对中间体,离去基团在消除时,离碳正离子仍很近(几埃米),对碳正离子有很大影响。随着离去基团X的碱性增大,所生成的终端烯烃的比例逐步增加,成为主要产物,这时扎伊采夫规则就变得越来越不适用。

2) 取代基影响

扎伊采夫规则与霍夫曼规则定义相反,在双分子消除反应中,两规则仅适用于各自的应用范围。在多数情况下,若离去基团不带电荷,则消除方向服从扎伊采夫规则;反之,若离去基团是带有电荷(如为烃基)的非环化合物,则消除方向服从霍夫曼规则。一般来说,扎伊采夫规则可导致热力学上较稳定的产物。

(三)聚合反应

1. 聚合反应的概念

聚合反应是把低分子量的单体转化成高分子量的聚合物的过程,聚合物具有低分子量单体所不具备的可塑、成纤、成膜、高弹等重要性能,可广泛地用作塑料、纤维、橡胶、涂料、黏合剂以及其他用途的高分子材料。这种材料是由一种以上的结构单元(单体)构成的,由单体经重复反应合成的高分子化合物。

从大的方面来说,聚合反应分为加聚反应(聚合反应)和缩聚反应(缩合反应)。

2. 加成聚合

加聚反应:即加成聚合反应,是指由一种或两种以上单体化合成高聚物的反应,在反应过程中没有低分子物质生成,生成的高聚物与原料物质具有相同的化学组成,其相对分子质量为原料相对分子质量的整数倍,仅由一种单体发生的加聚反应称为均聚反应。例如,氯乙烯合成聚氯乙烯;由两种以上单体共同聚合称为共聚反应。例如,苯乙烯与甲基丙烯酸甲酯共聚;共聚产物称为共聚物,其性能往往优于均聚物。因此,通过共聚方法可以改善产品性能。

加聚反应主要包括阳离子聚合、阴离子聚合、自由基聚合和金属催化剂聚合四种,分别适用于不同的单体。

加聚反应特点如下:

(1)加聚反应所用的单体是带有双键或三键的不饱和键和化合物。例如,乙烯、丙烯、氯乙烯、苯乙烯、丙烯腈、甲基丙烯酸甲酯等,或者是常用的重要单体,加聚反应发生在不饱和键上。

(2)加聚反应是通过一连串的单体分子间的互相加成反应来完成的,而且反应一旦发生,便以连锁反应方式很快进行下去得到高分子化合物(通常称为加聚物)。相对分子质量增长几乎与时间无关,但单体转化率则随同时间而增大。

3. 缩聚反应

缩聚反应是指一种或几种含有二个或以上官能团的单体有机物化合成为聚合物同时析出低分子副产物(如水、卤化氢等小分子)的过程。例如,两个分子的乙醇析出一个分子的水而缩合成乙醚。多数缩合反应是在缩合剂的催化作用下进行的,常用的缩合剂是碱、醇钠、无机酸等。

两个相同分子或不同分子之间形成一个新键的反应过程。过程中常放出 NH_3、H_2O、HCl 等简单分子(但也有不放出的,如醇-醛缩合)。反应所用的催化剂通常为酸、碱、氧化物离子或络合金属离子。两个相同分子之间的缩合反应称为自缩合反应,例如,几个分子相同的醛、酮、酯和胺之间发生自缩合,它们大多数形成有机合成的中间物(除胺外)。醛和酸酐、酰氯和胺等之间也能进行缩合反应,结果形成相应的羧酸和酰胺等一系列产品。

缩聚反应的特点:大多数为可逆反应和逐步反应,相对分子质量随反应时间的延长而逐渐增大,但单体的转化率几乎与时间无关。

缩聚反应的分类:(1)根据反应条件不同可分为熔融缩聚反应、溶液缩聚反应、界面缩聚反应和固相缩聚反应四种;(2)根据所用原料不同可分为均缩聚反应、混缩聚反应和共缩聚反应三种;(3)根据产物结构不同又可分为二向缩聚或线型缩聚反应和三向缩聚或体型缩聚反应两种。

项目五 化学反应速率和化学平衡的基础知识

一、化学平衡

(一)可逆反应的概念

在同一条件下,既能向正反应方向进行,同时又能向逆反应方向进行的反应,叫作可逆反应。绝大部分的反应都存在可逆性,一些反应在一般条件下并非可逆反应,而改变条件(如将反应物置于密闭环境中、高温反应等)会变成可逆反应。

可逆反应的特点如下:

(1)反应不能进行到底。可逆反应无论进行多长时间,反应物都不可能100%地全部转化为生成物。

(2)可逆反应一定是同一条件下能互相转换的反应,如二氧化硫、氧气在催化剂、加热的条件下,生成三氧化硫;而三氧化硫在同样的条件下可分解为二氧化硫和氧气。

(3)在理想的可逆过程中,无摩擦、电阻、磁滞等阻力存在,因此不会有功的损失。

(4)在同一时间发生的反应。

(5)同增同减。

(6)书写可逆反应的化学方程式时,应用双箭头表示,箭头两边的物质互为反应物、生成物。通常将从左向右的反应称为正反应,从右向左的反应称为逆反应。

(7)可逆反应中的两个化学反应,在相同条件下同时向相反方向进行,两个化学反应构成一个对立的统一体。在不同条件下能向相反方向进行的两个化学反应不能称为可逆反应。

(二)化学平衡的概念

化学平衡是指在宏观条件一定的可逆反应中,化学反应正逆反应速率相等,反应物和生成物各组分浓度不再改变的状态。

通常说的四大化学平衡为氧化还原平衡、沉淀溶解平衡、配位平衡、酸碱平衡。

化学平衡过程可以从两方面理解:

(1)动力学角度。

从动力学角度看,反应开始时,反应物浓度较大,产物浓度较小,所以正反应速率大于逆反应速率。随着反应的进行,反应物浓度不断减小,产物浓度不断增大,所以正反应速率不断减小,逆反应速率不断增大。当正、逆反应速率相等时,系统中各物质的浓度不再发生变化,反应就达到了平衡。此时系统处于动态平衡状态,并不是说反应进行到此就完全停止。

(2)微观角度。

从微观角度讲是因为在可逆反应中,反应物分子中化学键的断裂速率与生成物化学键的断裂速率相等所造成的平衡现象。

(三)化学平衡常数

化学平衡常数是指在一定温度下,可逆反应无论从正反应开始,还是从逆反应开始,也不管反应物起始浓度大小,最后都达到平衡,这时各生成物浓度的化学计量数次幂的乘积除以各反应物浓度的化学计量数次幂的乘积所得的比值是个常数,用 K 表示,这个常数叫化学平衡常数。

ZAA006 化学平衡常数的概念

GAA002 化学平衡常数的简单计算

JAA001 化学平衡常数的计算

反应 $aA(g)+bB(g) \rightleftharpoons cC(g)+dD(g)$

$$K=c(C)^c \cdot c(D)^d/[c(A)^a \cdot c(B)^b]$$

(四)化学平衡移动

在化学反应条件下,因反应条件的改变,使可逆反应从一种平衡状态转变为另一种平衡状态的过程,叫化学平衡的移动。化学平衡发生移动的根本原因是正逆反应速率不相等,而平衡移动的结果是可逆反应到达了一个新的平衡状态,此时正逆反应速率重新相等(与原来的速率可能相等也可能不相等)。

ZAA012 化学平衡移动理论

GAA006 化学平衡的影响因素

影响化学平衡移动的因素主要有浓度、温度、压强等。

(五)平衡转化率

平衡转化率是指某一可逆化学反应达到化学平衡状态时,转化为目的产物的某种原料的量占该种原料起始量的百分数。

如 $aA+bB=cC+dD$,则:

$\alpha(A)=$(A的初始浓度-A的平衡浓度)/A的初始浓度$\times 100\%=(c_0(A)-c[A])/c_0(A)\times 100\%$

二、化学反应速率

(一)化学反应速率的概念

化学反应速率是指化学反应进行的快慢程度(平均反应速率),用单位时间内反应物或生成物的物质的量来表示。在容积不变的反应容器中,通常用单位时间内反应物浓度的减少或生成物浓度的增加来表示。如时间用s(秒),则化学反应速率的单位是 $mol \cdot L^{-1} \cdot s^{-1}$。

(二)化学反应速率的影响因素

影响化学反应速率的因素分为内部因素和外部因素。

(1)内部因素:反应物本身的性质。

化学键的强弱与化学反应速率的关系。例如,在相同条件下,氟气与氢气在暗处就能发生爆炸(反应速率非常大);氯气与氢气在光照条件下会发生爆炸(反应速率大);溴气与氢气在加热条件下才能反应(反应速率较大);碘蒸气与氢气在较高温度时才能发生反应,同时生成的碘化氢又分解(反应速率较小)。这与反应物X—X键及生成物H—X键的相对强度大小密切相关。

(2)外界因素:温度、浓度、压强、催化剂、光、激光、反应物颗粒大小、反应物之间的接触面积和反应物状态。另外,X射线、γ射线、固体物质的表面积与反应物的接触面积、反应物的浓度也会影响化学反应速率。

① 压强条件。对于有气体参与的化学反应,其他条件不变时(除体积),增大压强,即体积减小,反应物浓度增大,单位体积内活化分子数增多,单位时间内有效碰撞次数增多,反应速率加快;反之则减小。若体积不变,加压(加入不参加此化学反应的气体)则反应速率不变,因为浓度不变,单位体积内活化分子数就不变。但在体积不变的情况下,加入反应物,同样是加压,增加了反应物浓度,速率也会增加。若体积可变,恒压(加入不参加此化学反应的气体)则反应速率就减小。因为体积增大,反应物的物质的量不变,反应物的浓度减小,单位体积内活化分子数减小。

② 温度条件。只要升高温度,反应物分子获得能量,使一部分原来能量较低分子变成活化分子,增加了活化分子的百分数,使得有效碰撞次数增多,故反应速率加大(主要原因)。当然,由于温度升高,使分子运动速率加快,单位时间内反应物分子碰撞次数增多反应也会相应加快(次要原因)。

③ 催化剂。使用正催化剂能够降低反应所需的能量,使更多的反应物分子成为活化分子,大大提高了单位体积内反应物分子的百分数,从而成千上万倍地增大了反应速率,负催化剂则反之。催化剂只能改变化学反应速率,改不了化学反应平衡。

④ 条件浓度。当其他条件一致下,增加反应物浓度就增加了单位体积的活化分子的数

目,从而增加有效碰撞,反应速率增加,但活化分子百分数是不变的。化学反应的过程,就是反应物分子中的原子,重新组合成生成物分子的过程。反应物分子中的原子,要想重新组合成生成物的分子,必须先获得自由,即反应物分子中的化学键必须断裂。化学键的断裂是通过分子(或离子)间的相互碰撞来实现的,并非每次碰撞都能是化学键断裂,即并非每次碰撞都能发生化学反应,能够发生化学反应的碰撞是很少的。

项目六 有机化合物的基础知识

一、有机物的概念

CAA026 有机化合物的概念

有机物是含碳化合物(一氧化碳、二氧化碳、碳酸、碳酸盐、碳酸氢盐、金属碳化物、氰化物、硫氰化物等氧化物除外)或碳氢化合物及其衍生物的总称。有机物是生命产生的物质基础。无机化合物通常指不含碳元素的化合物,但少数含碳元素的化合物,如二氧化碳、碳酸、一氧化碳、碳酸盐等不具有有机物的性质,因此这类物质也属于无机物。

有机化合物除含碳元素外,还可能含有氢、氧、氮、氯、磷和硫等元素。

总之,有机化合物都是含碳化合物,但是含碳化合物不一定是有机化合物。

最简单的有机化合物是甲烷(CH_4),在自然界的分布很广,是天然气、沼气、煤矿坑道气等的主要成分,俗称瓦斯,也是含碳量最小(含氢量最大)的烃,它可用来作为燃料及制造氢气(H_2)、炭黑(C)、一氧化碳(CO)、乙炔(C_2H_2)、氢氰酸(HCN)及甲醛(HCHO)等物质的原料。

(一)有机物的分类方法

有机物种类繁多,可分为烃和烃的衍生物两大类。根据有机物分子的碳架结构,还可分成开链化合物、碳环化合物和杂环化合物三类。根据有机物分子中所含官能团的不同,又分为烷烃、烯烃、炔烃、芳香烃和卤代烃、醇、酚、醚、醛、酮、羧酸、酯等。

(二)有机物的化学性质

有机物一般具有如下化学性质:

(1)可燃性。

(2)稳定性差(有机化合物常会因为温度、细菌、空气或光照的影响分解变质)。

(3)反应速率比较慢。

(4)反应产物复杂。

总体来说,有机化合物除少数以外,一般都能燃烧。和无机物相比,它们的热稳定性比较差,电解质受热容易分解。有机物的熔点较低,一般不超过400℃。有机物的极性很弱,因此大多不溶于水。有机物之间的反应,大多是分子间的反应,往往需要一定的活化能,因此反应缓慢,往往需要加入催化剂等。而且有机物的反应比较复杂,在同样条件下,一个化合物往往可以同时进行几个不同的反应,生成不同的产物。

(三)同系物

同系物是指结构相似、分子组成相差若干个"CH_2"原子团的有机化合物;一般出现在有机化学中,且必须是同一类物质(含有相同且数量相等的官能团,羟基例外,酚和醇不能成为同系物,如苯酚和苯甲醇)。但值得注意的是,一是同系物绝大部分相差 1 个或 n 个亚甲基团;二是有同一基团的物质不一定是同系物。

同系物的特点:

(1)同系物一定符合同一通式;但符合同一通式的不一定是同系物。

(2)同系物必为同一类物质。

(3)同系物化学式一定不相同。

(4)同系物的组成元素相同。

(5)同系物结构相似,不一定完全相同。

(6)同系物之间相差若干个亚甲基原子团。

如甲烷、乙烷、丙烷、互为同系物,乙烯、丙烯、丁烯等互为同系物。

(四)同分异构体

同分异构体是一种有相同分子式而有不同的原子排列的化合物。简单地说,化合物具有相同分子式,但具有不同结构的现象,叫作同分异构现象;具有相同分子式而结构不同的化合物互为同分异构体。很多同分异构体有相似的性质。有机化学中,同分异构体可以是同类物质(含有相同的官能团),也可以是不同类的物质(所含官能团不同)。

(1)碳链异构:由于碳原子的连接次序不同而引起的异构现象,如 $CH_3CH(CH_3)CH_3$ 和 $CH_3CH_2CH_2CH_3$。

(2)官能团位置异构:由于官能团的位置不同而引起的异构现象,如: $CH_3CH_2CH=CH_2$ 和 $CH_3CH=CHCH_3$。

(3)官能团异类异构:由于官能团的不同而引起的异构现象,主要有:

① 单烯烃与环烷烃:通式为 $C_nH_{2n}(n \geq 1)$

② 二烯烃、单炔烃与环单烯烃:通式为 $C_nH_{2n-2}(n \geq 3)$

③ 苯及其同系与多烯:通式为 $C_nH_{2n-6}(n \geq 6)$

④ 饱和一元醇与饱和一元醚:通式为 $C_nH_{2n}O(n \geq 2)$

⑤ 饱和一元醛、饱和一元酮、烯醇:通式为 $C_nH_{2n}O(n \geq 3)$

⑥ 饱和一元羧酸、饱和一元酯、羟基醛:通式为 $C_nH_{2n}O_2(n \geq 2)$

⑦ 酚、芳香醇、芳香醚:通式为 $C_nH_{2n-6}O(n \geq 6)$

⑧ 葡萄糖与果糖;蔗糖与麦芽糖。

⑨ 氨基酸 $[R-CH(NH_2)-COOH]$ 与硝基化合物 $(R'-NO_2)$。

二、饱和烃、不饱和烃的基础知识

(一)烃 [CAA027 烃的概念]

烃,或称碳氢化合物,是有机化合物的一种。这种化合物只由碳和氢两种元素组成,其中包含烷烃、烯烃、炔烃、环烃及芳香烃,是许多其他有机化合物的基体。

1. 烃的分类

(1)开链烃(烃分子中碳原子以开链结合),包括饱和烃(烷烃)、不饱和烃[烯烃与多烯烃(含碳碳双键,不稳定)、炔烃与多炔烃(含碳碳三键,更不稳定)]。

(2) 脂环烃,包括环烷烃、环烯烃、环炔烃。

(3) 芳香烃,包括单环芳香烃(苯及其同系物)、稠环芳香烃(萘、蒽等稠环芳香烃及其同系物)、多环芳香烃(多环芳香烃及其同系物)。

2. 烃类物质的分子通式

烷烃通式:C_nH_{2n+2}(n 大于或等于 1)

烯烃通式:C_nH_{2n}(n 大于或等于 2)

二烯烃通式:C_nH_{2n-2}(n 大于或等于 3)

环烷烃通式:C_nH_{2n}(n 大于或等于 3)

炔烃通式:C_nH_{2n-2}(n 大于或等于 2)

芳香烃通式:C_nH_{2n-6}(n 大于或等于 6)

苯及其同系物:C_nH_{2n-6}(n 大于或等于 6)

(二)饱和烃

1. 甲烷

甲烷在自然界的分布很广,是最简单的有机物,俗称瓦斯。也是含碳量最小(含氢量最大)的烃。

甲烷是一种很重要的燃料,是天然气的主要成分,约占87%。在标准压力的室温环境中,甲烷无色、无味;家用天然气的特殊味道,是为了安全而添加的人工气味,通常是使用甲硫醇或乙硫醇。在一大气压力的环境中,甲烷的沸点为-161℃。空气中的瓦斯含量只要超过5%~15%就十分易燃。液化的甲烷不会燃烧,除非在高压的环境中(通常是4~5大气压力)。中国国家标准规定,甲烷气瓶为棕色,白字。

甲烷高温分解可得炭黑,用作颜料、油墨、油漆以及橡胶的添加剂等;氯仿和CCl_4都是重要的溶剂。甲烷在自然界分布很广,是天然气、沼气、坑气的主要成分之一。它可用作燃料及制造氢、一氧化碳、炭黑、乙炔、氢氰酸及甲醛等物质的原料。甲烷用作热水器、燃气炉热值测试标准燃料,生产可燃气体报警器的标准气,校正气,还可用作太阳能电池、非晶硅膜气相化学沉积的碳源以及医药化工合成的生产原料。

甲烷除作燃料外,还大量用于合成氨、尿素和炭黑,还可用于生产甲醇、氢、乙炔、乙烯、甲醛、二硫化碳、硝基甲烷、氢氰酸和1,4-丁二醇等。甲烷氯化可得一、二、三氯甲烷及四氯化碳。

2. 芳香烃

芳香烃通常是指分子中含有苯环结构的碳氢化合物,是闭链类的一种,具有苯环基本结构,历史上早期发现的这类化合物多有芳香味道,所以称这些烃类物质为芳香烃,后来发现的不具有芳香味道的烃类也都统一沿用这种叫法。苯的同系物的通式是C_nH_{2n-6}($n≥6$)。芳香烃的π电子数为$4n+2$(n为非负整数)。化工中常说的三苯一般是指苯、甲苯和二甲苯。

芳香烃不溶于水,但溶于有机溶剂,如乙醚、四氯化碳、石油醚等非极性溶剂。一般芳香烃均比水轻;沸点随相对分子质量升高而升高;熔点除与相对分子质量有关外,还与其结构有关,通常对位异构体由于分子对称,熔点较高。一些常见的芳香烃的名称及物理性质,见表1-1-3。

表 1-1-3 一些常见的芳香烃的名称及物理性质

化合物	熔点,℃	沸点,℃	相对密度(d_4^{20})
苯	5.5	80	0.879
甲苯	-95	111	0.866
邻二甲苯	-25	144	0.881
间二甲苯	-48	139	0.864
对二甲苯	13	138	0.861
六甲基苯	165	264	—
乙苯	-95	136	0.8669
正丙苯	-99	159	0.8621
异丙苯	-96	152	0.864
联苯	70	255	1.041
二苯甲烷	26	263	1.3421(d_4^{10})
三苯甲烷	93	360	1.014(d_4^{90})
苯乙烯	-31	145	0.9074
苯乙炔	-45	142	0.9295
萘	80	218	1.162
四氢化萘	-30	208	0.971
蒽	2.7	354	1.147
菲	101	340	1.179(d_4^{25})
芘	150	393.5	1.271(d_4^{22})

1)苯

苯,一种碳氢化合物即最简单的芳香烃,在常温下是甜味、可燃、有致癌毒性的无色透明液体,并带有强烈的芳香气味。它难溶于水,易溶于有机溶剂,本身也可作为有机溶剂。

分子式:C_6H_6;相对分子质量:78.11。

苯能与水生成恒沸物,沸点为 69.25℃,含苯 91.2%。因此,在有水生成的反应中常加苯蒸馏,以将水带出。摩尔质量 78.11g/mol。最小点火能:0.20mJ。爆炸上限(体积分数):8%。爆炸下限(体积分数):1.2%。燃烧热:3264.4kJ/mol。

苯参加的化学反应大致有 3 种:一种是其他基团和苯环上的氢原子之间发生的取代反应;一种是发生在苯环上的加成反应(注:苯环无碳碳双键,而是一种介于单键与双键的独特的键);一种是普遍的燃烧(氧化反应),苯不能使酸性高锰酸钾褪色。

苯在工业上最重要的用途是作化工原料。苯可以合成一系列苯的衍生物,苯经取代反应、加成反应、氧化反应等生成的一系列化合物可以作为制取塑料、橡胶、纤维、染料、去污剂、杀虫剂等的原料。大约 10%的苯用于制造苯系中间体的基本原料。

2)甲苯

甲苯,无色澄清液体。有苯样气味。有强折光性。能与乙醇、乙醚、丙酮、氯仿、二硫化碳和冰乙酸混溶,极微溶于水。低毒,半数致死量(大鼠,经口)5000mg/kg。高浓度气体有麻醉性,有刺激性。

分子式：C_7H_8；相对分子质量：92.14。

甲苯的凝固点：-95℃，沸点：110.6℃，折光率：1.4967。闪点（闭杯）：4.4℃，易燃。蒸气能与空气形成爆炸性混合物，爆炸极限1.2%~7.0%（体积分数）。

化学性质活泼，与苯相像。可进行氧化、磺化、硝化和歧化反应，以及侧链氯化反应。甲苯能被氧化成苯甲酸。

甲苯大量用作溶剂和高辛烷值汽油添加剂，也是有机化工的重要原料，甲苯衍生的一系列中间体，广泛用于染料、医药、农药、火（炸）药、助剂、香料等精细化学品的生产，也用于合成材料工业。

3）二甲苯

二甲苯为无色透明液体；是苯环上两个氢被甲基取代的产物，存在邻、间、对三种异构体，在工业上，二甲苯即指上述异构体的混合物。

分子式：C_8H_{10}；相对分子质量：106.16。

一般二甲苯是由45%~70%的间二甲苯、15%~25%的对二甲苯和10%~15%邻二甲苯三种异构体所组成的混合物。易流动，能与无水乙醇、乙醚和其他许多有机溶剂混溶，几乎不溶于水。沸点：137~140℃。折光率：1.4970。闪点：29℃。易燃，蒸气能与空气形成爆炸性混合物，爆炸极限约为1%~7%（体积分数）。低毒，半数致死浓度（大鼠，吸入）0.67%/4h。有刺激性，蒸气高浓度时有麻醉性。

化学性质与苯相似，易取代，难加成。另可被酸性高锰酸钾溶液氧化，所以能使酸性高锰酸钾溶液褪色。

广泛用于涂料、树脂、染料、油墨等行业做溶剂；用于医药、炸药、农药等行业做合成单体或溶剂；也可作为高辛烷值汽油组分，是有机化工的重要原料。还可用于去除车身的沥青。在医院病理科主要用于组织、切片的透明和脱蜡。

工业邻二甲苯为原料，先用工业浓硫酸洗涤至酸层无色，再依次用10%氢氧化钠溶液、水洗涤至合格，分出水层后用无水氯化钙干燥，然后精馏，待馏出物清亮后，收集中间馏分，即为纯品。

3. 石油和天然气

> CAA031 石油及天然气的主要成分

石油，地质勘探的主要对象之一，是一种黏稠的、深褐色液体，被称为"工业的血液"。地壳上层部分地区有石油储存。主要成分是各种烷烃、环烷烃、芳香烃的混合物。

石油的性质因产地而异，密度为0.8~1.0g/cm³，黏度范围很宽，凝点差别很大（-60~30℃），沸点范围为常温到500℃以上，可溶于多种有机溶剂，不溶于水，但可与水形成乳状液。

1）石油的成分

石油的成分主要包括：油质（这是其主要成分）、胶质（一种黏性的半固体物质）、沥青质（暗褐色或黑色脆性固体物质）、碳质。石油是由碳氢化合物为主混合而成的，具有特殊气味的、有色的可燃性油质液体。严格地说，石油以氢与碳构成的烃类为主要成分。构成石油的化学物质用蒸馏能分解。原油加工的产品有煤油、苯、汽油、石蜡、沥青等。

石油中的烃类多是饱和烃，而不饱和烃如乙烯、乙炔等，一般只在石油加工过程中才能得到。石油中的烃有三种类型，烷烃、环烷烃、芳香烃。

2）天然气的成分

天然气又称油田气、石油气、石油伴生气。天然气的化学组成及其理化特性因地而异，主要成分是甲烷，还含有少量乙烷、丁烷、戊烷、二氧化碳、一氧化碳、硫化氢等。无硫化氢时为无色无臭易燃易爆气体，密度比空气小。通常将含甲烷高于90%的称为干气，含甲烷低于90%的称为湿气。

3）炼油的生产工艺

石油的炼制是将原油进行加工以得到石油产品的过程。在石油炼制过程中，原油必须经过一系列工艺加工过程，才能得到有用的各种石油产品。炼油的生产工艺，主要有以下几类：

(1) 常压蒸馏。

利用加热炉、分馏塔等设备将原油汽化，烃（碳氢化合物的总称）类化合物在不同的温度下蒸发，然后将这些物质冷却为液体，生产出一系列的石油制品。其工艺流程为：原油换热→初馏→常压蒸馏。

(2) 减压蒸馏。

利用降低压力从而降低沸点的原理，将常压重油在减压塔内分馏，将重油中分为柴油馏分、润滑油馏分、减压渣油等。

(3) 催化裂化。

催化裂化是在热裂化工艺上发展起来的，是提高原油加工深度，生产优质汽油、柴油最重要的工艺操作。原料主要是原油蒸馏或其他炼油装置的350~540℃馏分的重质油。

催化裂化工艺由三部分组成：反应—再生、分馏、吸收稳定。

催化裂化所得的产物经分馏后可得到气体、汽油、柴油和重质馏分油。部分重质油返回反应器继续加工称为回炼油。催化裂化操作条件的改变或原料波动，可使产品组成出现变化。

(4) 催化重整。

催化重整（简称重整）是在催化剂和氢气存在下，将常压蒸馏所得的轻汽油转化成含芳烃较高的重整汽油的过程。如果以80~180℃馏分为原料，产品为高辛烷值汽油；如果以60~165℃馏分为原料油，产品主要是苯、甲苯、二甲苯等芳香烃，重整过程副产氢气，可作为炼油厂加氢操作的氢源。重整的反应条件是：反应温度为490~525℃，反应压力为1~2MPa。重整的工艺过程可分为原料预处理和重整两部分。

(5) 加氢裂化。

加氢裂化过程是在高压、氢气存在下进行，需要催化剂，把重质原料转化成汽油、煤油、柴油和润滑油。加氢裂化由于有氢存在，原料转化的焦炭少，可除去有害的含硫、氮、氧的化合物，操作灵活，可按产品需求调整。产品收率较高，而且质量好。

(6) 延迟焦化。

它是在较长反应时间下，使原料深度裂化，以生产固体石油焦炭为主要目的，同时获得气体和液体产物。延迟焦化用的原料主要是高沸点的渣油。延迟焦化的主要操作条件是：原料加热后温度约500℃，焦炭塔在稍许正压下操作。改变原料和操作条件可以调整汽油、柴油、裂化原料油、焦炭的比例。

(7) 炼厂气加工。

原油一次加工和二次加工的各生产装置都有气体产出，总称为炼厂气，就组成而言，主要有甲烷、乙烷和乙烯、丙烷和丙烯、丁烷和丁烯等。它们的主要用途是作为生产汽油的原料和石油化工原料以及生产氢气和氨。发展炼油厂气加工的前提是要对炼厂气先分离后利用。炼厂气经分离作化工原料的比重增加，如分出较纯的乙烯可作乙苯，分出较纯的丙烯可作聚丙烯等。

(8) 烷基化。

烷基化过程的目的是由炼厂气生产异辛烷，作为车用汽油（或航空汽油）的高辛烷值组分，以满足优质、无铅汽油的需要。

(三) 不饱和烃

化工原料中常用的"三烯""一炔"，一般指的是乙烯、丙烯、丁二烯和乙炔。

CAA029 乙烯、丙烯、丁二烯的性质和用途

1. 乙烯

乙烯是由两个碳原子和四个氢原子组成的化合物。两个碳原子之间以双键连接。乙烯存在于植物的某些组织、器官中，是由蛋氨酸在供氧充足的条件下转化而成的。

乙烯是合成纤维、合成橡胶、合成塑料（聚乙烯及聚氯乙烯）、合成乙醇（酒精）的基本化工原料，也用于制造氯乙烯、苯乙烯、环氧乙烷、醋酸、乙醛、乙醇和炸药等，尚可用作水果和蔬菜的催熟剂，是一种已证实的植物激素。

乙烯是世界上产量最大的化学产品之一，乙烯工业是石油化工产业的核心，乙烯产品占石化产品的75%以上，在国民经济中占有重要的地位。世界上已将乙烯产量作为衡量一个国家石油化工发展水平的重要标志之一。

乙烯的理化性质：分子式为C_2H_4；相对分子质量：28.06。通常情况下，乙烯是一种无色稍有气味的气体，密度为1.256g/L，比空气的密度略小，难溶于水，易溶于四氯化碳等有机溶剂。常温下极易被氧化剂氧化。如将乙烯通入酸性$KMnO_4$溶液，溶液的紫色褪去，乙烯被氧化为二氧化碳，由此可用鉴别乙烯。易燃烧并放出热量，燃烧时火焰明亮并产生黑烟。燃烧反应如下：

$$CH_2=CH_2+3O_2 \longrightarrow 2CO_2+2H_2O$$

特定条件下可发生加成和加聚反应。

2. 丙烯

丙烯常温下为无色、稍带有甜味的气体。丙烯是三大合成材料的基本原料，主要用于生产聚丙烯、丙烯腈、异丙醇、丙酮和环氧丙烷等。丙烯用量最大的是生产聚丙烯，另外丙烯可制丙烯腈、异丙醇、苯酚和丙酮、丁醇和辛醇、丙烯酸及其脂类以及制环氧丙烷和丙二醇、环氧氯丙烷和合成甘油等。

丙烯的理化性质：分子式：C_3H_6；相对分子质量：42.081。丙烯的液体密度：$0.5139g/cm^3$（20/4℃），气体密度：1.905g/L（0℃，101325Pa），冰点：-185.3℃，沸点：-47.4℃。稍有麻醉性，在815℃、101.325kPa下全部分解。易燃，爆炸极限为2%~11%。不溶于水，溶于有机溶剂，是一种属低毒类物质。

丙烯除了在烯键上起反应外，还可在甲基上起反应。丙烯在酸性催化剂存在下聚合，生成二聚体、三聚体和四聚体的混合物，可用作高辛烷值燃料。在齐格勒催化剂存在下丙烯聚合生

成聚丙烯。丙烯与乙烯共聚生成乙丙橡胶。丙烯与硫酸起加成反应,生成异丙基硫酸,后者水解生成异丙醇;丙烯与氯和水起加成反应,生成 1-氯-2-丙醇,后者与碱反应生成环氧丙烷,加水生成丙二醇;丙烯在酸性催化剂存在下与苯反应,生成异丙苯,它是合成苯酚和丙酮的原料。丙烯在催化剂存在下与氨和空气中的氧起氨氧化反应,生成丙烯腈,它是合成塑料、橡胶、纤维等高聚物的原料。丙烯在高温下氯化,生成烯丙基氯 $CH_2=CHCH_2Cl$,它是合成甘油的原料。

3. 丁二烯

丁二烯,一般指 1,3-丁二烯,无色气体,有特殊气味。稍溶于水,溶于乙醇、甲醇,易溶于丙酮、乙醚、氯仿等。是制造合成橡胶、合成树脂、尼龙等的原料。制法主要有丁烷和丁烯脱氢,或由碳四馏分分离而得。

丁二烯是生产合成橡胶(丁苯橡胶、顺丁橡胶、丁腈橡胶、氯丁橡胶)的主要原料。随着苯乙烯塑料的发展,利用苯乙烯与丁二烯共聚,生产各种用途广泛的树脂(如 ABS 树脂、SBS 树脂、BS 树脂、MBS 树脂),使丁二烯在树脂生产中逐渐占有重要地位。此外,丁二烯尚用于生产乙叉降冰片烯(乙丙橡胶第三单体)、1,4-丁二醇(工程塑料)、己二腈(尼龙 66 单体)、环丁砜、蒽醌、四氢呋喃等。因而也是重要的基础化工原料。丁二烯在精细化学品生产中也有很多用处。

1) 丁二烯的理化性质

分子式:C_4H_6;相对分子质量:54.0916。

丁二烯通常情况下为无色微弱芳香气味气体,熔点:-108.9℃,相对密度(水=1):0.62,沸点:-4.5℃,有麻醉性,特别刺激黏膜,易液化。临界温度 161.8℃,临界压力 4.26MPa。与空气形成爆炸性混合物,爆炸极限 2.16%~11.47%(体积分数)。

1,3 丁二烯的双键比一般的 $C=C$ 双键长一些,单键比一般的 $C-C$ 单键短一些,并且 $C-H$ 键的键长比丁烷中要短。这正是 1,3-丁二烯分子中发生了键的平均化的结果。由于 C 与 C 之间存在 σ 键和 π 键,并且起到共轭效应的是 π 键,因此我们也称 1,3-丁二烯的共轭效应为 $\pi\pi$ 共轭。由于共轭效应,π 键电子成为一种离域电子,在分子轨道上运动,而不再局限于两个碳原子之间。

2) 丁二烯的加成

由共轭效应引起的平均化是分子内的一种属性。1,3—丁二烯分子不受外界影响时,其电子云的分布是完全对称的。但当与 BR 等试剂发生加成反应,由于受到 BR 离子的影响而引起了分子的极化。结果使 C1 原子的电子云密度增大,略带部分负电荷,而 C2 的电子密度相应地降低,略带部分正电荷,又由于 C2 略带部分正电荷,要吸引电子,从而又影响到 C3 和 C4 的 π 电子云,使 C3 略带部分负电荷,C4 略带部分正电荷。

由此可见比较共轭二烯烃比较容易发生 1,2 或 1,4 加成。极性溶剂不利于 1,4 加成。在非极性溶剂中,升高温度更有利于 1,2 结构含量的增加;而在极性添加剂参与下的烃类溶剂的聚合中,升高温度更有利于 1,4 结构含量的增加。当然具体的加成方式还受到反应物结构的影响。

3) 丁二烯的聚合

(1) 丁二烯与其他物质共聚。

1,3-丁二烯通常与苯乙烯、丙烯腈等其他单体共聚,形成各种橡胶或塑料共聚物。最常见的共聚物是丁二烯与苯乙烯的共聚物,这种共聚物被用来制作汽车轮胎。1,3-丁二烯还常常被用于制成嵌段共聚物。同时,1,3-丁二烯还可加入热塑性塑料中。通过一定方法制备的共聚物,可以比单聚物具有更好的强度、韧性等性质。

(2)丁二烯自聚合。

1,3-丁二烯的聚合物,按结构不同可分为顺式-1,4-聚丁二烯(又称顺丁橡胶,CBR)、反式-1,4-聚丁二烯,以及1,2-聚丁二烯。后者还有全同和间同立构之分。

顺式-1,4-聚丁二烯的玻璃化温度:-106℃,结晶熔点:3℃,晶体密度:1.01g/cm³,而1,2-聚丁二烯的密度为0.93g/cm³,玻璃化温度:-15℃,熔点:128℃(全同)和156℃(间同)。不同结构的聚丁二烯的性能差别很大,CBR有高弹性和低滞后性,高抗拉强度和耐磨性,拉伸时可结晶。高反式-1,4-聚丁二烯的结晶性大,回弹性差。而1,2-聚丁二烯为非晶态,低温性能较差。聚丁二烯可用硫黄硫化,硫化时发生顺-反异构化。对于1,4-加成的双烯类聚合物,由于内双键上的基团在双键两侧排列的方式不同而有顺式构型与反式构型之分,如聚丁二烯有顺、反两种构型:其中顺式的1,4-聚丁二烯,分子链与分子链之间的距离较大,在常温下是一种弹性很好的橡胶;反式1,4-丁二烯分子链的结构也比较规整,容易结晶,在常温下是弹性很差的塑料。

4. 乙炔

乙炔,俗称风煤和电石气,是炔烃化合物系列中体积最小的一员,主要作工业用途,特别是烧焊金属方面。乙炔在室温下是一种无色、极易燃的气体。纯乙炔是无臭的,但工业用乙炔由于含有硫化氢、磷化氢等杂质,而有一股大蒜的气味。

乙炔的理化性质:分子式:C_2H_2;相对分子质量:26.04。纯乙炔为无色芳香气味的易燃气体。而电石制的乙炔因混有硫化氢(H_2S)、磷化氢(PH_3)、砷化氢而有毒,并且带有特殊的臭味。熔点(118.656kPa):-80.8℃,沸点:-84℃,相对密度:0.6208(-82/4℃),折射率:1.00051,折光率:1.0005(0℃),闪点(开杯):-17.78℃,自燃点:305℃。在空气中爆炸极限为2.3%~72.3%(体积分数)。在液态和固态下或在气态和一定压力下有猛烈爆炸的危险,受热、震动、电火花等因素都可以引发爆炸,因此不能在加压液化后储存或运输。微溶于水,溶于乙醇、苯、丙酮。在15℃和1.5MPa时,乙炔在丙酮中的溶解度为237g/L,溶液是稳定的。

因此,工业上是在装满石棉等多孔物质的钢瓶中,使多孔物质吸收丙酮后将乙炔压入,以便储存和运输。为了与其他气体区别,乙炔钢瓶的颜色一般为乳白色,橡胶气管一般为黑色,乙炔管道的螺纹一般为左旋螺纹(螺母上有径向的间断沟)。

乙炔是最简单的炔烃,结构式H-C≡C-H,结构简式CH≡CH,乙炔中心C原子采用sp杂化。气体密度:0.91(kg/m³),火焰温度:3150℃,热值:12800(kcal/m³),在氧气中燃烧速度:7.5,纯乙炔在空气中燃烧2100℃左右,在氧气中燃烧可达3600℃。化学性质很活泼,能起加成、氧化、聚合及金属取代等反应。

三、烃的衍生物基础知识

(一)醇

醇是指分子中含有跟烃基或苯环侧链上的碳结合的羟基的化合物。其官能团为—OH。

重要的醇有:甲醇、乙醇、苯甲醇、乙二醇等。

1. 醇的通式

醇可看作链烃或苯的同系物等烃分子里的氢原子被羟基取代的产物,故醇的通式可由烃的通式演变而得。如:烷烃的通式为 C_nH_{2n+2},则饱和一元醇的通式为 $C_nH_{2n+2}O$,饱和 x 元醇的通式为 $C_nH_{2n+2}O_x$。

2. 醇的分类

根据羟基所连接碳原子的类型,分为伯醇、仲醇、叔醇。

根据羟基所连羟基的种类,分为脂肪醇、脂环醇和芳香醇。脂肪醇又根据烃基部分是否含有不饱和键而分为饱和醇和不饱和醇。

根据分子中所含羟基数目的不同,分为一元醇、二元醇和三元醇等。含两个或两个以上羟基的醇统称为多元醇。

羟基连在双键碳上的醇称为烯醇,烯醇结构一般不稳定,易异构化为稳定的羰基化合物。

3. 醇的物理性质

醇类化合物受羟基的影响,存在分子间的氢键,在水中还有醇分子和水分子间的氢键。所以,它们的物理性质与相应的烃差异较大。主要表现在熔沸点比较高,在水中有一定的溶解度等。一般而言,低级的醇类水溶性较好,甲醇、乙醇和丙醇能与水以任意比例混溶。4~11个碳原子的醇为油状液体,部分溶于水,以后随着碳原子数增加,烃基对分子的影响越来越大,使高级醇的物理性质更接近于相应的烃。另外,低级的醇具有特殊的气味和辛辣的味道,而高级的醇则无臭、无味。

4. 醇的化学性质

1)醇的酸性和碱性

醇羟基的氧上有两对孤对电子,氧能利用孤对电子与质子结合,所以醇具有碱性。在醇羟基中,由于氧的电负性大于氢的电负性,因此,氧和氢共用的电子对偏向于氧,氢表现出一定的活性,所以醇也具有酸性。醇的酸性和碱性与和氧相连的烃基的电子效应相关,烃基的吸电子能力越强,醇的碱性越弱,酸性越强。相反,烃基的给电子能力越强,醇的碱性越强,酸性越弱。烃基的空间位阻对醇的酸碱性也有影响,因此,分析烃基的电子效应和空间位阻影响是十分重要的。

2)醇羟基中氢的反应

由于醇羟基中的氢具有一定的活性,因此,醇可以和金属钠反应,氢氧键断裂,形成醇钠并放出氢气。

3)醇与含氧无机酸的反应

醇与含氧无机酸反应失去一分子水,生成无机酸酯。

4)醇与含氧无机酸的酰氯和酸酐反应,也能生成无机酸酯

含氧无机酸酯有许多用途。乙二醇二硝酸酯和甘油三硝酸酯(俗称硝化甘油)都是烈性炸药。硝化甘油还能用于血管舒张、治疗心绞痛和胆绞痛。

5)醇羟基的取代反应

醇中,碳氧键是极性共价键,由于氧的电负性大于碳,所以其共用电子对偏向于氧,当亲

核试剂进攻正性碳时,碳氧键异裂,羟基被亲核试剂取代。其中最重要的一个亲核取代反应是羟基被卤原子取代。

6) 醇的氧化

一级醇及二级醇与醇羟基相连的碳原子上有氢,可以被氧化成醛、酮或酸;三级醇与醇羟基相连的碳原子上没有氢,不易被氧化,如在酸性条件下,易脱水成烯,然后碳碳键氧化断裂,形成小分子化合物。

7) 醇的脱氢

一级醇、二级醇可以在脱氢试剂作用下,失去氢形成羰基化合物,醇的脱氢一般用于工业生产,常用铜或铜铬氧化物等作脱氢剂,在300℃下使醇蒸气通过催化剂即可生成醛或酮。此外 Pd 等也可作脱氢试剂。

5. 常见的醇及用途

(1) 甲醇(木醇),相对分子质量为32.04,沸点为64.7℃。因在干馏木材中首次发现,故又称"木醇"或"木精"。是无色有酒精气味易挥发的液体。人口服中毒最低剂量约为100mg/kg体重,经口摄入 0.3~1g/kg 可致死。用于制造甲醛和农药等,并用作有机物的萃取剂和酒精的变性剂等。制备甲醇是用合成气(CO 和 H_2)在加热、加压和催化剂存在下合成。工业酒精中大约含有4%的甲醇,若被不法分子当作食用酒精制作假酒,饮用后,会产生甲醇中毒。甲醇的致命剂量大约是70mL。

(2) 乙醇,俗称酒精,是最常见的一元醇。常温常压下是一种易燃、易挥发的无色透明液体,低毒性,纯液体不可直接饮用,具有特殊香味,并略带刺激,微甘,并伴有刺激的辛辣滋味。易燃,其蒸气能与空气形成爆炸性混合物,能与水以任意比互溶。能与氯仿、乙醚、甲醇、丙酮和其他多数有机溶剂混溶,相对密度 0.816。乙醇的用途很广,可用乙醇制造醋酸、饮料、香精、染料、燃料等。医疗上也常用体积分数为 70%~75% 的乙醇作消毒剂等,在国防化工、医疗卫生、食品工业、工农业生产中都有广泛的用途。

(3) 乙二醇,又名"甘醇""1,2-亚乙基二醇",化学式为$(CH_2OH)_2$,是最简单的二元醇。乙二醇是无色无臭、有甜味液体,对动物有毒性,人类致死剂量约为 1.6g/kg。乙二醇能与水、丙酮互溶,但在醚类中溶解度较小。用作溶剂、防冻剂以及合成涤纶的原料。乙二醇的高聚物聚乙二醇是一种相转移催化剂,也用于细胞融合;其硝酸酯是一种炸药。

(4) 丙三醇,俗称为甘油,无色、无臭、味甜,外观呈澄明黏稠液态,是一种有机物,能从空气中吸收潮气,也能吸收硫化氢、氰化氢和二氧化硫。难溶于苯、氯仿、四氯化碳、二硫化碳、石油醚和油类。丙三醇是甘油三酯分子的骨架成分,相对密度 1.26362,熔点 17.8℃,沸点 290.0℃(分解),折光率 1.4746,闪点(开杯)176℃,适用于水溶液的分析、溶剂、气量计及水压机缓震液、软化剂、抗生素发酵用营养剂、干燥剂、润滑剂、制药工业、化妆品配制、有机合成、塑化剂。可与水以任何比例溶解,低浓度丙三醇溶液可作润滑油对皮肤进行滋润。

(二) 醚

醚是醇或酚的羟基中的氢被烃基取代的产物。

ZAA021 醚的通式

1. 醚的通式

醚的结构通式为:R—O—R(R′)、Ar—O—R 或 Ar—O—Ar(Ar′)(R=烃基,Ar=芳烃基)。

2. 醚的分类

两个烃基相同的醚成为对称醚,也叫简单醚。两个烃基不相同的醚称为不对称醚,也叫混合醚。

根据两个烃基的类别,醚还可以分为脂肪醚和芳香醚。

在脂肪醚中,分子中不是由氧原子和碳原子结合成环状醚结构的醚称为无环醚。还可细分为饱和醚和不饱和醚。有氧原子和碳原子结合成环状醚结构的醚称为环醚。环上含氧的醚称为内醚或环氧化合物。含有多个氧的大环醚因形如皇冠称之为冠醚。

3. 醚的物理性质

多数醚是易挥发、易燃的液体。与醇不同,醚分子之间不能形成氢键,所以沸点比同组分醇的沸点低得多,如乙醇的沸点为 78.4℃,甲醚的沸点为 -24.9℃;正丁醇的沸点为 117.8℃,乙醚的沸点为 34.6℃。多数醚不溶于水,但常用的四氢呋喃和 1,4-二氧六环却能和水完全互溶,这是由于二者和水形成氢键。

4. 醚的化学性质

ZAA023 醚的主要化学性质

1) 自动氧化

乙醚及其他的醚如果常与空气接触或经光照,可生成不易挥发的过氧化物。

2) 形成锌盐

醚由于氧原子上带有孤电子对,作为一个碱和浓硫酸、氯化氢或路易斯酸(如三氟化硼)等可形成二级锌盐。

3) 碳氧键断裂反应

醚与氢碘酸一起加热,发生碳氧键断裂,这种断裂是酸与醚先形成锌盐,然后,随烷基性质的不同,而发生 SN1 或 SN2 反应,一级烷基发生 SN2 反应,三级烷基容易发生 SN1 反应,生成碘代烷和醇,在过量的酸存在下,所产生的醇也转变成碘代烷。

4) 1,2-环氧化合物的开环反应

环氧乙烷这类化合物和一般醚完全不同,它不仅可与酸反应,而且反应条件温和、速度快,同时还能与不同的碱反应。原因是它的三元环结构使各原子的轨道不能正面充分重叠,而是以弯曲键相互连结,由于这种关系,分子中存在一种张力,极易与多种试剂反应,把环打开,在有机合成中非常有用,通过它可以合成多种化合物。

5) 酸催化的开环反应

开环反应按 SN1 或带有 SN1 特征的 SN2 历程进行。

6) 碱性开环反应

碱催化开环主要是试剂活泼,亲核能力强,环氧化合物上没有带正电荷或负电荷,这是一个 SN2 反应,C—O 键的断裂与亲核试剂和环碳原子之间键的形成几乎同时进行,这时试剂选择进攻取代基较少的环碳原子,因为这个碳的空间位阻较小。

5. 常见的醚及用途

ZAA024 环氧乙烷的性质和用途

(1) 乙醚,无色透明液体。有特殊刺激气味,带甜味。与无水硝酸、浓硫酸和浓硝酸的混合物反应也会发生猛烈爆炸。溶于低碳醇、苯、氯仿、石油醚和油类,微溶于水。相对密度 0.7134,熔点 -116.3℃,沸点 34.6℃,折光率 1.35555,闪点(闭杯) -45℃。易燃、低毒,极易挥发。其蒸气重于空气。在空气的作用下能氧化成过氧化物、醛和乙酸,暴露于光线下能促进其氧化。乙醚是在外科手术中常用的麻醉剂,其作用不是化学性质的,而是溶于神经组织脂肪中引起的生理变化。这种麻醉作用决定于醚在脂肪相和水相中的分配系数。乙烯基醚也是一种麻醉剂,其麻醉性能比乙醚强7倍,而且作用极快,但有迅速达到麻醉程度过深的危险,因而限制了它在这方面的实际应用。

(2)环氧乙烷,是一种有机化合物,化学式是C_2H_4O,相对分子质量为44.052,与水可以任何比例混溶,能溶于醇、醚。化学性质非常活泼,能与许多化合物发生开环加成反应。是一种有毒的致癌物质,常用的制备方法有氯纯法和氧化法。环氧乙烷易燃易爆,不易长途运输,因此有强烈的地域性。主要用于制造其他各种溶剂(如溶纤剂等),稀释剂,非离子型表面活性剂,合成洗涤剂、抗冻剂、消毒剂、增韧剂和增塑剂等。与纤维素发生羟乙基化可合成水溶性树脂(其环氧乙烷含量约75%)。还可用作熏蒸剂、涂料增稠剂、乳化剂、胶黏剂和纸张上浆剂等。

(三)醛

分子中含有醛基(—CHO)的化合物称为醛。

1. 醛的分子通式

醛的通式为RCHO。R可以是烷基、烯基、芳基或环烷基。

2. 醛的分类

(1)按烃基分,醛可分为脂肪醛、脂环醛、芳香醛和萜烯醛。脂肪醛是指分子中碳原子连接成链状的一种醛,呈开链状。脂环醛是指分子中碳原子连接成闭合的碳环。芳香醛的羰基直接连在芳香环上。萜烯醛是萜类化合物的一个分支。

(2)按官能团分,醛可以分为一元醛、二元醛和多元醛。

(3)按饱和程度分,醛可以分为饱和醛和不饱和醛。

3. 醛的物理性质

常温下,除甲醛为气体外,分子中含有12个碳原子以下的脂肪醛为液体,高级的醛为固体;而芳香醛为液体或固体。低级的脂肪醛具有强烈的刺激性气味,分子中含有9个碳原子和分子中含有10个碳原子的醛具有花果香味,因此常用于香料工业。

由于羰基的极性,因此醛的沸点比相对分子质量相近的烃类及醚类高。但由于羰基分子间不能形成氢键,因此沸点较相应的醇低。

因为醛的羰基可以与水中的氢形成氢键,故低级的醛可以溶于水;但芳醛一般难溶于水。

4. 醛的化学性质

1)醛的化学反应特点

醛通常具有较强的还原性与一定的氧化性。

醛与新制氢氧化铜(斐林试剂、班氏试剂、本尼迪特试剂)反应,现象:出现砖红色沉淀。

醛类也可通过和高锰酸钾反应(条件:加热)得到羧酸。

醛类可以发生银镜反应。

甲醛与苯酚发生缩聚反应生成酚醛树脂。

2)醛的化学反应规律

醛基是带有极性的,氧原子是碳氧键中的负极,将碳原子的电子扯向氧原子。由于醛的

> ZAA025 醛、酮的主要化学性质

结构特点,在羰基中的π键极化,使得氧原子上带部分负电荷,而碳原子上带部分正电荷。在反应中,分子中的碳氧双键很容易被带有负电荷的试剂,即亲核试剂进攻,并发生反应。

此外,受羰基的影响,与羰基直接相连的碳原子上的氢原子很活泼,能发生一系列反应。因此羰基的亲核加成和相邻氢原子的活泼性是醛的主要反应。

5. 常见的醛及用途

甲醛,化学式 HCHO 或 CH_2O,相对分子质量 30.03,又称蚁醛。无色气体,有特殊的刺激气味,对人眼、鼻等有刺激作用。气体相对密度 1.067(空气=1),液体密度 $0.815g/cm^3$($-20℃$)。熔点$-92℃$,沸点$-19.5℃$。易溶于水和乙醇。水溶液的浓度最高可达55%,通常是40%,称作甲醛水,俗称福尔马林,是有刺激气味的无色液体。甲醛可由甲醇在银、铜等金属催化下脱氢或氧化制得,也可由烃类氧化产物分出。用作农药和消毒剂,制酚醛树脂、脲醛树脂、维纶、乌洛托品、季戊四醇和染料等的原料。工业品甲醛溶液一般含37%甲醛和15%甲醇,作阻聚剂。

乙醛,化学式 CH_3CHO,相对分子质量 44.05,又名醋醛,无色易流动液体,有刺激性气味。熔点$-121℃$,沸点$20.8℃$,相对密度小于1。可与水和乙醇等一些有机物质互溶。易燃易挥发,蒸气与空气能形成爆炸性混合物,爆炸极限4.0%~57.0%(体积分数)。有机合成中,乙醛是二碳试剂、亲电试剂,看作 $CH_3CH(OH)$ 的合成子,具还原性。它与三份的甲醛缩合,生成季戊四醇 $C(CH_2OH)_4$。可与格氏试剂和有机锂试剂反应生成醇。Strecker 氨基酸合成中,乙醛与氰离子和氨缩合水解后,可合成丙氨酸。乙醛也可构建杂环环系,如三聚乙醛与氨反应生成吡啶衍生物。此外,乙醛可以用来制造乙酸、乙醇、乙酸乙酯。农药 DDT 就是以乙醛作原料合成的。乙醛经氯化得三氯乙醛,三氯乙醛的水合物是一种安眠药。

(四)酮

酮是羰基与两个烃基相连的化合物。

1. 酮的分子通式

酮的通式:RCOR′。

2. 酮的分类

根据分子中烃基的不同,酮可分为脂肪酮、脂环酮、芳香酮、饱和酮和不饱和酮。芳香酮的羰基直接连在芳香环上;羰基嵌在环内的,称为环内酮,例如,环己酮。

按羰基数目又可分为一元酮、二元酮和多元酮。

一元酮中,羰基连接的两个烃基相同的称单酮,例如,丙酮(二甲基甲酮)。互不相同的为混酮,例如苯乙酮(苯基甲基甲酮)。

3. 酮的物理性质

酮分子间不能形成氢键,其沸点低于相应的醇,但羰基氧能和水分子形成氢键,所以低碳数酮(低级酮)溶于水。低级酮是液体,具有令人愉快的气味,高碳数酮(高级酮)是固体。

4. 酮的化学性质

化学性质活泼,易与氢氰酸、格利雅试剂、羟胺、醇等发生亲核加成反应;可还原成醇。受羰基的极化作用,有 α-H 的酮可发生卤代反应;在碱性条件下,具有甲基的酮可发生卤仿反应。由仲醇氧化、芳烃的酰化和羧酸衍生物与有机金属化合物反应制备。

5. 常见的酮及用途

丙酮,分子式为 CH_3COCH_3,相对分子质量 58.08,又名二甲基酮,为最简单的饱和酮。是一种无色透明液体,有特殊的辛辣气味。易溶于水和甲醇、乙醇、乙醚、氯仿、吡啶等有机溶剂。易燃、易挥发,化学性质较活泼。

丙酮的工业生产以异丙苯法为主。丙酮在工业上主要作为溶剂用于炸药、塑料、橡胶、纤维、制革、油脂、喷漆等行业中,也可作为合成烯酮、醋酐、碘仿、聚异戊二烯橡胶、甲基丙烯酸甲酯、氯仿、环氧树脂等物质的重要原料。一般用卤仿反应(甲基酮和乙醛等在碱性条件下,与氯、溴、碘反应,分别生成氯仿、溴仿、碘仿)来鉴别物质中是否含有丙酮。

(五)羧酸

由烃基和羧基相连构成的有机化合物称为羧酸。

1. 羧酸的分子通式

羧酸的通式为 RCOOH 或 $R(COOH)_n$,官能团:—COOH。

2. 羧酸的分类

通式 RCOOH 中 R 为脂烃基或芳烃基,分别称为脂肪(族)酸或芳香(族)酸。又可根据羧基的数目分为一元酸、二元酸与多元酸,还可以分为饱和酸和不饱和酸。

3. 羧酸的物理性质

一元羧酸中,甲酸、乙酸、丙酸具有强烈酸味和刺激性。含有 4~9 个 C 原子的具有腐败恶臭,是油状液体。含 10 个 C 以上的为石蜡状固体,挥发性很低,没有气味。羧基是亲水基,与水可以形成氢键,所以低级羧酸能与水任意比互溶;随着相对分子质量的增加,憎水基(烃基)越来越大,在水中的溶解度越来越小。

4. 羧酸的化学性质

(1)羧酸是弱酸,可以跟碱反应生成盐和水。如:

$$CH_3COOH + NaOH \longrightarrow CH_3COONa + H_2O$$

(2)羧基上的 OH 的取代反应。如:

① 酯化反应:

$$R\text{-}COOH + R'OH \longrightarrow RCOOR' + H_2O$$

② 成酰卤反应:

$$3RCOOH + PCl_3 \longrightarrow 3RCOCl + H_3PO_3$$

③ 成酸酐反应:

$$RCOOH + RCOOH(加热) \longrightarrow R\text{-}COOCO\text{-}R + H_2O$$

④ 成酰胺反应:

$$CH_3COOH + NH_3 \longrightarrow CH_3COONH_4; CH_3COONH_4(加热) \longrightarrow CH_3CONH_2 + H_2O$$

⑤ 与金属反应:

$$2CH_3COOH + 2Na \longrightarrow 2CH_3COONa + H_2\uparrow; 2CH_3COOH + Mg \longrightarrow (CH_3COO)_2Mg + H_2\uparrow$$

(3)脱羧反应:除甲酸外,乙酸的同系物直接加热都不容易脱去羧基(失去 CO_2),但在特殊条件下也可以发生脱羧反应,例如,无水醋酸钠与碱石灰混合强热生成甲烷:

$$CH_3COONa + NaOH(热熔) \longrightarrow CH_4\uparrow + Na_2CO_3(CaO 做催化剂)$$

$$HOOC\text{-}COOH(加热) \longrightarrow HCOOH + CO_2\uparrow$$

GAA008 羧酸的主要化学性质

注：脱羧反应是一类重要的缩短碳链的反应。

（4）还原反应：

$$RCOOH \xrightarrow{LiAlH_4} RCH_2OH$$

5. 常见的羧酸及用途

（1）甲酸，分子式 CH_2O_2，相对分子质量 46.03，俗名蚁酸，是最简单的羧酸。无色而有刺激性气味的液体。弱电解质，熔点 8.6℃，沸点 100.8℃。易燃，能与水、乙醇、乙醚和甘油任意混溶，和大多数的极性有机溶剂混溶，在烃中也有一定的溶解性。

甲酸在浓硫酸的催化作用下分解为 CO 和 H_2O。

甲酸具有和醛类似的还原性。它能起银镜反应，把银氨络离子中的银离子还原成金属银，而自己被氧化成二氧化碳和水。

甲酸是唯一能和烯烃进行加成反应的羧酸。

甲酸在酸的作用下（如硫酸，氢氟酸），和烯烃迅速反应生成甲酸酯。但是类似于 Koch 反应的副反应也会发生，产物是更高级的羧酸。

（2）乙酸，化学式 CH_3COOH，相对分子质量 60.05，也叫醋酸（36%~38%）、冰醋酸（98%），是一种有机一元酸，为食醋主要成分。能溶于水、乙醇、乙醚、四氯化碳及甘油等有机溶剂。

乙酸的羧基氢原子能够部分电离变为氢离子（质子）而释放出来，导致羧酸的酸性。乙酸在水溶液中是一元弱酸，由于弱酸的性质，对于许多金属，乙酸是有腐蚀性的，例如铁、镁和锌，反应生成氢气和金属乙酸盐。

金属的乙酸盐也可以用乙酸和相应的碱性物质反应，例如小苏打与醋的反应。

乙酸的分子间通过氢键结合为二聚体（亦称二缔合物），二聚体有较高的稳定性，当乙酸与水融和的时候，二聚体间的氢键会很快断裂。

乙酸能发生普通羧酸的典型化学反应，同时可以还原生成乙醇。

乙酸也可以成酯或氨基化合物。

在 440℃ 的高温下，乙酸可分解生成甲烷和二氧化碳或乙烯酮和水。

（六）羧酸的衍生物

有机化学中，羧基中的羟基被卤素、氨基等其他原子或原子团取代产生的化合物称为羧酸衍生物，包括酰卤、酸酐、酯、酰胺等。

1. 羧酸衍生物的物理性质

1）性状

低级酰氯与酸酐是有刺鼻气味的液体，高级的为固体。

低级酯具有芳香的气味，存在于水果中，可用作香料。十四碳酸以下的甲酯、乙酯均为液体。

酰胺除甲酰胺外，均为固体，这是由于分子中形成氢键，如果氮上的氢逐个被取代，则氢键缔合减少，因此脂肪族的 N-取代酰胺常为液体。

2）沸点

因分子中没有缔合，酰氯和酯的沸点比相应的羧酸低。酸酐与酰胺的沸点比相应的羧酸高。

3）溶解度

羧酸衍生物一般都可溶于有机溶剂。

酰氯与酸酐不溶于水，低级的遇水分解。

酯在水中溶解度很小；低级的酰胺可溶于水，N,N-二甲基甲酰胺和N,N-二甲基乙酰胺都是很好的非质子极性溶剂，可与水以任何比例混合。

2. 羧酸衍生物的化学性质

1) 亲核取代反应

GAA009 羧酸衍生物的主要化学性质

羧酸衍生物中酰基碳上的基团可被亲核试剂取代，发生亲核取代反应。该反应可在酸或碱催化下进行，首先发生亲核加成后再发生消除反应。包括羧酸衍生物的水解、醇解、氨解反应。

羧酸衍生物均可水解生成羧酸。一般而言，由于卤素是很好的离去基团，酰卤的水解最易发生。酸酐可在中性、酸性、碱性溶液中水解。酯的水解比酰氯、酸酐困难，需要加入酸或碱催化剂。酰胺的反应条件则更为强烈，需要强酸或强碱以及比较长时间的加热回流。

羧酸衍生物进行羰基碳原子的亲核取代的能力次序为：$RCOCl>(RCO)_2O>RCOOR>RCONR_2$。

醇解和氨解是羧酸衍生物中羰基碳上的基团分别被烷氧基和氨基置换，是合成酯和酰胺的常用方法。

2) 与有机金属化合物的反应

羧酸衍生物与金属有机化合物，如格氏试剂、有机锂化合物、有机镉化合物、二烷基铜锂等可反应制备酮或三级醇。可通过控制加入有机金属试剂的量、温度、调节空间位阻等控制反应产物。

3. 常见羧酸衍生物及用途

GAA010 乙酰乙酸乙酯的结构式和用途

乙酰乙酸乙酯，化学式$C_6H_{10}O_3/CH_3COCH_2COOC_2H_5$，相对分子质量130.14，易溶于水，可混溶于多数有机溶剂，醇、醚。与乙醇、丙二醇及油类可互溶。是一种重要的有机合成原料，在医药上用于合成氨基吡啉、维生素 B 等，亦用于偶氮黄色染料的制备，还用于调和苹果香精及其他果香香精。

模块二　化工基础知识

项目一　化工基本概念

一、化工常用的物理量及概念

(一)压强

1. 压强的概念

_{CAB001 压强的概念}

物体所受的压力与受力面积之比叫作压强,压强用来比较压力产生的效果,压强越大,压力的作用效果越明显。压强的计算公式是:$p=F/S$,压强的单位是帕斯卡,符号是 Pa。

2. 常用的压强单位换算

$1atm=0.1MPa=100kPa=1bar=10mH_2O=14.5psi=1kgf/cm^2$。

$1kPa=0.01bar=10mbar=7.5mmHg=0.3inHg=7.5torr=100mmH_2O=4inH_2O$。

$1GPa=1000MPa$。

$1MPa=1000000Pa$。

$1Pa=1N/m^2$。

3. 表压与绝压

_{CAB002 表压、绝压的概念}

绝压就是绝对压力(工程学称谓,物理学称谓是绝对压强),指介质(液体、气体或蒸气)所处空间的所有压力。绝对压力是相对零压力而言的压力。

表压力(相对压力):指总绝对压力超过周围大气压力之数或液体中某一点高出大气压力的那部分压力,如果绝对压力和大气压的差值是一个正值,那么这个正值就是表压力。

绝对压力-大气压=表压。

(二)密度

_{ZAB007 密度的概念及计算}

密度指物质每单位体积内的质量。

计算公式:$\rho=M/V$。

常用单位:g/cm^3 或 kg/m^3。

密度的变化规律:一般来说,不论什么物质,也不管它处于什么状态,随着温度、压力的变化,体积或密度也会发生相应的变化。

联系温度 T、压力 p 和密度 ρ(或体积)三个物理量的关系式称为状态方程。气体的体积随它受到的压力和所处的温度而有显著的变化。对于理想气体,状态方程为 $P=\rho RT$,式中 R 为气体常数,等于 $287.14m^2(s^2\cdot K)$。如果它的温度不变,则密度同压力成正比;如果它的压力不变,则密度同温度成反比。对一般气体,如果密度不大,温度离液化点又较远,则其体积随压力的变化接近理想气体;对于高密度的气体,还应适当修正上述状态方程。

固态或液态物质的密度,在温度和压力变化时,只发生很小的变化。例如在 0℃附近,各种金属的温度系数(温度升高1℃时,物体体积的变化率)大多在10^{-9}左右。

(三)黏度

黏度是物质的一种物理化学性质,定义为一对平行板,面积为A,相距dr,板间充以某液体;今对上板施加一推力F,使其产生一速度变化度所需的力。

黏度是流体黏滞性的一种量度,是流体流动力对其内部摩擦现象的一种表示。黏度大表现内摩擦力大,相对分子质量越大,碳氢结合越多,这种力量也越大。黏度对各种润滑油、质量鉴别和确定用途,及各种燃料用油的燃烧性能及用度等有决定意义。

黏度的度量方法分为绝对黏度和相对黏度两大类。绝对黏度分为动力黏度和运动黏度两种;相对黏度有恩氏黏度、赛氏黏度和雷氏黏度等几种表示方法。

国际单位制(SI)中,动力黏度单位是Pa·s(帕斯卡·秒),运动黏度单位是m^2/s。

1泊(1P) = 100厘泊(100cP)。

1厘泊(1cP) = 1毫帕斯卡·秒(1mPa·s)。

1毫帕斯卡·秒(1mPa·s) = 1000微帕斯卡·秒(1000μPa·s)。

动力黏度与运动黏度的换算:

$$\mu = \nu \cdot \rho$$

式中　μ——试样动力黏度,mPa·s;

　　　ν——试样运动粘度,mm^2/s;

　　　ρ——与测量运动黏度相同温度下试样的密度,g/cm^3。

(四)摩尔分数

混合物中溶质B的物质的量与混合物各组分物质的量之和的比值,称为摩尔分数,用符号x_B表示。

$$x_B = n_B / n$$

式中　x_B——溶质B的摩尔分数,单位为1;

　　　n_B——溶质B的物质的量,mol;

　　　n——混合物的物质的量,mol。

显然,溶液中各组分摩尔分数之和等于1,即$\sum x_i = 1$。

由其定义表达式可知,摩尔分数影响因素只能是某物质的物质的量以及总的混合物的物质的量,温度、压力、状态等因素均不影响摩尔分数的大小。

(五)分子扩散

分子扩散简称扩散,在浓度差或其他推动力的作用下,由于分子、原子等的热运动所引起的物质在空间的迁移现象,是质量传递的一种基本方式。以浓度差为推动力的扩散,即物质组分从高浓度区向低浓度区的迁移,是自然界和工程上最普遍的扩散现象;以温度差为推动力的扩散称为热扩散;在电场、磁场等外力作用下发生的扩散,则称为强制扩散。

在化工生产中,物质在浓度差的推动下在足够大的空间中进行的扩散最为常见,一般分子扩散就是指这种扩散,它是传质分离过程的物理基础,在化学反应工程中也占有重要地位。此外,还经常遇到流体在多孔介质中的扩散现象,它的扩散速率有时控制了整个过程的速率,如有些气固相反应过程的速率。至于热扩散只在稳定同位素和特殊物料的分离中有所应用,强制扩散则应用甚少。

(六) 亨利定律

亨利定律是物理化学的基本定律之一,可表述为:在一定温度的密封容器内,气体的分压与该气体溶在溶液内的摩尔浓度成正比。

亨利定律的公式为:

$$p_g = Hx \tag{1-2-1}$$

式中 H——Henry 常数;

x——气体摩尔分数溶解度;

p_g——气体的分压,Pa。

H 能够很好地表示气体的溶解量,但是 Henry 定律只适用于溶解度很小的体系,严格而言,Henry 定律只是一种近似规律,不能用于压力较高的体系。在这个意义上,Henry 常数只是温度的函数,与压力无关。

亨利常数,是指一定温度下溶于定量液体中的气体量正比于与溶液处于平衡的该气体分压。亨利常数亦可作为描述化合物在气液两相中分配能力的物理常数,有机物在气液两相中的迁移方向和速率主要取决于亨利常数的大小。根据有机物的亨利常数可以判断气体在液体中的溶解度(温度一定时,同一溶剂中亨利常数大者难溶)、液体的挥发作用和在多介质环境中的迁移及趋势。亨利常数还是环境修复、吸附平衡等过程的关键参数,在环境科学与工程领域有广泛的应用。目前测定亨利常数的方法主要有利用平衡后的顶空气浓度比来计算的静态平衡法、色谱法、定量结构-性质相关法等。

亨利定律常数表达式:

$$p_B = k_{B,x} x_B \tag{1-2-2}$$

$$p_B = k_{B,m} m_B \tag{1-2-3}$$

$$p_B = k_{B,c} c_B \tag{1-2-4}$$

式中 x_B——溶质 B 的摩尔分数,单位为 1;

m_B——溶质 B 的质量摩尔浓度,mol/kg;

c_B——溶质 B 的物质的量浓度,mol/dm^3;

$k_{B,x}, k_{B,m}, k_{B,c}$——亨利常数,三者的单位分别为 $k_{B,x}$:Pa 或 kPa 等;$k_{B,m}$:Pa·kg/mol、kPa·kg/mol 等;$k_{B,c}$:Pa·L/mol、kPa·L/mol 等。

一些气体溶于水时的亨利常数,见表 1-2-1。

表 1-2-1 亨利常数 $K_B(x)$ (kPa) (298K)

H_2	N_2	O_2	CO_2	CH_4
7.12×10^6	8.68×10^6	4.40×10^6	1.66×10^6	4.18×10^6

(七) 挥发度

挥发度通常用来表示某种纯净物质(液体或固体)在一定温度下蒸气压的大小。具有较高蒸气压的物质称作易挥发物;较低的称作难挥发物。

对于组分互溶的混合液,两组分的挥发度之比称作相对挥发度。以 α_{AB} 或 α 表示,则:

$$\alpha_{AB} = \frac{p_{yA}/X_A}{p_{yB}/X_B} = \frac{y_A X_B}{y_B X_A} \tag{1-2-5}$$

式中 y_A——气相中易挥发组分的摩尔分数;
y_B——气相中难挥发组分的摩尔分数;
x_A——液相中易挥发组分的摩尔分数;
x_B——液相中难挥发组分的摩尔分数。

当混合物中液相为理想溶液且气相为理想气体时,应用拉乌尔定律和道尔顿分压定律,可导出:

$$\alpha_{AB} = \frac{p_1}{p_2} \tag{1-2-6}$$

式中 p_1 和 p_2——组分 A 和 B 的饱和蒸气压,Pa。

此时相对挥发度为两组分的饱和蒸气压(纯组分挥发性的一种度量)之比。对于理想系统,相对挥发度与混合液的组成和温度关系很小,工程上可视为常数。但非理想系统的浓度对相对挥发度有较大的影响。此外,在工业上有时还在混合液中加入某种添加物来增大待分离组分间的相对挥发度,使难以用普通蒸馏分离的混合液变得易于进行分离。这就是萃取精馏、恒沸精馏和加盐精馏等特殊精馏的基本依据。

(八)露点

露点又称露点温度,指空气在水汽含量和气压都不改变的条件下,冷却到饱和时的温度。形象地说,就是空气中的水蒸气变为露珠时候的温度称为露点温度。露点温度可用来表示湿度,这是因为,当空气中水汽已达到饱和时,气温与露点温度相同;当水汽未达到饱和时,气温一定高于露点温度。所以露点与气温的差值可以表示空气中的水汽距离饱和的程度。气温降到露点以下是水汽凝结的必要条件。

(九)沸点

沸腾是在一定温度下液体内部和表面同时发生的剧烈汽化的现象。沸点是液体沸腾时的温度。

当液体沸腾时,在其内部所形成的气泡中的饱和蒸汽压必须与外界施予的压强相等,气泡才有可能长大并上升,所以,沸点也就是液体的饱和蒸汽压等于外界压强时的温度。液体的沸点跟外部压强有关。当液体所受的压强增大时,它的沸点升高;压强减小时,沸点降低。例如,蒸汽锅炉里的蒸汽压强,约有几十个大气压,锅炉里的水的沸点可在200℃以上;在高山上煮饭,水易沸腾,但饭不易熟,这是由于大气压随地势的升高而降低,水的沸点也随高度的升高而逐渐下降。(在海拔1900m处,大气压约为79800Pa(600mmHg),水的沸点是93.5℃),沸点低的一般先汽化,而沸点高的一般较难汽化。

在相同的大气压下,不同种类液体的沸点亦不相同。这是因为饱和汽压和液体种类有关。在一定的温度下,各种液体的饱和汽压亦一定。例如,乙醚在20℃时饱和气压为5865.2Pa(44cmHg)低于大气压,温度稍有升高,使乙醚的饱和汽压与大气压强相等,将乙醚加热到35℃即可沸腾。液体中若含有杂质,则对液体的沸点亦有影响。液体中含有溶质后它的沸点要比纯净的液体高,这是由于存在溶质后,液体分子之间的引力增加了,液体不易汽化,饱和汽压也较小。要使饱和汽压与大气压相同,必须提高沸点。不同液体在同一外界压强下,沸点不同。沸点随压强而变化的关系可由克劳修斯方程式得到。

(十)压缩比

> CAB014 压缩比的概念

压缩比是指气缸最大容积与最小容积之比,用来说明一台发动机的技术参数,可以概略地用功率与扭矩的大小来表示出来。

气缸最小工作容积,即活塞处于上止点时活塞上方的总容积,称燃烧室容积,用 V_c 表示;而活塞在下止点时活塞上方的全部容积,即气缸最大容积,称气缸总容积,用 V_a 表示。

即
$$\varepsilon = V_a/V_c$$

压缩比表示活塞由下止点运动到上止点时,气缸内气体被压缩的程度。压缩比是发动机的重要参数之一。现代汽车发动机的压缩比,汽油机由于受到爆震的限制,压缩比一般为 8~11。柴油机没有爆震的限制,压缩比一般为 12~22。

工作温度深深地关系着压缩比的变化。压缩比与燃烧温度之间关系密切,然而发动机的运转都有一个合适且正常的工作温度范围,发动机的冷却系统必须帮助整个发动机在适宜的温度区域内工作,否则不论是太高或是太低的工作温度都会使发动机无法发挥真正的效率,更甚者,可能引起气缸与活塞卡死而无法工作,此故障称拉缸。

(十一)化工反应效果评价方法

> CAB021 产品产率、收率的概念

1. 产率

$$产率 = 实际产量/理论产量 \times 100\% \tag{1-2-7}$$

理论产量是指按反应方程式,实际消耗的基准原料全部转化成产物的质量。

在实际化学反应中,由于存在副反应、反应进行不完全以及分离提纯过程中引起的损失等原因,实际产量往往低于理论产量。在实际生产过程中要求产量高,而不是产率高,因为未反应的原料可循环使用。

2. 收率

收率也称作反应收率,一般用于化学及工业生产,是指在化学反应或相关的化学工业生产中,投入单位数量原料获得的实际生产的产品产量与理论计算的产品产量的比值,即按反应物进料量计算,生成目的产物的百分数,一般用质量分数或体积分数表示。同样的一个化学反应在不同的压力、温度下会有不同的收率。

一般而言,90%以上是很高的收率,75%以上是不错的收率,60%左右是一般的收率,30%以下是很低的收率。

$$收率 = 生成目的产物的质量/原料总量 \times 100\% \tag{1-2-8}$$

3. 转化率

转化率是指某一反应物转化的百分率或分率,转化物是针对反应物而言的。如果反应物不止一种,根据不同反应物计算所得的转化率数值可能是不一样的。

$$转化率 = 反应掉的原料量/原料总量 \times 100\% \tag{1-2-9}$$

(1)化学方程式中各物质的反应速率比等于它们的化学计量数比。

(2)化学方程式中各物质的反应速率都表示同一化学反应速率。

4. 选择性

反应选择性又称反应专一性,在化学反应中,表达了某一产物的生产效率。

一个化学反应若同时可生成多种产物,其中某一种产物是最希望获得的,则这一种产物产率的大小代表了该反应选择性的好坏。例如,将萘氧化制苯酐,同时会生成二氧化碳和碳,后二者都是不希望得到的产物。萘转化为苯酐的份额越高,则反应的选择性也越好。反应选择性是评价一个反应效率高低的重要标志。

$$选择性=目标产物生成量/反应掉的原料量×100\% \quad (1-2-10)$$

5. 收率、转化率及选择性之间的关系

收率与转化率及选择性的关系为:收率=转化率×选择性。转化率、选择性、收率始终是小于等于1的。

> ZAB016 转化率、选择性、收率的应用与计算

(十二) 冷凝

> CAB009 冷凝的概念

冷凝是使热物体的温度降低而发生相变化的过程,通常是指物质从气态变成液态的过程。如水蒸气遇冷变成水,水遇冷变成冰。温度越低,冷凝速度越快,效果越好。化工生产中一般以比较容易得到(成本低)的水或空气作冷凝的介质,经过冷凝操作后,水或空气温度会升高,如果直接排放会造成热污染。

冷凝过程主要分为两种,一种称为膜状冷凝,另一种称为滴状冷凝。

1. 膜状冷凝

冷凝液能很好地润湿壁面,在壁面形成一层连续的液膜,冷凝过程只在液膜与蒸气的分界面上进行,冷凝放出的汽化相变焓必须穿过这层液膜才能传到冷却壁面上去,这种冷凝方式称为膜状冷凝。

绝大部分的冷凝过程属于膜状冷凝,这时,液膜层就成为主要的传热阻力,液膜的传热系数越高或液膜的厚度越薄,传递的热量就越多。因此,在设计冷凝器时,为了提高冷凝传热系数,就要考虑如何避免凝液膜不断加厚,以及如何促使凝液膜减薄。例如,通常采用卧式冷凝器,就是因为在壳程中凝液不断地从管子上滴落下来,使液膜层不会随冷凝量的增加而不断地加厚。

2. 滴状冷凝

冷凝液不能很好地润湿壁面,在壁面上形成一个个小液珠,且不断成长变大,液珠变大之后,由于受重力作用,会不断地携带沿途其他液珠沿壁流下,使壁面重复液珠的形成和成长过程,冷凝放出的汽化潜热可直接传递给壁面,这种冷凝方式称为滴状冷凝。

滴状冷凝的传热速率比膜状冷凝高,可以达到膜状冷凝的几倍甚至十几倍,其原因是蒸气与管壁直接接触,中间没有比管壁传热系数小得多的液膜存在,同时,传热的推动力是蒸气与管壁温度之差,这比膜状冷凝时气液界面与管壁温度之差要大。尽管滴状冷凝的传热效果很好,但在操作上不稳定,而且它所需要的特殊材质的冷凝表面也很难完全满足,因此工业应用仍很有限。

(十三) 空速

> ZAB005 空速的概念

反应空速是指在规定的条件下,单位时间单位体积催化剂处理的气体量,单位为 $m^3/h(m^3$ 催化剂 $\cdot h^{-1})$,可简化为 h^{-1}。

> GAB003 塔设备空速的计算

反应器中催化剂的装填数量的多少取决于设计原料的数量和质量以及所要求达到的转化率。通常将催化剂数量和应处理原料数量进行关联的参数是液体时空速度。

空速反映了装置的处理能力。空速有两种表达形式,一种是体积空速,另一种是质量空速。

体积空速=原料体积流量(20℃,m^3/h)/催化剂体积(m^3)。

质量空速=原料质量流量(kg/h)/催化剂质量(kg)。

空速是根据催化剂性能、原料油性质及要求的反应深度而变化的。

允许空速越高表示催化剂活性越高,装置处理能力越大。但是,空速不能无限提高。对于给定的装置,进料量增加时空速增大,空速大意味着单位时间里通过催化剂的原料多,原料在催化剂上的停留时间短,反应深度浅。相反,空速小意味着反应时间长,降低空速对于提高反应的转化率是有利的。但是,较低的空速意味着在相同处理量的情况下需要的催化剂数量较多,反应器体积较大,在经济上是不合理的。所以,工业上空速的选择要根据装置的投资、催化剂的活性、原料性质、产品要求等各方面综合确定。

空速的最终单位是 h^{-1},反映的是物料在催化剂床层的停留时间:

空速越大,停留时间越短,反应深度降低,但处理量增大。

空速越小,停留时间越长,反应深度增高,但处理量减小。

(十四)汽提

[ZAB003 汽提的基本原理]

汽提法处理是指利用水蒸气通过水层时水溶液蒸汽压超过外压时的沸腾作用和液体不断向气泡内蒸发扩散的作用使水中挥发性溶解物质,不断地从水中分离出来的水处理过程,属于传质过程。平衡时,溶质在液相和气相中浓度的分配有一定比例关系。

工业上通常使水在汽提塔内进行连续多次汽提处理。汽提塔为一密闭塔罐,水加热后由塔顶送入,并同时向塔底送入水蒸气。其构造形式有填料塔、泡罩塔、筛板塔、浮阀塔等多种形式。汽提效果与塔内压力、温度、塔内气体空塔速度、进水进气温度及量的大小等因素有关,已用于含酚废水、含氰化氢等工业废水的回收利用处理。

一般使用空气为载气时称为吹脱,使用蒸汽为载气时称为汽提。

汽提法分离污染物的工艺视污染物的性质而异,一般可归纳为以下两种:

1. 简单蒸馏

对于与水互溶的挥发性物质,利用其在气—液平衡条件下,在气相中的浓度大于在液相中的浓度这一特性,通过蒸汽直接加热,使其在沸点(水与挥发物两沸点之间的某一温度)下,按一定比例富集于气相。

2. 蒸汽蒸馏

对于与水互不相溶或几乎不溶的挥发性污染物,利用混合液的沸点低于两组分沸点这一特性,可将高沸点挥发物在较低温度下加以分离脱除。

例如,废水中的松节油、苯胺、酚、硝基苯等物质在低于100℃条件下,应用蒸馏法可将其分离。

汽提的主要设备是汽提塔,分两大类:

(1)填料塔。塔内分层放入各种不同的填料:①散堆填料;②规整填料;③毛细管填料。

(2)板式塔。根据塔板结构不同又分为::①泡罩塔;②浮阀塔;③筛板塔。通常板式塔的效率比填料塔高。

(十五)液泛与雾沫夹带

[ZAB011 液泛和雾沫夹带的概念]

1. 液泛

液泛是指在精馏塔中,由于各种原因造成液相堆积超过其所处空间范围。

1)产生原因

当液泛开始时,塔的压降急剧减小,正常的操作被打破,其产生原因有下几个方面:气相量过大,使得大量液滴从泡沫层中喷出到达上层塔板,冷凝回流后增大了降液管负荷及塔板的压力降,便产生淹塔现象;液体流量过大,降液管面积不足,以使液体不能及时通过,也会产生淹塔。液泛的产生主要是第一个原因,有时降液管堵塞也会产生液泛。

2)液泛的类型

(1)降液管液泛:指降液管内的液相堆积至上一层塔板。造成降液管液泛的原因主要有降液管底隙高度较低、液相流量过大等。

(2)雾沫夹带液泛:指塔板上开孔空间的气相流速达到一定速度,使得塔板上的液相伴随着上升的气相进入上一层塔板。造成雾沫夹带液泛的原因主要是气相速度过大。

(3)淹塔:直径一定的塔,可供气、液两相自由流动的截面是有限的,二者之一的流量若增大到某个限度,降液管内的液体便不能顺畅地流下;当管内的液体满到上层板的溢流堰顶时,便要漫到上层板,产生不正常积液,最后可导致两层板之间被泡沫液充满,这种现象,称为液泛。若液泛过于严重,塔盘、塔内充满液体,此时即为淹塔。

3)液泛的防止方法

(1)尽量加大降液管截面积,但会减少塔板开孔面积。

(2)改进塔板结构,降低塔盘压力降。

(3)控制液体回流量不太大。

2. 雾沫夹带

1)基本概念

雾沫夹带是指塔板上的液体以雾滴形态被气流夹带到上一塔板的现象,也包括液滴被气流带出设备(如蒸发器)等。其产生的原因是当气体通过液体时,液体在气流的作用下生成了雾滴,在气流上升过程中,较大的液滴在重力作用下返回液层,较小的雾沫被气(汽)流带至其他位置,塔板上的雾沫夹带会造成液相在板间的返混,将减小传质推动力而降低板效率。严重时还会造成液泛,故对夹带量有一定的限制。

2)程度的表示方法

雾沫夹带的程度,常用雾沫夹带量(每千克气体夹带的液体千克数)或雾沫夹带分率[雾沫夹带量/(液流量+雾沫夹带量)]表示,它主要与气体流速、液气比、气液密度、表面张力、塔板结构、塔板间距及液层高度等因素有关。物系和塔板结构一定时,板间距对雾沫夹带量影响很大。在设计板式塔时,必须对气速、板间距和板效率三者做综合考虑,将雾沫夹带量控制在规定限度内。

3)防止方法

在填充塔、喷淋塔等气液传质设备中,液体由塔顶分布器喷出时,所产生微细液滴也会被出口气体带走。这种现象也是雾沫夹带,此时可设置除沫装置以捕集液滴。

(十六)等板高度

等板高度(HETP),又称理论板当量高度,是指填料层或喷淋塔固体颗粒移动床的一段高度,其效果与一层理论塔板或一理论级相等。等板高度乘以分离所要求的理论板数即为所需的填料总高,或喷淋塔、移动床的有效高。等板高度的值越小,则塔内这一段的传质效果越好。

系统的物性、几何因素及操作条件都是等板高度的影响因素,在应用时宜采取最接近客

> JAB013 填料塔的理论板当量高度的概念

观情况的实测值。

用于精馏时,填料直径为 25mm 时,HETP 为 0.46m;填料直径为 38mm 时,HETP 为 0.66m;填料直径为 50mm 时,HETP 为 0.9m。

用于吸收时,HETP 为 1.5~1.8m。

用于小塔(塔径<0.6m)时,HETP 等于塔径。

用于真空操作时,HETP 在上述数据加 0.1,此外也可用一些经验式做估算。

(十七)物料衡算与能量衡算

1. 物料平衡

产品或物料实际产量或实际用量及收集到的损耗之和与理论产量或理论用量之间,在考虑可允许的偏差范围内是相等的。

$$\text{物料平衡率} = (\text{实际产量} + \text{抽样量} + \text{损耗量}) / \text{理论产量} \times 100\% \quad (1-2-11)$$

其中,理论产量是指按照所用的原料量在生产中无任何损失或差错的情况下得出的最大量;实际产量是指为生产过程实际产出量。

2. 物料衡算

物料衡算是确定化工生产过程中物料比例和物料转变的定量关系的过程,是化工工艺计算中最基本、最重要的内容之一。在化学工程中,设计或改造工艺流程和设备,了解和控制生产操作过程,核算生产过程的经济效益,确定主副产品的产率,确定原材料消耗定额,确定生产过程的损耗量,技术人员对现有的工艺过程进行分析,选择最有效的工艺路线,确定设备容量、数量及主要尺寸,对设备进行最佳设计以及确定最佳操作条件等都要进行物料衡算。一切化学工程的开发与放大都是以物料衡算为基础的。

1)基本算法

根据原料与产品之间的定量转化关系,计算原料的消耗量,各种中间产品、产品和副产品的产量,生产过程中各阶段的消耗量以及组成,进而为热量衡算、其他工艺计算及设备计算打基础。

物料衡算通式如下:

$$\sum G_{投入} = \sum G_{产品} + \sum G_{回收} + \sum G_{流失} \quad (1-2-12)$$

式中 $\sum G_{投入}$——投入系统的物料总量;

$\sum G_{产品}$——系统产出的产品和副产品总量;

$\sum G_{流失}$——系统中流失的物料总量;

$\sum G_{回收}$——系统中回收的物料总量。

其中产品量应包括产品和副产品,流失量包括除产品、副产品及回收量以外各种形式的损失量,污染物排放量即包括在其中。

3. 能量守恒与热量衡算

1)能量守恒

能量既不会凭空产生,也不会凭空消失,只能从一个物体传递给另一个物体,而且能量的形式也可以互相转换。这就是人们对能量的总结,称为能量守恒定律。

2)热量衡算

当物料经物理或化学变化时,如果其动能、位能或对外界所做之功,对于总能量的变化影响甚小可以忽略时,能量守恒定律可以简化为热量衡算。

热量衡算的基础是物料衡算。化工设计中的能量衡算主要是热量衡算。在化工设计工作中,通过热量衡算可以得到以下各种情况下的设计参数:换热设备的热负荷;反应器的换热量;吸收塔冷却装置的热负荷;冷激式多段绝热固定床反应器的冷激剂用量;加热蒸汽、冷却水、冷冻盐水的用量;有机高温热载体(如联苯、导热姆等)和熔盐的循环量;冷冻系统的制冷量和冷冻剂循环量;换热器冷、热支路的物流比例;设备进、出口的各股物料中某股物料的温度。

热量衡算的主要依据是能量守恒定律,其数学表达式为:

$$Q_1+Q_2+Q_3=Q_4+Q_5+Q_6 \qquad (1-2-13)$$

式中 Q_1——物料带入到设备的热量,kJ;

Q_2——加热剂或冷却剂传给设备和所处理物料的热量,kJ;

Q_3——过程热效应,kJ;

Q_4——物料离开设备所消耗的热量,kJ;

Q_5——加热或冷却设备所消耗的热量,kJ;

Q_6——设备向环境散失的热量,kJ。

(十八)速率分离

速率分离过程是指借助某种推动力(如压力差、温度差、电位差等)的作用,利用各组分扩散速率的差异而实现混合物分离的单元操作过程,如微滤、超滤、反渗透、电渗析等。

速率分离过程主要分为以下两类:

(1)膜分离。膜分离是指在选择性透过膜中,利用各组分扩散速率的差异而实现混合物分离的单元操作过程,主要包括过滤、超滤、反渗透、渗析和电渗析等。

(2)场分离。场分离是指在外场(如电场、磁场等)作用下,利用各组分扩散速度的差异而实现混合物分离的单元操作过程,主要包括电泳、热扩散高梯度磁场分离等。

(十九)过滤

1. 过滤的概念

过滤是在推动力或者其他外力作用下,悬浮液(或含固体颗粒发热气体)中的液体(或气体)透过介质,固体颗粒及其他物质被过滤介质截留,从而使固体及其他物质与液体(或气体)分离的操作,被过滤的悬浮液又称为滤浆,过滤时截留下的颗粒层称为滤饼,过滤的清液称为滤液。

2. 过滤介质

过滤介质即为使流体通过而颗粒被截留的多孔介质。无论采用何种过滤方式,过滤介质总是必须的,因此过程介质是过滤操作的要素之一。

过滤介质的共性要求是多孔、理化性质稳定、耐用和可反复利用等。可用作过滤介质的材料很多,主要可以分为:

(1)织物介质。织物是非常常用的过滤介质。工业上称为滤布(网),由天然纤维、玻璃纤维、合成纤维或者金属丝组织而成。可截留的最小颗粒视网孔大小而定,一般在几到几十微米的范围。

(2)多孔材料。制成片、板或管的各种多孔性固体材料,如素瓷、烧结金属和玻璃、多孔性塑料以及过滤和压紧的毡与棉等。此类介质较厚,孔道细,能截留 1~3μm 的微小颗粒。

(3)固体颗粒床层。由沙、木炭之类的固体颗粒堆积而成的床层,称为滤床。用作过滤介质使含少量悬浮物的液体澄清。

(4)多孔膜。由特殊工艺合成的聚合物薄膜,最常见的是醋酸纤维膜与聚酰胺膜。膜过滤属精密过滤,可分离 5nm 的微粒。

3. 滤饼过滤与深层过滤

根据过滤过程的机理不同可分为滤饼过滤和深层过滤。

滤饼过滤又称为表面过滤。使用织物、多孔材料或膜等作为过滤介质。过滤介质的孔径不一定要小于最小颗粒的粒径。过滤开始时,部分小颗粒可以进入甚至穿过介质的小孔。但很快由颗粒的架桥作用使介质的孔径缩小形成有效的阻挡。被截留在介质表面的颗粒形成称为滤饼的滤渣层,透过滤饼层的则是被净化了的滤液。随着滤饼的形成真正起过滤介质作用的是滤饼本身,因此称为滤饼过滤。滤饼过滤主要适用于含固量较大(>1%)的场合。

深层过滤一般应用介质层较厚的滤床类(如沙层、硅藻土等)作为过滤介质。颗粒小于介质空隙进入到介质内部,而长且曲折的孔道中被截留并附着于介质之上。深层过滤无滤饼形成,主要用于净化含固量很少(<0.1%)的流体,如水的净化、烟气除尘等。

4. 过滤的操作方式

根据使用的过滤设备、过滤介质及所处理物系的性质和产品收集的要求,过滤操作分为间歇式和连续式两种主要方式。

根据提供过滤推动力的方式,又有重力过滤、加压过滤、真空过滤和离心过滤之分,其目的都是克服过滤阻力。

5. 过滤的操作过程

过滤的操作过程一般包括过滤、洗涤、干燥、卸料 4 个阶段。

1)过滤

悬浮液在推动力作用下,克服过滤介质的阻力进行固液分离;固体颗粒被截留,逐渐形成滤饼且不断增厚,因此,过滤阻力也随之不断增加,致使过滤速度逐渐降低。当过滤速度降低到一定程度后,必须停止过滤。

2)洗涤

停止过滤后,滤饼的毛细孔中含有许多滤液,须用清水或其他液体洗涤,以得到纯净的固粒产品或得到尽量多的滤液。

3)干燥

用压缩空气吹或真空吸,把滤饼毛细管中存留的洗涤液排走,得到含湿量较低的滤饼。

4)卸料

把滤饼从过滤介质上卸下并将过滤介质洗净,以备重新进行过滤。

(二十)流态化

CAB004 固体流态化的基本概念

1. 流态化的概念

流体化也叫作固体流态化,是指固体颗粒在流体的作用下呈现出与流体相似的流动性能的现象。

2. 流态化的分类

根据流化床内颗粒和流体的运动状况不同可区分为散式流态化和聚式流态化。

在散式流态化时,颗粒均匀分布在流体中,并在各方向上做随机运动,床层表面平稳且清晰,床层随流体表观流速的增加而均匀膨胀。

在聚式流态化时,床层内出现组成不同的两个相,即含颗粒甚少的不连续气泡相,以及含颗粒较多的连续乳化相。

3. 流态化的特点与应用

1) 流态化技术的主要优点

(1) 便于连续处理大量固体粒子,实现连续生产和生产过程的自动化。

(2) 便于控制温度并使温度分布均匀。

(3) 传热效率高,适于强放热(或暖热)过程。

(4) 由于粒子细,流体和固体间接触面积大,因此反应速率快。

2) 流态化技术的主要缺点

(1) 返混较剧烈,使反应后的物料与新进料相混,从而降低反应速率和影响反应的选择性。

(2) 反应器内难以保持适合某些反应所需的温度梯度。

(3) 固体颗粒的磨损和带出较严重,需要细粉回收设备。

目前,流态化技术已被广泛应用于炼油、化工、冶金、轻工、动力等工业部门,包括输送、混合、分级、干燥、吸附等物理过程以及燃烧、煅烧和许多催化反应过程。

(二十一) 物理吸附

GAB013 物理吸附的机理

物理吸附吸是指吸附质分子与吸附剂表面原子或分子间以物理力进行的吸附作用,也称范德华吸附。

物理吸附的作用力是固体表面与气体分子之间,以及已被吸附分子与气体分子间的范德华引力,包括静电力、诱导力和色散力。

物理吸附过程不产生化学反应,不发生电子转移、原子重排及化学键的破坏与生成。由于分子间引力的作用比较弱,使得吸附质分子的结构变化很小。在吸附过程中物质不改变原来的性质,因此吸附能小,被吸附的物质很容易再脱离,如用活性炭吸附气体,只要升高温度,就可以使被吸附的气体逐出活性炭表面。

(二十二) 分离的应用

1. 过滤器

过滤器是输送介质管道上不可缺少的一种装置,通常安装在减压阀、泄压阀、定水位阀,方形过滤器其他设备的进口端设备。

过滤器工作时,待过滤的液体由入口进入,流经滤网,通过出口进入用户所需的管道进行工艺循环,液体中的颗粒杂质可被滤网截留在滤网内部。

2. 除沫器

GAB012 除沫器的工作原理

除沫器是化工操作时,为设法减少雾沫夹带而设置的一种除沫装置。除沫器的形式很多,一般安装在设备气体出口处。

当带有雾沫的气体以一定速度上升通过丝网时,由于雾沫上升的惯性作用,雾沫与丝网细丝相碰撞而被附着在细丝表面上。细丝表面上雾沫的扩散及雾沫的重力沉降,使雾沫形成较大的液滴沿着细丝流至两根丝的交接点。细丝的可润湿性、液体的表面张力及细丝的毛细管作用,使得液滴越来越大,直到聚集的液滴大到其自身产生的重力超过气体的上升力与液体表面张力的合力时,液滴就从细丝上分离下落。气体通过丝网除沫器后,基本上不含雾沫。

二、工业催化剂

> CAB023 催化剂的概念、组成及对反应速度的影响

(一)催化剂的概念

在化学反应里能改变反应物化学反应速率(提高或降低)而不改变化学平衡,且本身的质量和化学性质在化学反应前后都没有发生改变的物质叫催化剂(固体催化剂也叫触媒)。

一般来说,催化剂是指参与化学反应中间历程的,又能选择性地改变化学反应速率,而其本身的数量和化学性质在反应前后基本保持不变的物质。通常把催化剂加速化学反应,使反应尽快达到化学平衡的作用叫作催化作用,但并不改变反应的平衡。

(二)催化剂的分类

催化剂按状态不同可分为液体催化剂和固体催化剂;按反应体系的相态不同分为均相催化剂和多相催化剂,均相催化剂有酸、碱、可溶性过渡金属化合物和过氧化物催化剂。多相催化剂有固体酸催化剂、有机碱催化剂、金属催化剂、金属氧化物催化剂、络合物催化剂、稀土催化剂、分子筛催化剂、生物催化剂、纳米催化剂等。

催化剂按照反应类型不同又分为聚合、缩聚、酯化、缩醛化、加氢、脱氢、氧化、还原、烷基化、异构化等催化剂。

催化剂按照作用大小不同还分为主催化剂和助催化剂。

(三)催化剂的组成

绝大多数催化剂有三类可以区分的组分:活性组分、载体、助催化剂。

1. 活性组分

活性组分是催化剂的主要成分,有时由一种物质组成,有时由多种物质组成。活性组分分类见表1-2-2。

表1-2-2 活性组分分类

类别	导电性(反应类型)	催化反应举例
金属	导电体(氧化反应,还原反应)	选择性加氢;选择性氢解;选择性氧化
过渡金属氧化物、硫化物	半导体(氧化还原)	选择性加氢、脱氢;氢解;氧化
非过渡元素氧化物	绝缘体(碳离子反应,酸碱反应)	聚合、异构;裂化;脱水

2. 催化剂载体

载体是催化活性组分的分散剂、黏合剂或支撑体,是负载活性组分的骨架。将活性组分、助催化剂组分负载于载体上所制得的催化剂称为负载型催化剂。

常用载体的类型如下:

低比表面积的有:刚玉、碳化硅、浮石、硅藻土、石棉、耐火砖。

高比表面积的有:氧化铝、SiO_2-Al_2O_3、铁矾土、白土、氧化镁、硅胶、活性炭。

3. 助催化剂

助催化剂是加入催化剂中的少量物质,是催化剂的辅助成分,其本身没有活性或者活性很小,但是它们加入催化剂中后,可以改变催化剂的化学组成、化学结构、离子价态、酸碱性、晶格结构、表面结构、孔结构、分散状态、机械强度等,从而提高催化剂的活性、选择性、稳定性和寿命。

(四) 催化剂的特点

催化反应有四个基本特征,可以根据定义导出,对了解催化剂的功能很重要。

催化剂只能加速热力学上可以进行的反应。要求开发新的化学反应催化剂时,首先要对反应进行热力学分析,看它是否是热力学上可行的反应。

催化剂只能加速反应趋于平衡,不能改变反应的平衡位置(平衡常数)。

催化剂对反应具有选择性,当反应可能有一个以上不同方向时,催化剂仅加速其中一种,促进反应速率和选择性是统一的。

催化剂的寿命。催化剂能改变化学反应速率,其自身并不进入反应,在理想情况下催化剂不为反应所改变。但在实际反应过程中,催化剂长期受热和化学作用,也会发生一些不可拟的物理化学变化。

根据催化剂的定义和特征分析,有三种重要的催化剂指标:活性、选择性、稳定性。

(五) 催化剂的使用

为了使催化剂充分发挥作用,需要在工业装置上正确地使用催化剂,包括催化剂的储存、装填、开工、活化、钝化、运转、再活化、再生等。

1. 储存

催化剂存放时需注意储存温度,以免变质。有些催化剂,如骨架镍需储存于液体中,严密隔绝空气。有的要在氮气中装填,否则会因氧化而失活并引起燃烧。固体颗粒状催化剂在储运中要避免冲撞,以防颗粒破损。如有破损,在使用前用户需加以筛分,除去碎粒和粉尘。

2. 装填

装填固定床需采用装填料斗,均匀地将颗粒填入反应器,保证床层各处有相同的空位率并且摊平。若为列管式反应器,各管填装催化剂后要有相同的压力降,保证在作业中流体物料均匀分布。

3. 活化、钝化

催化剂在使用前需按一定程序加以处理,如石油馏分加氢精制的钼-镍催化剂,要通过空气和水蒸气处理以及硫化等步骤进行活化;有的催化剂,如氨合成用的铁催化剂需要在装置上先还原活化;但另一些催化剂,如铂铼重整催化剂,却要用硫化物钝化以抑制氢解,防止开始进料时催化剂床层超温。

4. 运转

在运转过程中,要对原料进行预处理以防止催化剂中毒,并且注意和控制催化剂床层压力降和温度分布,以保证其正常作业。在有些场合还要定期分析催化剂样品,以观察其效能的变化。除控制反应条件外,有的还要严格控制反应环境,如铂重整催化剂要控制循环氢中的水氯平衡,以保持催化活性和催化剂选择性。

5. 再活化、再生

有的催化剂,如裂解轻焦油加氢的镍催化剂,在运转一段时间后,先用水蒸气吹扫,然后经热氢处理,以恢复一定活性,称为再活化。但是对于许多有机催化反应过程用的催化剂,经过长期运转后积碳失活,这时就要采用空气烧焦来进行催化剂再生。在流化床催化裂化过程中,催化剂迅速积碳,用后随即进入流化床再生器烧焦再生。

(六) 催化剂的中毒

催化剂中毒是指反应原料中含有的微量杂质使催化剂的活性、选择性明显下降或丧失的现象。中毒现象的本质是微量杂质和催化剂活性中心的某种化学作用,形成没有活性的物种。在气固多相催化反应中形成的是吸附络合物。一类是如果毒物与活性组分作用较弱,可用简单方法使活性恢复,称为可逆中毒或暂时中毒。另一类为不可逆中毒,不可能用简单方法恢复活性。为了降低副反应的活性,有时需要使催化剂选择中毒。

(七) 催化剂的再生

催化剂的再生是使催化作用效率已经衰退的催化剂重新恢复其效率的过程。再生过程不涉及催化剂整体结构的解体,仅仅是用适当的方法消除那些导致催化效能衰退的因素。

例如,除去存留于催化剂上的毒质、覆盖于催化剂表面上的尘灰和由于副反应而生成于催化剂外表或孔隙内部的沉积物等,力图恢复催化剂的固有组成和构造。在有机催化反应中,由脱氢-聚合副反应生成高碳氢比的固体沉积物覆盖催化剂表面,是常见的失活原因之一。可用通入空气或贫氧空气的方法烧去碳沉积物,使催化剂再生;有些场合可用溶剂洗涤的方法使之再生。有些催化剂的再生作业可在原来的反应器中进行;有些催化剂的再生作业条件(如温度)与生产作业条件相差悬殊,必须在专门设计的再生器中再生。例如,石油裂化过程中所用的铝硅酸盐催化剂再生时,为构成连续化的工业过程,可在一个流化床反应器中进行催化裂化,失活的催化剂连续地输入另一流化床反应器(再生器)中再生,再生催化剂连续地输送回裂化反应器。在裂化催化剂中,可加入少量的助燃催化剂(如负载有微量铂的氧化铝)以促进再生过程,使碳沉积物的清除更为彻底。

项目二 流体力学基础知识

一、流体的基本知识

(一) 流体的概念

流体,是与固体相对应的一种物体形态,是液体和气体的总称。由大量不断地做热运动而且无固定平衡位置的分子构成的,流体都有一定的可压缩性,液体可压缩性很小,而气体的可压缩性较大,在流体的形状改变时,流体各层之间也存在一定的运动阻力(即黏滞性)。当流体的黏滞性和可压缩性很小时,可近似看作是理想流体,它是人们为研究流体的运动和状态而引入的一个理想模型,是液压传动和气压传动的介质。

(二) 流体的特征

固体和流体具有以下不同的特征:在静止状态下固体的作用面上能够同时承受剪切应力和法向应力。而流体只有在运动状态下才能够同时有法向应力和切向应力的作用,静止状态下其作用面上仅能够承受法向应力,这一应力是压缩应力即静压强。固体在力的作用下发生变形,在弹性极限内变形和作用力之间服从胡克定律,即固体的变形量和作用力的大小成正比。而流体则是角变形速度和剪切应力有关,层流和紊流状态下它们之间的关系有所不同,在层流状态下,二者之间服从牛顿内摩擦定律。

当作用力停止作用,固体可以恢复原来的形状,流体只能够停止变形,而不能返回原来的位置。固体有一定的形状,流体由于其变形所需的剪切力非常小,所以很容易使自身的形状适应容器的形状,在一定的条件下可以维持下来。

(三)流体的性质

1. 质量与密度

流体和其他物质一样,具有质量和重量。单位体积的流体所具有的质量称为流体的密度,用 ρ 来表示。在流体中任意点处的密度均相同,则该流体为均匀流体,均匀流体的密度表示为,$\rho=m/v$。对于非均匀流体,因为各点处的密度不同,所以按式(1-2-14)计算的只是流体的某一点处的密度:

$$\lim_{\mathrm{d}V \to 0} = \frac{\mathrm{d}m}{\mathrm{d}V} \tag{1-2-14}$$

式中 $\mathrm{d}m$——所取某微元件的质量,kg;

$\mathrm{d}V$——质量为 $\mathrm{d}m$ 的微元件的体积,m^3。

2. 压缩性与膨胀性

当作用在流体上的压力增加时,流体所占有的体积将减小,这种特性称为流体的压缩性。通常用体积压缩系数 B_p 来表示。B_p 指的是在温度不变时,压力每增加一个单位,单位体积流体的体积变化量。当温度变化时,流体的体积也随之变化,温度升高、体积膨胀,这种特性称为流体的膨胀性,用温度膨胀系数 B_t 来表示。B_t 是指当压力保持不变温度升高 1K 时单位体积流体的体积增加量。

一般的,水及其他液体的压缩系数和膨胀系数都很小。所以,工程上一般不考虑它们的压缩性或膨胀性。但当压力、温度的变化比较大时(如在高压锅炉中),就必须考虑液体的压缩性和膨胀性。

3. 黏滞性

当流体中发生了层与层之间的相对运动时,速度快的层对速度慢的层产生了一个拖动力使它加速,而速度慢的流体层对速度快的就有一个阻止它向前运动的阻力,拖动力和阻力是大小相等方向相反的一对力,分别作用在两个紧挨着但速度不同的流体层上,这就是流体黏性的表现,称为内摩擦力或叫黏滞力。

在工程计算中亦常常采用流体的动力黏度与其密度的比值,称为运动黏度或运动黏滞系数,以 v 表示,其单位为斯托克。温度对流体的黏滞系数影响很大。温度升高时液体的黏滞系数降低,流动性增加。气体则相反,温度升高时,它的黏滞系数增大。

(四)理想流体与实际流体

根据流体黏性的差别,可将流体分为两大类,即理想流体和实际流体。

自然界中存在的流体都具有黏性,统称为黏性流体或实际流体,对于完全没有黏性的流体称为理想流体。这种流体仅是一种假想,实际并不存在。但是,引进理想流体的概念是有实际意义的。因为,黏性的问题十分复杂,影响因素很多,这对研究实际流体的带来很大的困难。因此,常常先把问题简化为不考虑黏性因素的理想流体,找出规律后再考虑黏性的影响进行修正。这种修正,常常由于理论分析不能完全解决而借助于试验研究的手段。

(五)流量

所谓流量,是指单位时间内流经封闭管道或明渠有效截面的流体量,又称瞬时流量。当流体量以质量表示时称为质量流量;当流体量以体积表示时称为体积流量。单位时间内流过某一段管道的流体的体积,称为该横截面的体积流量,简称为流量,用 Q 来表示。

(六)流体输送概念

流体输送是指流体以一定流量沿着管道(或明渠)由一处送到另一处。

化工生产中,流体大都用密闭的管道输送。为调节流量,改变流向以及实现流体的分流或合流,管道中装有阀门、弯头和三通等管件。管道和管件由碳钢、铸铁、不锈钢、铜、铝和铅等金属材料或塑料、陶瓷、玻璃和石墨等非金属材料制成,其中以碳钢和铸铁应用最广。

目前使用广泛的泵有离心泵、往复泵以及离心通风机、离心鼓风机等,这些流体输送机械生产早已进入大批量化、标准化,技术支持和售后维护等服务方面已经十分成熟。

(七)常用的流体输送设备(离心泵)

离心泵是指靠叶轮旋转时产生的离心力来输送液体的泵。其主要性能参数如下:

1. 流量

泵流量是泵在单位时间内输送出去的液体的量(体积或重量)。

通常使用体积流量,用 Q 表示,单位是:m^3/s(立方米每秒),m^3/h(立方米每小时),L/s(升每秒)等。

体积流量跟输送液体性质无关。

2. 扬程

单位重量液体通过泵所获得的能量叫扬程。泵的扬程包括吸程在内,近似为泵出口和入口压力差。

扬程用 H 表示,单位为米(m)。

$$H = (p_2 - p_1)/\rho g + (v_2^2 - v_1^2)/2g + z_2 - z_1 \quad (1-2-15)$$

式中 H——扬程,m;
p_1, p_2——泵进出口处液体的压力,Pa;
v_1, v_2——流体在泵进出口处的流速,m/s;
z_1, z_2——进出口高度,m;
ρ——液体密度,kg/m^3;
g——重力加速度,m/s^2。

3. 泵送液体温度范围

泵送液体温度范围是指泵内介质的温度变化范围,一般每台泵都有自身特定的液体温度变化范围。温度过低或过高,会影响泵密封的正常使用,造成泵泄漏。此外温度过高,会产生汽蚀现象,影响泵的正常使用,若泵为不锈钢材质,过高的温度会降低不锈钢的耐腐蚀性能。

4. 系统承压

系统承压是指泵所能承受的最大压力,这个压力值取决于泵所采用的密封的形式,同样结构的泵设计,当采用不同形式的密封时,其承压值也不会相同。一般情况下,水泵的最大扬程是在流量为零时的扬程,即,水泵出口阀门完全关闭时的闭阀扬程。水泵的进口压力的设计得参考水泵的承压值,即,水泵的承压值减掉水泵的闭阀扬程,就是水泵的最大进水压力的上限,不得大于此值,进口压力大于此值时,实际运行中不一定就会损坏水泵,但存在损坏水泵的可能,即,当水泵出现闭阀运行或是小流量运行时,泵体内的实际运行压力可能会超过水泵承压值,出现水泵的损坏,一般表现为密封的渗漏。

5. 轴功率

在一定流量和扬程下,原动机单位时间内给予泵轴的功称为轴功率。

实质上轴功率跟联轴器有很大的关系,电动机通过联轴器连接泵头叶轮,当电动机转动时,带动联轴器,联轴器和泵头内的叶轮连接,进而带动叶轮旋转。因为有联轴器这个部件,那么电动机功率就不能完全转化为叶轮转动的实际效率,所以轴功率小于电动机功率(额定功率)。

水泵轴功率计算公式为:流量×扬程×9.81×介质密度÷3600÷泵效率。

$$P = 2.73HQ/\eta \tag{1-2-16}$$

式中 H——扬程,m;
　　Q——流量,m^3/h;
　　η——泵的效率;
　　P——轴功率,kW。

也就是泵的轴功率:

$$P = \rho g Q H / 1000\eta \tag{1-2-17}$$

二、流体力学及基本方程

> GAB001 流体静力学基本方程的应用与计算

流体力学是力学的一个分支,主要研究在各种力的作用下,流体本身的静止状态和运动状态以及流体和固体界壁间有相对运动时的相互作用和流动规律。

(一)流体动力学

流体动力学是流体力学的一个分支,研究作为连续介质的流体在力作用下的运动规律及其与边界的相互作用。广义地说,研究内容还包括流体和其他运动形态的相互作用。

(二)流体静力学

流体静力学是流体力学的一个分支,研究静止流体(液体或气体)的压力、密度、温度分布以及流体对器壁或物体的作用力。研究静止液体内的压力(压强)分布,压力对器壁的作用,分布在平面或曲面上的压力的合力及其作用点,物体受到的浮力和浮力的作用点,流体的稳定性以及静止气体的压力分布、密度分布和温度分布等。从广义上说,流体静力学还包括流体处于相对静止的情形,例如,盛有液体的容器绕一垂直轴线做匀速旋转时的自由表面为旋转抛物面。

(三)流体力学三大方程

流体力学三大方程是指:连续性方程、能量方程、动量方程。

1. 连续性方程

连续性定理是研究流体流经不同截面的通道时流速与通道截面积大小的关系。这是描述流体流速与截面关系的定理。当流体连续不断而稳定地流过一个粗细不等的管子,由于管中任何一部分的流体都不能中断或挤压起来,因此在同一时间内,流进任意切面的流体质量和从另一切面流出的流体质量应该相等。

设想在稳定流动的液体中,截取一个截面积很小的流管,在流管中我们取任意两个截面 A、B,它们的面积分别为 S_1 和 S_2。我们所截取的流管横截面积 S_1 和 S_2,要求小到所有通过 S_1 的流线都有相同的速度 V_1,通过 S_2 的流线都有相同的速度 V_2,那么我们定义:在某一时间里,通过某一横截面上的液体体积和时间的比叫作通过这个横截面的流量。如果用 Q 表示在时间 t 内通过截面 S 的流量,那么:

$$Q = V/t \tag{1-2-18}$$

式中,V 表示通过截面 S 的液体的体积,并从此式可以看到流量的单位应是 m^3/s。因为在稳流中流体经过任一固定点的速度不随时间变化,所以在任意时间 t 内经过 S 面的流体长度 $l = vt$,这段时间内流过的流体的体积 $V = Svt$,所以:

$$Q = V/t = Svt/t = sv \tag{1-2-19}$$

若 V 的单位为 m^3,那么,S 的单位为 m^2,v 的单位是 m/s。设想在所截取的微小流管中,通过截面 S_1 处的流量 Q_1,

$$Q_1 = S_1 v_1 \tag{1-2-20}$$

同理,

$$Q_2 = S_2 v_2 \tag{1-2-21}$$

由于理想流体的不可压缩性,而且流体不会穿过流管的壁,即质量在运动过程中守恒,所以:$Q_1 = Q_2$,即 $S_1 v_1 = S_2 v_2$,这个关系式叫作理想流体的连续性定理或连续性方程。

从这个关系式可得出:在同一流管内流体的流速和它流经的截面积成反比,即截面积大的地方流速小,截面积小的地方流速大。如果所取流管中两处截面积相等,那么流体通过的速度也相同。

2. 能量方程

GAB004 伯努力方程的应用

能量方程,又称为伯努利方程,这是在流体力学的连续介质理论方程建立之前,水力学所采用的基本原理,其实质是流体的机械能守恒。即:动能+重力势能+压力势能=常数。其最为著名的推论为:等高流动时,流速大,压力就小。

伯努利原理往往被表述为:

$$p + 1/2 \rho V^2 + \rho g h = C \tag{1-2-22}$$

这个式子被称为伯努利方程。式中 p 为流体中某点的压强,V 为流体该点的流速,ρ 为流体密度,g 为重力加速度,h 为该点所在高度,C 是一个常量。它也可以被表述为:

$$p_1 + 1/2 \rho V_1^2 + \rho g h_1 = p_2 + 1/2 \rho V_2^2 + \rho g h_2 \tag{1-2-23}$$

需要注意的是,由于伯努利方程是由机械能守恒推导出的,所以它仅适用于黏度可以忽略、不可被压缩的理想流体。

3. 动量方程

动量方程表示单位时间内,流入控制体的动量与作用于控制面和控制体上的外力之和,

等于控制体内动量的增加。它是由动量守恒定律得到的,它的矢量形式为:

$$\rho \frac{dv}{dt} = \rho F - \nabla p + \mu \Delta v + \frac{1}{3}\mu \nabla(\nabla \cdot v) \qquad (1-2-24)$$

式中 v 为速度矢量;F 为作用在单位质量上的质量力;p 为压力;ρ、μ 分别为流体密度和动力黏性系数。式(1-2-24)表明单位体积上的惯性力等于单位体积上的质量力加上单位积上的压力梯度和黏性应力。

三、流体的流动形态及流动阻力

(一)流体的流动形态及雷诺数

流体流动存在两种运动状态:层流和湍流。

层流,流速很慢,流体会分层流动,互不混合。

过渡流,流速增加,越来越快,流体开始出现波动性摆动。

湍流,流速继续增加,达到流线不能清楚分辨,会出现很多旋涡,又称作乱流、扰流或紊流。

雷诺数是一种可用来表征流体流动情况的无量纲数。

$Re = \rho v d / \mu$,其中 v、ρ、μ 分别为流体的流速、密度与黏性系数,d 为一特征长度。例如,流体流过圆形管道,则 d 为管道的当量直径。利用雷诺数可区分流体的流动是层流或湍流,也可用来确定物体在流体中流动所受到的阻力。

雷诺数也是判别流动特性的依据,例如,在管流中,雷诺数小于 2300 的流动是层流,雷诺数等于 2300~4000 为过渡状态,雷诺数大于 4000 时的是湍流。

(二)流体的阻力

1. 流动阻力的概念

流动阻力,所有黏性流体在运动时,与产生相对运动的物体间都有动量传递,即产生阻碍流动的反作用力。称为曳力,又称摩擦阻力。

2. 流体阻力的分类及影响因素

流体阻力分为摩擦阻力和压差阻力。

摩擦阻力是物体表面剪切力产生的流动阻力,其方向与流体运动方向相反。

压差阻力是垂直于物体表面的压力产生的对流体流动的阻力,其方向也与流体运动方向相反。

两种阻力常同时存在。以流体绕过某物体的流动为例,两种阻力的相对大小取决于下列三个因素:

(1)物体的形状,如果物体是球那样的钝体,边界层分离较早,压差阻力是主要的。对于流线型物体,边界层不分离或分离较迟,则压差阻力较小,摩擦阻力是主要的。

(2)由物体特征长度决定的雷诺数的大小,如图 1-2-1 所示,雷诺数决定边界层中的流动状态。湍流边界层摩擦阻力较大,但因分离推迟,往往压差阻力较小;层流则相反,摩擦阻力较小,而压差阻力较大。

(3)物体表面的粗糙度,粗糙表面的摩擦阻力较大,但粗糙表面可促进边界层湍化,使分离推迟,从而减小压差阻力。

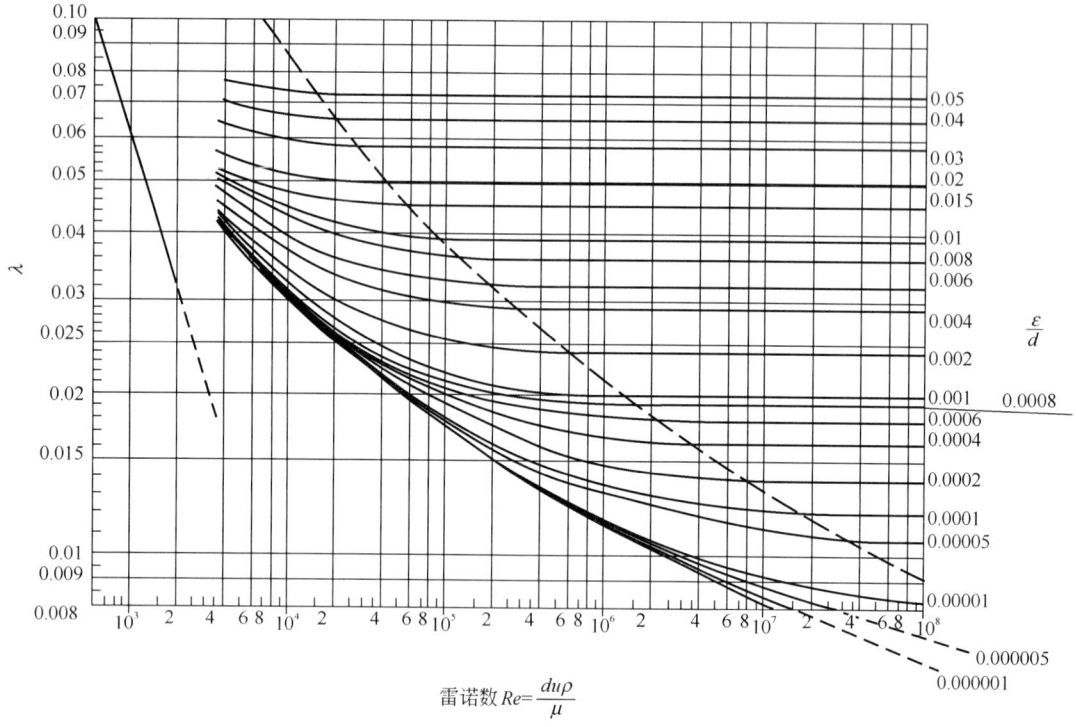

图 1-2-1　雷诺数与管壁粗糙度对应曲线图

3. 直管阻力的计算

流体在直管中流动时,因流体与管壁之间以及各层流体之间的内摩擦力而产生的阻力,称为直管阻力或沿程阻力。

直管阻力计算的通式:

$$h_f = \lambda \frac{l}{d} \frac{u^2}{2} \qquad (1\text{-}2\text{-}25)$$

该公式是计算圆形直管阻力所引起能量损失的通式,称为范宁(Fanning)公式,此式对于滞流与湍流均适应。

式中 λ 无量纲的系数,称为摩擦系数,它是雷诺数的函数或者是雷诺数与管壁粗糙度的函数。应用上两式计算 h_f 时,关键是要找出 λ 值。

1)层流区($Re \leqslant 2000$)

λ 与管壁粗糙度无关,和 Re 准数成直线关系。表达这一直线的方程即为式:

$$\lambda = \frac{64\mu}{du\rho} = \frac{64}{\frac{du\rho}{\mu}} = \frac{64}{Re} \qquad (1\text{-}2\text{-}26)$$

2)过渡区($Re = 2000 \sim 4000$)

在此区域内滞流或湍流的 $\lambda\text{-}Re$ 曲线都可应用。为安全起见,对于流动阻力的计算,一般将湍流时的曲线延伸,以查取 λ 值。

3)湍流区($Re \geqslant 4000$ 及虚线以下的区域)

这个区域的特点是摩擦系数 λ 与 Re 及相对粗糙度 ε/d 都有关。

当 ε/d 一定时,λ 随 Re 的增大而减小,Re 值增至某一数值后 λ 值下降缓慢;当 Re 值一定时,λ 随 ε/d 的增加而增大。

4)完全湍流区(图中虚线以上的区域)

这个区内的各 λ-Re 曲线趋于水平线,即摩擦系数 λ 只与 ε/d 有关,与 Re 无关。

直管流动阻力通式为 $h_f = \lambda \dfrac{l}{d} \dfrac{u^2}{2}$,而 ε/d = 常数时,此区内 λ = 常数;若 l/d 为一定值时,则流动阻力所引起的能量损失 h_f 与 u^2 成正比例,所以此区又称为阻力平方区。相对粗糙度 ε/d 越大的管道,达到阻力平方区的 Re 值愈低。

项目三 传热基础知识

一、传热的概念及相关知识

ZAB002 传热的概念

(一)传热

GAB009 传热的基本原理

1. 传热概念

传热是指由于温度差引起的能量转移,又称热传递,由热力学第二定律可知,凡是有温度差存在时,热就必然从高温处传递到低温处,因此,传热是自然界和工程技术领域中极普遍的一种传递现象。

传热是一种复杂现象。从本质上来说,只要一个介质内或者两个介质之间存在温度差,就一定会发生传热。

2. 传热过程的分类

传热过程可分为三种基本传热模式,即:热传导、热对流和热辐射。

按照应用目的的不同可分为强化传热和削弱传热。强化传热,尽量使传热速率加快;削弱传热,尽量不传热,减少热损失。

化工生产中传热有两种类型:稳定传热过程,连续传热,无能量积累,也称为定态传热过程;不稳定的传热过程,即间歇传热,有能量积累。

GAB010 传热系数的简单计算

(二)传热系数

传热系数以往称总传热系数。国家现行标准规范统一定名为传热系数。传热系数 K 值,是指在稳定传热条件下,围护结构两侧空气温差为 1 度(K 或 ℃),单位时间通过单位面积传递的热量,单位是瓦/(米^2·度)(W/m^2·K,此处 K 可用℃代替),反映了传热过程的强弱。

对于空调工程上常采用的换热器而言,如果不考虑其他附加热阻,对于单层围护结构传热系数 K 值可以按照如下计算:

$$K = 1/(1/h_1 + \delta/\lambda + 1/h_2) \tag{1-2-27}$$

式中 h_1, h_2——围护结构两表面热交换系数,W/(m^2·℃);

δ——管壁厚度,m;

λ——管壁导热系数,W/(m·℃)。

目前,现场检测墙体热阻传热系数的方法主要有以下几种:热流计法、功率法(热箱法)、非稳态法。

传热系数是一个过程量,其大小取决于壁面两侧流体的物性、流速,固体表面的形状、材料的导热系数等因素。在建筑物热损失计算中,是表征外围护结构总传热性能的参数,其值取决于围护结构所采用的材料、构造及其两侧的环境因素。K值越大,传热过程进行得越强烈,围护结构保温效果越差。

(三)传热的计算

热传导定律也称为傅里叶定律,表明单位时间内通过给定截面的热量,正比例于垂直于该截面方向上的温度变化率和截面面积,而热量传递的方向则与温度升高的方向相反。

$$Q = KA\Delta T/d \qquad (1-2-28)$$

式中　Q——热量,W;

　　　K——热导率,W/(m·K);

　　　A——接触面积,m^2;

　　　d——热量传递距离,m。

　　　ΔT——温度差,℃。

热量即热负荷,化工生产中一般需要加热(或冷却)某物料时,便要求换热器在单位时间内向该物料输入或输出一定的热量,这是生产对换热器换热能力的要求,称为该换热器的热负荷。

热导率也称导热率,是表示材料热传导能力大小的物理量。一般根据傅里叶定律导出,不同成分的导热率差异较大,导致由不同成分构成的物料的导热率差异较大。空气为热的不良导体,单粒物料的导热性能好于堆积物料。

导热率 K 是材料本身的固有性能参数,用于描述材料的导热能力。这个特性跟材料本身的大小、形状、厚度都是没有关系的,只是跟材料本身的成分有关。所以同类材料的导热率都是一样的,并不会因为厚度不一样而变化。

接触面积即传热面积,指相互换热的两种物质的接触面积。同等情况下换热面积越大换热效果越好,是换热设备的重要参数。

二、传热的类型及相关计算

(一)传热的基本方式

传热是一种复杂现象。从本质上来说,只要一个介质内或者两个介质之间存在温度差,就一定会发生传热。我们把不同类型的传热过程称为传热模式。物体的传热过程分为三种基本传热模式,即热传导、热对流和热辐射。

1. 热传导

热传导又称导热,是热量传递的三种基本方式之一。由物体中分子、原子或电子的相互碰撞,使热量从物体中温度较高部位传递到温度较低部位或传递到与之接触的温度较低的另一物体的过程,是固体中热量传递的主要方式。在液体或气体中往往与对流传热同时进行。一切物体不管其内部有无质点间的相对运动,只要存在温差就有热传导。工业上有许多是以热传导为主的传热过程,如橡胶制品的加热硫化、钢锻件的热处理等。

2. 热对流

1) 热对流概念

热对流也称对流传热,是热传递的一种基本方式,它是在流体流动进程中发生的热量传递的现象。主要是由于质点位置的移动,使温度趋于均匀。虽然液体和气体中热传递的主要方式是对流传热,但也常伴有热传导。

2) 对流传热速率方程式

从对流传热过程的分析可知一个复杂的传热过程影响对流传热速率的因素很多,为了方便起见,工程上采用一种简化的方法,即将流体的全部温差集中在厚度为 δ 的一层薄膜内,但薄膜厚度 θ 难以测定,所以用 α 代替 λ/δ 将对流传热速率写成如下形式:

$$\phi = \alpha A (T - T_w) = \frac{T - T_w}{1/\alpha A} = \frac{\Delta T}{R} \qquad (1\text{-}2\text{-}29)$$

此式称为对流传热速率方程式,亦称牛顿冷却定律。

式中 ϕ ——对流传热速率,热流量 W;

A ——传热面积,m^2;

ΔT ——对流传热温度差,℃(或 K);

T_w ——与流体接触的壁面温度,℃(或 K);

T ——流体的平均温度,℃(或 K);

α ——对流传热系数,$W/(m^2 \cdot K)$;

R ——对流传热热阻,℃/W。

假设单位面积传热量与温度差 ΔT 成正比,并将所有复杂的因素都转移到对流传热系数 α 中去了。

影响对流传热强弱的主要因素有:

对流运动成因和流动状态(流体的流速越大对流传热系数越大;流体的运动特性,当流体处于湍流状态时,换热较强烈);流体的物理性质(随种类、温度和压力而变化);传热表面的形状、尺寸和相对位置;流体有无相变(如气态与液态之间的转化)。

3) 对流传热速率

对流传热速率 α,也称表面传热速率,是对流传热基本计算式牛顿冷却公式中的比例系数,反映了对流传热的快慢,对流传热系数越大,表示对流传热越快。对流传热系数分为局部总传热系数和总传热系数,总传热系数总是接近于 α 小的流体的对流传热系数。一般依靠实验方法确定。

对流传热系数的大小与对流传热过程中的许多因素有关。它不仅取决于流体的物性以及换热表面的形状、大小与布置,而且还与流速有着密切的关系。

3. 热辐射

1) 热辐射的概念

热辐射是热量传递的三种方式之一,指物体由于具有温度而辐射电磁波的现象。

2) 热辐射的特点

任何物体,只要温度高于 0K,就会不停地向周围空间发出热辐射;可以在真空和空气中传播;伴随能量形式的转变;具有强烈的方向性;辐射能与温度和波长均有关;发射辐射取决于温度的 4 次方。

3) 相关概念

任何物体在发出辐射能的同时,也不断吸收周围物体发来的辐射能。一物体辐射出的能量与吸收的能量之差,就是它传递出去的净能量。物体的辐射能力(即单位时间内单位表面向外辐射的能量),随温度的升高增加很快。

若到达该物体表面的热辐射的能量完全被吸收,此物体称为绝对黑体,简称黑体;若到达该物体表面的热辐射的能量全部被反射;当这种反射是规则的,此物体称为镜体;若是乱反射,则称为绝对白体。若到达物体表面的热辐射的能量全部透过物体,此物体称为透热体。

实际上没有绝对黑体和绝对白体,仅有些物体接近绝对黑体或绝对白体。例如,没有光泽的黑漆表面接近于黑体,其吸收率为 0.97~0.98;磨光的铜表面接近于白体,其反射率可达 0.97。影响固体表面的吸收和反射性质的,主要是表面状况和颜色,表面状况的影响往往比颜色更大。固体和液体一般是不透热的。热辐射的能量穿过固体或液体的表面后只经过很短的距离(一般小于 1mm,穿过金属表面后只经过 1m),就被完全吸收。气体对热辐射能几乎没有反射能力,在一般温度下的单原子和对称双原子气体(如 Ar、He、H_2、N_2、O_2 等),可视为透热体,多原子气体(如 CO_2、H_2O、SO_2、NH_4、CH_4 等)在特定波长范围内具有相当大的吸收能力。

(二)稳定传热与不稳定传热

1. 稳定传热

1) 稳定传热概念

稳定传热一般指建筑围护结构在一定环境下受到恒定热作用时,围护结构内部的温度分布和通过围护结构的传热量处于不随时间而变的稳定传热状态。稳定传热是一种最简单、最基本的传热过程。再或指当某一物体在一定环境下受到恒定热作用时,物体内部的温度分布和通过物体的传热量不随时间而变的稳定传热状态。

2) 稳定传热的主要特征

通过平壁的热流强度 q 处处相等;同一材质的平壁内部各界面温度分布呈直线关系。

3) 稳定传热的计算

稳定传热一般只存在于固体中,因在流体中除导热外总是有对流传热,很难出现单纯的导热。工程中存在着大量稳定导热问题,有些问题在一定条件下可简化成一维稳定导热。所谓一维稳定导热是指可只考虑一个方向的稳定导热,即温度仅沿一个空间坐标方向变化。

工程上常见的典型一维稳定导热为大平壁导热、长圆筒壁导热和球壳导热。

(1) 无限大平壁导热。

平壁是工程上最常见的一种实际物体,如房间的墙壁、各种加热炉的炉壁,当平壁的长度和宽度是厚度的 8~10 倍以上时,可以忽略沿平壁长度和宽度方向上的导热,只需考虑平壁厚度方向上的导热,平壁导热便简化成一维导热问题。

(2) 无限长圆筒壁导热。

① 单层无限长圆筒壁导热。

设有一圆筒壁,筒长度远大于筒壁外径,可以看作无限长,不必考虑轴向和圆周方向的导热,只有半径方向的导热,故属于一维导热。

② 多层圆筒壁的导热。

工程上广泛应用由不同材料组成的多层圆筒壁,如冲天炉墙和加保温层的热风管道等。多层圆筒壁内温度分布是由各层内温度分布对数曲线所组成。

(3)球壳壁的导热。

设单层球壳的内壁半径为 r_1,外壁半径为 r_2,内外壁的温度分别为 T_1 和 T_2($T_1>T_2$),导热系数 λ 为常数。等温面为同心球面,在球坐标中,温度只沿径向改变,故为一维导热。

2. 不稳定传热

当外界热作用随时间而变时,围护结构内部的温度和通过围护结构的热流量亦将发生变化,这种传热过程,称为不稳定传热。若外界热作用随着时间呈现周期性的变化,则叫作周期性不稳定传热。

三、传热在生产中的应用(换热器)

(一)换热器的概念

换热器,是将热流体的部分热量传递给冷流体的设备,又称热交换器。换热器在化工、石油、动力、食品及其他许多工业生产中占有重要地位,其在化工生产中可作为加热器、冷却器、冷凝器、蒸发器和再沸器等,应用广泛。

(二)换热器按用途分类

加热器是把流体加热到必要的温度,但加热流体没有发生相的变化。

预热器预先加热流体,为工序操作提供标准的工艺参数。

过热器用于把流体(工艺气或蒸汽)加热到过热状态。

蒸发器用于加热流体,达到沸点以上温度,使其流体蒸发,一般有相的变化。

再沸器用于使液体再一次汽化。它的结构与冷凝器差不多,不过一种是用来降温,而再沸器是用来升温汽化。

冷却器用于冷却流体。通常用水或空气为冷却剂以除去热量。

冷凝器用于把气体或蒸气转变成液体,将管子中的热量,以很快的方式,传到管子附近的空气中。

(三)换热器折流挡板的作用

折流挡板是安装在管壳式热交换器壳体内壁上的平行隔板。折流板是管壳式热交换器中的重要组成部分。其作用如下:

(1)延长壳程介质的流道长度,增加管间流速,增加湍流程度,达到提高热交换器的传热效果的目的。

(2)设置折流挡板对于卧式热交换器的换热管具有一定的支撑作用。当换热管过长,而管子承受的压应力过大的时候,在满足换热器管程允许的压降的情况下,增加折流挡板的数量,减小折流挡板的间距,对缓解换热管的受力情况和防止流体流动诱发振动有一定的作用。

(3)设置折流挡板有利于换热管的安装。

项目四　传质基础知识

一、传质基本概念

传质过程是物质的传递过程。物质由于浓度差可在一相内传递,也可在相际间传递。即由一相向另一相传递。如煤气生产中,焦炉煤气中的粗苯在浓度差作用下溶解到洗油中的过程,氨溶于水中的过程,水分向空气中蒸发的过程等。传质过程是城市燃气、化工、冶金、医药及轻工工业等生产中的重要过程。它包括吸收、吸附、蒸馏、精馏、萃取及干燥等许多单元操作。

归纳起来,传质过程可分为两大类。

一类是伴随有化学反应的质量传递过程,通常在反应器中进行。如煤气中硫化氢的醌法脱除、石油的高温裂解制气、氨的合成、高分子的合成等都是在特定的反应器中,遵循不同的反应机理,并经历各种方式的处理后获得所需的产品。

另一类是不进行化学反应的质量传递过程,如回收煤气中的粗苯和萘进行的吸收操作;如粗苯的分离、煤焦油的加工、乙醇的生产和石油加工过程所进行的蒸馏和精馏操作;如陶瓷、染料、尿素、药品及食品等生产中对产品进行的干燥操作;如煤气中含酚废水及其他工业废液的分离、净化;稀有金属的提取、从发酵液中分离青霉素等进行的萃取操作。

二、精馏概念及相关知识

(一) 精馏

1. 精馏的概念

CAB013 精馏的概念

精馏是利用混合物中各组分挥发度不同而将各组分加以分离的一种分离过程,通常在精馏塔中进行,气液两相通过逆流接触,进行相际传热传质,液相中的易挥发组分进入气相,气相中的难挥发组分转入液相,于是在塔顶可得到几乎纯的易挥发组分,塔底可得到几乎纯的难挥发组分。

2. 精馏的分类

根据操作方式不同,精馏可分为连续精馏和间歇精馏。

根据混合物的组分数不同,精馏可分为二元精馏和多元精馏。

根据是否在混合物中加入影响气液平衡的添加剂,精馏可分为普通精馏和特殊精馏(包括萃取精馏、恒沸精馏和加盐精馏)。

若伴有化学反应,则称为反应精馏。

3. 精馏与蒸馏的区别

蒸馏是一种分离液体混合物的方法,利用液体混合物中各组分挥发度的差别,使液体混合物部分汽化并随之使蒸气部分冷凝,从而实现其所含组分的分离。

精馏是多次简单蒸馏的组合,是蒸馏的高级形式。

二者的根本区别在于有无回流,要实现精馏必须有一定的气液相回流。

(二)精馏塔及相关概念

1. 精馏塔简介

精馏塔是进行精馏的一种塔式汽液接触装置,是石油化工生产中应用极为广泛的一种传质传热装置。

精馏塔,大体上可以分为两大类:

板式塔,气液两相总体上做多次逆流接触,每层板上气液两相一般做交叉流。

填料塔,气液两相做连续逆流接触。

一般的精馏装置由精馏塔塔身、冷凝器、回流罐以及再沸器等设备组成。

进料从精馏塔中某段塔板上进入塔内,这块塔板称为进料板。进料板将精馏塔分为上下两段,进料板以上部分称为精馏段,进料板以下部分称为提馏段。

2. 精馏塔的影响因素

精馏操作过程的影响因素主要有以下几个方面:

1)塔的温度和压力(包括塔顶、塔釜和某些有特殊意义的塔板)

(1)塔压波动对塔的操作将产生如下的影响。

① 影响产品质量和物料平衡。

压力升高,则气相中的重组分减少,相应提高了气相中的轻组分浓度,液相中的轻组分含量增加,同时也改变了气液相的重量比,使液相量增加,气相量减少。

总的结果是:塔顶馏分中的轻组分浓度增加,但数量却相对减少;釜液中的轻组分浓度增加,釜液量增加。

同理,压力降低,塔顶馏分的数量增加,轻组分浓度降低;釜液量减少,轻组分浓度降低。

正常操作中应保持恒定的压力,但若操作不正常,引起塔顶产品中重组分浓度增加时,则可采用适当升高操作压力的办法,使产品质量合格,但此时液相中轻组分的损失增加。

② 改变组分间的相对挥发度。

压力增加,组分间的相对挥发度降低,分离效率下降,反之亦然。

③ 改变塔的生产能力。

压力增加,组分的重度增大,塔的处理能力增大。

④ 塔压的波动。

将引起温度和组成间对应关系的混乱。在操作中经常以温度作为衡量产品质量的间接标准,但只有在塔压恒定的情况下才是正确的。

当塔压改变时,混合物的露点、泡点发生改变,引起全塔的温度分布发生改变,温度和产品质量的对应关系也将发生改变。

(2)塔温的控制及影响。

温度是最常用的间接质量指标。因为对于一个二元组分的精馏塔来说,在压力一定时,沸点和产品成分之间有单独的函数关系。因此,如果压力恒定,那么塔板温度就可以反应产品成分。而对于多元精馏塔来说,情况比较复杂。

采用温度作为被控变量时,主要有以下几种方式:

① 塔顶(或塔底)的温度控制。

一般来说,如果希望保持塔顶产品符合质量要求,也就是主要产品从顶部馏出时,应选择塔顶温度作为被控变量,这样可以得到较好的效果。

② 灵敏板的温度控制。

灵敏板是指当塔的操作经受扰动作用(或承受控制作用)时,塔内各板的组分都将发生变化,各板温度也将同时变化,当达到新的稳定状态时,温度变化量最大的那块板就称为灵敏板。由于干扰作用下的灵敏板温度变化较大,因此,对温度检测装置的要求就不必很高了,同时也有利于提高控制精度。

③ 中温控制。

取加料板稍上、稍下的塔板,或加料板自身的温度作为被控变量,这种温度检测点选在中间位置的控制通常称为中温控制。这种控制方案虽然在某些精馏塔上已经取得成功,但在分离要求较高时,或是进料浓度变动较大时,中温控制将不能保证塔顶或塔底的成分符合要求。

2) 进料状态

进料情况分为五种:冷进料、泡点进料、气液混合进料、饱和蒸气进料、过热蒸气进料。

为了便于分析,令进料液体变成饱和蒸气所需热量 δ = 进料的汽化潜热。

从上式可以看出:冷进料时 $\delta>1$,泡点进料时 $\delta=1$,气液混合进料时 $0<\delta<1$,饱和蒸气进料时 $\delta=0$,过热蒸气进料时 $\delta<0$。

当进料状况发生变化(回流比、塔顶馏出物的组成为规定值)时,δ 值也将发生变化,这直接影响到提馏段回流量的改变,从而使提馏段操作线方程式改变,进料板的位置也随之改变,δ 线位置的改变,将引起理论塔板数和精馏段、提馏段塔板数分配的改变。对于固定进料状况的某个塔来说,进料状况的改变,将会影响到产品质量及损失情况的改变。

例如,某塔应为泡点进料,当改为冷液进料时,则精馏段塔板数过多,提馏段塔板数不足,结果是塔顶产品质量可能提高,而釜液中的轻组分的蒸出则不完全。若改为气液混合进料或者饱和蒸气、过饱和蒸气进料,则精馏段的塔板数不足,提馏段的塔板数过多,其结果是塔顶产品中重组分含量超过规定,釜液中轻组分含量比规定值低,同时增加了塔顶冷剂的消耗量,减少了塔釜的热剂消耗。

生产中多用泡点进料,此时,精馏段、提馏段上升蒸气的流量相等,故塔径也一样,设计计算也比较方便。

3) 进料量

进料量的大小对精馏操作的影响可分为下述两种情况来讨论。

(1) 进料量变动范围不超过塔顶冷凝器和加热釜的负荷范围。

此时,只要调节及时得当,对顶温和釜温不会有显著的影响,而只影响塔内上升蒸气速度的变化。

进料量增加,蒸气上升的速度增加,一般对传质是有利的,在蒸气上升速度接近液泛速度时,传质效果为最好。若进料量再增加,蒸气上升速度超过液泛速度时,则严重的雾沫夹带会破坏塔的正常操作。

进料量减少,蒸气上升速度降低,对传质是不利的,蒸气速度降低容易造成漏液,降低精馏效果。

因此,低负荷操作时,可适当增大回流比,提高塔内上升蒸气的速度,以提高传质效果。应该说明,上述结论是以进料量发生变动时,塔顶冷剂量或釜温热剂量均能做相应的调整为前提的。

(2)进料的变动范围超出了塔顶冷凝器或加热釜的负荷范围。

此时,不仅塔内上升蒸气的速度改变而且塔顶温度、塔釜温度也会相应改变,致使塔板上的气液相平衡组成改变,塔顶和塔釜馏分的组成改变。

进料量过大的波动,将会破坏塔内正常的物料平衡和工艺条件,造成塔顶、塔釜产品质量不合格或者物料损失增加。

4)进料组成

进料组成的变化,直接影响精馏操作,当进料中重组分的浓度增加时,精馏段的负荷增加。对于固定了精馏段板数的塔来说,将造成重组分带到塔顶,使塔顶产品质量不合格。

若进料中的轻组分的浓度增加时,提馏段的负荷增加。对于固定了提馏段塔板数的塔来说,将造成提馏段的轻组分蒸出不完全,釜液中轻组分的损失加大。

重组分增加要增加精馏段,所以要使加料口下移,如果只有一个加料口那就要增加精馏段的负荷,所以重组分也会上移到塔顶;反之也一样。

同时,进料组成的变化还将引起全塔物料平衡和工艺条件的变化。组分变轻,则塔顶馏分增加,釜液排出量减少。同时,全塔温度下降,塔压升高。组分变重,情况相反。

进料组成变化时,可采取如下措施。

(1)改进料口。组分变重时,进料口往下改;组分变轻时,进料口往上改。

(2)改变回流比。组分变重时,加大回流比;组分变轻时,减少回流比。

(3)调节冷剂和热剂量。根据组成变动的情况,相应地调节塔顶冷剂和塔釜热剂量,维持顶、釜的产品质量不变。

5)进料温度

进料温度降低,将增加塔底蒸发釜的热负荷,减少塔顶冷凝器的冷负荷。进料温度升高,则增加塔顶冷凝器的冷负荷,减少塔底蒸发釜的热负荷。

当进料温度的变化幅度过大时,通常会影响整个塔身的温度,从而改变气液平衡组成。

例如,进料温度过低,塔釜加热蒸气量没有富余的情况下,将会使塔底馏分中轻组分含量增加。进料温度的改变,意味着进料状态的改变,而后者的改变将影响精馏段、提馏段负荷的改变。

因此,进料温度是影响精馏塔操作的重要因素之一。

6)塔内上升蒸气速度和蒸发釜的加热量

塔内上升蒸气的速度的大小,直接影响着传质效果。板式塔(例如泡罩塔)内上升蒸气是通过泡罩的齿缝以鼓泡的形式与液体进行热量和质量交换的。

一般来说,塔内最大的蒸气上升速度应比液泛的速度小一些。工艺上常选择最大允许速度为液泛速度的80%。速度过低会使塔板效率显著下降。

影响塔内上升蒸气速度的主要因素是蒸发釜的加热量。在釜温保持不变的情况下,加热量增加,塔内上升蒸气的速度加大;加热量减少,塔内上升蒸气的速度减小。

应该注意,加热量的调节范围过大、过猛,有可能造成液泛或漏液。

7)回流比

回流比是指精馏操作中由精馏塔塔顶返回塔内的回流液流量 L 与塔顶产品流量 D 的

GAB018 最小回流比的概念

比值,即 $R=L/D$。回流比的大小,对精馏过程的分离效果和经济性有着重要的影响。由双组分精馏的图解法计算可知:增大回流比可减少分离所需的理论板数。

回流比增大的上限是全回流,即进入冷凝器的蒸气在冷凝后全部返回塔中。在全回流条件下,分离所需的理论板数最少。

当回流比减小至某一数值时,理论上为达到指定分离要求所需板数趋于无穷大,这是回流比的下限,称为最小回流比。当操作回流比下降到小于最小回流比时,就不能达到规定的分离要求。

操作中改变回流比的大小,以满足产品的质量要求是经常遇到的问题。当塔顶馏分重组分含量增加时,常采用加大回流的方法将重组分压下去,以使产品质量合格。

当精馏段的轻组分下到提馏段造成塔下部温度降低时,可以用适当降低回流比的方法以使釜温度提起来。

增加回流比,对从塔顶得到产品的精馏塔来说,可以提高产品质量,但是却要降低塔的生产能力,增加水、电、气的消耗。回流比过大,将会造成塔内物料的循环量过大,甚至能导致液泛,破坏塔的正常操作。

8)塔顶冷剂量

对采用内回流操作的塔(例如冷凝蒸出塔),其冷剂量的大小对精馏操作的影响是比较显著的;同时,也是影响回流量波动的主要因素。内回流塔的回流量是靠塔顶冷凝器的负荷来调节的。

当冷剂量无相变时,冷凝器的负荷主要由冷剂量进入的多少来调节。如果操作中冷剂量减少,塔顶温度升高,从而流量减少,塔顶产品中重组分的含量增加,纯度下降;如冷剂量增加,情况正相反。当冷剂有相变时,即液体冷剂蒸发吸热,在冷剂量充分的情况下,调节冷剂蒸发压力高低所带来的回流量变化,将更为灵敏。

对于外回流的塔,同样会由于冷剂量的波动,在不同程度上影响精馏塔的操作。

例如,冷剂量的减少,将使冷凝器的作用变差,冷凝液量减少,而在塔顶产品的液相采出量做定值调节时,回流量势必减少。假如冷凝器还有过冷作用(即通常所说的冷凝冷却器)时,则冷剂量的减少,还会引起回流液温度的升高。这些都会使精馏塔的顶温升高,塔顶产品中重组分含量增多,质量下降。

9)塔顶采出量

精馏塔塔顶采出量的大小和该塔进料量的大小有着相互对应的关系,进料量增加,采出量应增大。

采出量只有随进料量变化时,才能保持塔内固定的回流比,维持塔的正常操作,否则将会破坏塔内的气液平衡。在强制回流的操作中,如果进料量不变,塔顶采出量突然增大,则易造成回流液储槽抽空。回流液一中断,顶温就升高,这同样也会影响塔顶产品的质量下降。

如果进料量加大,但塔顶采出量不变,其后果是回流比增大,塔内物料增多,上升蒸气速度增大,塔顶与塔釜的压差增大,严重时会引起液泛。

10)塔底采出量

塔釜保持稳定的液面,是维持釜温恒定的首要条件。塔釜液面的变化,又主要决定于塔底采出量的大小。

当塔底采出量过大时,会造成塔釜液面降低或抽空。这将是通过蒸发釜的釜液循环量减少,从而导致传热不好,轻组分蒸不出去,塔顶、塔釜的产品均不合格。

如果是利用列管式蒸发釜,由于循环液量太大,使釜液经过上半部列管时形成过热蒸气,表现为挥发管的气体温度较高,而釜温却较低。如果塔底采出量过小,将会造成塔釜液面过高,增加了釜液循环阻力,同样造成传热不好,釜温下降。

(三) 精馏塔的设计型计算

1. 物料平衡

$$F = D + W \quad (1-2-30)$$

式(1-2-30)含义为:进料=塔顶采出+塔底采出,对某一组分(轻组分)。

操作中必须保证物料平衡,否则影响产品质量。精馏设备的仪表必须设计为能使塔达到物料平衡,以便进行稳定的操作。为了进行总体的进料平衡,塔顶和塔底的抽出量必须进行适当的控制,进料物料不是作为塔顶产品采出,就是作为塔底产品采出,反之亦然。

2. 热量平衡

$$Q_B + Q_F = Q_C + Q_D + Q_W + Q_L \quad (1-2-31)$$

Q_B——再沸器加热剂带入的热量,J;

Q_F——进料带入热量,J;

Q_C——冷凝器冷却剂带出的热量,J;

Q_D——塔顶产品带出热量,J;

Q_W——塔底产品带出热量,J;

Q_L——散失于环境的热量,J。

操作中要保持热量的平衡,再沸器、冷凝器的负荷要满足要求,才能保持平稳操作。再沸器和进料的热量输入必须转移到塔顶冷凝器。如果试图使再沸器热量输入和回流控制相互独立,那么该系统就不会稳定,因为热量不平衡。

3. 气液平衡

1) 双组分理想溶液的气液相平衡关系

气液相平衡关系是指溶液与其上方的蒸气达到平衡时,系统的总压、温度及各组分在气液两相中组成间的关系。

(1) 理想溶液及拉乌尔定律。

实验表明,理想溶液的气液平衡关系遵循拉乌尔定律。

拉乌尔定律表示:当气液呈平衡时,溶液上方组分的蒸气分压与溶液中该组分的摩尔分数成正比。

在一定压强下,液体混合物开始沸腾产生第一个气泡的温度,称为泡点温度。

严格而言,实际上理想溶液是不存在的,仅对于那些由性质极相近、分子结构相似的组分所组成的溶液,例如,苯-甲苯、甲醇-乙醇、烃类同系物等可视为理想溶液。

(2) 气液平衡相图。

① t-x-y 图。

图 1-2-2 表示在一定总压(101.33kPa)下,温度与气、液相组成之间的关系。

② y-x 图。

在一定外压下,以 y 为纵坐标,以 x 为横坐标,建立气液相平衡图,即 y-x 图,图中曲线代表气液相平衡时的气液组成 y 与组成 x 之间的关系。

图 1-2-3 为苯-甲苯混合液在外压为 101.33kPa 下的 y-x 图。曲线的 D 点表示组成为 x_1 的液相组成与 y_1 的气相互成平衡。该曲线又称为平衡曲线。

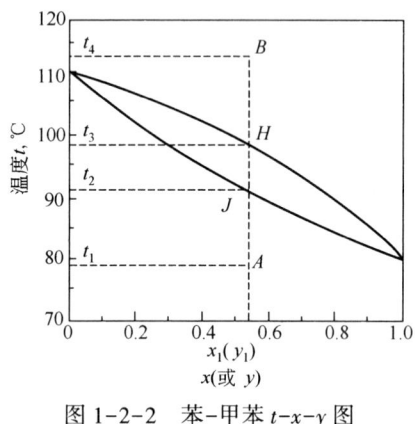

图 1-2-2 苯-甲苯 t-x-y 图

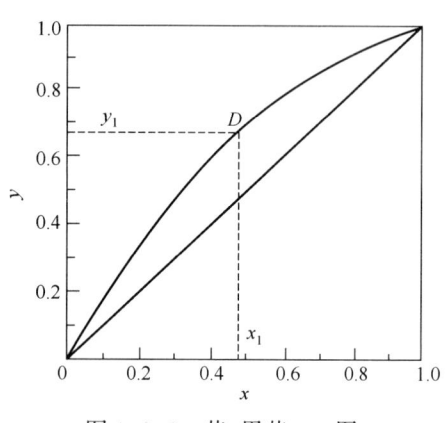

图 1-2-3 苯-甲苯 y-x 图

2) 双组分非理想溶液的气液平衡关系

非理想溶液可分为与理想溶液发生正偏差的溶液和负偏差的溶液。

例如,乙醇-水系物是具有正偏差的理想溶液;硝酸-水系物是具有负偏差的非理想溶液。它们的 y-x 图,分别如图 1-2-4 和图 1-2-5 所示。

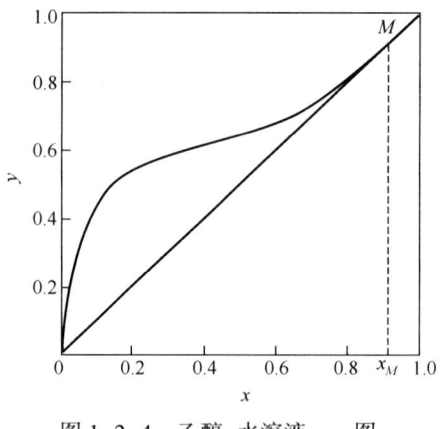

图 1-2-4 乙醇-水溶液 y-x 图

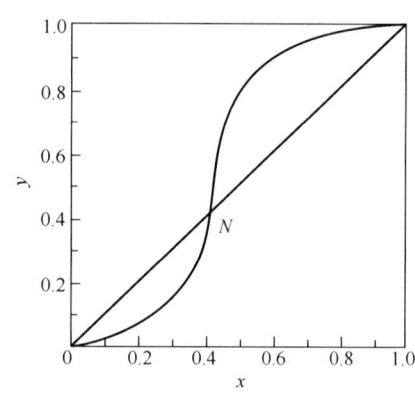

图 1-2-5 硝酸-水溶液 y-x 图

GAB015 精馏塔理论塔板的概念

4. 理论塔板

1) 理论塔板的概念

在精馏塔中,假设气相与液相有充分的接触时间,足以使两相达到相平衡,而且塔板上各组分间的关系符合平衡曲线所规定的关系时所需的塔板数为理论塔板。在实际精馏过程中,各塔板上气液两相的接触时间不可能满足这一要求,所以实际塔板数必大于理论塔板数。

2) 理论塔板数的影响因素

(1) 与操作条件下的汽液平衡关系有关,或者说是与相对挥发度有关,平衡常数越大,或者说相对挥发度越大,则所需理论塔板数越少。

(2) 与分离要求有关,要求分离程度越高,则所需理论板数就越多。

(3) 与设定的回流比有关,回流比越小,则所需理论板越多。

> JAB010 影响精馏塔理论塔板数的因素

3) 理论塔板数的计算方法

(1) 逐板计算法。

逐板计算法的依据是气液平衡关系式和操作线方程。该方法是从塔顶或者塔底开始,交替利用平衡关系式和操作线方程。逐级推算气液相的组成来确定理论塔塔板数。

> JAB003 精馏塔理论塔板数的计算

若生产任务规定将相对挥发度为 α 及组成为 x_F 的原料液,分离成为塔顶产品组成为 x_D 和塔底产品组成为 x_W,并选定操作回流比为 R,则逐板计算理论板数的步骤为:

① 若塔顶冷凝器为全凝器,则 $y_1 = x_D$。按照气液相平衡关系式,由 y_1 计算出第一层理论塔板上液相组成 x_1。

② 按照精馏段操作方程,由第一层理论塔板下降的回流液组成 x_1,计算出第二层理论塔板上升的蒸气组成 y_2。再利用气液平衡关系式,由 y_2 计算出第二层理论塔板上的液相组成 x_2。

③ 按精馏段操作线方程,由 x_2 计算出 y_3。再按气液平衡关系式,由 y_3 计算出 x_3。

依此类推,一直计算到 $x_n \leq x_F$ 为止。每利用一次平衡关系式,即表示需要一块理论塔板。

当 $x_n \leq x_F$ 后,操作线方程改用提馏段操作线方程。其计算步骤和精馏段一样,反复利用操作线方程和气液平衡关系式,一直计算到 $x_m \leq x_W$ 为止。

逐板计算法较为准确,不仅应用于双组分精馏计算,而且也可用于多组分精馏计算。但若用手工计算当然相当繁复,尤其是所计算的塔板数较多时更是如此。由于电子计算机的广泛应用,原来十分烦琐的方法现在已变成了一种简捷可靠的方法。

(2) 图解法。

图解法求理论塔板数的依据,仍然是平衡关系式和操作线方程,不过是用曲线代替了代数方程。用简便的绘图方法代替了逐板计算而已。此法可按下述步骤进行:

① 按物系的平衡关系在 y-x 图中作出平衡曲线和对角线。

② 在 y-x 图上作出 q 线和精馏段及提馏段的操作线。

③ 由操作线上 a 点 ($x = x_D, y = y_1 = x_D$) 出发,作 x 轴的平行线交平衡曲线于 1 点 ($y = y_1$, $x = x_1$)。再由 1 点作垂线交操作线于 m 点 ($x = x_1, y = y_2$),即得一个梯级。以此类推,直至梯级的垂线到达或小于 x_W (即落在或超过 b 点时为止)。每一梯级表示一块理论塔板。通过 d 点的梯级为加料板,在加料板处 ($x \leq x_F$) 要换操作线。加料板以上的梯级数为精馏段理论塔板数,加料板以下 (包括加料板和塔釜在内) 的梯级数为提馏段理论塔板数。

图解法虽与逐板计算法的依据相同,但较为简便且直观,便于对过程进行分析比较,但计算的精确度较差,尤其是对于相对挥发度较小而所需理论塔板数较多的场合更是如此。

5. 精馏效率

1) 板效率的概念

板效率表征的是实际塔板的分离效果接近理论板的程度。单板效率与全塔板效率是常用的两种表示方法。

2）单板效率

单板效率 E_m 又称默弗里板效率，可用气相单板效率 E_{mV} 或液相单板效率 E_{mL} 表示，其定义分别为：

$$E_{mV} = \frac{y_n - y_{n+1}}{y_n^* - y_{n+1}}, \qquad (1-2-32)$$

$$E_{mL} = \frac{x_{n-1} - x_n}{x_{n-1} - x_n^*}。 \qquad (1-2-33)$$

其中 x_n,y_n 代表离开第 n 板的液相与汽相的实际组成；

y_n^* 和 x_n^* 代表离开第 n 板的液（汽）相组成 $x^n(y^n)$ 成平衡的汽（液）相组成；

分别代表经过一块板后组成的实际变化，分母则为将该板视为理论板时的组成变化。单板效率通常由实验测定。

注意：单板效率是一块板的平均效率，板上各点的传质差异可进一步由点效率来表达。

3）全塔板效率

全塔板效率 E_T（总板效率）为完成一定分离任务所需的理论塔板数 N_T 和实际塔板数 N_P 之比。

E_T 代表了全塔各层塔板的平均效率，其值恒小于 1.0。一般由实验确定或用经验公式计算。

$$E_T = 0.49(\alpha \mu_L)^{-0.245} \qquad (1-2-34)$$

N_T 表示理论板数；N_P 表示实际塔板数。

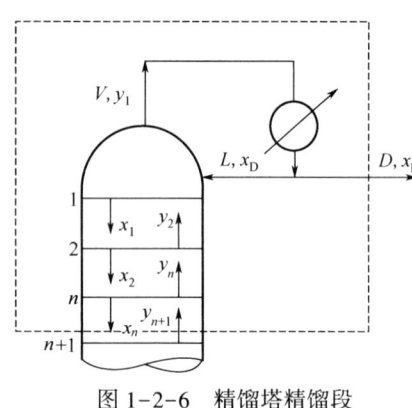

图 1-2-6　精馏塔精馏段物料衡算示意图

对一定结构形式的板式塔，由分离任务和工艺条件确定出理论板数后，若已知一定操作条件下的全塔效率，便可求得实际板数。

6. 精馏操作线方程

精馏塔精馏段物料衡算示意图如图 1-2-6 所示。

1）操作线方程的概念

在精馏塔中，任意塔板（n 板）下降的液相组成 x_n 与由其下一层塔板（$n+1$ 板）上升的蒸气组成 y_{n+1} 之间的关系称之为操作关系，描述他们之间关系的方程称为操作线方程。

操作线方程可通过塔板间的物料衡算求得。

2）精馏段操作线方程

在图片虚线范围内（包括精馏段的低 $n+1$ 层板以上塔段及冷凝器）内作物料衡算，以单位时间为基准，可得：

总物料衡算：

$$V = L + D \qquad (1-2-35)$$

易挥发组分的物料衡算：

$$Vy_{n+1} = Lx_n + Dx_D \qquad (1-2-36)$$

式中 V——精馏段内每块塔板上升的蒸气摩尔流量，kmol/h；
L——精馏段内每块塔板下降的液体摩尔流量，kmol/h；
y_{n+1}——从精馏段第 $n+1$ 板上升的蒸气组成，摩尔分数；
x_n——从精馏段第 n 板下降的液体组成，摩尔分数。

将以上两公式联立后，得：

$$Vy_{n+1}=L/Vx_n+D/Vx_D=L(L+D)x_n+D(L+D)x_D \qquad (1-2-37)$$

令 $R=L/D$，R 为回流比，于是上公式可写作：

$$y_{n+1}=R(R+1)x_n+1/(R+1)x_D \qquad (1-2-38)$$

以上两公式均称为精馏段操作线方程。

注意：(1) 该方程表示在一定操作条件下，从任意板下降的液体组成 x_n 和与其相邻的下一层板上升的蒸气组成 y_{n+1} 之间的关系。

(2) 该方程为一直线方程，该直线过对角线上 $a(x_D,x_D)$ 点，以 $R/(R+1)$ 为斜率，或在 y 轴上的截距为 $x_D/(R+1)$。

3) 提馏段操作线方程

精馏塔提馏段物料衡算示意图，如图 1-2-7 所示。

在图虚线范围（包括提馏段第 m 层板一下塔段及再沸器）内作物料衡算，以单位时间为基准，可得：

总物料衡算：

$$L'=V'+W \qquad (1-2-39)$$

易挥发组分衡算：$L'x_m=V'y_{m+1}+Wx_w \qquad (1-2-40)$

式中 L'——提馏段内每块塔板上升的蒸气摩尔流量，kmol/h；

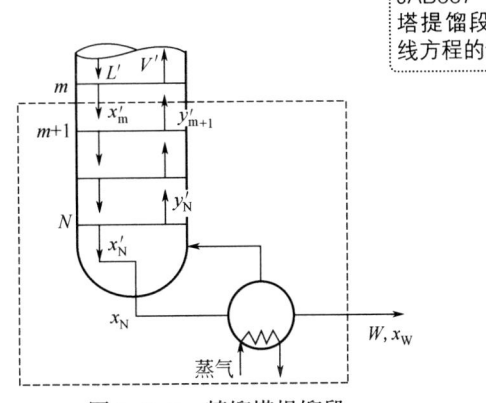

图 1-2-7 精馏塔提馏段物料衡算示意图

V'——提馏段内每块塔板下降的液体摩尔流量，kmol/h；

x_m——提馏段第 m 板下降的液体组成，摩尔分数；

y_{m+1}——提馏段第 $m+1$ 板上升的蒸气组成，摩尔分数。

将以上两公式联立后，得：

$$y_{m+1}=L'/V'x_m-W/V'x_w \qquad (1-2-41)$$

$$y_{m+1}=L'/(L'-W)x_m-W/(L'-W)x_w \qquad (1-2-42)$$

以上两公式均称为提馏段操作线方程。

三、吸收概念及相关知识

(一) 吸收

1. 吸收的概念

吸收是指利用气体混合物各组分在某种溶剂中溶解度的不同而分离气体混合物的操作。

2. 吸收剂

(1) 吸收剂的概念。

吸收剂一般是指对气体混合物的各组分具有不同的溶解度而能选择性地吸收其中一种

组分或几种组分的液体。吸收剂可以是纯液体,也可以是溶液。一般分为物理吸收剂和化学吸收剂两类。物理吸收剂与溶质之间无化学反应,气体的溶解度只与气液平衡规律有关;化学吸收剂与溶质之间有化学反应,气体的溶解度不仅与气液平衡规律有关,而且与化学平衡规律有关。

(2)吸收剂的选择原则。

① 吸收剂应对混合气体中被吸收组分具有良好的选择性和较大的吸收能力。

② 饱和蒸气压低,以减少挥发损失避吸收液成分进入气相,造成浪费和新的污染。

③ 沸点高,热稳定性高,不易起泡。

④ 黏性小,能改善吸收塔内的流动状况提高吸收速率,降低泵的功耗,减小阻力。

⑤ 化学稳定性高,腐蚀性小、无毒性、不燃。

⑥ 价廉易得、易于解吸再生或产生的富液易于综合利用。

任何一种吸收剂很难同时满足以上要求,实际上可根据所处理的对象及目的,权衡各方面因素而定。

3. 解吸剂

(1)解吸剂的概念。

解吸剂是在物质吸附分离过程中,被吸附的组分被吸附剂吸附后,需要用解吸剂把它们从吸附剂上解吸出来,达到分离被吸附组分,再进入下一步吸附过程的目的。

GAB016 解吸剂的选择原则

(2)解吸剂的选择原则。

① 吸附剂对解吸剂的吸附能力和对二甲苯相近或稍微弱一些,只有这样才有利于两者在吸附剂上进行吸附交换。

② 解吸剂和被解吸物质比原料中其他物质之间的沸点差要大,便于用精馏方法分离。

③ 解吸剂纯度要高,如果带有杂质可能会影响吸附剂的吸附性能,使吸附剂劣化,同时影响产品的纯度。

④ 解吸剂必须具有高的热稳定性和化学稳定性。

JAB014 影响吸收操作的因素

3. 吸收操作的影响因素

1)气流速度

气流速度小,湍动不充分,吸收传质系数小,不利于吸收;反之,有利于吸收,生产能力大。气流速度过大,造成雾沫夹带甚至液泛,气液接触速率下降,不利于吸收。

因此,应选择一个适宜的气流速度。

2)喷淋密度

喷淋密度是指单位时间内、单位体积上所接受的液体喷淋量。如喷淋密度过小,填料表面不能完全湿润,分离效果不好。如喷淋密度过大,阻力大,易液泛。因此,适宜的喷淋密度应该能够保证填料的充分湿润和良好的气液接触状态。

3)温度

选择适宜的温度。

4)压力

一般是常压下操作。

(二)相关计算

1. 吸收速率方程

JAB018 吸收速率方程

吸收速率是指在吸收操作中,每单位相际传质面积上,单位时间内吸收的溶质量。吸收速率方程表明吸收速率与吸收推动力之间的关系。

1)气膜、液膜吸收速率方程式

气膜、液膜吸收速率方程曲线如图 1-2-8 所示。

$$N_A = k_G(p - p_i) = k_L(C_i - C) \quad (1\text{-}2\text{-}43)$$

式中 N_A——分子扩散速率,$kmol/m^2$;

P、p_i——吸收质在气相主体、相界面处的分压,kPa;

C_i、C——相界面处的、液相主体的浓度,mol/L;

k_G、k_L——气膜、液膜吸收系数,$kmol/(m^2 \cdot s \cdot kPa)$。

2)总吸收系数及相应的吸收速率方程

(1)以 $p - p^*$ 和 $C^* - C$ 表示推动力的速率方程。

$p - p^*$ 和 $C^* - C$ 表示推动力的速率方程曲线如图 1-2-9 所示。

$$N_A = k_G(p_A - p_A^*) \quad (1\text{-}2\text{-}44)$$

$$N_A = k_L(C_A^* - C_A) \quad (1\text{-}2\text{-}45)$$

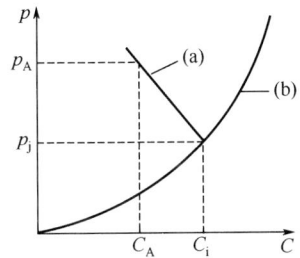
图 1-2-8 气膜、液膜吸收速率方程曲线图

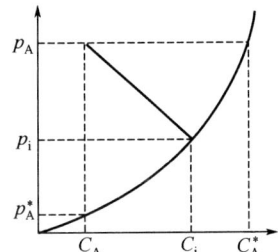
图 1-2-9 以 $p - p^*$ 和 $C^* - C$ 表示推动力的速率方程曲线图

由于 p_A, p_A^*, C_A, C_A^* 均为已知,用此求 N_A 时就避开了求界面浓度 C_i 和 p_i。

由上面的公式可知:

$$1/k_G = 1/Hk_L + 1/k_G \quad (1\text{-}2\text{-}46)$$

对于易溶气体:H 很大,$1/Hk_L$ 很小,所以 $1/Hk_L \ll 1/k_G$,则 $1/k_G = 1/k_G$ 气膜控制。(吸收总推动力的绝大部分用于克服气膜阻力)

(2)以 $Y - Y^*$ 和 $X^* - X$ 表示推动力的速率方程。

$Y - Y^*$ 和 $X^* - X$ 表示推动力的速率方程曲线如图 1-2-10 所示。

$$N_A = k_y(y - y_i) \quad N_A = k_x(x_i - x) \quad (1\text{-}2\text{-}47)$$

$$N_A = K_y(y - y^*) \quad N_A = K_x(x^* - x) \quad (1\text{-}2\text{-}48)$$

2. 物料衡算和操作线方程

1)物料衡算

吸收塔前后物料变化示意图如图 1-2-11 所示。

假设吸收剂和惰性气体的量通过吸收塔前后无变化,气体:自下而上,液体:自上而下。

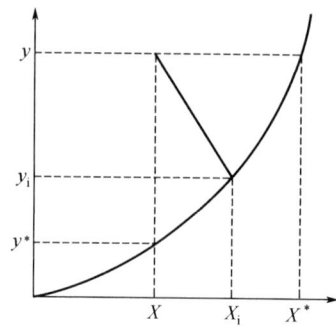 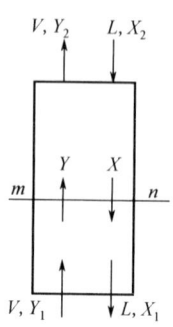

图 1-2-10　以 $Y-Y^*$ 和 X^*-X 表示推动力的速率方程曲线图　　图 1-2-11　吸收塔前后物料变化示意图

全塔物料衡算：
$$VY_1 + LX_2 = VY_2 + LX_1 \tag{1-2-49}$$

式中　V——惰性气体的摩尔流量，kmol/s；
　　　L——吸收剂的摩尔流量，kmol/s；
　　　Y——气体中溶质的摩尔分数；
　　　X——液体中溶质的摩尔分数。

根据质量守恒定律，在稳定操作条件下，气液两相在填料塔内逆流接触。

JAB017　气体吸收的操作线方程

2）吸收操作线方程

吸收塔前后物料变化示意图如图 1-2-12 所示。

在吸收塔上取任意一截面，气液相浓度为 Y、X，又物料衡算：
$$VY_1 + LX = VY + LX_1 \tag{1-2-50}$$

整理可得式（1-2-51）和式（1-2-52）。

填料塔内气液两相逆流流动是，操作线方程为：
$$Y = L(X-X_2)/V + Y_1 \tag{1-2-51}$$

填料塔内气液两相并流流动时，操作线方程为：
$$Y = L(X-X_1)/V + Y_1 \tag{1-2-52}$$

操作线方程表示塔内任意一截面上气相组成 Y 与液相组成 X 之间的关系。

在吸收操作中塔内 V、L 为常量。L/V 塔内操作的气液比是一定值，则操作线方程为一直线方程。将该直线坐标绘在 $(X-Y)$ 图上，即得操作线。

吸收塔操作线方程曲线图如图 1-2-13 所示。

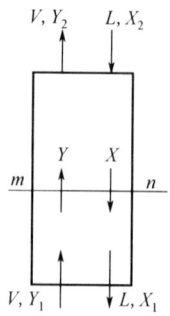 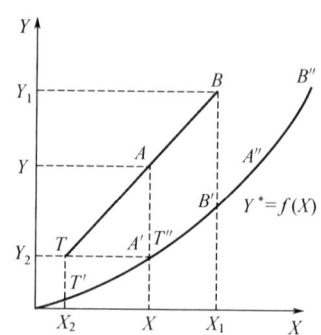

图 1-2-12　吸收塔前后物料变化示意图　　图 1-2-13　吸收塔操作线方程曲线图

3)关于操作线的说明

(1)吸收操作线方程式由物料衡算得出的,与气液比和塔一端的气液组成有关,与吸收速率、温度、压力、接触状态、塔型无关。

(2)逆流吸收塔塔底为浓端,塔顶为稀端;并流吸收塔塔底为稀端,塔顶为浓端。

(3)降低吸收剂的温度、提高总压;选择对溶质溶解度大的吸收剂;改物理吸收为化学吸收都将增大吸收推动力,提高吸收速率。

4)气液比

气液比 L/V,即处理 1kmol 气体的原料所用吸收剂量的 kmol 数。

气液比是操作线方程的斜率,当气液比增大,吸收推动力变大,对一定的分离任务,则可减少所需的传质面积。若气液比减小,则相反,所以在生产过程中需确定最适宜的气液比。

四、蒸发、干燥概念及相关知识

(一)蒸发

1. 蒸发的概念

蒸发和沸腾都是汽化现象,是汽化的两种不同方式。蒸发是在液体表面发生的汽化过程,沸腾是在液体内部和表面上同时发生的剧烈的汽化现象。

从微观上看,蒸发就是液体分子从液面离去的过程。由于液体中的分子都在不停地做无规则运动,它们的平均动能的大小与液体本身的温度相适应。由于分子的无规则运动和相互碰撞,在任何时刻总有一些分子具有比平均动能还大的动能。这些具有足够大动能的分子,如处于液面附近,其动能大于飞出时克服液体内分子间的引力所需的功时,这些分子就能脱离液面而向外飞出,变成这种液体的蒸气,这就是蒸发现象。

2. 影响蒸发的因素

1)温度

温度越高,蒸发越快。因为在任何温度下,分子都在不断地运动,液体中总有一些速度较大的分子能够飞出液面脱离束缚而成为汽分子,所以液体在任何温度下都能蒸发。液体的温度升高,分子的平均动能增大,速度增大,从液面飞出去的分子数量就会增多,所以液体的温度越高,蒸发得就越快。

2)液面表面积大小

如果液体表面面积增大,处于液体表面附近的分子数目增加,因而在相同的时间里,从液面飞出的分子数量就增多,所以液面面积越大,蒸发速度越快。

3)液体表面上方空气流动的速度

当飞入空气里的蒸气分子和空气分子或其他蒸气分子发生碰撞时,有可能被碰回到液体中。如果液面上方空气流动速度快,通风好,分子重新返回液体的机会越小,蒸发就越快。

3. 蒸发的分类

蒸发可分为常压蒸发和减压蒸发。

1）常压蒸发

常压蒸发一般是指在常压下进行的蒸发操作。

2）减压蒸发

减压蒸发，可保证蒸发速率的同时降低所需要的温度，若被浓缩的物质对热不稳定，常压下易氧化、分解，或溶剂为高沸点的有机溶剂，或溶剂的量大、或有毒时，常采用减压蒸馏的方式进行浓缩。

4. 化工蒸发操作的目的

获得浓缩的溶液直接作为化工产品或半成品。

脱除溶剂，将溶液增浓至饱和状态，随后加以冷却，析出固体产物，即采用蒸发、结晶的联合操作以获得固体溶质。

脱除溶质，制取纯净的溶剂。

蒸发操作可连续或间歇进行，工业上大量物料的蒸发通常是连续的定态过程。

（二）干燥

> ZAB012 干燥的基本概念

1. 干燥的概念

干燥在化学工业中，常指借热能使物料中水分（或溶剂）汽化，并由惰性气体带走所生成的蒸气的过程。

2. 干燥的原理

在一定温度下，任何含水的湿物料都有一定的蒸气压，当此蒸气压大于周围气体中的水汽分压时，水分将汽化。汽化所需热量，或来自周围热气体，或由其他热源通过辐射、热传导提供。含水物料的蒸气压与水分在物料中存在的方式有关。物料所含的水分，通常分为非结合水和结合水。非结合水是附着在固体表面和孔隙中的水分，它的蒸气压与纯水相同；结合水则与固体间存在某种物理的或化学的作用力，汽化时不但要克服水分子间的作用力，还需克服水分子与固体间结合的作用力，其蒸气压低于纯水，且与水分含量有关。

3. 干燥的分类

根据热量的供应方式，有多种干燥类型：

1）对流干燥

对流干燥是指热空气或烟道气与湿物料直接接触，依靠对流传热向物料供热，水汽则由气流带走。对流干燥在生产中应用最广，它包括气流干燥、喷雾干燥、流化干燥、回转圆筒干燥和厢式干燥等。

2）传导干燥

传导干燥是指湿物料与加热壁面直接接触，热量靠热传导由壁面传给湿物料，水汽靠抽气装置排出。它包括滚筒干燥、冷冻干燥、真空耙式干燥等。

3）辐射干燥

辐射干燥是指热量以辐射传热方式投射到湿物料表面，被吸收后转化为热能，水汽靠抽气装置排出，如红外线干燥。

4）介电加热干燥

介电加热干燥是指将湿物料置于高频电场内，依靠电能加热而使水分汽化，包括高频干燥、微波干燥。在传导、辐射和介电加热这三类干燥方法中,物料受热与带走水汽的气流无关,必要时物料可不与空气接触。

> CAB022 干燥的作用

4. 干燥的作用

干燥的目的是为了物料使用或进一步加工的需要。如木材在制作木模、木器前的干燥可以防止制品变形,陶瓷坯料在煅烧前的干燥可以防止成品龟裂。另外,干燥后的物料也便于运输和储存,如将收获的粮食干燥到一定湿含量以下,以防霉变。由于自然干燥远不能满足生产发展的需要,各种机械化干燥器越来越广泛地得到应用。

(三)干燥速率

> GAB017 干燥速率的概念

1. 干燥速率的概念

干燥速率是指每平方米干燥表面积每小时蒸发的水分量,单位为 kg 水/(h·m²)。有时也将每千克无水物料每小时蒸发的水量称为质量干燥速率,单位为 kg 水/(h·kg 无水物料)。

2. 干燥速率的影响因素

影响干燥速率的因素有:传热速率、外扩散速率、内扩散速率。

3. 干燥速率的提高方法

1)加快传热速率

为加快传热速率,应做到:

(1)提高干燥介质温度:如提高干燥窑中的热气体温度,增加热风炉等,但不能使坯体表面温度升高太快,避免开裂。

(2)增加传热面积:如改单面干燥为双面干燥,分层码坯或减少码坯层数,增加于与热气体接触面。

(3)提高对流传热系数。

2)提高外扩散速率

当干燥处于等速干燥阶段时,外扩散阻力成为左右整个干燥速率的主要矛盾,因此,降低外扩散阻力,提高外扩散速率,对缩短整个干燥周期影响最大。外扩散阻力主要发生在边界层里,因此应做到:

(1)增大介质流速,减薄边界层厚度等,提高对流传热系数。也可提高对流传质系数,利于提高干燥速度。

(2)降低介质的水蒸气浓度,增加传质面积,亦可提高干燥速度。

3)提高水分的内扩散速率

水分的内扩散速率是由湿扩散和热扩散共同作用的。湿扩散是物料中由于湿度梯度引起的水分移动,热扩散是物理中存在温度梯度而引起的水分移动。要提高内扩散速率应做到:

(1)使热扩散与湿扩散方向一致,即设法使物料中心温度高于表面温度,如远红外加热、微波加热方式。

(2)当热扩散与湿扩散方向一致时,强化传热,提高物料中的温度梯度,当两者相反时,加强温度梯度虽然扩大了热扩散的阻力,但可以增强传热,物料温度提高,湿扩散得以增加,故能加快干燥。

（3）减薄坯体厚度，变单面干燥为双面干燥。
（4）降低介质的总压力，有利于提高湿扩散系数，从而提高湿扩散速率。
（5）其他坯体性质和形状等方面的因素。

五、传质在生产中的应用

> ZAB008 筛板塔的主要性能参数

（一）板式塔

1. 板式塔的概念

板式塔是一类用于气液或液液系统的分级接触传质设备，由圆筒形塔体和按一定间距水平装置在塔内的若干塔板组成。广泛应用于精馏和吸收，有些类型（如筛板塔）也用于萃取，还可作为反应器用于气液相反应过程。操作时（以气液系统为例），液体在重力作用下，自上而下依次流过各层塔板，至塔底排出；气体在压力差推动下，自下而上依次穿过各层塔板，至塔顶排出。每块塔板上保持着一定深度的液层，气体通过塔板分散到液层中去，进行相际接触传质。

2. 板式塔结构原理

板式塔为逐级接触式塔，气液传质在板上液层空间内进行；两相的组成沿塔高呈阶梯式变化，在正常操作下，液相为连续相，气相为分散相。

（1）在每块塔板上气液两相必须保持密切而充分的接触，为传质过程提供足够大而且不断更新的相际接触表面，以减小传质阻力。

（2）在塔内应尽量使气液两相呈逆流流动，以提供较大的传质推动力。

板式塔在总体上气液呈逆流流动，每块塔板上呈均匀错流。

3. 塔板的结构

塔板是板式塔中气液两相接触传质的部位，决定塔的操作性能，通常主要由以下三部分组成：

1）气体通道

为保证气液两相充分接触，塔板上均匀地开有一定数量的通道供气体自下而上穿过板上的液层。气体通道的形式很多，它对塔板性能有决定性影响，也是区别塔板类型的主要标志。筛板塔塔板的气体通道最简单，只是在塔板上均匀地开设许多小孔（通称筛孔），气体穿过筛孔上升并分散到液层中。泡罩塔塔板的气体通道最复杂，它是在塔板上开有若干较大的圆孔，孔上接有升气管，升气管上覆盖分散气体的泡罩。浮阀塔塔板则直接在圆孔上盖以可浮动的阀片，根据气体的流量，阀片自行调节开度。

2）溢流堰

为保证气液两相在塔板上形成足够的相际传质表面，塔板上须保持一定深度的液层，为此，在塔板的出口端设置溢流堰。塔板上液层高度在很大程度上由堰高决定。对于大型塔板，为保证液流均布，还在塔板的进口端设置进口堰。

3）降液管

液体自上层塔板流至下层塔板的通道，也是气（汽）体与液体分离的部位。为此，降液管中必须有足够的空间，让液体有所需的停留时间。

此外,还有一类无溢流塔板,塔板上不设降液管,仅是均匀开设筛孔或缝隙的圆形筛板。操作时,板上液体随机地经某些筛孔流下,而气体则穿过另一些筛孔上升。无溢流塔板虽然结构简单,造价低廉,板面利用率高,但操作弹性太小,板效率较低,故应用不广。

> ZAB009 填料塔的主要性能参数

(二)填料塔

1. 填料塔的概念

填料塔又称填充塔,是化工生产中常用的一类传质设备。主要由圆柱形的塔体和堆放在塔内的填料(各种形状的固体物,用于增加两相流体间的面积,增强两相间的传质)等组成,用于吸收、蒸馏、萃取等。其流体阻力小,适用于气体处理量大而液体量小的过程。液体沿填料表面自上向下流动,气体与液体成逆流或并流,视具体反应而定。填料塔内存液量较小。无论气相或液相,其在塔内的流动形式均接近于活塞流。若反应过程中有固相生成,不宜采用填料塔。

2. 填料塔的结构原理

填料塔是以塔内的填料作为气液两相间接触构件的传质设备。

填料塔的塔身是一直立式圆筒,底部装有填料支承板,填料以乱堆或整砌的方式放置在支承板上。填料的上方安装填料压板,以防被上升气流吹动。液体从塔顶经液体分布器喷淋到填料上,并沿填料表面流下。气体从塔底送入,经气体分布装置(小直径塔一般不设气体分布装置)分布后,与液体呈逆流连续通过填料层的空隙,在填料表面上,气液两相密切接触进行传质。

填料塔属于连续接触式气液传质设备,两相组成沿塔高连续变化,在正常操作状态下,气相为连续相,液相为分散相。

当液体沿填料层向下流动时,有逐渐向塔壁集中的趋势,使得塔壁附近的液流量逐渐增大,这种现象称为壁流。壁流效应造成气液两相在填料层中分布不均,从而使传质效率下降。因此,当填料层较高时,需要进行分段,中间设置再分布装置。液体再分布装置包括液体收集器和液体再分布器两部分,上层填料流下的液体经液体收集器收集后,送到液体再分布器,经重新分布后喷淋到下层填料上。

填料塔具有生产能力大、分离效率高、压降小、持液量小、操作弹性大等优点。

填料塔也有一些不足之处,如填料造价高、当液体负荷较小时不能有效地润湿填料表面、使传质效率降低、不能直接用于有悬浮物或容易聚合的物料、对侧线进料和出料等复杂精馏不太适合等。

3. 填料塔内件结构

(1)液体分布装置。
(2)填料压紧装置。
(3)填料支撑装置。
(4)液体收集再分布及进出料装置。
(5)气体进料及分布装置。
(6)除沫装置。

4. 填料的选型

填料种类的选择要考虑分离工艺的要求,通常考虑以下几个方面:

（1）传质效率要高。一般而言，规整填料的传质效率高于散装填料。

（2）通量要大。在保证具有较高传质效率的前提下，应选择具有较高泛点气速或气相动能因子的填料。

（3）填料层的压降要低。

（4）填料抗污堵性能强，拆装、检修方便。

模块三　计量基础知识

项目一　计量

一、计量的概念及特点

(一)计量的概念

计量是利用技术和法制手段实现单位统一和量值准确可靠的测量。在计量过程中,认为所使用量具和仪器是标准的,用它们来校准、检定受检量具和仪器设备,以衡量和保证使用受检量具仪器进行测量时所获得测量结果的可靠性。计量涉及计量单位的定义和转换;量值的传递和保证量值统一所必须采取的措施、规程和法制等。

(二)计量的特点

GAC002 计量的特点

1. 准确性

准确性是计量的基本特点,它表征的是测量结果与被测量的真值的接近程度。也就是说,计量不仅应明确地给出被测量的值,而且还应给出该量值的误差范围(不确定度)。否则,量值便不具备明确的社会实用价值。所谓量值的统一,也是指在一定准确性范围内的统一。

2. 一致性

计量的一致性,不仅限于国内,而且也适于国际。即无论在任何时间、地点、利用任何方法、器具以及任何人进行测量,只要符合有关计量所要求的条件,计量结果就应在误差范围内一致。

3. 溯源性

在实际工作中,由于目的和条件的不同,对计量结果的要求亦各不相同。但为使计量结果准确一致,所有的量值都必须由相同的基准(或标准)传递而来。换句话说,任何一个计量结果,都能通过连续的比较链与原始的标准器具联系起来,这就是溯源性。就一国而论,所有的量值都应溯源于国家基准(或标准);就世界而论,则应溯源于国际基准(或标准)或相应的约定标准,否则,量出多源,不仅无准确一致可言,而且势必造成技术上和应用上的混乱,以致酿成严重的社会后果。

4. 法制性

计量本身的社会性就要求有一定的法制保障,也就是说,量值的统一,不仅要有一定的技术手段,而且还要有相应的法律和行政管理。特别是那些对国计民生有明显影响的计量,更必须有法制保障。否则,量值的统一便不能实现,计量的作用便无法发挥。

二、计量检定

(一)计量检定的概念

计量检定是指为评定计量器具的计量性能,确定其是否合格所进行的全部工作,包括检验和加封盖印等。它是进行量值传递的重要形式,是保证量值准确一致的重要措施。

(二)计量检定的分类

计量检定按照管理环节的不同,可以分以下五种:

周期检定,即对使用过一段时间的计量器具进行的定期检定。

出厂检定,即制造计量器具的企事业单位在销售前进行的检定。

修后检定,即对修理后的计量器具在交付使用前进行的检定。

进口检定,即进口计量器具在海关验放后由有关政府计量行政部门进行的检定。

仲裁检定,即以裁决为目的的检定。

按管理性质不同,可分为强制性检定和非强制性检定,两者又统称为计量法制检定。

(三)计量检定的方法

1. 整体检定法

整体检定法又称为综合检定法,它是主要的检定方法。这种方法是直接用计量基准、计量标准来检定计量器具的计量特性。

整体检定法的优点:简便、可靠,并能求得修正值。如果被检计量器具需要而且可以取修正值,则应增加计量次数(例如把一般情况下的3次增加到5~10次),以降低随机误差。

整体检定法的缺点:当受检计量器具不合格时,难以确定这是由计量器具的哪一部分或哪几部分所引起的。

2. 单元检定法

单元检定法又称为部件检定法或分项检定法。它分别计量影响受检计量器具准确度的各项因素所产生的误差,然后通过计算求出总误差(或总不确定度),以确定受检计量器具是否合格。

(四)计量检定的原则

ZAC003 计量检定遵循的原则

计量检定活动必须受国家计量法律、法规和规章的约束,按照经济合理的原则、就地就近进行。"经济合理"是指计量检定,组织量值传递要充分利用现有的计量设施,合理地布置检定网点。"就地就近"进行检定,是指组织量值传递不受行政区划和部门管辖的限制。

从计量基准到各级计量标准直到工作计量器具的检定程序,必须按照国家计量检定系统表的要求进行。国家计量检定系统表由国务院计量行政部门制定。

对计量器具的计量性能、检定项目、检定条件、检定方法、检定周期以及检定数据的处理等,必须执行计量检定规程。国家计量检定规程由国务院计量行政部门制定。

没有国家计量检定规程的,由国务院有关主管部门或省、自治区、直辖市人民政府计量行政部门制定部门计量检定规程、地方计量检定规程,并向国务院计量行政部门备案。

检定结果必须做出合格与否的结论,并出具证书或加盖印记。计量检定过程包括了检查和加标记、出证书的全过程。检查一般包括计量器具外观的检查和计量器具的计量特性的检查等。计量器具计量特性的检查,其实质是把被检定的计量器具的计量特性与计量标准器的计量特性相比较,评定被检定的计量器具的计量特性是否在计量检定规程规定的允许范围之内。

从事检定的工作人员必须是经考核合格,并持有有关计量行政部门颁发的检定员证。

(五)计量国际单位制

1. 国际单位制

国际单位制,源自公制或米制,旧称"万国公制",是世界上最普遍采用的标准度量衡单位系统,采用十进制进位系统。国际单位制是在公制基础上发展起来的单位制,于1960年第十一届国际计量大会通过,推荐各国采用,其国际简称为SI。

CAC001 国际单位制中的基本单位

2. 国际单位制基本单位

物理量是通过描述自然规律的方程或定义新的物理量的方程而相互联系的。因此,可以把少数几个物理量作为相互独立的,其他的物理量可以根据这几个量来定义,或借方程表示出来。这少数几个看作相互独立的物理量,就叫作基本物理量,简称为基本量。

在国际单位制中共有七个基本量:长度,质量,时间,电流,热力学温度,物质的量和发光强度。

米(长度单位),符号为 m。

千克(质量单位),符号为 kg。

秒(时间单位),符号为 s。

安培(电流单位),符号为 A。

开尔文(热力学温度),符号为 K。

摩尔(物质的量),符号为 mol。

坎德拉(光强度单位),符号为 cd。

CAC002 国际单位制的基本导出单位

3. 国际单位制导出单位

SI 导出单位是由 SI 基本单位或辅助单位按定义式导出的,其数量很多。其中,具有专门名称的 SI 导出单位共有 19 个。有 17 个是以杰出科学家的名字命名的,如牛顿、帕斯卡、焦耳等,以纪念他们在本学科领域里做出的贡献。它们本身已有专门名称和特有符号,这些专门名称和符号又可以用来组成其他导出单位,从而比用基本单位来表示要更简单一些。同时,为了表示方便,这些导出单位还可以与其他单位组合表示另一些更为复杂的导出单位。

下面是具有专门名称的一些导出单位的定义。

赫兹(频率的单位)——周期为1s(秒)的周期现象的频率为1Hz(赫兹),即 $1Hz = 1s^{-1}$。

牛顿(力的单位)——使 1kg(千克)质量产生 $1m/s^2$(米每二次方秒)加速度的力,即 $1N = 1kg \cdot m/s^2$。

帕斯卡(压强单位)——每 m^2(平方米)面积上 1N(牛顿)力的压力,即 $1Pa = 1N/m^2$。

焦耳(能或功的单位)——1N(牛顿)力的作用点在力的方向移动 1m(米)距离时所做的功,即 $1J = 1N \cdot m$。

瓦特(功率单位)——1s(秒)内给出 1J(焦耳)能量的功率,即 $1W = 1J/s$。

库仑(电量单位)——1A(安培)电流在 1s(秒)内所运送的电量,即 $1C = 1A \cdot s$。

伏特(电位差和电动势单位)——在流过 1A(安培)恒定电流的导线内,两点之间所消耗的功率若为 1W(瓦特),则这两点之间的电位差为 1V(伏特),即 1V=1W/A。

法拉(电容单位)——给电容器充 1C(库仑)电量时,二极板之间出现 1V(伏特)的电位差,则这个电容器的电容为 1F(法拉),即 1F=1C/V。

欧姆(电阻单位)——在导体两点间加上 1V(伏特)的恒定电位差,若导体内产生 1A(安培)的恒定电流,而且导体内不存在任何其他电动势,则这两点之间的电阻为 1Ω(欧姆),即 1Ω=1V/A。

西门子(电导单位)——Ω(欧姆)的负一次方,即 $1S=1Ω^{-1}$。

亨利(电感单位)——让流过一个闭合回路的电流以 1A/s(安培每秒)的速率均匀变化,如果回路中产生 1V(伏特)的电动势,则这个回路的电感为 1H(亨利),即 1H=1V·s/A。

韦伯(磁通量单位)——让只有一匝的环路中的磁通量在 1s(秒)内均匀地减小到零,如果因此在环路内产生 1V(伏特)的电动势,则环路中的磁通量为 1(韦伯),即 1Wb=1Vs。

特斯拉(磁感应强度或磁通密度单位)——$1m^2$(平方米)内磁通量为 1Wb(韦伯)的磁感应强度,即 $1T=1Wb/m^2$。

流明(光通量单位)——发光强度为 1cd(坎德拉)的均匀点光源向 sr(球面度内单位立体角)发射出去的光通量,即 1 lm=1cd·sr。

勒克斯(光照度单位)——$1m^2$(平方米)为 1 lm(流明)光通量的光照度,即 1 lx=1 lm/m^2。

贝可勒尔(放射性活度单位)——1s(秒)内发生 1 次自发核转变或跃迁,为 1Bq(贝可勒尔),即 $1Bq=1s^{-1}$。

戈瑞(比授予能单位)——授予 1kg(千克)受辐照物质以 1J(焦耳)能量的吸收剂量,即 1Gy=1J/kg。

希沃特(剂量当量)——1kg(千克)产生 1J(焦耳)的剂量当量,即 1Sv=1J/kg。

4. 国际单位制辅助单位

[CAC003 国际单位制的辅助单位]

辅助单位包括两个单位,现已并入导出单位。在国际单位制中,平面角与立体角这两个量作为无量纲的导出量,因而弧度和球面角这两个辅助单位应作为无量纲的导出单位,它可以用在导出单位的关系式中。

弧度(rad)是一个圆内两条半径在圆周上截取的弧长与半径相等时,它们所夹的平面角的大小。

球面角(sr)是一个立体角,其顶点位于球心,而它在球面上所截取的面积等于以球半径为边长的正方形面积。

5. 国家选定非国际单位制单位

[CAC004 国家选定的非国际单位制]

根据《中华人民共和国法定计量单位》,我国目前采用的非国际单位制单位见表 1-3-1。

表 1-3-1 我国非国际单位制单位表

量的名称	单位名称	单位符号	换算关系和说明
时间	分 [小]时 天(日)	min h d	1min=60s 1h=60min=3600s 1d=24h=86400s

续表

量的名称	单位名称	单位符号	换算关系和说明
平面角	[角]秒 [角]分 度	(") (') (°)	$1''=(\pi/648000)\text{rad}$ (π 为圆周率) $1'=60''=(\pi/10800)\text{rad}$ $1°=60'=(\pi/180)\text{rad}$
旋转速度	转每分	r/min	$1\text{r/min}=(1/60)\text{s}^{-1}$
长度	海里	n mile	$1\text{nmile}=1852\text{m}$（只用于航程）
速度	节	kn	$1\text{kn}=1\text{nmile/h}$ $=(1852/3600)\text{m/s}$（只用于航程）
质量	吨 原子质量单位	t u	$1\text{t}=1000\text{kg}$ $1\text{u}\approx1.660540\times10^{-27}\text{kg}$
体积	升	L,(l)	$1\text{L}=1\text{dm}=10^{-3}\text{m}^3$
能	电子伏	eV	$1\text{eV}\approx1.602177\times10^{-19}\text{J}$
级差	分贝	dB	—
线密度	特[克斯]	tex	$1\text{tex}=1\text{g/km}$

注：(1) 周、月、年(年的符号为 a)为一般常用时间单位。
(2) [ ]内的字,是在不致混淆的情况下,可以省略的字。
(3) ( )内的字为前者的同义语。
(4) 角度单位度、分、秒的符号不处于数字后时,用括号。
(5) 升的符号中,小写字母 l 为备用符号。
(6) r 为"转"的符号。
(7) 人民生活和贸易中,质量习惯称为重量。
(8) 公里为千米的俗称,符号为 km。

项目二 计量器具知识

一、计量器具的管理

(一)计量器具

计量器具是指能用以直接或间接测出被测对象量值的装置、仪器仪表、量具和用于统一量值的标准物质。

计量器具广泛应用于生产、科研领域和人民生活等各方面,在整个计量立法中处于相当重要的地位。因为全国量值的统一,首先反映在计量器具的准确一致上,计量器具不仅是监督管理的主要对象,而且是计量部门提供计量保证的技术基础。

ZAC004 计量器具的定义

(二)计量器具的分级

按等级分类,计量器具可以分为以下三类：

1. A 类计量器具的范围

(1)公司最高计量标准和计量标准器具。

(2)用于贸易结算、安全防护、医疗卫生和环境监测方面,并列入强制检定工作计量器具范围的计量器具。

JAC003 计量器具分级管理方法

(3)生产工艺过程中和质量检测中关键参数用的计量器具。

(4)进出厂物料核算用计量器具。

(5)精密测试中准确度高或使用频繁而量值可靠性差的计量器具。

A 类计量器具包括：一级平晶、零级刀口尺、水平仪检具、直角尺检具、百分尺检具、百分表检具、千分表检具、自准直仪、立式光学计等。

2. B 类计量器具的范围

(1)安全防护、医疗卫生和环境监测方面，但未列入强制检定工作计量器具范围的计量器具。

(2)生产工艺过程中非关键参数用的计量器具。

(3)产品质量的一般参数检测用计量器具。

(4)二、三级能源计量用计量器具。

(5)企业内部物料管理用计量器具。

B 类计量器具包括：卡尺、千分尺、百分尺、千分表、水平仪、直角尺、塞尺、水准仪、经纬仪、焊接检验尺、超声波测厚仪、5m 以上的卷尺、温度计、压力表、测力表、转速表、衡器、硬度计、天平、电压表、电流表、兆欧表、电功率表、电桥、电阻箱、检流计、万用表、标准电阻箱、校验信号发生器、超声波探伤仪、分光光度计等。

3. C 类计量器具的范围

(1)低值易耗的、非强制检定的计量器具。

(2)公司生活区内部能源分配用计量器具，辅助生产用计量器具。

(3)在使用过程中对计量数据无精确要求的计量器具。

(4)国家计量行政部门明令允许一次性检定的计量器具。

C 类计量器具包括：钢直尺、弯尺、5m 以下的钢卷尺等。

二、计量器具检定

(一)强制检定计量器具

> GAC004 强制检定计量器具的概念

1. 计量器具强制检定的概念

计量器具强制检定是指由县级以上人民政府计量行政部门所属或者授权的计量检定机构，对用于贸易结算、安全防护、医疗卫生、环境监测方面，并列入《中华人民共和国强制检定的工作计量器具目录》的计量器具实行定点定期检定。

2. 实施强制检定计量器具的范围

实施强制检定的计量器具范围包括两部分，一是计量标准，即社会公用计量标准、部门和企事业单位使用的最高计量标准；二是工作计量器具，即直接用于贸易结算、安全防护、医疗卫生、环境监测方面的列入《中华人民共和国强制检定的工作计量器具目录》的工作计量器具。

3. 强制检定计量器具的法律法规

《中华人民共和国强制检定的工作计量器具检定管理办法》中关于强制检定计量器具的相关内容：

(1)本条是对强制检定的计量器具和非强制检定的计量器具坚定管理的规定。

(2)社会公用计量标准，部门和企业、事业单位使用的最高计量标准，为强制检定的计量标准。强制检定的计量标准和强制检定的工作计量器具，统称为强制检定的计量器具。

(3)强制检定是指由县级以上人民政府计量行政部门指定的法定计量检定机构或授权的计量检定机构,对强制检定的计量器具实行的定点定期检定。检定周期由执行强制检定的计量检定机构根据计量检定规程,结合实际使用情况确定。

(4)本条关于县级以上人民政府计量行政部门对强制检定的计量器具实行强制检定的规定,在具体应用时,是指对强制检定的计量标准,由主持考核该项计量标准的有关人民政府计量行政部门指定的计量检定机构进行检定;对强制检定的工作计量器具,由当地县(市)级人民政府计量行政部门指定的计量检定机构进行检定。

(5)"前款规定以外的其他计量标准器具和工作计量器具"是指除了强制检定的计量器具以外的其他依法管理的计量标准和工作计量器具,即非强制检定的计量器具。

(6)非强制检定是指由使用单位自己依法进行的定期检定,或者本单位不能检定的,送有权对社会开展量值传递工作的其他计量检定机构进行的检定。县级以上人民政府计量行政部门应对其进行监督检查。

(7)强制检定与非强制检定,是对计量器具依法管理的两种形式。不按本条规定进行周期检定的,都负法律责任。

(8)《中华人民共和国强制检定的工作计量器具检定管理办法》已由国务院发布,并定于一九八七年七月一日起施行。

(二)破坏计量器具准确度

JAC002 破坏计量器具准确度的定义

1. 定义

破坏计量器具准确度是指为牟取非法利益,通过作弊故意使计量器具失准的行为。

2. 处罚方法

1)违法行为

使用不合格的计量器具或者破坏计量器具准确度。

2)职权依据

根据《计量法》:

第二十七条 使用不合格的计量器具或者破坏计量器具准确度,给国家和消费者造成损失的,责令赔偿损失,没收计量器具和违法所得,可以并处罚款。

第三十一条 本法规定的行政处罚,由县级以上地方人民政府计量行政部门决定。本法第二十七条规定的行政处罚,也可以由工商行政管理部门决定。

3)处罚标准

(1)情节一般。

违法情形:给国家和消费者的合法权益造成的损害在1000元以下的。

处罚标准:没收计量器具和全部违法所得,处以1000元以下罚款。

(2)情节较重。

违法情形:给国家和消费者的合法权益造成的损害在1000元以上2000元以下的。

处罚标准:没收计量器具和全部违法所得,处以1000元以上1500元以下罚款。

(3)情节严重。

违法情形:给国家和消费者的合法权益造成的损害在2000元以上的。

处罚标准:没收计量器具和全部违法所得,处以1500元以上2000元以下罚款。

项目三　计量相关法律、法规

一、计量立法

（一）计量立法的宗旨

[ZAC001 计量立法的宗旨]

计量立法首先是为了加强计量监督管理,健全国家计量法制。加强计量监督管理最核心的内容是保障计量单位制的统一和全国量值的准确可靠,这是立法的基本点。法中的全部条款都是围绕这个基本点进行的,但这不是最终目的,计量立法的最终目的是要有利于生产、科学技术和贸易的发展,适应社会主义现代化建设的需要,维护国家和人民的利益。

（二）计量印、证管理办法

[ZAC002 计量印、证管理办法]

根据1987年7月10日国家计量局[1987]量局法字第231号发布的《计量检定印、证管理办法》。

计量检定印、证包括:检定证书;检定结果通知书;检定合格证书;检定合格印:錾印、喷印、钳印、漆封印;注销印,计量检定印、证的规格、式样、由国务院计量行政部门规定。

计量检定印、证上使用的代号,按照全国行政区划编排,省级以上法定计量检定机构的,由国务院计量行政部门规定;省级以上法定计量检定机构的,由省级人民政府计量行政部门规定;被授权单位的,由授权单位规定。地方人民政府计量行政部门规定的代号,由省级人民政府计量行政部门统一向国务院计量行政部门备案。

计量器具经检定合格的,由检定单位按照计量检定规程的规定,出具检定证件,检定合格证或加盖检定合格印。

计量器具经周期检定不合格的,由检定单位出具检定结果通知书,或注销原检定合格印、证。

计量器具在检定周期内抽检不合格的,应注销原检定证书或检定合格印、证。

检定证书,检定结果通知书必须字迹清楚、数据无误,有检定、核验、主管人员签字,并加盖检定单位印章。

检定合格印应清晰完整。残缺、磨损的检定合格印、应即停止使用。

计量检定印,证应有专人保管,并建立使用管理制度。

本办法第三条规定范围的计量检定印,证由国务院计量行政部门定点监制。定做计量检定印、证,须持县级以上人民政府计量行政部门的证明。

对伪造、盗用、倒卖强制检定印、证的,依照《中华人民共和国计量法实施细则》的规定追究法律责任。

二、检定资质

[GAC003 计量检定人员资质]

根据《计量检定人员管理办法》对省级及市、县级质量技术监督部门在各自职责范围内对本行政区域内计量检定人员实施监督管理。

计量检定人员从事计量检定活动,必须具备相应的条件,并经质量技术监督部门核准,取得计量检定员资格。

申请计量检定员资格应当具备以下条件：
(1)具备中专(含高中)或相当于中专(含高中)毕业以上文化程度。
(2)连续从事计量专业技术工作满1年，并具备6个月以上本项目工作经历。
(3)具备相应的计量法律法规以及计量专业知识。
(4)熟练掌握所从事项目的计量检定规程等有关知识和操作技能。
(5)经有关组织机构依照计量检定员考核规则等要求考核合格。

申请计量检定员资格应当提交以下材料：
(1)资格申请书。
(2)考核合格证明。

申请计量检定员资格的，应当向所在地的省级质量技术监督部门或其规定的市(地)级质量技术监督部门提出申请。质量技术监督部门应当及时作出是否受理申请的决定；申请材料不齐全或者不符合法定形式的，应当当场或者5日内一次告知申请人需要补正的全部内容。

受理申请的质量技术监督部门应当自受理申请之日起20日内完成审查，并作出是否核准的决定。作出核准决定的，应当自作出决定之日起10日内向申请人颁发《计量检定员证》；作出不予核准决定的，应当书面告知申请人，并说明理由。

计量检定员从事新的检定项目，应当另行申请新增项目考核和许可。

《计量检定员证》有效期为5年。有效期届满，需要继续从事计量检定活动的，应当在有效期届满3个月前，向有关质量技术监督部门申请延长《计量检定员证》的有效期。

因丢失、损毁或工作单位更换，需要补办或变更《计量检定员证》的，应当向有关质量技术监督部门申请办理。

质量技术监督部门应当按照规定将申请和核准等有关资料整理归档。前款规定的档案保存期限为自作出核准决定之日起7年。

具备相应条件，并按规定要求取得省级以上质量技术监督部门颁发的《注册计量师注册证》的，可以从事计量检定活动。注册计量师注册管理，依照注册计量师制度等有关规定执行。

任何单位和个人不得伪造、冒用《计量检定员证》或者《注册计量师注册证》。

计量检定人员享有下列权利：
(1)在职责范围内依法从事计量检定活动。
(2)依法使用计量检定设施，并获得相关技术文件。
(3)参加本专业继续教育。

计量检定人员应当履行下列义务：
(1)依照有关规定和计量检定规程开展计量检定活动，恪守职业道德。
(2)保证计量检定数据和有关技术资料的真实完整。
(3)正确保存、维护、使用计量基准和计量标准，使其保持良好的技术状况。
(4)承担质量技术监督部门委托的与计量检定有关的任务。
(5)保守在计量检定活动中所知悉的商业秘密和技术秘密。

计量检定人员不得有下列行为：

（1）伪造、篡改数据、报告、证书或技术档案等资料。

（2）违反计量检定规程开展计量检定。

（3）使用未经考核合格的计量标准开展计量检定。

（4）变造、倒卖、出租、出借或者以其他方式非法转让《计量检定员证》或《注册计量师注册证》。

各级质量技术监督部门应当加强对计量检定人员的监督管理，建立计量检定人员管理档案，并将计量检定人员有关情况逐级上报国家质检总局备案。

计量检定人员出具的计量检定数据，用于量值传递、裁决计量纠纷和实施计量监督等，具有法律效力。

任何单位和个人不得要求计量检定人员违反计量检定规程或者使用未经考核合格的计量标准开展计量检定；不得以暴力或者威胁的方法阻碍计量检定人员依法执行任务。

未取得计量检定人员资格，擅自在法定计量检定机构等技术机构中从事计量检定活动的，由县级以上地方质量技术监督部门予以警告，并处 1 千元以下罚款。

对于伪造、冒用《计量检定员证》或者《注册计量师注册证》的，构成有关法律法规规定的违法行为的，依照有关法律法规规定追究相应责任；未构成有关法律法规规定的违法行为的，由县级以上地方质量技术监督部门予以警告，并处 1 万元以下罚款。

对于触犯计量检定人员不得有下列行为的，构成有关法律法规规定的违法行为的，依照有关法律法规规定追究相应责任；未构成有关法律法规规定的违法行为的，由县级以上地方质量技术监督部门予以警告，并处 1 千元以下罚款。

法定计量检定机构等技术机构，是指法定计量检定机构和质量技术监督部门依法授权的其他技术机构，计量检定活动，是指法律规定的或者质量技术监督部门授权的强制检定和其他检定活动。

计量检定员资格申请书、考核合格证明和《计量检定员证》的式样以及计量检定员考核规则，由国家质检总局统一制定。

> JAC001 处理计量器具准确度引起纠纷的原则

三、计量法相关内容

（一）计量监督

根据《中华人民共和国计量法》第四章《计量监督》的部分相关内容。

县级以上人民政府计量行政部门应当依法对制造、修理、销售、进口和使用计量器具，以及计量检定等相关计量活动进行监督检查。有关单位和个人不得拒绝、阻挠。

县级以上人民政府计量行政部门，根据需要设置计量监督员。计量监督员管理办法，由国务院计量行政部门制定。

县级以上人民政府计量行政部门可以根据需要设置计量检定机构，或者授权其他单位的计量检定机构，执行强制检定和其他检定、测试任务。

执行前款规定的检定、测试任务的人员，必须经考核合格。

处理因计量器具准确度所引起的纠纷，以国家计量基准器具或者社会公用计量标准器具检定的数据为准。

为社会提供公证数据的产品质量检验机构，必须经省级以上人民政府计量行政部门对其计量检定、测试的能力和可靠性考核合格。

(二) 法律责任

> GAC001 对计量违法的处罚

对于违反计量法的企业或个人,将根据《中华人民共和国计量法》第五章《法律责任》中的相关内容进行相应处罚。

制造、销售未经考核合格的计量器具新产品的,责令停止制造、销售该种新产品,没收违法所得,可以并处罚款。

制造、修理、销售的计量器具不合格的,没收违法所得,可以并处罚款。

属于强制检定范围的计量器具,未按照规定申请检定或者检定不合格继续使用的,责令停止使用,可以并处罚款。

使用不合格的计量器具或者破坏计量器具准确度,给国家和消费者造成损失的,责令赔偿损失,没收计量器具和违法所得,可以并处罚款。

制造、销售、使用以欺骗消费者为目的的计量器具的,没收计量器具和违法所得,处以罚款;情节严重的,并对个人或者单位直接责任人员依照刑法有关规定追究刑事责任。

违反规定,制造、修理、销售的计量器具不合格,造成人身伤亡或者重大财产损失的,依照刑法有关规定,对个人或者单位直接责任人员追究刑事责任。

计量监督人员违法失职,情节严重的,依照刑法有关规定追究刑事责任;情节轻微的,给予行政处分。

规定的行政处罚,由县级以上地方人民政府计量行政部门决定。

当事人对行政处罚决定不服的,可以在接到处罚通知之日起十五日内向人民法院起诉;对罚款、没收违法所得的行政处罚决定期满不起诉又不履行的,由作出行政处罚决定的机关申请人民法院强制执行。

模块四　化工机械与设备基础知识

项目一　常用阀门、垫片及动设备密封形式

一、阀门

(一)阀门的概念

阀门是用来开闭管路、控制流向、调节和控制输送介质的参数(温度、压力和流量)的管路附件。

(二)阀门的分类

1. 关断阀

这类阀门是起开闭作用的。常设于冷、热源进、出口,设备进、出口,管路分支线(包括立管)上,也可用作放水阀和放气阀。常见的关断阀有闸阀、截止阀、球阀和蝶阀等。

(1)闸阀可分为明杆和暗杆、单闸板与双闸板、楔形闸板与平行闸板等。闸阀关闭严密性不好,大直径闸阀开启困难;沿水流方向阀体尺寸小,流动阻力小,闸阀公称直径跨度大。

(2)截止阀按介质流向分直通式、直角式和直流式三种,有明杆和暗杆之分。截止阀的关闭严密性较闸阀好,阀体长,流动阻力大,最大公称直径为 $DN200$。

(3)球阀的阀芯为开孔的圆球。扳动阀杆使球体开孔正对管道轴线时为全开,转 90° 为全闭。球阀有一定的调节性能,关闭较严密。

(4)蝶阀的阀芯为圆形阀板,它可沿垂直管道轴线的立轴转动。当阀板平面与管子轴线一致时,为全开;闸板平面与管子轴线垂直时,为全闭。蝶阀阀体长度小,流动阻力小,比闸阀和截止阀价格高。

2. 止回阀

这类阀门用于防止介质倒流,利用流体自身的动能自行开启,反向流动时自动关闭。常设于水泵的出口、疏水器出口以及其他不允许流体反向流动的地方。

止回阀分旋启式、升降式和对夹式三种。

(1)对于旋启式止回阀,流体只能从左向右流动时,反向流动时自动关闭。

(2)对于升降式止回阀,流体从左向右流动时,阀芯抬起,形成通路,反向流动时阀芯被压紧到阀座上而被关闭。

(3)对于对夹式止回阀,流体从左向右流动时,阀芯被开启,形成通路,反向流动时阀芯被压紧到阀座上而被关闭,对夹式止回阀可多位安装、体积小、重量轻、结构紧凑。

3. 调节阀

阀门前后压差一定,普通阀门的开度在较大范围内变化时,其流量变化不大,而到某一开度时,流量急剧变化,即调节性能不佳。调节阀可以按照信号的方向和大小,改变阀芯行

程来改变阀门的阻力数,从而达到调节流量目的的阀门。

调节阀分手动调节阀和自动调节阀,而手动或自动调节阀又分许多种类,其调节性能也是不同的。自动调节阀有自力式流量调节阀和自力式压差调节阀等。

4. 真空类阀门

真空类阀门包括真空球阀、真空挡板阀、真空充气阀、气动真空阀等。其作用是在真空系统中,用来改变气流方向,调节气流量大小,切断或接通管路的真空系统元件称为真空阀门。

5. 特殊用途类阀门

特殊用途类阀门包括清管阀、放空阀、排污阀、排气阀、过滤器、疏水阀等。

> ZAD006 疏水器的作用

排气阀是管道系统中必不可少的辅助元件,广泛应用于锅炉、空调、石油天然气、给排水管道中。往往安装在制高点或弯头等处,排除管道中多余气体、提高管道路使用效率及降低能耗。

疏水阀是一种阀门,也称疏水器,排水阀,是将蒸气系统中的凝结水、空气和二氧化碳气体尽快排出,同时最大限度地自动防止蒸气的泄漏。疏水阀的品种很多,各有不同的性能。大多疏水阀可以自动识别汽、水(不包括热静力式),从而达到自动阻汽排水的目的。疏水器广泛应用于石油化工,食品制药,电厂等行业,在节能减排方面起着很大作用。

疏水阀"识别"蒸气和凝结水基于三个原理:密度差、温度差和相变。于是就根据三个原理制造出三种类型的疏水阀:机械型、热静力型、热动力型。

二、垫片

> CAD005 垫片的用途

(一)垫片的概念

垫片是用纸、橡皮片或铜片制成,放在两平面之间以加强密封的材料,为防止流体泄漏设置在静密封面之间的密封元件。

(二)垫片的分类

垫片按材质不同可分为金属密封垫片和非金属密封垫片。金属的有铜垫片、不锈钢垫片、铁垫片、铝垫片等。非金属的有石棉垫片、非石棉垫片、纸垫片、橡胶垫片等。

(三)垫片的选型

在垫片密封材料的选择方面,要考虑以下因素。

1. 温度

在大多数选型的过程中,流体的温度是首要考虑的。这将迅速缩小选择范围,尤其从200 ℉(95℃)到1000 ℉(540℃)时。当系统操作温度达到一个特定垫片材料的最高连续操作温度的极限时,就应该选用更高一级的材料。在某些低温情况下也应如此。

2. 应用

在应用中最重要的参数是法兰的种类和使用的螺栓。应用中螺栓的尺寸、数量和级别决定了有效载荷。被压紧的有效面积是通过垫片接触尺寸计算出来的。从螺栓的载荷和垫片的接触面可得出有效的垫片密封压力。没有这个参数,将无法在众多的材料中做出最好的选择。

3. 介质

介质有成千上万种流体,各种流体的腐蚀性、氧化性、渗透性等差别非常大。选型时必须根据这些特性选择材料。另外系统的清洗也必须考虑在内,以防止清洗液对垫片的侵蚀。

4. 压力

每种垫片都有其最高极限压力,垫片的承压性能随材质厚度的增加而减弱,材质越薄,承压能力就越大。选型时必须依据系统内流体的压力。如果压力经常剧烈波动,则需了解详细情况以便做出选择。

5. PT 值

所谓 PT 值就是压力(p)与温度(T)的乘积。每种垫片的材料其耐压能力在不同的温度下是不一样的,必须综合考虑。一般情况下,垫片的生产商会给出材料的最大 PT 值。

> GAD001 化工机械的常用密封种类

三、动设备密封

化工机械常用的动密封有填料密封、机械密封、干气密封、迷宫密封等。

(一)填料密封

1. 填料密封的定义

填料密封又称为压紧填料密封,俗称盘根密封,是一种传统的接触式密封。它靠压盖产生压紧力,从而压紧填料,迫使填料压紧在密封表面(轴的外表面和密封腔)上,产生密封效果的径向力,因而起密封作用。

2. 填料密封的原理

填料装入填料腔以后,经压盖螺栓对它作轴向压缩,当轴与填料有相对运动时,由于填料的塑性,使它产生径向力,并与轴紧密接触。与此同时,填料中浸渍的润滑剂被挤出,在接触面之间形成油膜。由于接触状态并不是特别均匀的,接触部位便出现"边界润滑"状态,称为"轴承效应";而未接触的凹部形成小油槽,有较厚的油膜,接触部位与非接触部位组成一道不规则的迷宫,起阻止液流泄漏的作用,称为"迷宫效应"。这就是填料密封的机理。

3. 填料密封的用途

填料密封主要用于机械行业中的过程机器和设备运动部分的动密封,例如离心泵、压缩机、真空泵、搅拌机、反应釜的转轴密封和往复泵、往复式压缩机的柱塞或活塞杆,以及做直线、螺旋运动阀门的阀杆与固定机体之间的密封。

4. 填料密封的特点

填料密封具有以下特点:

(1)有一定的弹性。在压紧力作用下能产生一定的径向力并紧密与轴接触。

(2)有足够的化学稳定性。不污染介质,填料不被介质泡胀,填料中的浸渍剂不被介质溶解,填料本身不腐蚀密封面。

(3)自润滑性能良好。耐磨、摩擦系数小。

(4)轴存在少量偏心的,填料应有足够的浮动弹性。

(5)制造简单、装填方便。

(二)机械密封

1. 机械密封的定义

机械密封是指由至少一对垂直于旋转轴线的端面在流体压力和补偿机构弹力(或磁力)的作用下以及辅助密封的配合下保持贴合并相对滑动而构成的防止流体泄漏的装置。

2. 机械密封的原理

依靠弹簧和物料等压力,使动环和静环两端面在垂直于轴线的光洁而平直的表面上相互紧密贴合,形成一个极薄的液膜进行密封。

> GAD003 机械密封的工作原理

3. 机械密封的用途

机械密封是一种旋转机械的轴封装置。例如离心泵、离心机、反应釜和压缩机等设备。轴封的种类很多,由于机械密封具有泄漏量少和寿命长等优点,所以机械密封是这些设备最主要的轴密封方式。

4. 机械密封的特点

1)优点

(1)密封可靠:在长周期的运行中,密封状态很稳定,泄漏量很小,按粗略统计,其泄漏量一般仅为软填料密封的1/100。

(2)使用寿命长:在油、水类介质中一般可达1~2年或更长时间,在化工介质中通常也能达半年以上。

(3)摩擦功率消耗小:机械密封的摩擦功率仅为软填料密封的10%~50%。

(4)轴或轴套基本上不受磨损。

(5)维修周期长端面磨损后可自动补偿,一般情况下,无需经常性的维修。

(6)抗震性好:对旋转轴的振动、偏摆以及轴对密封腔的偏斜不敏感。

(7)适用范围广:机械密封能用于低温、高温、真空、高压、不同转速以及各种腐蚀性介质和含磨粒介质等的密封。

(8)对许多工厂的"零泄漏"需要,填料密封无法达到此要求;而机械密封适应范围广,随意性更大,但对于在工厂,经常更换或维护将对工厂造成很大损失。

2)缺点

(1)结构较复杂,对制造加工要求高。

(2)安装与更换比较麻烦,并要求工人有一定的安装技术水平。

(3)发生偶然性事故时,处理较困难。

(4)一次性投资高。

5. 机械密封失效

1)密封面打开

> JAD003 机械密封失效的原因

在修理机械密封时,大部分的密封失效不是因磨损造成,而是在磨损前就已经泄漏了。当密封面一打开,介质中的固体颗粒在液体压力作用下进入密封面,密封面闭合后,这些固体颗粒就嵌入软环(通常是石墨环)的面上,这实际成了一个类似"砂轮"会损坏硬表面。

由于动环或橡胶圈紧固在轴(轴套)上,当轴传动时,动环不能及时贴合,而使密封面打开,并且密封面的滞后闭合,使固体微粒进入密封面中。同时轴(轴套)和滑动部件之间也存在有固体微粒,影响橡胶圈或动环的滑动(相对密封点,常见故障)。另外,介质也会在橡胶圈与轴(轴套)摩擦部位产生结晶物,在弹簧处也会存有固体物质,都会使密封面打开。

2)温度过高

因密封面上会产生热,故橡胶圈实际使用温度通常低于标注温度。氟橡胶和聚四氟乙烯的使用温度为216℃,丁腈橡胶的使用温度为162℃,虽然它们都能承受较高的温度,但因密封面产生的热较高,所以橡胶圈有继续硫化的危险,最终失去弹性而泄漏。密封面之间还会因热引起介质的结晶,如结碳,造成滑动部件粘住和密封面被凝结。而且有些聚合物因过热而焦化,有些流体因过热而失去润滑等甚至闪火。过热除能改变介质的状况外,还会加剧它的腐蚀速率,引起金属部件的变形,合金面的开裂,以及某些镀层裂缝,设计应选用平衡型机械密封,以降低比压防止压紧力太大造成的热量过剩不能及时排除造成温度偏高。

3)密封件本身

对于质量较差的石墨环(动环)来说,内部气孔较多,这是因为在制造过程中,聚集在石墨内部的气体膨胀将碳微粒吹出所致,因此这种低质的石墨环在密封启用中,其碳微粒很容易脱落,而使密封面在密封停用时粘住。通常硬环(静环)表面的过热会引起密封环的眼中磨损,如无冷却的立式泵。在高温、高压下,弹簧压缩过大,轴传动也过大的情况下,都会引起密封面的过度磨损。

在检查静环表面尤其要注意以下四种现象:陶瓷环破裂、热烈、刻痕、镀层脱落。

4)异常情况

(1)泵轴套泄漏:轴套的泄漏通常是稳定的,而密封面的泄漏往往是增加或减小。密封面泄漏后,使表面不平,但有时也会磨合到原状。(有时不要急于检修,可观察一段时间再说)

(2)微渗:如密封周围是潮湿的,而且看不出漏,这在启动时泵运转产生的离心力使泄漏的液体回到密封面内,起一道屏障的作用。而泵上的法兰或接头泄漏的液体滴入填料箱内。

(3)热膨胀:热膨胀能使镶接在金属部件内的石墨环松脱,也可能是因低温使O形环失去弹性,而导致泄漏。

(三)干气密封

1. 干气密封的定义

干气密封即"干运转气体密封",是将开槽密封技术用于气体密封的一种新型轴端密封,属于非接触密封。

2. 干气密封的原理

端面外侧开设有流体动压槽($2.5\sim10\mu m$)的动环旋转时,流体动压槽把外径侧(称之为上游侧)的高压隔离气体泵入密封端面之间,由外径至槽径处气膜压力逐渐增加,而自槽径至内径处气膜压力逐渐下降,因端面膜压增加使所形成的开启力大于作用在密封环上的闭合力,在摩擦副之间形成很薄的一层气膜($1\sim3\mu m$)从而使密封工作在非接触状态下。所形成的气膜完全阻塞了相对低压的密封介质泄漏通道,实现了密封介质的零泄漏或零逸出。

3. 干气密封的用途

适用于离心式压缩机等高速流体机械。

适用于少量工艺气体泄漏到大气中的无危害的工况,如空压机,氮压机等。

4. 干气密封的特点

密封性能好,不需要密封油系统,功率消耗少,由于密封面在正常运转时不接触,磨损慢,所以使用寿命相对普通机械密封较长,维护周期也相对长,操作简单,维护费用低。

干气密封必须存在密封运转气体,且密封气体会进入密封腔与介质混合,所以针对某些特殊介质,不适合选用该类型密封,需要相对昂贵的辅助系统(密封气体平衡系统),且整体制造成本较高。

(四)迷宫密封

1. 迷宫密封的定义

迷宫密封是指转动零件和固定零件之间有许多曲折的小室使泄漏减小的密封。

2. 迷宫密封的原理

在转轴周围设若干个依次排列的环行密封齿,齿与齿之间形成一系列截流间隙与膨胀空腔,被密封介质在通过曲折迷宫的间隙时产生节流效应而达到阻漏的目的。

3. 迷宫密封的用途

由于迷宫密封的转子和机壳间存在间隙,无固体接触,无须润滑,并允许有热膨胀,适应高温、高压、高转速频率的场合,这种密封形式被广泛用于汽轮机、燃气轮机、压缩机、鼓风机的轴端和各级间的密封,其他的动密封的前置密封。

4. 迷宫密封的特点

迷宫密封具有在高速条件下良好的密封性能,无需润滑,无摩擦,维修简单,使用寿命长,不需要采用其他密封材料的优点。但是加工精度高,难于装配。

项目二 有机化工常用机械设备的作用、原理

一、化工机械设备

(一)化工机械设备的概念

化工机械设备是化学工业生产中所用的机器和设备的总称。化工生产中为了将原料加工成一定规格的成品,往往需要经过原料预处理、化学反应以及反应产物的分离和精制等一系列化工过程,实现这些过程所用的机械,常常都被划归为化工机械。

(二)化工机械设备的分类

> CAD003 化工常用设备的种类

1. 化工机器

化工机器是指主要作用部件为运动的机械,如各种过滤机、破碎机、离心分离机、旋转窑、搅拌机、旋转干燥机以及流体输送机械等。

2. 化工设备

化工设备是指主要作用部件是静止的或者只有很少运动的机械,如各种容器(槽、罐、釜等)、普通窑、塔器、反应器、换热器、普通干燥器、蒸发器,反应炉、电解槽、结晶设备、传质设备、吸附设备、流态化设备、普通分离设备以及离子交换设备等。

化工机械的划分是不严格的,一些流体输送机械(如泵、风机和压缩机等)在化工部门常被称作化工机械,但同时它们又是各种工业生产中的通用机械。

(三)化工机械设备的特点

化工机械是化学工厂中必不可少的生产装备,化工机械有别于其他机械的显著特点是:

(1)涉及的能量形式多种多样,相互间转换过程也较复杂,最常见的能量形式有热能、机械能、化学能、电磁能等。

(2)工质性质多变,如其组成、组分及其相态的多变等。

(3)运行工况域十分宽阔,操作参数特殊,如高低压、高低转速、高低温、高低黏度等。

(4) 具有优良的适应不同化学性质要求的特点。

二、离心泵

(一) 离心泵的概念
离心泵是指靠叶轮旋转时产生的离心力来输送液体的泵。

(二) 离心泵的工作原理
离心泵是利用叶轮旋转而使液体产生的离心力来工作的。离心泵在启动前,必须使泵壳和吸水管内充满液体,然后启动电动机,使泵轴带动叶轮和水做高速旋转运动,液体在离心力的作用下,被甩向叶轮外缘,经蜗形泵壳的流道流入泵的压水管路。泵叶轮中心处,由于液体在离心力的作用下被甩出后形成真空,吸液池中的液体便在大气压力的作用下被压进泵壳内,叶轮通过不停地转动,使得液体在叶轮的作用下不断流入与流出,达到了输送液体的目的。

(三) 离心泵的结构
离心泵的基本构造是由六部分组成的,分别是叶轮、泵壳、泵轴、轴承、密封环、填料函。

1. 叶轮

叶轮是泵的核心组成部分,它可使水获得动能而产生流动。叶轮由叶片、盖板和轮毂组成。选择叶轮材料时,除了要考虑离心力作用下的机械强度以外,还要考虑材料的耐磨和耐腐蚀性能。目前多数叶轮采用铸铁、铸钢和青铜制成。叶轮一般可分为单吸式叶轮与双吸式叶轮两种。

叶轮按其盖板情况又可分为封闭式、敞开式和半开式三种。离心泵往往采用封闭式叶轮单槽道或双槽道结构,以防止杂物堵塞;砂泵则往往采用半开式及敞开式结构,以防止砂粒对叶轮的磨损及堵塞。

2. 泵轴

泵轴是用来旋转泵叶轮的。常用材料是碳素钢和不锈钢。泵轴应有足够的抗扭强度和足够的刚度,其挠度不超过允许值。叶轮和轴用键来连接。键是转动体之间的连接件,离心泵中一般采用平键,这种键只能传递扭矩而不能固定叶轮的轴向位置,在大、中型水泵中叶轮的轴向位置通常采用轴套和并紧轴套的螺母来定位。

3. 泵壳

泵壳由若干零部件组成,其内腔形成了叶轮工作室、吸水室和压水室。泵壳的形状和大小取决于叶轮结构形式和尺寸以及由水力设计确定的吸水室和压水室形状尺寸。泵壳主要有端盖式泵壳和中开式泵壳两种,端盖式泵壳沿着与泵轴心线相垂直的径向面剖分,形成泵体和泵盖,多用于单级泵,中开式泵壳沿通过泵轴心线的平面剖分的泵壳,常用于双支撑的蜗壳式泵,如横轴单吸双吸泵等。

4. 轴承

离心泵轴承的主要作用是支撑转子的部件,同时承受着径向和轴向的载荷。

离心泵的轴承分为滑动轴承、滚动轴承、直推轴承。

滑动轴承使用的是透明油作润滑剂的,加油到油位线。油太多会沿泵轴渗出,油太少轴承会过热烧坏造成事故,在水泵运行过程中轴承的温度最高为85℃,一般运行在60℃左右。

5. 密封环

密封环又称"减漏环""口环"安装在水泵体与叶轮吸入口的外圈接缝处,防止高压水漏回到进口端,同时也起耐磨作用,避免叶轮和泵壳直接接触损坏,也有保护叶轮的作用。

6. 填料函

填料函主要由填料、水封环、填料筒、填料压盖、水封管组成。填料函的作用主要是为了封闭泵壳与泵轴之间的空隙,不让泵内的水流流到外面,也不让外面的空气进入到泵内。

三、真空泵

(一)真空泵的概念

真空泵是指利用机械、物理、化学或物理化学的方法对被抽容器进行抽气而获得真空的器件或设备。

(二)真空泵的分类

真空泵按其工作原理不同,基本上分为气体输送泵和气体捕集泵两种类型。

气体输送泵包括:液环真空泵(水环式真空泵)、往复式真空泵、旋片式真空泵、旋片式真空泵、滑阀式真空泵、余摆线真空泵、干式真空泵、罗茨真空泵、分子真空泵、牵引分子泵、复合式真空泵、水喷射真空泵、气体喷射泵、蒸气喷射泵、扩散泵等。

气体捕集泵包括吸附泵和低温泵等。

(三)常用的真空泵

1. 水环式真空泵

1) 水环式真空泵的定义

水环式真空泵内装有带固定叶片的偏心转子,是将水(液体)抛向定子壁,水(液体)形成与定子同心的液环,液环与转子叶片一起构成可变容积的一种旋转变容积真空泵,如图1-4-1所示。

水环式真空泵(简称水环泵)是一种粗真空泵,它所能获得的极限真空为 2000～4000Pa,与真空泵组成机组真空度可达 1～600Pa。水环泵也可用作压缩机,称为水环式压缩机,是属于低压的压缩机,其压力范围为 $1～2×10^5$Pa 表压力。

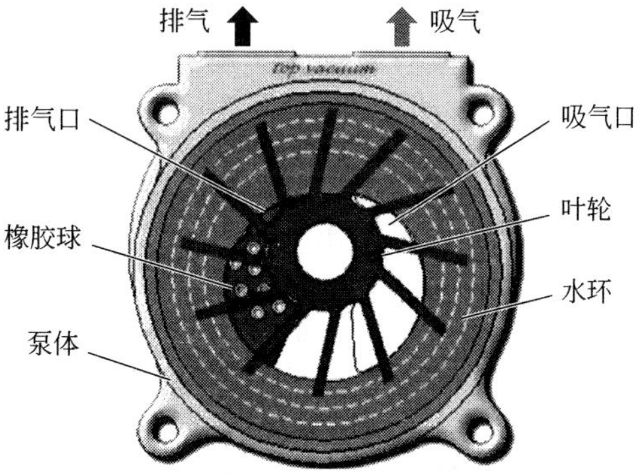

2) 水环泵的特点

(1) 水环泵具有的优点。

结构简单,制造精度要求不高,容易加工。

图 1-4-1 水环真空泵工作原理示意图

结构紧凑,泵的转速较高,一般可与电动机直联,无须减速装置,故用小的结构尺寸,可以获得大的排气量,占地面积也小。

压缩气体基本上是等温的,即压缩气体过程温度变化很小。

由于泵腔内没有金属摩擦表面,无须对泵内进行润滑,而且磨损很小。转动件和固定件之间的密封可直接由水封来完成。

吸气均匀,工作平稳可靠,操作简单,维修方便。

(2)水环泵的缺点。

效率低,一般为30%左右,较好的可达50%。

真空度低,这不仅是因为受到结构上的限制,更重要的是受工作液饱和蒸气压的限制。用水作工作液,极限压强只能达到2000~4000Pa。用油作工作液,可达130Pa。

总之,由于水环泵中气体压缩是等温的,故可以抽除易燃、易爆的气体。由于没有排气阀及摩擦表面,故可以抽除带尘埃的气体、可凝性气体和气水混合物。有了这些突出的特点,尽管它效率低,仍然得到了广泛的应用。

2. 往复式真空泵

1)往复式真空泵的定义

往复式真空泵是靠活塞往复运动使泵腔(气缸)的工作容积周期性的变化来抽气的真空泵,又称活塞真空泵。往复式真空泵的结构与往复活塞压缩机相似。工作时,吸气管接被抽真空容器,排气管直通大气。往复式真空泵抽气量较大,抽气速率范围为45~20000m^3/h,单级泵极限压力约为$4\times(10^2\sim10^3)$Pa,双级泵可达1Pa。往复式真空泵可用于真空蒸馏、真空浓缩、真空结晶、真空过滤、真空干燥和混凝土真空作业等。

2)往复式真空泵的特点

(1)往复式真空泵优点。

往复式真空泵具有体积小,维修简单、阀片寿命较长等优点,适宜于在较高压强范围内使用。其通过连杆曲轴机构在曲轴箱内运动使活塞在气缸中作往复运动,周期性地改变吸排气腔的容积,并依靠吸排气阀的作用完成吸排气动作,从而获得真空。往复式真空泵已被广泛应用于各种工业部门,例如,化工或食品工业中的真空蒸馏、蒸发、结晶、干燥和过滤,真空冶金工业中的除气,电气工业上的浸渗等。

(2)往复式真空泵的缺点。

往复式真空泵不适用于抽除含氧过高的、有爆炸性的、对金属有腐蚀性的、与泵油会起化学反应的以及含有颗粒尘埃的气体,也不适用于把气体从一个容器输送到另一个容器,作输送泵用。

3. 蒸气喷射真空泵

1)蒸气喷射真空泵的定义

蒸气喷射真空泵是利用文丘里效应,通过蒸气的高速射流把设备内气体输送到外部,从而得到真空的一种真空设备。

2)蒸气喷射真空泵的特点

(1)蒸气喷射真空泵的优点。

其低位安装,不需要大气。

其适用于系统体积大,要求抽空时间短的场合。

其适用于系统不凝性气体量特别大的场合。

其可用于工作蒸气含水率较高的场合。

蒸气喷射真空泵可以在室外露天安装。

其可用于工作蒸气压力不稳定或低于0.4MPa·A的场合。

（2）蒸气喷射真空泵的缺点。

水环泵一定要有足够的静压，泵的填料箱一定有水封。

安装蒸气管道时，必须注意尽量要使送到喷嘴的蒸气尽可能干燥，从蒸气分离器到喷射泵之间带保温。

定期压紧填料，如填料因磨损而不能保证所需的密封时应换新填料，填料不能压得过紧。

工作的温度不应大于70℃。

四、列管式换热器

（一）列管式换热器的定义

列管式换热器是目前化工及酒精生产上应用最广的一种换热器。它主要由壳体、管板、换热管、封头、折流挡板等组成。可分别采用普通碳钢、紫铜、或不锈钢制作。

在进行换热时，一种流体由封头的连接管处进入，在管内流动，从封头另一端的出口管流出，称为管程；另一种流体由壳体的接管进入，从壳体上的另一接管处流出，称为壳程。

（二）列管式换热器的分类及特点

由于管内外流体的温度不同，因此换热器的壳体与管束的温度也不同。如果两温度相差很大，换热器内将产生很大热应力，导致管子弯曲、断裂，或从管板上拉脱。因此，当管束与壳体温度差超过50℃时，需采取适当补偿措施，以消除或减少热应力。根据所采用的补偿措施，管壳式换热器可分为以下几种主要类型：

1. 固定管板式

固定管板式换热器的结构比较简单、紧凑、造价便宜，但管外不能机械清洗。此种换热器管束连接在管板上，管板分别焊在外壳两端，并在其上连接有顶盖，顶盖和壳体装有流体进出口接管。通常在管外装置一系列垂直于管束的挡板。同时管子和管板与外壳的连接都是刚性的，而管内管外是两种不同温度的流体。因此，当管壁与壳壁温差较大时，由于两者的热膨胀不同，产生了很大的温差应力，以至管子扭弯或使管子从管板上松脱，甚至毁坏换热器。

为了克服温差应力，必须有温差补偿装置，一般在管壁与壳壁温度相差50℃以上时，为安全起见，换热器应有温差补偿装置。但补偿装置（膨胀节）只能用在壳壁与管壁温差低于60~70℃和壳程流体压强不高的情况。一般壳程压强超过0.6MPa时由于补偿圈过厚，难以伸缩，失去温差补偿的作用，就应考虑其他结构。

2. 浮头式

浮头式换热器的一块管板用法兰与外壳相连接，另一块管板不与外壳连接，以使管子受热或冷却时可以自由伸缩，但在这块管板上连接一个顶盖，称为"浮头"，所以这种换热器叫作浮头式换热器。其优点是：管束可以拉出，以便清洗；管束的膨胀不变壳体约束，因而当两种换热器介质的温差大时，不会因管束与壳体的热膨胀量的不同而产生温差应力。其缺点为结构复杂，造价高。

3. 填料函式

填料函式换热器管束一端可以自由膨胀，结构比浮头式简单，造价也比浮头式低。但壳程内介质有外漏的可能，壳程中不应处理易挥发、易燃、易爆和有毒的介质。

4. U形管式

U形管式换热器,每根管子都弯成U形,两端固定在同一块管板上,每根管子皆可自由伸缩,从而解决热补偿问题。管程至少为两程,管束可以抽出清洗,管子可以自由膨胀。其缺点是管子内壁清洗困难,管子更换困难,管板上排列的管子少。其优点是结构简单,质量轻,适用于高温高压条件。

5. 涡流热膜

涡流热膜换热器采用最新的涡流热膜传热技术,通过改变流体运动状态来增加传热效果,当介质经过涡流管表面时,强力冲刷管子表面,从而提高换热效率。最高可达10000W/m^2℃。同时这种结构实现了耐腐蚀、耐高温、耐高压、防结垢功能。其他类型的换热器的流体通道为固定方向流形式,在换热管表面形成绕流,对流换热系数降低。

五、螺旋板式换热器

(一)螺旋板式换热器的定义

螺旋板式换热器,是由两张平行的金属板卷制成两个螺旋形通道,冷热流体之间通过螺旋板壁进行换热的换热器。

(二)螺旋板式换热器的结构

ZAD010 螺旋板换热器的结构

1. 结构原理

换热的A、B流体分别流过螺旋板的两侧,其中一种流体沿螺旋通道由外向内,至中心出口流出;而另一种流体则沿螺旋通道由中心进口,由内向外流出。两种流体呈纯逆流方式流动,如图1-4-2所示。

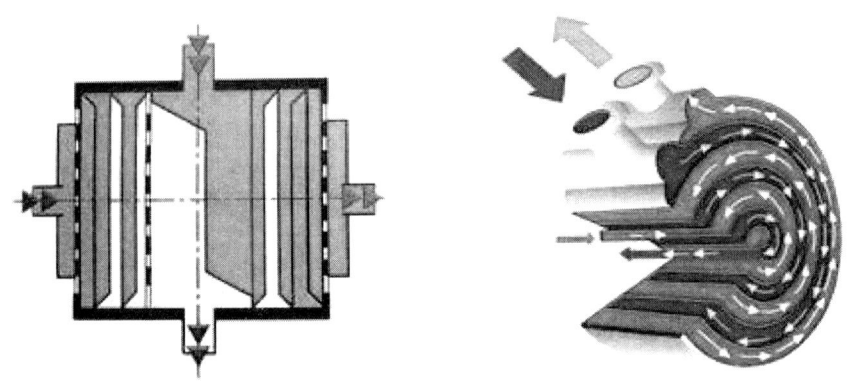

图1-4-2 螺旋版换热器工作原理示意图

2. 结构特点

(1)由两张卷制而成,形成了两个均匀的螺旋通道,两种传热介质可进行全逆流流动,大大增强了换热效果,即使两种小温差介质,也能达到理想的换热效果。

(2)在壳体上的接管采用切向结构,局部阻力小,由于螺旋通道的曲率是均匀的,液体在设备内流动没有大的转向,总的阻力小,因而可提高设计流速使之具备较高的传热能力。

(3)Ⅰ型不可拆式螺旋板式换热器螺旋通道的端面采用焊接密封,因而具有较高的密封性,如图1-4-3所示。

(4) Ⅱ型可拆式螺旋板式换热器结构原理与不可拆式换热器基本相同,但其中一个通道可拆开清洗,特别适用有黏性、有沉淀液体的热交换,如图1-4-4所示。

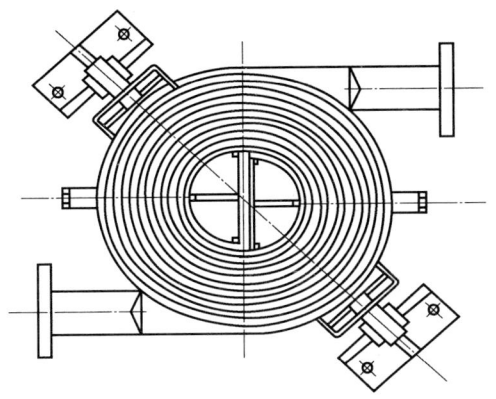

图1-4-3　Ⅰ型不可拆式螺旋板式换热器

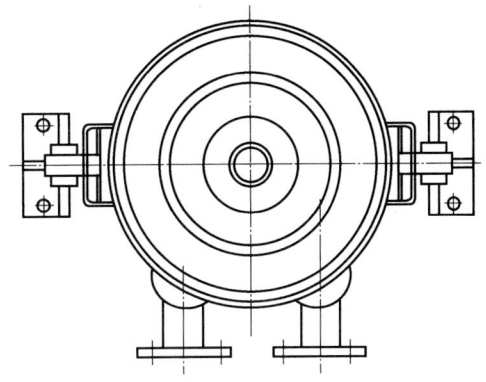

图1-4-4　Ⅱ型可拆式螺旋板式换热器

(5) Ⅲ型可拆式螺旋板式换热器结构原理与不可拆式换热器基本相同,但其两个通道可拆开清洗,适用范围较广,如图1-4-5所示。

(6) 单台设备不能满足使用要求时,可以多台组合使用,但组合时必须符合下列规定:并联组合、串联组合、设备和通道间距相同。混合组合:一个通道并联,一个通道串联。

(三) 螺旋板式换热器的特点

1. 螺旋板式换热器的优点

螺旋板式换热器结构紧凑,单位体积提供的传热面很大,如直径 $\phi 1500mm$,高 1200mm 的螺旋板式换热器的传热面可达 $130m^2$。流体在螺旋板内允许流速较高,并且流体沿螺旋方向流动,滞流层薄,故传热系数大,传热效率高。此外还因流速大,脏物不易滞留。

2. 螺旋板式换热器的缺点

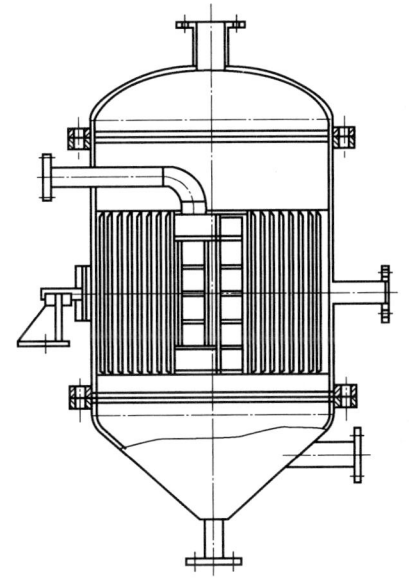

图1-4-5　Ⅲ型可拆式螺旋板式换热器

螺旋板式换热器要求焊接质量高,检修比较困难。重量大,刚性差,运输和安装时应特别注意。

生产实践证明,螺旋板式换热器与一般列管式换热器相比是不容易堵塞的,尤其是泥沙、小贝壳等悬浮颗粒杂质不易在螺旋通道内沉积,分析其原因:一是因为它是单通道杂质在通道内的沉积一形成周转的流还就会提高至把它冲掉;二是因为螺旋通道内没有死角,杂质容易被冲出。

六、除尘设备

ZAD009　常用除尘设备的结构和原理

(一) 除尘设备的定义

除尘设备是指把粉尘从烟气中分离出来的设备,也叫除尘器或除尘设备。

(二)除尘器的分类

按照作用的原理除尘器可以分为以下几种。

1. 干式机械除尘器

干式机械除尘器主要是指应用粉尘惯性作用、重力作用而设计的除尘设备,如沉降室、惰性除尘器、旋风除尘器等高浓度的除尘器等,主要针对高浓度粗颗粒径粉尘的分离或浓集而采用。

2. 湿式除尘器

湿式除尘器是指依靠水力亲润来分离、捕集粉尘颗粒的除尘装置,如喷淋塔、洗涤器、冲击式除尘器、文氏管等,在处理生产过程中发生的高浓度、大风量的含尘气体场合采用较多。对较粗的,亲水性粉尘的分离效率比干式机械除尘器要高。

3. 颗粒层除尘器

颗粒层除尘器是指以不同粒度的颗粒材料堆积层为滤料来阻隔过滤气溶中所含粉尘的设备。主要用在建材、冶金等生产过程中的排尘点,经常用于过滤浓度高、颗粒粗、温度较高的含尘烟气。

4. 袋式除尘器

袋式除尘器是以纤维织造物或填充层为过滤介质的除尘装置,他的用途、形式、除尘风量规模和作用效率各方面都有宽阔的范围,主要用在捕集微细粉尘的场所,即在排气除尘系统上应用,又在进风系统上应用。近年来,由于新型滤材的不断开发,纤维过滤技术的发展也随之加速,新产品不断出现,应用领域也日益扩宽。

5. 电除尘器

电除尘器是把含尘气流导入静电场,在高压电场的作用下,气体发生电离,产生电子和正离子,他们分别向正负两极移动,当粉尘颗粒在流经工作电场时负上电荷,以一定的速度向与它们所负电荷符号相反的沉降极板移去,并在那里沉降下来,从而脱离开气流,被收集于电除尘器中。电除尘器的除尘效率高、阻力低、维护和管理方便。它在捕集细小的粉尘颗粒方面与袋式除尘器有异曲同工之效。

(三)常见除尘设备介绍

1. 袋式除尘器

1)定义及原理

袋式除尘器是一种干式滤尘装置。它适用于捕集细小、干燥、非纤维性粉尘。滤袋采用纺织的滤布或非纺织的毡制成,利用纤维织物的过滤作用对含尘气体进行过滤,当含尘气体进入袋式除尘器后,颗粒大、密度大的粉尘,由于重力的作用沉降下来,落入灰斗,含有较细小粉尘的气体在通过滤料时,粉尘被阻留,使气体得到净化。

2)结构形式分类

按滤袋的形状不同分为:扁形袋(梯形及平板形)和圆形袋(圆筒形)。

按进出风方式不同分为:下进风上出风及上进风下出风和直流式(只限于板状扁袋)。

按袋的过滤方式不同分为:外滤式及内滤式。

滤料用纤维,有棉纤维、毛纤维、合成纤维以及玻璃纤维等,不同纤维织成的滤料具有不同性能。常用的滤料有208或901涤纶绒布,使用温度一般不超过120℃,经过硅硐树脂处理的玻璃纤维滤袋,使用温度一般不超过250℃,棉毛织物一般适用于没有腐蚀性;温度在80~90℃以下含尘气体。

3)特点

(1)优点。

① 除尘效率高,一般在99%以上,除尘器出口气体含尘浓度在数十毫克每立方米之内,对亚微米粒径的细尘有较高的分级效率。

② 处理风量的范围广,小的仅每分钟数立方米,大的可达每分钟数万立方米,可用于工业炉窑的烟气除尘,减少大气污染物的排放。

③ 结构简单,维护操作方便。

④ 在保证同样高除尘效率的前提下,造价低于电除尘器。

⑤ 采用玻璃纤维、聚四氟乙烯、P84等耐高温滤料时,可在200℃以上的高温条件下运行。

⑥ 对粉尘的特性不敏感,不受粉尘及电阻的影响。

(2)缺点。

① 需要更换滤袋,由于滤料的品种少,质量欠佳,缝袋技术不太过关,以及除尘系统的其他原因,滤袋寿命短,尤其是在高温下的滤袋,烟气腐蚀性强的工况条件下,有的短短几个月时间就需要更换,增加了运转费用和维护工作量,给用户带来不便。

② 在寒冷地区,压缩空气中的水汽凝结会影响喷吹效果,故不宜放在室外。

③ 阻力较大。

④ 对高温气体须采取降温措施。

2. 喷淋式除尘器

1)定义及原理

在除尘器内水通过喷嘴喷成雾状,当含尘烟气通过雾状空间时,因尘粒与液滴之间的碰撞、拦截和凝聚作用,尘粒随液滴降落下来。

2)结构形式分类

常用的喷淋式除尘器依照气体和液体在除尘器内流动形式不同分为三种结构:

(1)顺流喷淋式,即气体和水滴以相同的方向流动。

(2)逆流喷淋式,即液体逆着气流喷射。

(3)错流喷淋式,即在垂直于气流方向喷淋液体。

3)特点

(1)优点。

① 除尘器内设有很小的缝隙和孔口,可以处理含尘浓度较高的烟气而不会导致堵塞。

② 因为喷淋的液滴较粗,所以不需要雾状喷嘴,这样运行更可靠。

③ 喷淋式除尘器可以使用循环水,直至洗液中颗粒物质达到相当高的程度为止,从而大大简化了水处理设施。

(2)缺点。

① 设备体积比较庞大。

② 处理细粉尘的能力比较低。

③ 需用水量比较多。

3. 静电除尘器

1）定义及原理

静电除尘器的工作原理是利用高压电场使烟气发生电离,气流中的粉尘荷电在电场作用下与气流分离。

2）结构形式

静电除尘器由两大部分组成:一部分是电除尘器本体系统;另一部分是提供高压直流电的供电装置和低压自动控制系统。

3）特点

（1）优点：

① 净化效率高,能够捕集 $0.01\mu m$ 以上的细粒粉尘。在设计中可以通过不同的操作参数来满足所要求的净化效率。

② 阻力损失小,一般在 20mm 水柱以下,和旋风除尘器比较,即使考虑供电机组和振打机构耗电,其总耗电量仍比较小。

③ 允许操作温度高,如 SHWB 型电除尘器最高允许操作温度 250℃,其他类型还有达到 350~400℃ 或者更高的。

④ 处理气体范围量大。

⑤ 可以完全实现操作自动控制。

（2）缺点。

① 设备比较复杂,要求设备调运和安装以及维护管理水平高。

② 对粉尘比电阻有一定要求,所以对粉尘有一定的选择性,不能使所有粉尘都获得很高的净化效率。

③ 受气体温度、湿度等的操作条件影响较大,同是一种粉尘如在不同温度、湿度下操作,所得效果不同,有的粉尘在某一个温度、湿度下使用效果很好,而在另一个温度、湿度下由于粉尘电阻的变化几乎不能使用电除尘器。

七、过滤设备

（一）过滤设备的定义

过滤设备是指用来进行过滤的机械设备或者装置,是工业生产中常见的通用设备。

（二）过滤设备的分类

过滤设备总体分为真空和加压两类,真空类常用的有转筒、圆盘、水平带式等,加压类常用的有压滤、压榨、动态过滤和旋转型等。

（三）常见过滤设备介绍

ZAD008 常用过滤设备的结构和原理

1. 空气过滤器

1）定义及原理

空气过滤器是通过多孔过滤材料的作用从气固两相流中捕集粉尘,并使气体得以净化的设备。作用就是将空气中的液态水、液态油滴分离出来,并滤去空气中的灰尘和固体杂质,但不能除去气态的水和油,把含尘量低的空气净化处理后送入室内,以保证洁净房间的工艺要求和一般空调房间内的空气洁净度。

2）分类

（1）粗效过滤器。

粗效过滤器的滤料一般为无纺布、金属丝网、玻璃丝、尼龙网等。常用的粗效过滤器有：ZJK-1型自动卷绕式人字形空气过滤器、TJ-3型自动卷绕式平板形空气过滤器、CW型空气过滤器等。其结构形式有板式、折叠式、带式和卷绕式。

（2）中效过滤器。

常用的中效过滤器有：M-Ⅰ、M-Ⅱ、M-Ⅳ型泡沫塑料过滤器、YB型玻璃纤维过滤器等。中效过滤器的滤料主要有玻璃纤维、中细孔聚乙烯泡沫塑料和由涤纶、丙纶、腈纶等制成的合成纤维毡。

（3）高效过滤器。

常用的高效过滤器有GB型和GWB型。其滤料为超细玻璃纤维滤纸，孔隙非常小。采用很低的滤速，这就增强了对小尘粒的筛滤作用和扩散作用，所以具有很高的过滤效率。

3）应用

空气过滤器是为了获得能够达到标准的洁净空气，一般通风用过滤器就是针对空气中的不同粒径的粉尘粒子进行捕捉、吸附，使空气质量提高；化学过滤器除了吸附灰尘之外主要还可以吸附气味，通常用于生物制药、医院、机场航站楼、人居环境等。一般通风用的过滤器用途比较广泛，微电子行业、涂装行业、食品饮料业等都有需要。

2. 真空过滤器

1）定义及原理

真空过滤器是将从大气吸入的污染物（主要是尘埃）收集起来，防止系统污染，用在吸盘和真空发生器（或真空阀）之间，滤液出口处形成负压作为过滤的推动力，其结构简单，过滤推动力较重力过滤器大。

2）分类

真空过滤器按操作方式一般分为间歇操作和连续操作。

间歇操作的真空过滤器可过滤各种浓度的悬浮液，连续操作的真空过滤器适于过滤含固体颗粒较多的稠厚悬浮液。

3）应用

真空过滤器主要适用于化工医药、石油等行业生产工艺中真空过滤，具有重量轻，安装维修方便，操作简单等优点。

但是由于被抽气体中含有大量水分、过滤器堵塞、截面积过小以及高真空等原因，会造成真空过滤器产生结冰现象，影响真空过滤器正常使用，因此在使用真空过滤器时必须要考虑相应的防范措施。

3. 袋式过滤器

1）定义及原理

袋式过滤器是一种压力式过滤装置，其主要由滤筒、过滤网篮、过滤袋三部分组成，结构紧凑简单，滤液由过滤器外壳的旁侧入口管流入滤袋，滤袋本身是装置在加强网篮内，液体渗透过所需要细度等级的滤袋即能获得合格的滤液，杂质颗粒被滤袋拦截。

2) 分类

袋式过滤器有以下几类：单袋过滤器、多袋过滤器、摇臂袋式过滤器、高精度袋式过滤器等，过滤器过滤精度范围为 1~10μm。

3) 应用

主要用途为油漆、啤酒、植物油、医药、化学药品、石油产品、纺织化学品、感光化学品、电镀液、牛奶、矿泉水、热溶剂、乳胶、工业用水、糖水、树脂、油墨、工业废水、果汁、食用油、腊类等。

八、离心式压缩机

(一) 离心式压缩机的定义

离心式压缩机是一种叶片旋转式压缩机(即透平式压缩机)。利用叶轮旋转、扩压器扩压提高气体压力。

(二) 离心式压缩机的原理

> ZAD001 离心式压缩机的工作原理

气体在流过离心式压缩机的叶轮时，高速运转的叶轮使气体在离心力的作用下，一方面压力有所提高，另一方面速度也极大增加，即离心式压缩机通过叶轮首先将原动机的机械能转变为气体的静压能和动能。此后，气体在流经扩压器的通道时，流道截面逐渐增大，前面的气体分子流速降低，后面的气体分子不断涌流向前，使气体的绝大部分动能又转变为静压能，也就是进一步起到增压的作用。

(三) 离心式压缩机的分类

离心式压缩机按结构形式分类，一般可分为水平剖分型、筒型和多轴型3类。

1. 水平剖分型离心式压缩机

水平剖分型离心式压缩机有一水平中分面将气缸分为上下两半，在中分面处用螺栓连接。此种结构拆装方便，适用于中、低压力场合。

2. 筒型离心式压缩机

筒型离心式压缩机有内、外两层气缸，外气缸为一筒形，两端有端盖。内气缸垂直剖分，其组装好后再推入外气缸中。此结构缸体强度高、密封性好、刚性好，但安装困难、检修不便，适用于高压力或要求密封性好的场合。

3. 多轴型离心式压缩机

多轴型离心式压缩机是在一个齿轮箱中由一个大齿轮驱动几个小齿轮轴，每个轴的一端或两端安装有一级叶轮，叶轮轴向进气，径向排出，通过管道将各级叶轮连接。此种结构简单、体积小，适用于中、低压力的空气、蒸气或惰性气体的压缩。

(四) 离心式压缩机的结构

> GAD006 离心式压缩机的结构

离心式压缩机由转子、定子和轴承等组成。

叶轮等零件套在主轴上组成转子，转子支撑在轴承上，由动力机驱动高速旋转。

定子包括机壳、隔板、密封、进气室和蜗室等部件。

隔板之间形成扩压器、弯道和回流器等固定元件。

只有一个叶轮的离心式压缩机称为单级离心式压缩机，有两个以上叶轮的称为多级离心式压缩机。级由叶轮及其后面的扩压器等通道组成，如图1-4-6所示。

叶轮是离心式压缩机的关键部件,有闭式、半开式和开式三种。闭式叶轮由叶片、轮盖和轮盘组成。半开式叶轮没有轮盖,有轮盘。开式叶轮没有轮盖和轮盘,叶轮在轴上。当叶轮高速旋转时,由于叶片与气体之间力的相互作用,主要是离心力的作用,气体从叶轮中心处吸入,沿着叶道(叶片之间通道)流向叶轮外缘。叶轮对气体做功,气体获得能量,压力和速度提高。然后,气体流经扩压器等通道,速度降低,压力进一步提高,即动能转变为压力能。由扩压器流出的气体进入蜗室输送出去,或者经过弯道和回流器进入下一级继续压缩。在整个压缩过程中,气体的比容减小,温度增加。温度增加后,压缩气体需要消耗更多的能量。为了节省功率,多级离心式压缩机在压力比大于 3 时常采用中间冷却。被中间冷却隔开的级组称为段。气体由上一段进入中间冷却器,经冷却降低温度以后再进入下一段继续压缩。中间冷却器一般采用水冷,每个机壳所包含的部分称为缸,离心鼓风机排气压力较低,所以一般是单缸无中间冷却的结构。

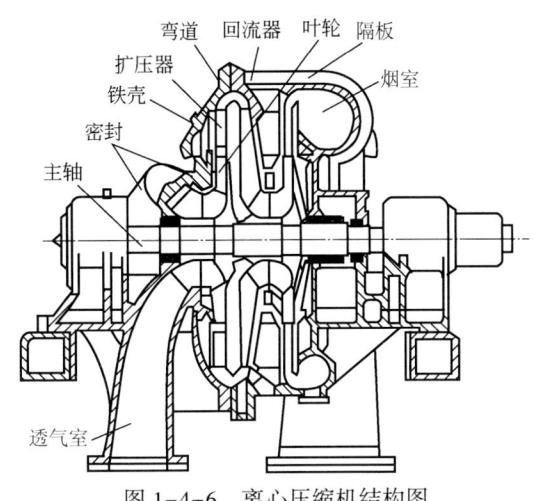

图 1-4-6　离心压缩机结构图

(五)离心式压缩机的特点

1. 优点

(1)离心式压缩机的气量大,结构简单紧凑,重量轻,机组尺寸小,占地面积小。

(2)运转平衡,操作可靠,运转率高,摩擦件少,因此备件需用量少,维护费用及人员少。

(3)在化工流程中,离心式压缩机对化工介质可以做到绝对无油的压缩过程。

(4)离心式压缩机为一种回转运动的机器,它适宜工业汽轮机或燃气轮机直接拖动。对一般大型化工厂,常用副产蒸气驱动工业汽轮机作动力,为热能综合利用提供了可能。

2. 缺点

(1)离心式压缩机还不适用于气量太小及压比过高的场合。

(2)离心式压缩机的稳定工况区较窄,其气量调节虽较方便,但经济性较差。

(3)离心式压缩机效率一般比活塞式压缩机低。

九、往复式压缩机

JAD008 往复式压缩机的结构

(一)往复式压缩机的定义

往复式压缩机属于容积式压缩机,是使一定容积的气体顺序地吸入和排出封闭空间提高静压力的压缩机。

(二)往复式压缩机的原理

曲轴带动连杆,连杆带动活塞,活塞做上下运动。活塞运动使气缸内的容积发生变化,当活塞向下运动的时候,汽缸容积增大,进气阀打开,排气阀关闭,空气被吸进来,完成进气过程;当活塞向上运动的时候,气缸容积减小,出气阀打开,进气阀关闭,完成压缩过程。

(三)往复式压缩机的工作过程

往复式压缩机都有气缸、活塞和气阀。压缩气体的工作过程可分成膨胀、吸入、压缩和排气四个过程。

例如,单吸式压缩机的气缸,这种压缩机只在气缸的一段有吸入气阀和排出气阀,活塞每往复一次只吸一次气和排一次气。

(1)膨胀:当活塞向左边移动时,缸的容积增大,压力下降,原先残留在气缸中的余气不断膨胀。

(2)吸入:当压力降到稍小于进气管中的气体压力时,进气管中的气体便推开吸入气阀进入气缸。随着活塞向左移动,气体继续进入缸内,直到活塞移至左边的末端(又称左死点)为止。

(3)压缩:当活塞调转方向向右移动时,缸的容积逐渐缩小,这样便开始了压缩气体的过程。由于吸入气阀有止逆作用,故缸内气体不能倒回进口管中,而出口管中气体压力又高于气缸内部的气体压力,缸内的气体也无法从排气阀跑到缸外。出口管中的气体因排出气阀有止逆作用,也不能流入缸内。因此,缸内的气体数量保持一定,只因活塞继续向右移动,缩小了缸内的容气空间(容积),使气体的压力不断升高。

(4)排出:随着活塞右移,压缩气体的压力升高到稍大于出口管中的气体压力时,缸内气体便顶开排出气阀的弹簧进入出口管中,并不断排出,直到活塞移至右边的末端(又称右死点)为止。然后,活塞又开始向左移动,重复上述动作。活塞在缸内不断往复运动,使气缸往复循环的吸入和排出气体。活塞的每一次往复成为一个工作循环,活塞每来或回一次所经过的距离叫作冲程。

(四)往复式压缩机的特点

1. 优点

(1)热效率高、单位耗电量少。
(2)加工方便,对材料要求低,造价低廉。
(3)装置系统较简单。
(4)制造技术成熟。
(5)应用范围广。

2. 缺点

(1)运动部件多,结构复杂,检修工作量大,维修费用高。
(2)转速受限制。
(3)活塞环的磨损、气缸的磨损、皮带的传动方式使效率下降很快。
(4)噪声大。
(5)控制系统落后,不适应连锁控制和无人值守的需要,所以尽管活塞机的价格很低,但是也往往不能够被用户接受。

(五)往复式压缩机的维护

1. 常见异常情况

往复式压缩机常见的异常情况、原因分析及处理方法见表1-4-1。

表 1-4-1　往复式压缩机常见异常的原因分析与排除方法

事故种类	故障原因	排除方法
润滑油压力突然降低，小于 0.1MPa	(1) 机身内的润滑油不够 (2) 过滤器，过滤元件堵塞 (3) 油压表失灵 (4) 油泵管路堵塞或裂纹 (5) 油泵失去作用	(1) 应立即加油 (2) 清洗 (3) 更换油压表 (4) 检修油管线 (5) 检查回油阀
油管内压力逐渐降低	(1) 油管各连接部位不严密 (2) 运动机构轴承磨损过甚	(1) 将螺母拧紧或加衬垫 (2) 检修轴瓦
润滑油温度过高	(1) 润滑油供应不足 (2) 润滑油质量不好，散热不佳 (3) 润滑油太脏，增大了机械磨损 (4) 运动机械发生故障 (5) 润滑油冷却不好	(1) 检查油路漏损情况，添加润滑油 (2) 更换合格润滑油 (3) 清洗油池，更换润滑油 (4) 检修故障零部件 (5) 检修油冷却器
冷却水系统漏水或其他故障	(1) 管路漏水 (2) 缸垫不严 (3) 水垢过多，虽冷却水排水温度低于 40℃，但排气温度过高	(1) 修补更换 (2) 更换缸垫，拧紧气缸连接螺栓 (3) 清理缸套水垢
故障、安全阀	(1) 不能适时开启 (2) 不能大开 (3) 关闭不严	(1) 重新校准 (2) 重新校准 (3) 修研
主轴瓦过热	(1) 轴颈和轴瓦接触面不良 (2) 径向配合间隙太小 (3) 供油不良	(1) 检修 (2) 检修 (3) 检修润滑系统
不正常声音	(1) 气缸余隙不够，热膨胀后发生冲击 (2) 开车停车时，因磨损面光洁度损坏互相粘削 (3) 活塞螺母松动 (4) 缸内有水 (5) 气阀松动 (6) 掉入损坏零件碎片 (7) 连杆螺栓松动 (8) 十字头与活塞杆连接松动 (9) 曲轴主轴颈、曲拐颈或十字头销椭圆度过大，配合间隙过大 (10) 阀片损坏 (11) 曲轴与联轴器配合松动	(1) 立即停车调整余隙 (2) 检修 (3) 拆下拧紧 (4) 检查冷却系统严密性 (5) 拧紧阀螺母并锁死，拧紧阀 (6) 压盖螺母清除 (7) 上紧锁住 (8) 调整死隙后拧紧背帽并锁紧 (9) 检查间隙和零件椭圆度，修好或更换 (10) 修好或更换 (11) 检查并采取相应措施
阀部件工作不正常	(1) 气缸内有水冲击 (2) 弹簧工作后自由尺寸变小 (3) 阀座变形，阀片翘曲 (4) 弹簧卡住阀片使之关闭不严 (5) 结焦渣过多影响开关	(1) 检修冷却水系统的严密性 (2) 更换弹簧 (3) 研磨，更换 (4) 弹簧到头或更换 (5) 清除之
填料箱不严密	(1) 密封圈磨损，活塞杆磨损 (2) 密封元件不能密封	(1) 检修更换 (2) 检修更换

2. 紧急异常情况

遇到下列情况之一，需紧急停车处理：

(1) 油压突然下降至允许值以下。

(2) 主机有巨大的撞击声，震动突然加剧。

(3)轴瓦温度突然升高到允许值以上并发热冒烟。
(4)排气压力突然超标超过工艺指标。
(5)气体突然泄漏并大量喷出。
(6)电机电流突然升高超过额定值,电阻值下降,线圈打火。

3. 检修内容

1)小修

(1)检查循环油泵、消除注油器不注油点、清洗油过滤器滤芯。
(2)拆检气阀、清理阀腔室积垢。
(3)检查全部传动零部件。
(4)根据运行情况抽活塞检查气缸、活塞环磨损况。
(5)消除油、水、气的跑、冒、滴、漏,更换部分管路阀门。
(6)检查电仪控制系统,电动机。

2)中修

(1)包括小修全部内容。
(2)主机部分。

① 检查主轴磨损情况,测量主轴径、曲轴径椭圆度、锥度,轴向窜量,曲拐开挡。
② 检测连杆大小头孔中心线平行度、椭圆度、锥度,测量大小头瓦径向间隙,检查瓦的磨损情况,超标修复或更新。
③ 检查十字头、十字头头销、滑道、滑履磨损情况,测量滑板量。
④ 检查活塞、活塞环、活塞杆、填料、刮油环的磨损情况,损坏或超标修复或更新。
⑤ 检查修研全部气阀,清洗修研阀片、阀座,更换弹簧。
⑥ 压气缸余隙,检查气缸磨损情况,测量缸径,测量气缸的水平度(卧式),清理气缸水室。
⑦ 检查疏通轴瓦、十字头滑道油路、气缸注油止逆阀。
⑧ 检查修复盘车器。
⑨ 电动机按《电动机检修规程》中修。

(3)辅机部分。

① 检查修理循环油泵,清洗或更换油过滤器滤芯,清洗油箱、油冷却器,疏通油路,更换新油,检查调整注油器,疏通注油管路。
② 调校修研安全阀,调校压力表、温度计。
③ 清洗检测各级水冷器(洗后试压),按《固定式压力容器安全技术监察规程》(以下简称《容规》)检测外壳。
④ 按《容规》要求检测各级分离器、缓冲器。

(4)对曲轴、连杆、活塞杆、缸体联结螺栓、高压螺栓进行无损探伤。

3)大修

(1)包括全部中、小修项目。
(2)检查基础完好情况,大型机组检测下沉状况。
(3)检查曲轴箱有无裂纹、砂眼缺陷。
(4)检测机身、曲轴、中体、气缸水平度。

(5)测量调整中体、气缸同轴度,其中心线与曲轴中心线的垂直度。
(6)气缸体每六年进行一次水压试验。
(7)设备外观进行防腐、刷漆、美容。

4)事故后维修

(1)召开事故分析会,了解事故经过,分析事故原因,确认设备损坏程度。
(2)根据设备运行状况,损坏程度,生产要求制定《检修方案》确定检修时间(能靠大、中修的尽可能进行大、中修)。
(3)对引发事故的设备问题或工艺问题提出整改意见。

十、管式加热炉

(一)定义

管式加热炉是利用燃料在炉膛内燃烧时产生的高温与烟气作为热来源来加热炉管中高速流动的流体,使其达到工艺规定的温度。

(二)结构

管式加热炉通常由以下几部分构成:

1. 辐射室

辐射室是指通过火焰或高温烟气进行辐射传热的部分。这部分直接受火焰冲刷,温度很高(600~1600℃),是热交换的主要场所(约占热负荷的70%~80%)。

2. 对流室

对流室是指靠辐射室出来的烟气进行以对流传热为主的换热部分。

3. 燃烧器

燃烧器是使燃料雾化并混合空气,使之燃烧的产热设备,燃烧器可分为燃料油燃烧器、燃料气燃烧器和油-气联合燃烧器。

4. 通风系统

通风系统将燃烧的空气引入燃烧器,并将烟气引出炉子,可分为自然通风方式和强制通风方式。

(三)原理

管式加热炉是在炉内设置一定数量的炉管,被加热介质在炉管内连续流过,燃料在炉膛内燃烧产生的热量以辐射的方式将热量传给辐射室内的炉管,通过炉管管壁传递给被加热介质,烟气经辐射室烟道进入对流室,以较高的速度通过对流炉管间隙,同时完成对流换热,从而使被加热介质温度升高的一种加热装置。

(四)分类

1. 按用途分类

(1)纯加热炉。
(2)加热-反应炉。

2. 按炉内进行传热的主要方式分类

(1)纯对流式。
(2)辐射-对流式。

(3)辐射式。

3. 按燃烧方式分类

(1)火焰燃烧式。

(2)无火焰燃烧式。

4. 按结构分类

(1)箱式炉。

(2)立式炉。

(3)圆筒炉。

（五）使用寿命的影响因素

JAD002 延长加热炉使用寿命的措施

1. 结焦

炉管结焦是影响加热炉长周期运行的重要因素之一。由于炉管内介质不断发生热裂解，由于介质和管壁的接触面存在着边界层，裂解反应的焦制生成物会积聚在炉管内表面，从而形成焦层。

炉管结焦危害性极大，一是导致炉管出入口压力增大时，处理能力下降；二是炉管管壁长期超温会导致结焦速度加快，同时会造成炉管严重渗碳。

2. 腐蚀

腐蚀对加热炉长周期运行影响较大，加热炉的腐蚀主要有三种类型：

1）低温露点腐蚀

主要发生在加热炉环境温度低于150℃的区域，如空气预热器、衬里背部区域等，是加热炉中最为常见的腐蚀类型。

2）高温硫腐蚀和环烷酸腐蚀

主要发生在介质硫含量较高的高温重油装置的加热炉，特别是环境温度在340~430℃的炉管及其传油线。

3）高温氧化和脱碳

在加热炉运行中，炉管还存在高温氧化的问题，且主要存在于温度较高的辐射室炉管。高温下，烟气中的氧气可以和碳钢炉管直接反应，形成锈皮。

3. 灰垢

加热炉运行过程中，烟气中的焦油、炭粉、硫化物、矿物质等容易黏附在炉管外壁形成灰垢。炉管外壁大量灰垢的存在一方面会影响炉管的传热效率、造成炉膛温度升高；另一方面灰垢的存在也会造成炉管外壁的垢下腐蚀，不仅降低炉管的传热效果，而且长期运行会引起管壁减薄，减少炉管的使用寿命。

（六）延长使用寿命方法

(1)加强监测、严格控温，针对加热炉积灰严重的应增加吹灰设备或改进燃烧器结构。

(2)实行烟气露点监测，选择合适的排烟温度。

(3)加强炉管故障监测与诊断，及时发现及时处理。

(4)优化燃料品质，降低燃料中的硫含量和重金属含量，延长炉管使用寿命。

(5)优化炉管材质。

项目三　设备材质及使用

一、设备材质选用知识

(一) 金属材料的定义

金属材料是指具有光泽、延展性、容易导电、传热等性质的材料。

(二) 金属材料的分类

金属材料通常分为黑色金属、有色金属和特种金属材料。

> CAD001　常用金属材料的种类

1. 黑色金属

黑色金属又称钢铁材料,包括杂质总含量低于0.2%及含碳量不超过0.0218%的工业纯铁,含碳量为0.0218%~2.11%的称为钢,含碳量大于2.11%的称为铸铁。广义的黑色金属还包括铬、锰及其合金。

2. 有色金属

有色金属是指除铁、铬、锰以外的所有金属及其合金,通常分为轻金属、重金属、贵金属、半金属、稀有金属和稀土金属等,有色合金的强度和硬度一般比纯金属高,并且电阻大、电阻温度系数小。

3. 特种金属材料

特种金属材料包括不同用途的结构金属材料和功能金属材料。其中,有通过快速冷凝工艺获得的非晶态金属材料,以及准晶、微晶、纳米晶金属材料等;还有隐身、抗氢、超导、形状记忆、耐磨、减振阻尼等特殊功能合金以及金属基复合材料等。

二、压力容器的安全附件

(一) 安全附件的定义

由于压力容器的使用特点及其内部介质的化学工艺特性,往往需要在容器上设置一些安全装置和测量、控制仪表来监控工作介质的参数,以保证压力容器的使用安全和工艺过程的正常进行。

安全附件是为了使压力容器安全运行而安装在设备上的一种安全装置。包括安全阀、爆破片装置、紧急切断装置、压力表、液面计、测温仪表、易熔塞等。

> CAD006　压力容器安全附件的种类

(二) 安全附件的分类

压力容器的安全附件按使用性能或用途来分,一般分为以下四种:

(1) 泄压装置:压力容器超压时能自动排放压力的装置。例如,安全阀、爆破片和易熔塞等。

(2) 计量装置:指能自动显示容器运行中与安全有关的工艺参数的器具。例如,压力表、温度计、液面计等。

(3) 报警装置:指容器在运行中出现不安全因素致使容器处于危险状态时能自动发出声响或其他明显报警信号的仪器。例如,压力报警器、温度检测仪。

(4) 连锁装置:是为了防止操作失误而设的控制机构。例如,连锁开关、连动阀等。

(三)关键安全附件介绍

在压力容器安全附件中,最常用而且最关键的就是安全泄压装置、压力表等。

1. 安全阀

安全阀的特点是当压力容器正常工作压力情况下,保持严密不漏,当容器内压力一旦超过规定,它就能自动迅速排泄容器内介质,使容器内的压力始终保持在最高允许范围之内。安全阀可分为弹簧式安全阀、杠杆式安全阀、脉冲式安全阀。一般情况下,安全阀尽量安装在容器本体上,液化气要装在气相部位,同时要考虑到排放的安全。

2. 爆破片

爆破片又称防爆膜,是一种断裂型安全装置,具有密封性能好,泄压反应快等特点。一般用在高压、无毒的气瓶上,如空气、氮气。气瓶上的爆破片压力一般取大于气瓶充装压力,小于气瓶设计最高温升压力。

3. 易熔塞

易熔塞是利用装置内的低熔点合金在较高的温度下即熔化、打开通道使气体从原来填充的易熔合金的孔中排出来泄放压力,其特点是结构简单,更换容易,由熔化温度而确定的动作压力较易控制。一般用于气体压力不大,完全由温度的高低来确定的容器。如低压液化气氯气钢瓶上的易熔塞的熔化温度为65℃。

此三种安全装置比较,安全阀开启排放过高压力后可自行关闭,容器和装置可以继续使用,而爆破片、易熔塞排放过高压力后不能继续使用,容器和装置也得停止运行。在选择安全阀和易熔塞时要考虑安全排放量,选择爆破片要考虑到泄放面积、厚度的计算等。

4. 压力表

压力表是压力容器上用以测量介质压力的仪表。可分为:

(1)弹簧式压力表,适用于一般性介质的压力容器。

(2)隔膜式压力表,适用于腐蚀性介质的压力容器。

三、离心泵检修后的试车

GAD008 离心泵检修结束后的试车程序

(一)试车前准备

检查检修记录,确认检修数据正确。

单试电动机合格,确认转向正确。

热油泵启动前要暖泵,预热速度不得超过50℃/h,每半小时盘车180°。

润滑油、封油、冷却水等系统正常,零附件齐全好用。

盘车无卡涩现象和异常声响,轴封渗漏符合要求。

(二)试车

离心泵严禁空负荷试车,应按操作规程进行负荷试车。

对于强制润滑系统,轴承油的温升不应超过28℃,轴承金属的温度应小于93℃;对于油环润滑或飞溅润滑系统,油池的温升不应超过39℃,油池温度应低于82℃。

轴承振动标准见 SHS 01003—2004《石油化工旋转机械振动标准》。

保持运转平稳,无杂音,封油、冷却水和润滑油系统工作正常,泵及附属管路无泄漏。

控制流量、压力和电流在规定范围内。

密封介质泄漏不得超过下列要求：

机械密封：轻质油 10 滴/min，重质油 5 滴/min。

填料密封：轻质油 20 滴/min，重质油 10 滴/min。

对于有毒、有害、易燃易爆的介质，不允许有明显可见的泄漏。对于多级泵，泵出口流量不小于泵最小流量。

(三) 验收

连续运转 24h 后，各项技术指标均达到设计要求或能满足生产需要。达到完好标准。检修记录齐全、准确，按规定办理验收手续。

四、化工塔器的检修与验收

(一) 检修周期与内容

1. 检修周期

结合装置停工检修，检修周期一般为 3~6 年。

2. 检修内容

(1) 清扫塔内壁和塔盘等内件。

(2) 检查修理塔体和内衬的腐蚀、变形和各部焊缝。

(3) 检查修理塔体或更换塔盘板和鼓泡元件。

(4) 检查修理或更换塔内构件。

(5) 检查修理分配器、集油箱、喷淋装置和除沫器等部件。

(6) 检查校验安全附件。

(7) 检查修理塔基裂纹、破损、倾斜和下沉。

(8) 检查修理塔体油漆和保温。

> JAD004 填料塔检修方案的主要内容

(二) 检修与质量标准

1. 检修前准备

(1) 备齐必要的图纸、技术资料，必要时编制施工方案。

(2) 备好工机具、材料和劳动保护用品。

(3) 塔设备与连接管线应加盲板隔离。塔内部必须吹扫(蒸煮)、置换、清洗干净，并符合有关安全规定。

> JAD005 板式塔检修方案的主要内容

2. 拆卸与检查

(1) 人孔拆卸必须自上而下逐只打开。

(2) 进入塔内检查、拆卸内件必须符合有关安全要求。

(3) 塔的筒体检查内容。

① 检查塔体腐蚀、变形、壁厚减薄、裂纹及各部件焊接情况，筒体有内衬的还应检查其腐蚀、鼓泡和焊缝情况。

② 检查塔内污垢情况。

③ 检查塔体的附件完好情况。

(4) 塔内件的检查内容。

① 检查塔板各部件的结焦、污垢、堵塞情况，检查塔板、鼓泡元件和支撑结构的腐蚀变

形坚固情况。塔盘、鼓泡元件和各构件等几何尺寸和材质应符合图纸规定。

② 检查塔板上各部件(出口堰、受液盘、降液管)的尺寸是否符合图纸及标准。

③ 对于各种浮阀、条阀塔板应检查其浮阀、条阀的灵活性,是否有卡死、变形、冲蚀等现象,浮阀、条阀孔是否有堵塞等情况。

④ 检查分配器、集油箱、喷淋装置和涂沫器等部件的腐蚀、结垢、破损、堵塞情况。

⑤ 检查填料的腐蚀、结垢、破损、堵塞情况。

3. 检修质量标准

[JAD010 板式塔的验收标准]

1) 塔体

塔体同一断面的不圆度允差见表1-4-2。

表1-4-2 不圆度允差   单位:mm

塔体承压形式	部位	不圆度
内压	塔体	≤1%DN,且不大于25
外压	塔体	≤0.5%DN,且不大于25
内外压	塔板处	≤0.5%DN,且不大于15

(1) 塔体筒节更换按设计要求进行。

塔体分段处外圆周长允许误差见表1-4-3。塔体分段处端面不平度偏差不大于1‰DN,且不大于2mm。

表1-4-3 外圆周长允许误差   单位:mm

塔公称直径DN	<800	800~1200	1300~1600	1700~2400	2600~3000	3200~4000	4200~6000	6200~7600	>7600
外圆周长允差	±5	±7	±9	±11	±13	±15	±18	±21	±24

塔体高度允差为31‰H,且不许超过表1-4-4的规定。

表1-4-4 塔体高度允差

塔体高度H,m	$H≤30$	$30<H≤60$	$60<H<90$	$H>90$
允差ΔH,mm	±30	±40	±60	每增加10m,加差5mm

(2) 塔体不直度允差见表1-4-5。

表1-4-5 塔体不直度允差

塔体长度H,m	塔体不直度,mm
$H≤20$	≤2H/1000且不大于20
$20<H≤30$	≤H/1000
$30<H≤50$	≤35
$50<H≤70$	≤45
$70<H≤90$	≤55
$90<H$	≤65

(3) 塔防腐层不应有鼓泡、裂纹和脱层。

(4) 塔体的保温材料符合图纸要求。

（5）塔体外壁按SHS 01034—2004《设备及管道涂层检修规程》的规定刷漆、保温。

2）塔内件

（1）内件安装前,应清理表面油污、焊渣、铁锈、泥沙和毛刺等。对塔盘零部件还应编制序号,以便组装。

（2）塔内构件和塔盘等必须坚固牢靠,不得有松动现象。

（3）塔盘板排列和开孔、方向,塔盘板和塔内构件之间的连接方式、尺寸和密封填料等应符合图纸规定。

（4）塔盘、鼓泡元件和塔内构件等受腐蚀、冲蚀后,其剩余厚度应保证至少能使用到下个周期。

3）板式塔内件检修标准

（1）支撑圈。

① 支撑圈上表面应平整,整个支撑圈上表面水平度允差见表1-4-6。

表1-4-6 支承圈上表面水平度允差表

塔体公称直径 DN,mm	水平度允差,mm
≤1600	3
>1600~4000	5
>4000~6000	6
>6000~8000	8
>8000~10000	10

② 相邻两层支撑圈的间距尺寸偏差为±3mm,任意两层支撑圈间距尺寸偏差在20层为±10mm。

（2）支撑梁。

① 支撑梁上表面应平直,其直线度公差值为1‰L（L为支撑梁长度）,且不大于5mm。

② 支撑梁组装中心位置偏差为±2mm。

③ 支撑梁安装后,其上面应与支撑圈上表面在同一水平面上,其水平度允差见表1。

（3）受液盘、降液板和溢流堰。

① 受液盘上表面应平整,整个受液盘上表面的水平度允差见表1-4-7。

表1-4-7 支承圈上表水平允差表

塔器公称直径 DN,mm	水平度允差,mm
≤4000	3
>4000	1‰L,且不大于7

② 受液盘、降液板组装后,降液板底端与受液盘的垂直距离K(mm)的允差、降液板与受液盘之边的水平距离B(mm)的允差如图1-4-7所示。

③ 固定在降液板上的塔盘支撑件,其上表面与支撑圈上表面应在同一水平面上,允许偏差在-0.5mm~+1mm。

④ 溢流堰安装后,堰顶端直线度公差值见表1-4-8,堰高允差见表1-4-9。

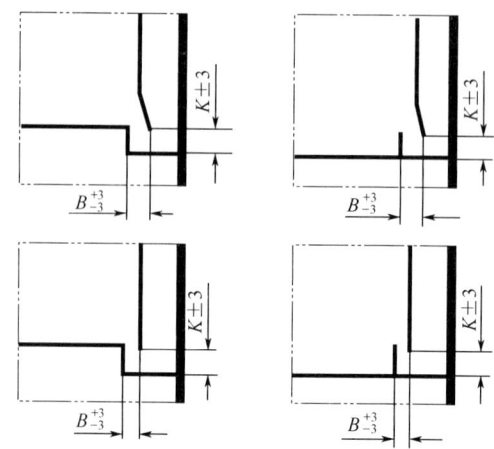

图 1-4-7　降液板与受液盘垂直与水平距离允许差示意图

表 1-4-8　溢流堰顶端直线度公差值表

塔器公称直径 DN, mm	直线度
≤1500	3
>1500～2500	4.5
>2500	6

表 1-4-9　溢流堰高允差表

塔器公称直径 DN	堰高允差
≤3000	±1.5
>3000	±3

（4）塔盘板。

① 塔盘板应平整，整个塔盘板的水平公差值见表 1-4-10。

表 1-4-10　塔盘板的水平度公差值表（mm）

塔盘板长度 L	水平度允差	
	筛板、浮阀、泡罩、网孔塔盘	舌形塔盘
≤1000	2	3
>1000～1500	2.5	3.5
>1500	3	4

② 塔盘组装后塔盘面水平度在整个面上的公差值见表 1-4-11。

表 1-4-11　塔盘面水平度公差值表（mm）

塔体内径 DN	水平度允差
≤1600	4
>1600～4000	6
>4000～6000	9
>6000～8000	12
>8000～10000	15

(5) 浮阀。

① 浮阀弯脖角度一盘为 450~900，且浮阀应开启灵活开度一致，不得有卡涩和脱落现象。

② 塔盘上阀孔直径冲蚀后，其孔增大值不大于 2mm。

(6) 圆泡罩。

① 圆泡罩安装时，应调整泡罩高度，使同一层塔盘上所有泡罩齿根到塔盘板上表面的高度符合图纸要求，其尺寸偏差为 ±1.5mm。

② 圆泡罩与升气管的同心度偏差不大于 3mm。

(7) 浮动喷射塔盘。

① 托板安装后，梯形孔底面的水平度公差值 2‰DN；托板平等度及间距偏差不大于 1mm。

② 浮动板安装后，应开启灵活，开度一致，不得有卡涩和脱落现象。

(8) 条形泡罩。

① 条形泡罩安装时，应调整泡罩高度，使同一层塔盘上所有泡罩齿根到塔盘板上表面的高度符合图纸规定，其尺寸偏差为 ±1.5mm。

② 条形泡罩与升气罩的中心位置偏差不大于 3mm。

(9) S 形泡罩。

① S 形泡罩安装时，应调整泡罩高度，使同一层塔盘上所有泡罩齿根到塔盘板上表面的高度符合图纸要求，其尺寸偏差为 ±5mm。

② 相邻 S 形泡罩安装中心位置偏差不大于 3mm。

(10) 网孔塔盘。

网孔塔盘组装后，进口堰尺寸偏差如图 1-4-8 所示，挡沫板尺寸偏差如图 1-4-9 所示。

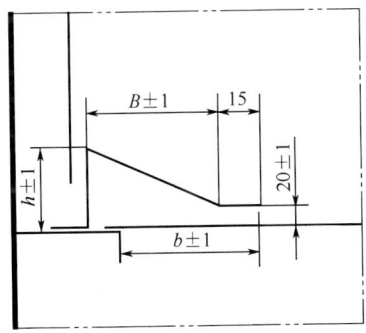

图 1-4-8　进口堰尺寸偏差示意图

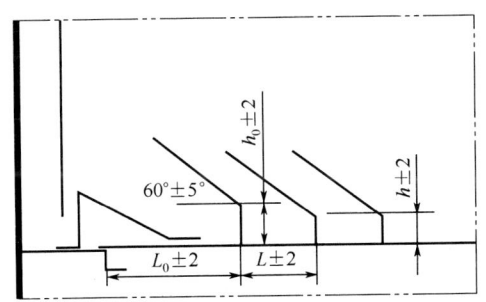

图 1-4-9　挡沫板尺寸偏差示意图

(11) 其他新型塔盘按原设计要求进行。

4) 填料塔内件

(1) 支撑结构。

① 填料支撑结构应平稳、牢固、通道孔不得堵塞。

② 填料支撑结构水平度(指规整填料)不大于 2‰DN，且不大于 4mm。

(2) 液体分布装置。

① 喷雾孔不得堵塞。

② 流水作业流槽支管开口下缘(齿高)应在同一水平面上,其水平公差值不大于2mm。

③ 宝塔式喷头各个分布管应同心,分布盘底面应位于同一平面内,并与轴线垂直。盘表面应平整光滑、无渗漏。

④ 液体分布装置安装位置公差见表1-4-12。

表1-4-12 液体分布装置安装位置公差(mm)

部件名称规格	水平度公差		垂直度公差	中心偏差	高度偏差
公布管、公布盘公称直径DN	$DN \leqslant 1500$	3	—	3	3
	$DN > 1500$	4			
液流盘、液流槽公称直径DN	1‰DN,且不大于4		—	5	10
莲蓬喷头	—		$\leqslant 1$	3	3
宝塔喷头	—		$\leqslant 1$	3	3

(3)除沫器。

① 除沫筐之间及除沫筐与器壁之间均应挤紧,并用栅板压紧固定。

② 除沫器安装中心、标高及水平元气应符合技术规定,丝网不得堵塞、破损。

(4)填料的装填按原设计要求。

5)加工高硫原油重点装填塔设备材质要求

为满足石油化工企业加工高含硫原油的需要,提高重点装置塔设备防腐能力,保证安全生产及长周期运行,对加工高硫低酸值原油[$S \geqslant 1.0\%$(质量分数);酸值不大于0.5mgKOH/g]和高硫高酸值原油[$S \geqslant 1.0\%$(质量分数);酸值大于0.5mgKOH/g]的重点装置塔斯社设备材质应不低于 SH/T 3096—2001《加工高硫原油重点装置主要设备设计选材导则》规定的要求。

JAD009 填料塔的验收标准

(三)试验与验收

1. 试验

(1)检修记录齐全、准确。

(2)确认质量合格并具备试验条件。

(3)泡罩塔盘应做充水和鼓泡试验。

① 充水试验。

试验前应将所有泪孔堵死,加水至泡罩最高液面,充水后10min,水面下降高度不大于5mm为合格,试验后应使所有泪孔畅通。

② 鼓泡试验。

将水不断地注入液盘内,在塔盘下部通入0.001MPa的压缩风,要求所有齿缝都均匀鼓泡,且泡罩无震动现象为合格。

(4)填料塔盘液体分布装置应做喷淋试验,按技术要求通入具有一定压力和流量的清洁水,要求喷淋装置在塔斯社截面上分布均匀,喷头不得堵塞。

2. 验收

(1)试运行一周,各项指标达到技术要求或能满足生产需要。

(2)设备达到完好标准。

（3）提交下列技术次料：

① 设计变更及材料代用通知单，材质、零部件合格证。

② 隐蔽工程记录和封闭记录。

③ 检修记录。

④ 焊缝质量检验（包括外观、无损探险伤等）报告。

⑤ 试验报告。

五、换热器的检修与验收

JAD006 换热器检修方案的主要内容

（一）检修周期和检修内容

1. 检修周期

一般换热设备检修周期，见表 1-4-13。

表 1-4-13　一般换热设备检修周期表

检修类别	中修	大修
检修周期，月	12	36~72

当本单位状态检测手段已经具备开展预测维修条件的，经相关主管部门同意，可不受日常检查内容条件限制。

2. 检修内容

1）管壳式换热器

（1）中修。

① 清理换热器的壳程、管程及封头（浮头、平盖、凸形等）积存的污垢。

② 检查换热器内部构件有无变形、断裂、松动，防腐层有无变质、脱落、鼓泡以及内壁有无腐蚀、局部凹陷、沟槽等，并视情况修理。

③ 检查修理管束、管板及管程与壳程连接部位。

④ 检查更换进出管口填料、密封垫。

⑤ 检查更换部分连接螺栓、螺母。

⑥ 检查校验仪表及安全装置。

⑦ 检查修理静电接地装置。

⑧ 检查更换管件、阀门及附件。

⑨ 修补壳体、管道保温层。

（2）大修。

① 包括中修内容。

② 修理或更换新换热器管束与壳体。

③ 检查修理设备基础。

④ 整体防腐、保温。

2）平板式换热器

（1）中修。

① 检查清理换热板片中的结垢。

② 检查更换密封垫片及密封条。
③ 检查换热板片变形、裂纹、伤痕、腐蚀等情况,视情况更换。
④ 检查、修理或更换活动端板、固定端板及挂架。
⑤ 检查修理过滤器、放空阀。
⑥ 检查修理进、出口管道、阀门。
⑦ 检查调试各部仪表及安全装置。

(2)大修。
① 包括中修内容。
② 修理或更换进出口管道及各部阀门。
③ 全面检查换热器、更换易损件并单侧试压。
④ 修理或更换各部仪表及安全装置。
⑤ 修理或更换过滤器、放空阀。
⑥ 检查修理基础及地脚螺栓。
⑦ 刷漆防腐。

3)螺旋板式换热器

(1)中修。
① 检查端盖与壳体连接部位的密封情况,视情况修理或更换密封垫片。
② 检查修理换热器进出口管道、阀门。
③ 检查换热器焊接部位的腐蚀情况。
④ 检查清理螺旋通道。
⑤ 检查、校验仪表及安全装置。
⑥ 检查各部紧固螺栓,必要时更换。
⑦ 检查、修补绝热层和防腐层。

(2)大修。
① 包括中修内容。
② 修理或更换进出口管道、阀门。
③ 检修或更换螺旋板式换热器,并试压检验。
④ 修理或更换各部仪表、管道及安全装置。
⑤ 检查修理基础。
⑥ 防腐,更换绝热层。

(3)有关压力容器的检验、检修内容,遵照 SHS 01004—2004《压力容器维护检修规程》执行。

(二)检修方法与质量标准

> JAD011 换热器的验收标准
> GAD009 列管式换热器泄漏的主要部位

1. 管壳式换热器

1)壳体

壳体的检修及质量标准遵照 SHS 01004-2004《压力容器维护检修规程》有关规定。

2)换热管

(1)换热管由于温度、压力的波动及温差变形的不均匀,造成管子从管板中拉脱松动而使介质泄漏,可采用补胀方法消除,同一部位补胀不能多于三次,否则会使管板孔处材料冷却硬化而胀不紧。若胀管无效,可换管子或采用焊接方法,焊好后对周围列管再胀一次,防止热胀冷缩松动。

(2)换热管由于腐蚀、冲蚀、沉积腐蚀等原因,使管子产生裂缝、穿孔而泄漏,一般处理方法有两种,一是更换新管,二是堵管。更换新管对管板孔必须进行检查、清理、修磨。管板孔内不得有油污、铁锈、刀痕,管板的密封槽或法兰面应光滑无伤痕,管孔直径的偏差、圆柱度、圆度都在允许范围内,管端应除锈至呈金属光泽,其长度不宜小于管板厚度的二倍。堵管是用锥度为 1:10 的金属堵头将管子两端堵死,堵头材料的硬度,应低于管子的硬度,堵管数一般不得超过管束管子总数的 10%(根据本厂工艺和生产情况可适当增减)。

(3)换热管的管材硬度应比管板硬度小 HB30 左右,否则应在管端 150~200mm 长度内退火。管子材质要求符合 GB 151—2014《热交换器》的要求。对管束的换热管允许每根管子有一道对接焊口,U 形管允许有二道对接焊口,两道焊口之间的距离不得小于 300mm。对接焊缝应平滑,对口错边量不得超过管壁厚度的 15%,且不大于 0.5mm。对接厚管子的直线度以不影响顺利穿管为限。对接接头应做焊接工艺评定,并做直径为 0.85 倍内径的通球试验,焊后应进行单管水压试验,试验压力为管程压力的 2 倍。

(4)U 形管弯管段的圆度偏差应不大于管子名义外径的 10%,不宜热弯,碳钢、低合金钢管弯制后应做清除应力热处理。

3)管板

(1)拼接的管板焊缝应进行 100% 的射线或超声波探伤。除不锈钢外,拼接后管板应做消除应力的热处理。

(2)复合管板在堆焊前应进行堆焊工艺评定。其基层材料和复层材料应按 JB/T 4730—2016《承压设备无损检测》进行检查。

(3)管板孔径允差、孔板宽度偏差应符合 GB 151—2014《热交换器》的规定。

4)折流板

折流板表面要保持平整、光滑、无毛刺。板面孔距必须与管板孔距一致,折流板的最小厚度与管孔偏差应满足 GB 151—2014《热交换器》的规定。

5)防冲板

防冲板表面到圆筒内壁的距离一般为接管外径的 1/4~1/5,其边长应大于接管外径 50mm。防冲板的最小壁厚:碳钢为 4.5mm,不锈钢为 3mm。采用焊接固定时应注意防止产生焊缝裂纹或腐蚀;用 U 形螺栓固定时应防止螺栓松动及腐蚀。

6)管束与管板组装

(1)胀接:管板硬度应大于管子,如两者硬度相近时,应对管端做退火处理,一般硬度差在 HB30~50。胀管深度:一般等于管板的厚度减去 3~5mm。胀管顺序一般从中扩展到周边对称交差进行。胀管时必须检查管板、管端的材质、尺寸、机械能、净化处理等符合要求。浮头式换热器须先胀固定管板处的管头、后胀活动管板处的弯头,胀接过程中要随时注意和调整两管板的平行度。

(2)焊接:焊接方法应根据管端的材料组合来决定,焊管时由中心至周边顺序交叉将管子两端与管板点焊,每根管子均匀三点,然后顺序交叉满焊。管子伸出管板长为 2~3mm,或等于管子壁厚;若在管板孔外开"隔热槽"可减少管板变形,还可以保证焊接质量。

(3)胀焊结合:对于温度、压力较高,在运行中受到反复变形、热冲击和热腐蚀的作用时,常采用胀焊结合的方法,但在焊前应对每根管子进行预胀(密封胀),这样可减少管子与管板孔的间隙,提高焊缝抗疲劳性,防止焊缝裂纹。

7)压力试验与致密性试验

管壳式换热器压力试验的程序应遵循 GB 151—2014《热交换器》的规定;压力试验和致密性试验的方法标准(包括试验压力、温度、质量要求等),应符合 GB 150—2011《压力容器》的规定。

8)换热器清理

由于介质的腐蚀、冲蚀、积垢,必须进行清理,方法如下:

(1)机械除垢法:利用各种铲、削、刷等工具清理,并用压缩空气、高压水、蒸气等配合清洗。当结垢比较严重或全部堵死时,可用管式冲水钻(通管机)清洗。

(2)冲洗法:利用高压水泵打出的水通过压力调节阀再通过高压软管通至手提式喷射枪进行喷射清理污垢。若在水中混入细石英砂效果更好。

(3)化学除垢:首先应对结垢的物质进行化学分析,再决定采用什么溶剂清洗。一般对硫酸盐和硅酸盐采用碱洗,碳酸盐采用酸洗,对油垢结焦可用氢氧化钠、碳酸钠、洗衣粉、洗涤剂等,与水按一定比例配制清洗。采用化学清洗时必须考虑加入缓蚀剂。经过化学清洗后,加清水循环冲洗数次,直至水呈中性为止。除以上清洗方法外,还可采用海棉球自动清洗法。

2. 平板式换热器

1)换热板

(1)拆卸检查换热板时,用非金属硬片将密封垫片和换热板片分开,切不要损坏热板片和密封垫片,并按顺序逐片放好,不得错乱颠倒。

(2)更换密封垫片时需用丙酮或其他酮类有机溶剂,将密封垫片沟槽擦干净,再用毛刷将 401 合成树脂黏结剂或 801 强力胶均匀地涂在沟槽内,最后将密封垫片黏在沟槽里。

(3)检查换热板是否穿孔,一般用放大镜、灯光或煤油渗透法逐片检查。

(4)换热板结垢时切忌用钢丝刷刷洗,尤其是钛材和不锈钢片,应用非金属硬片除去结垢,再用去污粉清洗。清洗不锈钢片的水其氯离子含量不得超过 25mg/L。

(5)拆卸钛料板片时严禁与明火接触以防氧化。

(6)换热板片平滑无裂纹、划痕、变形等缺陷,板厚不均偏差不得超过板厚的 5%,板片变形量不得大于 0.5mm。

2)密封垫片

(1)密封垫片如有变质、裂纹、老化等缺陷则应更换。

(2)更换新的密封垫片时仔细检查它的四个角孔位置,必须与旧的密封垫片相同。

(3)密封垫片的质量是根据介质的腐蚀性能及温度来选用,常用橡胶垫片的最高使用温度见表 1-4-14。

表 1-4-14　常见垫片材质与使用温度对照表

垫片种类	最高使用温度,℃	垫片种类	最高使用温度,℃	垫片种类	最高使用温度,℃	垫片种类	最高使用温度,℃
天然橡胶	80	丁腈橡胶	85	树脂-硬丁基橡胶	151	硅橡胶	160
丁苯橡胶	85	氯丁橡胶	85	中级腈橡胶	135	氟橡胶	193~204

此外还可采用压缩石棉垫片和压缩石棉橡胶垫片。

3)组装

(1)在换热器拆卸前应测量板束的压紧长度尺寸,做好记录,重装时应按此尺寸进行。安装板组时要严格按照原顺序装配,不得错乱颠倒。

(2)夹紧端板(封头)时,应均匀、对称、交叉拧紧螺母,先拧紧中部,再拧紧上下的螺母,不允许单边拧紧螺母。

(3)压紧后端压板的四角距离应一样。端压板之间距离应在端板上所测量的尺寸范围之内,若小于此尺寸仍发现泄漏,则应更换垫片。板片组装压紧后,上下左右的平行度为1mm。

(4)整体组装后应按1.25倍的最大操作压力做单侧试压,保压20~30min,不渗漏即为合格。若做气密性试验,则应在水压试验后以操作压力的1.05倍进行试验,用肥皂溶剂注入板束周边,不冒气泡为合格。

3.螺旋板式换热器

1)壳体

(1)壳体表面应进行多点测厚,对局部减薄或烂蚀严重的应予补焊。

(2)壳体对接焊缝须经超声波或X射线检查,质量符合国家现行的有关标准。

2)螺旋体

(1)螺旋体应无明显变形、压瘪等现象,如有变形,应予修复。对变形、压瘪严重、修复困难的应予更换。

(2)螺旋体焊缝须经100%无损探伤检查合格。

3)密封结构

(1)对垫片密封结构应检查密封垫片是否有变形、老化;垫片在换热器检修时一般应予更换。

(2)对焊接密封结构应用磁粉或着色探伤检查,对有裂纹等缺陷应打磨干净,再进行补焊。

4)强度试验和气密性试验

强度试验一般用液压试验,其试验压力为设计压力的1.25倍。

当不能采用液压试验时,可采用气压试验,其试验压力为设计压力的1.15倍。采用气压试验时必须采取合格的安全措施,并经技术负责人批准。试压时两通道要保持一定压差,整个试压过程中注意观察有无渗漏现象,当试验压力高时还应注意两端面的变形。气密试验应在水压试验之后进行,试验压力为操作压力的1.05倍。用肥皂溶剂检漏,不冒气泡为合格。已经做过气压试验并经检查合格的可免做气密试验。

(三)试车与验收

1.试车前的准备工作

(1)完成全部检修项目,检修质量达到要求;检修记录齐全。

(2) 清扫整个系统,设备管道阀门均畅通无阻。

(3) 确认仪表及其他安全附件完整、齐全、灵敏、准确。

(4) 拆除盲板,打开放空阀门,放净全部空气。

(5) 清理施工场地,做到工完、料净、场地清。

(6) 对易燃、易爆的岗位,要按规定备有合格的消防用具和劳保防护用品。

2. 试车

(1) 系统中如无旁路,试车时应增设临时旁路。

(2) 开车或停车过程中应逐渐升温或降温,避免造成压差过大和热冲击。

(3) 试车中应检查有无泄漏、异响,如未发现泄漏、介质互串且温度压力在允许值内,则试车符合要求。

3. 验收

试车后压力、温度、流量等参数符合要求,连续运转 24h 未发现任何问题,技术资料齐全,即可按规定办理验收手续,并交付生产。

六、离心式压缩机的检修与验收

> JAD007 离心式压缩机检修方案的主要内容

(一) 检修周期和检修内容

1. 检修周期

一般离心式压缩机检修周期见表 1-4-15。

表 1-4-15 一般离心式压缩机检修周期表

检修类别	小修	中修	大修
检修周期,月	3	12	24~36

当本单位状态监测手段已经具备开展预知维修的条件后,经请示本单位主管部门批准,可不受表 1-4-15 中的检修周期限制。

2. 检修内容

1) 小修

(1) 检查清理油过滤器。

(2) 消除油、水、蒸气系统的管线、阀门和接头等处的跑、冒、滴、漏。

(3) 紧固已松动的非承压部位螺栓。

(4) 重要的或有问题的仪表及连锁的应急性检查、校核处理。

(5) 消除日常检查中发现的缺陷。

2) 中修

(1) 包括小修内容。

(2) 轴承解体检查,调整间隙及轴承压盖紧力,必要时更换轴承。

(3) 检查、修理气封、油封。

(4) 轴颈测量圆度、圆柱度误差并探伤。

(5) 检查、清理润滑油、密封油系统。

(6) 检查、清洗联轴器并探伤。

(7)复查对中。

(8)整定轴振动、轴位移等所有连锁及仪表。

(9)清洗、检查主油泵及辅助油泵。

(10)清洗、检查中冷器。

(11)检查、修理增(减)速器。

(12)清扫、检查电动机。

3)大修

(1)包括中修内容。

(2)各缸全面解体检查调整,包括隔板探伤、气封、平衡盘密封等的检查修理和更换。

(3)检查测量转子各部几何形状和位置误差并探伤,视损坏情况,更换叶轮、轴套、主轴或整个转子。

(4)对机组滑销系统、管道系统做全面检查调整。

(5)辅助油泵解体,油系统全面清洗、检查,更换润滑油。

(6)关键螺栓100%磁探,必要时更换。

(7)检查基础有无开裂、剥落、下沉、顿斜等现象,并进行修理。

4)事后维修

当机组因异常情况或连锁动作停车并发生损坏时,应根据其损坏程度及系统的综合状况确定检查修理的内容及深度。

(二)检修方法及质量标准

1. 转子

(1)转子吊出缸体前,应宏观检查叶轮有无损坏,叶轮口环及各部密封有无损伤,各级叶轮进、出口端面与相应隔板有无擦痕,有无气流冲刷痕迹,转子各部位有无油污等。

(2)转子吊出缸体前,还应检查各级叶轮出口流道对中情况,测量各部间隙;复位时复测。离心式压缩机各部间隙应符合图样或有关技术文件的要求,见表1-4-16。

表 1-4-16 离心式压缩机允许间隙检查表

部位		径向尺寸 D	直径间隙	备注
支撑轴承	圆瓦轴承	65	0.15~0.21	一般: 顶隙=(2.3)D/1000 总侧隙=顶隙 塞尺塞入深度不小于D/4
		80	0.20~0.30	
		100~125	0.25~0.35	
		150~175	0.38~0.50	
		200~250	0.50~0.65	
		300~350	0.75~0.90	
	椭圆轴承		顶隙:(1~2)D/1000 侧隙:(1~3)D/1000	塞尺塞入(0.3~0.35)D 总测隙>顶隙
	可倾瓦轴承		(1.2~2.5)D/1000	
轴封	迷宫式		0.4+(0.6~1.2)D/1000	
	浮环式		高压侧环:(0.5~1.0)D/1000 低压侧环:(1~3.0)D/1000	

续表

部位	径向尺寸 D	直径间隙	备注
叶轮轮盖气封及平衡盘密封	≤200	0.40~0.60	
	≤320	0.50~0.70	
	≤500	0.60~0.90	
	≤800	0.70~1.10	
级间气封	≤150	0.50~0.70	
	≤300	0.60~0.80	
	>300	0.70~1.00	
轴承座与支撑轴承体间的紧力		过盈:0.02~0.05	
叶轮内孔与轴		过盈:(1.2~2.5)D/1000	
止推轴承		轴向总间隙:0.20~0.55	大于0.20

（3）转子形状和位置公差以及表面质量应符合图样或有关技术文件的要求，见表1-4-17。

表 1-4-17　离心式压缩机允许震动检查表

部　位	径向尺寸	径向圆跳动	端面圆跳动	粗糙度
轴颈及测振点	≤100 ≤200 >200	0.010 0.015 0.020		0.8▽
止推盘外缘	≤180 ≤300 >300		0.010 0.015 0.020	1.6▽
轴承密封	≤400 ≤800 >800	0.060 0.080 0.100		1.6▽
浮环及机械密封处轴颈		0.010		0.8▽
叶轮轮盖密封	≤350 ≤700 >700	0.060 0.070 0.080		1.6▽
叶轮轮盖进口外缘	≤300 ≤700 >700		0.010 0.150 0.200	1.6▽
叶轮轮盖外缘	≤500 ≤1000 >1000	0.150 0.200 0.250	0.400 0.500 0.600	1.6▽
齿式联轴器外齿轴套外缘	≤150 ≤250 >250	0.010 0.015 0.020	0.010 0.015 0.020	0.8▽
膜片联轴器半联轴器法兰外缘		0.102	0.102	1.6▽
膜片联轴器半联轴器轮毂外缘		0.025		1.6▽
装联轴器的轴段		0.010		0.8▽

注：轴颈圆柱度为0.02mm，轴的直线度为φ0.03mm。

(4)转子各部应做着色检查、磁粉探伤和超声波探伤,检验标准见表1-4-18。

表1-4-18 离心式压缩机探伤检查表

部位	超声波探伤	磁粉探伤
转子未装零件的轴段	(1)发现白点或裂纹则判废; (2)允许有零星分散的、当量直径小于$\phi 2mm$的非金属夹杂物存在; (3)当量直径$\phi 2\sim 4mm$、间距大于100mm的非金属夹杂物缺陷不得超过10个	(1)发现白点或裂纹则判废; (2)不允许有与轴线成大于30°角的横向非金属夹杂物的磁粉痕迹存在。在轴颈台阶过渡圆角处,不允许有非金属夹杂物的磁粉痕迹存在; (3)在$100cm^2$面积上,间距大于6mm长度小于1.5mm的非金属夹杂物的磁粉痕迹不得超过5条
盘状零件(轮盘、轮毂)	(1)发现白点或裂纹则判废; (2)允许有零星分散当量直径小于$\phi 2mm$的非金属夹杂物存在; (3)当量直径为$\phi 2\sim \phi 4$、间距大于80mm零星分散的非金属夹杂物不得超过10个; (4)在$4cm^2$的面积内,当量直径小于$\phi 2mm$的非金属夹杂物密集区不得超过3处,密集区间路须大于120mm	(当超声波探伤超过规定范围不大或对缺陷难确定时可进行磁粉探伤) (1)发现白点或裂纹则判废; (2)零星分散的非金属夹杂物,在$100cm^2$面积内,长度2mm以下的磁粉痕迹不得超过5条; (3)在整个探测面积上,长度$2\sim 4mm$的零星分统非金属夹杂物磁粉痕迹不得超过7条
齿式联轴器	(1)发现裂纹或白点则判废; (2)允许有零星分散的、当量直径$\phi 2$团圆以下的非金属夹杂物存在; (3)当量直径$\phi 2\sim 4mm$零星分散的非金属夹杂物不得多于5个,且间距须大于80mm; (4)在$4cm^2$面积内,当量直径必2mm以下的非金属夹杂物密集区不得超过3处,且间距须大于120mm	(1)发现白点或裂纹则判废; (2)工作齿面不允许有缺陷痕迹; (3)其余部位允许有3mm以下的非金属夹杂物存在

(5)叶轮有严重缺陷而一时难以修复或无法修复时,应用加热法拆卸时轮,加热温度可控制为:

$$\Delta t = \Delta / ab \qquad (1\text{-}4\text{-}1)$$

式中 Δt——叶轮加热后与轴的温差,℃;

Δ——直径过盈量,mm;

a——轮盘材料的线膨胀系数,1/℃;

b——叶轮内孔膨胀前的直径,mm。

(6)新配或修复的叶轮应做磁粉探伤和着色检查合格,并做静平衡和动平衡。静平衡允许不平衡量为:

$$m \leq 4.56Wg/n^2 R \qquad (1\text{-}4\text{-}2)$$

式中 m——静平衡允许不平衡量,g;

W——被平衡叶轮的质量,g;

R——残余不平衡量所在半径,m;

n——叶轮工作转速,r/min;

g——重力加速度,$9.81m/s^2$。

叶轮动平衡精度 G2.5—1。

(7) 新制叶轮应做超速试验以检查叶轮变形和表面质量。

透平驱动的压缩机新制叶轮在 1.15~1.20 倅额定转速下试验,电动机驱动的压缩机新制叶轮在 1.10 倍转速下试验。

超速试验后测量叶轮内孔、外径、轮盖和轮盖密封处的尺寸,其伸涨量不应超过超速试验前尺寸的 0.04%;放置 12h 后测量,不应超过超速试验前尺寸的 0.025%。

超速试验后应再做磁粉(对钢制叶轮)或着色(对求锈钢叶轮)检查,不应有增大或新的缺陷铆接叶轮的铆钉应无松动。

(8) 若转子径向围跳动或端面圆跳动出现超差,或转子上有明显磨损、磨烛痕迹,或经更换叶轮组装(一般用热装)完毕,以及振动测试与分析仪器显示显著的机频振动烈度时,应做转子动平衡。刚性转子的动平衡精度按照 G2.5-1,即:

$$A = e\omega/1000 \tag{1-4-3}$$

式中　A——动平衡精度,mm/s($=1~2.5$mm/s);

　　　e——偏心距,m;

　　　ω——转子工作角速度,1/s。

挠性转子原则上应做高速动平衡,在工作转速范围内,轴承在垂直或水平方向上的振动烈度不大于 1.8mm/s;一般因初始不平衡量的轴向分布已知,或虽未知,但初始不平衡量已控制在允许范围,也可在低速平衡机上平衡,其剩余不平衡量不应超过相当的刚性转子的残余不平衡量。

转子动平衡也可在现场借助仪器(如 VIBROPORT 30)来进行。

2. 轴承

1) 支撑轴承

(1) 测量轴承间隙,其数值应符合表 1-4-16 中的相应要求。若间隙过小,圆瓦轴承可修刮巴氏合金(刮研量大于 0.05mm 时应机加工);椭圆轴承、多油楔轴承和可倾瓦轴承一般不用刮研来调整间隙,仅当要改善轴承接触状况时才允许轻微修刮。间隙过大时应予换新。换新时应确认可倾瓦各瓦块成套且厚度误差小于 0.01mm。间隙测量及轴承压盖紧力一般采用压铅法,可倾瓦轴承间隙的测量也可采用抬轴法、抬瓦法或借助专用卡具进行。

(2) 轴承各部件应无裂纹和损伤,巴氏合金黏合良好(用木锤敲击轴承体无哑声,煤油渗透试验合格),表面光滑,无剥落、气孔、裂纹、烧灼、碾压、拉毛、划痕和偏磨等缺陷,否则应予修理或换新。

(3) 可倾瓦轴承与轴颈的接触面积应大于 30%;圆瓦轴承应在下半轴承正下方 60°~90°范围内均匀接触,接触面积达 75% 以上。

(4) 可倾瓦块与轴承体接触面应光滑、无磨损,防转销钉与瓦块上的销孔无磨损、憋劲及顶起现象,瓦块摆动灵活。

(5) 轴承体中分面应密合、无错口,定位销无松动。轴承体安装后,下半轴承中分面两侧与轴承座中分面平齐,内圆无错口,用 0.03mm 塞尺在中分面任何部位不得塞入,轴承体在轴承座内接触均匀且接触面积大于 80%。

(6) 轴承座、轴承体上的油孔应吻合,油路应畅通。

2)止推轴承

(1)检查推力瓦块,基环及上、下水准块应无毛刺、裂纹和损伤,基环上磨痕深度不大于 0.12mm。相互接触处光滑无凹坑、压痕,定位螺栓无松动,支撑销与相应的水准块销孔无磨损和卡涩,瓦块应摆动自如。

(2)巴氏合金应无严重磨损、变形、裂纹和脱开等缺陷,着色法检查单个瓦块与推力盘接触面积应大于70%且分布均匀;同组瓦块各块厚度差不大于0.01mm。

(3)油封环轴向端面应平整,内孔无磨损、裂纹等缺陷。油封环外径与外盖凹槽应有 0.5mm以上的径向间隙。

(4)装上止推轴承后用推轴法检查止推间隙并调整垫片;垫片要求平整、各处厚度差不大于0.01mm,数量不超过2片。轴承压盖密封面应贴合严密,油路应畅通。

3. 轴封

1)迷宫密封

(1)气封片应无污垢、锈蚀、裂纹、折断、缺口、弯曲、变形和毛刺等缺陷,顶端应锐利,其尖角应朝来流方向。

(2)镶条式气封片必须镶紧,不得松动,应无偏磨现象,当转子被推至一端时,动、静部分不得相碰。

(3)镶入气封片后,应当用机加工或手工修正其外径使符合要求。

2)浮环密封

(1)必须用专用工具取出浮环,不可将巴氏合金面拉坏,必要时可将转子稍抬起约0.05mm,切不可硬拉。

(2)浮环内圆环柱皮为0.01mm,粗糙度为0.4,巴氏合金应无划痕、沟槽、金属颗粒嵌入、裂纹、脱层及磨损等缺陷,否则应换新;外封环若有轻微划痕可修平再用。

(3)浮环端面应平整,粗糙度为0.2,端面对内孔轴线的垂直度为0.01mm。销孔应对准,销子长度适宜。浮环在律环盒内的轴向间隙须符合图样要求。

(4)所有O形环应无压扁、扭曲、毛边、裂纹、缺肉等缺陷,且弹性良好,装配后不过松过紧。

(5)内迷宫密封齿不卷曲、掉落、偏磨及超差。密封件和浮环外壳结合面应平整、光滑。

(6)将各元件清洗干净,浇上清洁的汽轮机油,再回装。注意销钉、销孔位置,并复核尺寸,保证每一元件及整个组件安装到位并符合图样要求。

3)机械密封

(1)机械密封组件应符合下述技术要求:

① 动、静环接触端面粗糙度0.1/0.025;平面度0.3~0.6μm,用平晶检查为一个光带;无划痕、裂纹等缺陷;动环厚度偏差小于5μm。动、静两接触端面圆跳动为5.8μm。

② 弹簧无损伤,弹性应一致,同一机械密封中各弹簧自由高度的差小于0.4mm。

③ 所有O形环应无压扁、扭曲、毛边、裂纹、缺肉等缺陷,且弹性良好,装配后不过松过紧。O形环与静环配合要无晃动且有张力,压缩静环后将手放开,环应能缓缓升起。

④ 密封腔内壁及密封端盖内表面应无毛刺、沟痕等缺陷。机械密封内测迷宫密封齿应无卷曲、掉肉、偏磨或超差。

(2)拆装机械密封应小心,严禁敲打,以免损坏密封元件。应将轴抬至中心,不使静环受压。要用拉出器将密封组件拉出,且应兼顾两端的机械密封。

(3)各零件必须清洗干净,动、静环端面用干净柔软的脱脂纱布或电力纺擦洗。O形环原则上每拆一次都要更换,若要重复使用,则应严格检查。

(4)检查减压套与动环径向间隙、内侧迷宫密封径向间隙、静环压缩后尺寸等,均应符合图样要求,并应兼顾两端机械密封。

(5)机械密封装入后,未紧压盖前,应先在动、静环接触端面滴几滴低黏度机械油或汽轮机油,但不得窜动转子;装入轴承后盘动转子,应轻松自如。

4. 隔板和气封

(1)隔板壁面应光滑无凹坑、裂纹等缺陷,外因精加工密封面及O形环密封槽外径应无冲蚀破坏;O形环槽孔尺寸应符合要求。

(2)隔板中分面应光滑完整且无气流冲刷沟痕,上、下两半隔板组合后检查中分面处间隙应符合图样要求。

(3)各级隔板间连接止口径向、轴间配合严密,无冲蚀。个别冲蚀成沟槽处应补焊、修平。

(4)进气隔板、中间隔板、段间隔板和排气隔板都应无损探伤,各部位均应完整无损。

(5)O形环及背环应无压扁、缺肉、裂口及毛边等缺陷,且经试装,松紧配合符合要求。

(6)各级气封条装配后应无松旷及过紧现象(气封条与槽道间隙配合按H9/d9或H20/dl0),若配合过紧,应用细挫仔细修挫,不得强行打入槽内。各气封条接头应经研合,并留0.2mm左右的总膨胀间隙。

(7)气封齿应无卷边、折断、偏磨及超差等,刮削气封齿应使锐角朝来流方向;出气方向应尽量避免在齿尖刮出圆角。

(8)检查调整动、静部件气封的轴向、径向间隙,以保证隔板与叶轮不相摩擦,径向间隙须符合要求。

5. 缸体

(1)按压力容器要求检查焊缝和缸体有无裂纹和冲蚀沟痕。轻微沟痕可用细铁修理平滑,个别较严重的沟槽及凹坑可考虑补焊。

(2)缸体中分面应光滑、平整,无气流冲跳沟陆,若有沟痕应补焊修平。

(3)缸体在大修时应按设计要求做水压试验,各部位不得有渗漏和异常变形。

(4)缸盖螺栓应100%无损探伤合格。复位时,螺栓上紧1/3,用塞尺检查中分面间隙,0.05mm塞尺在中分面任何处一般不得塞入,特殊情况下塞入深度不大于中分面宽度的1/3。

(5)检查缸体与机座之间滑动键的装配情况应符合图样要求,键与机座间一般应有0.01~0.03mm过盈,键与缸体键槽间每侧应有0.03~0.05mm的间隙。

(6)中分面应用密封胶密封。

(7)缸体上所有接管口应吹扫干净,确认畅通。

6. 联轴器

1)齿式联轴器

常见齿式联轴器适用范围见表1-4-19。

表 1-4-19　常见齿式联轴器适用范围表

种类	商品名称	适用范围	产地
硅橡胶	南大 704	<200℃	南京大学等
	RTV-60	有促进剂的,<200℃ 无促进剂的,<500℃	美国通用电气公司
稠化亚麻仁油	Alinco	<500℃	[美]Wheefer Paines 公司
	加有填充物料的亚麻仁油	<500℃	自制:亚麻仁油适量加热至 130℃ 精炼除水,冷却后可手拉出 10~15mm 长丝为宜;压缩机工作压力较高时,应再热至 315℃,冷却,重复 3~5 次。再加入:细鳞状石墨粉 40%(重),红丹粉 40%(重)辛白粉 20%(重)

(1)拆卸前应测量中间接筒-内齿套组件的轴向窜量,检查并记录中间接筒与两个内齿密曲装配标记。

(2)拆卸中间接筒,观察检查外齿轴套与内齿瘤齿的润滑、啮合、磨损情况,测量外齿轴套与轴端距离,以作回避的(确定推进量)参考。

(3)使用专用液压工具拆卸外齿轴套(严格控制油压和升压速率)并测量齿顶膨胀量(即拆卸前后径向差值)。

(4)齿式联轴器和转子轴端锥面均应做超声波和磁粉探伤。连接螺栓应无损探伤并成套放置;一般经五次拆装后应成对更换。

(5)经检查判废的齿式联轴器必须成对更换,新联轴器外齿轴套应做动平衡,内齿套均中间接筒组件也应作动平衡。平衡精度应达 G2.5-1。

(6)各 O 形环和背环应无变形、变质、划痕及损伤、扭曲等缺陷,原则上每拆一次必须换新。

(7)外齿轴套与内齿套齿的精度应达到 GB/T 10095 中 8 级的要求;啮合面的表面粗糙度 R_a 不得大于 3.2μm。

(8)用红丹油、白色坐标纸或普鲁士蓝、红色坐标纸检查外齿轴套内锥面与转子轴端锥面的接触面积应不小于 80%,且分布均匀;当该接触面积略小于 80% 时,可用金相砂纸将轮毂内印痕重的部位轻轻磨去一些再做检查。

(9)回装外齿轴套前,应先将内齿圈套在轴上,缓慢升压,外齿轴套助推进量应既保证一定的验配过盈,使轮毂内孔处当量应力不致超过此处的允许当量应力,其数值一般根据图样技术条件中测得的距离确定。

(10)有键连接齿式联轴器外齿轴套轮端与轴端(做形或圆柱形)的配合推荐采用 H7/n6、H7/r6 或 H7/s6,一般可用锁紧螺母推进或用热装法装配(热装时油浴加热,温度不超过 177℃)。

(11)齿式联轴器装配完后,内外齿套间应能自由滑动无卡涩,径向无明显晃动,啮合间隙及中间接筒-内齿套组件轴向浮动量与图样及修前测得的数据对照,应符合要求。

2)膜片联轴器

(1)拆卸前,将转子推到工作止推面,松脱联轴器一端的螺栓,检查预留热膨胀量有无变化,并复查对中。

(2)在两半联轴器轮毂和轴上打上标记并记录垫片位置,每端半联轴器法兰上留两颗螺栓。将挠性件支撑好后,再拆下全部螺栓,拆下的螺栓应成对放好,并做好标记。

(3)膜片应无划痕、碰伤、锈蚀等缺陷,无损探伤有裂纹、变形等严重损伤的挠性件,应予换新。两半联轴器也应无损探伤合格。

(4)螺栓应100%无损探伤,不合格者应成对更换。

(5)螺栓孔应无划痕、挤压、变形等缺陷。

(6)若要拆卸半联轴器,当用加热法拆卸时,火焰应靠近键部位,每处加热时间不超过5~10s。

(7)半联轴器在锥形轴端上的推进量不应小于图样规定的数值,一般可按每25.4mm轴径比图样值增大0.0254mm过盈来考虑。

(8)安装膜片联轴器时,应对准拆卸前所做的标记,并检查预留膨胀间隙是否符合要求。

(9)拆除联轴器前,应检查机组对中,与上次检修后情况比较,也作为本次检修后情况比较的基础。

7. 油系统

1)油箱

(1)放出旧油,彻底清洗油箱内部,内壁油漆应不起皮、无剥落,焊缝无裂纹,挡板焊接牢固,各开孔接管处焊缝完好无泄漏。

(2)箱内加热元件完好。

(3)加入新油前应对油全面分析,合格方可使用。加油后应立即封闭油箱。

2)油泵

(1)螺杆泵按SHS 01016—2004《螺杆泵维护检修规程》维修。

(2)齿轮泵按SHS 01017—2004《齿轮泵维护检修规程》维修。

3)油冷却器

(1)抽芯清扫,检查水侧有无结垢,管子、管板有无腐蚀、泄漏或损坏。检查壳体、封头防腐层锈蚀情况以及密封处、开孔管、焊缝部位有无泄漏、裂纹或变形。

(2)以1.25倍工作压力做油侧水压试验,保压10~30min,应不掉压、无肉眼可见的变形。

(3)管束折流板与外壳的间隙应符合图样要求,O形环应无老化、不损伤。

4)油过滤器

(1)滤芯应完好无破损,一次性使用的滤芯当阻力降达到报废值时应予更换。

(2)筒体、密封、开孔接管、焊缝、连接过渡部位应无泄漏、裂纹或变形。

(3)密封元件应不老化、无损伤。

5)高位油槽

(1)外观无锈蚀,箱体、开孔接管、密封部位、连接过渡部位无泄漏、裂纹或变形。

(2)清理内表面,应无锈蚀、杂物等,宏观检查箱体内部和焊缝无裂纹。

6)蓄压器

(1)胶囊应严密不漏,试压合格。

(2)筒体、开孔接管、密封处、焊缝和连接过渡部位应无泄漏、裂纹或变形。

(3)密封元件应不老化、无损伤。

(4)螺栓应均匀紧固,外部防腐层完好。

8. 增(减)速器

增(减)速器检修方法与质量标准按有关规程执行。

9. 驱动机

驱动机检修方法与质量标准按有关规程执行。

10. 机组对中

(1)机组冷态对中在机组修毕、主要管道连接前进行,驱动机、压缩机滑销系统应松开。

(2)冷态对中可用单表法、双表法或三表法进行,可用计算法或作图法确定支腿调整量,千分表架应有足够的刚度且安装稳固。也可采用便携式激光轴对中仪来进行。

(3)冷态对中时应按制造厂规定预留一定的膨胀量,并在机组试车停稳后、油温40℃以上时复查机组热态对中的情况。

(4)对中时调整垫片宜采用不锈钢片,应光滑、平整无毛刺。调整垫片应铺满整个猫爪面积,且最多不超过三层,以免机组在运行中由垫片"反弹"而引起振动。

(5)对中完毕后,连上联轴器、连接配管,松开顶丝,并测量对中数据有无变动;如有变动应设法消除,最后钻铰销钉孔,打入定位销。

(三)试车与验收

JAD012 离心式压缩机大修后的试车程序

1. 试车前的准备工作

(1)确认机组检修完毕,质量符合要求,记录完善并做到工完料尽场地清。

(2)所有现场仪表及控制、连锁系统调试合格。

(3)油系统修理后加入合格的润滑油,在加油点前加设滤网,启动辅助油泵,在40℃油温下循环油洗合格并保持循环。

(4)冷却水通入系统,油冷却器排气、排污,处于备用状态。

(5)蒸气系统(若是汽轮机驱动)修理完毕,单体试车(包括超速试验)合格,蒸气压力、温度符合工艺要求。

(6)燃气系统(若是燃气轮机驱动)修理完毕,单体试车合格,处于备用状态。

(7)电气系统(若是电动机驱动)修理完毕,系统送电;单体试车合格,并确认转向正确。

(8)测试工器具(如测速计、测温仪、测振计等)准备齐全。

(9)通信联络系统完备、畅通。

(10)必要时,机组及系统氮气置换合格($O_3<0.5\%$),检查合格,保压。

(11)启动盘车器(或手盘)。

2. 试车

1)空负荷试车

(1)再次确认油、水、汽(气)、电、仪等系统正常,停止盘车并脱开盘车器。

(2)全开压缩机出口阀;以电动机驱动的离心压缩机应关闭进口阀。

(3)以电动机驱动的机组可直接启动;汽轮机驱动的机组,按操作规程规定的暖管、暖机、升速步骤进行;燃气轮机驱动的机组,亦按相应的操作规程起动。

(4)空负荷试车时应检查机组:

① 有无异声。

② 润滑油温、油压。

③ 密封油压。

④ 冷却水量、水压、水混。

⑤ 轴承温度;轴位移。

⑥ 仪表保护系统。

⑦ 管线与附属设备 6h 振动情况。

(5)空负荷试车不少于 8h。若各项检查均合格,则可进入负荷试车;若有问题,则应停机处理后重新空负荷试车至合格。

2)负荷试车

(1)负荷试车必须在空负荷试车合格后方可进行。

(2)对于工作介质不是空气的离心式压缩机,一般先以氮气置换机组及系统合格后,再引入工作介质置换氮气后进行。

(3)负荷试车应按操作规程有关升速、升压步骤进行。

(4)负荷试车的检查项目除本规程所规定的内容外,尚须考察离心式压缩机出力是否符合铭牌规定或达到查定能力。

(5)机组达正常转速负荷运行 12h 后,若各项检查均正常,可按操作规程停机处理;若有问题,应视情况做紧急停车处理。停机后油系统继续循环 24h,并按规定盘车;待回油温度降至 40℃ 以下时停止盘车并停油泵;20min 后再开油泵,若油温有升高趋势,应让油继续循环,直至油温符合要求。

3. 验收

(1)检修质量符合本规程要求,检修记录齐全、准确;单机及联动试车正常,达到完好标准,满足生产需要,方可验收。

(2)大修的验收,由设备动力部门主持,有关部门人员参加;中、小修的验收由车间组织。

(3)验收合格,按规定办理手续,正式交付生产使用。

(四)延长压缩机使用寿命的主要措施

(1)严格按照操作规程进行操作。

(2)避免超温、超压,严格控制好工艺参数。

(3)避免经常性开停车。

(4)注意防腐。

(5)注意日常的维护、保养。

(6)做好设备运行过程的状态监测。

(7)严格按检修规程进行检修。

七、设备维护基本知识

(一) 润滑剂

> GAD002 动设备润滑管理常识

1. 润滑剂的定义

润滑油、润滑脂都是润滑剂的一种。润滑剂就是介于两个相对运动的物体之间,具有减少两个物体因接触而产生摩擦的功能。

2. 润滑剂的一般理化性能

每一类润滑油脂都有其共同的一般理化性能,以表明该产品的内在质量。对润滑油来说,这些一般理化性能如下:

1) 外观(色度)

油品的颜色,往往可以反映其精制程度和稳定性。对于基础油来说,一般精制程度越高,其烃的氧化物和硫化物脱除得越干净,颜色也就越浅。但是,即使精制的条件相同,不同油源和基属的原油所生产的基础油,其颜色和透明度也可能是不相同的。

对于新的成品润滑油,由于添加剂的使用,颜色作为判断基础油精制程度高低的指标已失去了它原来的意义。

2) 密度

密度是润滑油最简单、最常用的物理性能指标。润滑油的密度随其组成中含碳、氧、硫的数量的增加而增大,因而在同样黏度或同样相对分子质量的情况下,含芳烃多的,含胶质和沥青质多的润滑油密度最大,含环烷烃多的居中,含烷烃多的最小。

3) 黏度

黏度反映油品的内摩擦力,是表示油品油性和流动性的一项指标。在未加任何功能添加剂的前提下,黏度越大,油膜强度越高,流动性越差。

4) 黏度指数

黏度指数表示油品黏度随温度变化的程度。黏度指数越高,表示油品黏度受温度的影响越小,其黏温性能越好,反之越差。

5) 闪点

闪点是表示油品蒸发性的一项指标。油品的馏分越轻,蒸发性越大,其闪点也越低。反之,油品的馏分越重,蒸发性越小,其闪点也越高。同时,闪点又是表示石油产品着火危险性的指标。油品的危险等级是根据闪点划分的,闪点在 45℃ 以下为易燃品,45℃ 以上为可燃品,在油品的储运过程中严禁将油品加热到它的闪点温度。在黏度相同的情况下,闪点越高越好。因此,用户在选用润滑油时应根据使用温度和润滑油的工作条件进行选择。一般认为,闪点比使用温度高 20~30℃,即可安全使用。

6) 凝点和倾点

凝点是指在规定的冷却条件下油品停止流动的最高温度。油品的凝固和纯化合物的凝固有很大的不同。油品并没有明确的凝固温度,所谓"凝固"只是作为整体来看失去了流动性,并不是所有的组分都变成了固体。

润滑油的凝点是表示润滑油低温流动性的一个重要质量指标。对于生产、运输和使用都有重要意义。凝点高的润滑油不能在低温下使用。相反,在气温较高的地区则没有必要使用凝点低的润滑油。因为润滑油的凝点越低,其生产成本越高,造成不必要的浪费。一般说来,润滑油的凝点应比使用环境的最低温度低 5~7℃。但是特别要提及的是,在选用低温的润滑油时,应结合油品的凝点、低温黏度及黏温特性全面考虑。因为低凝点的油品,其低温黏度和黏温特性亦有可能不符合要求。

凝点和倾点都是油品低温流动性的指标,两者无原则的差别,只是测定方法稍有不同。同一油品的凝点和倾点并不完全相等,一般倾点都高于凝点 2~3℃,但也有例外。

7) 酸值、碱值和中和值

酸值是表示润滑油中含有酸性物质的指标,单位是 mgKOH/g。酸值分强酸值和弱酸值两种,两者合并即为总酸值(简称 TAN)。我们通常所说的"酸值",实际上是指"总酸值(TAN)"。

碱值是表示润滑油中碱性物质含量的指标,单位是 mgKOH/g。

碱值亦分强碱值和弱碱值两种,两者合并即为总碱值(简称 TBN)。我们通常所说的"碱值"实际上是指"总碱值(TBN)"。

中和值实际上包括了总酸值和总碱值。但是,除了另有注明,一般所说的"中和值",实际上仅是指"总酸值",其单位也是 mgKOH/g。

8) 水分

水分是指润滑油中含水量的百分数,通常是质量分数。润滑油中水分的存在,会破坏润滑油形成的油膜,使润滑效果变差,加速有机酸对金属的腐蚀作用,锈蚀设备,使油品容易产生沉渣。总之,润滑油中水分越少越好。

9) 机械杂质

机械杂质是指存在于润滑油中不溶于汽油、乙醇和苯等溶剂的沉淀物或胶状悬浮物。这些杂质大部分是砂石和铁屑之类,以及由添加剂带来的一些难溶于溶剂的有机金属盐。通常,润滑油基础油的机械杂质都控制在 0.005% 以下(机杂在 0.005% 以下被认为是无)。

10) 灰分和硫酸灰分

灰分是指在规定条件下,灼烧后剩下的不燃烧物质。灰分的组成一般认为是一些金属元素及其盐类。灰分对不同的油品具有不同的概念,对基础油或不加添加剂的油品来说,灰分可用于判断油品的精制深度。对于加有金属盐类添加剂的油品(新油),灰分就成为定量控制添加剂加入量的手段。国外采用硫酸灰分代替灰分。其方法是:在油样燃烧后灼烧灰化之前加入少量浓硫酸,使添加剂的金属元素转化为硫酸盐。

11) 残炭

油品在规定的实验条件下,受热蒸发和燃烧后形成的焦黑色残留物称为残炭。残炭是润滑油基础油的重要质量指标,是为判断润滑油的性质和精制深度而规定的项目。润滑油基础油中,残炭的多少,不仅与其化学组成有关,而且也与油品的精制深度有关,润滑油中形成残炭的主要物质是:油中的胶质、沥青质及多环芳烃。这些物质在空气不足的条件下,受强热分解、缩合而形成残炭。油品的精制深度越深,其残炭值越小。一般来讲,空白基础油的残炭值越小越好。

3. 润滑剂的特殊理化性质

除了上述一般理化性能之外,每一种润滑油品还应具有表征其使用特性的特殊理化性

质。越是质量要求高或是专用性强的油品,其特殊理化性能就越突出。反映这些特殊理化性能的试验方法简要介绍如下:

1) 氧化安定性

氧化安定性说明润滑油的抗老化性能,一些使用寿命较长的工业润滑油都有此项指标要求,因而成为这些种类油品要求的一个特殊性能。测定油品氧化安定性的方法很多,基本上都是一定量的油品在有空气(或氧气)及金属催化剂的存在下,在一定温度下氧化一定时间,然后测定油品的酸值、黏度变化及沉淀物的生成情况。一切润滑油都依其化学组成和所处外界条件的不同,而具有不同的自动氧化倾向。随使用过程而发生氧化作用,因而逐渐生成一些醛、酮、酸类和胶质、沥青质等物质,氧化安定性则是抑制上述不利于油品使用的物质生成的性能。

2) 热安定性

热安定性表示油品的耐高温能力,也就是润滑油对热分解的抵抗能力,即热分解温度。一些高质量的抗磨液压油、压缩机油等都提出了热安定性的要求。油品的热安定性主要取决于基础油的组成,很多分解温度较低的添加剂往往对油品安定性有不利影响;抗氧剂也不能明显地改善油品的热安定性。

3) 油性和极压性

油性是润滑油中的极性物在摩擦部位金属表面上形成坚固的理化吸附膜,从而起到耐高负荷和抗摩擦磨损的作用,而极压性则是润滑油的极性物在摩擦部位金属表面上,受高温、高负荷发生摩擦化学作用分解,并和表面金属发生摩擦化学反应,形成低熔点的软质(或称具可塑性的)极压膜,从而起到耐冲击、耐高负荷高温的润滑作用。

4) 腐蚀和锈蚀

由于油品的氧化或添加剂的作用,常常会造成钢和其他有色金属的腐蚀。腐蚀试验一般是将紫铜条放入油中,在100℃下放置3h,然后观察铜的变化;而锈蚀试验则是在水和水汽作用下,钢表面会产生锈蚀,测定防锈性是将30mL蒸馏水或人工海水加入300mL试油中,再将钢棒放置其内,在54℃下搅拌24h,然后观察钢棒有无锈蚀。油品应该具有抗金属腐蚀和防锈蚀作用,在工业润滑油标准中,这两个项目通常都是必测项目。

5) 抗泡性

润滑油在运转过程中,由于有空气存在,常会产生泡沫,尤其是当油品中含有具有表面活性的添加剂时,则更容易产生泡沫,而且泡沫还不易消失。润滑油使用中产生泡沫会使油膜破坏,使摩擦面发生烧结或增加磨损,并促进润滑油氧化变质,还会使润滑系统气阻,影响润滑油循环。因此抗泡性是润滑油等的重要质量指标。

6) 水解安定性

水解安定性表征油品在水和金属(主要是铜)作用下的稳定性,当油品酸值较高,或含有遇水易分解成酸性物质的添加剂时,常会使此项指标不合格。它的测定方法是将试油加入一定量的水之后,在铜片和一定温度下混合搅动一定时间,然后测水层酸值和铜片的失重。

7) 抗乳化性

工业润滑油在使用中常常不可避免地要混入一些冷却水,如果润滑油的抗乳化性不好,它将与混入的水形成乳化液,使水不易从循环油箱的底部放出,从而可能造成润滑不良。因此,抗乳化性是工业润滑油的一项很重要的理化性能。一般油品是将 40mL 试油与 40mL 蒸馏水在一定温度下剧烈搅拌一定时间,然后观察油层-水层-乳化层分离成 40-37-3mL 的时间;工业齿轮油是将试油与水混合,在一定温度和 6000r/min 下搅拌 5min,放置 5h,再测油、水、乳化层的毫升数。

8）空气释放值

液压油标准中有此要求,因为在液压系统中,如果溶于油品中的空气不能及时释放出来,那么它将影响液压传递的精确性和灵敏性,严重时就不能满足液压系统的使用要求。测定此性能的方法与抗泡性类似,不过它是测定溶于油品内部的空气(雾沫)释放出来的时间。

9）橡胶密封性

在液压系统中以橡胶作密封件者居多,在机械中的油品不可避免地要与一些密封件接触,橡胶密封性不好的油品可使橡胶溶胀、收缩、硬化、龟裂,影响其密封性,因此要求油品与橡胶有较好的适应性。液压油标准中要求橡胶密封性指数,它是以一定尺寸的橡胶圈浸油一定时间后的变化来衡量。

10）剪切安定性

加入增黏剂的油品在使用过程中,由于机械剪切的作用,油品中的高分子聚合物被剪断,使油品黏度下降,影响正常润滑。因此,剪切安定性是这类油品必测的特殊理化性能。测定剪切安定性的方法很多,有超声波剪切法、喷嘴剪切法、威克斯泵剪切法、FZG 齿轮机剪切法,这些方法最终都是测定油品的黏度下降率。

11）溶解能力

溶解能力通常用苯胺点来表示。不同级别的油对复合添加剂的溶解极限苯胺点是不同的,低灰分油的极限值比过碱性油要大,单级油的极限值比多级油要大。

12）挥发性

基础油的挥发性对油耗、黏度稳定性、氧化安定性有关。这些性质对多级油和节能油尤其重要。

13）防锈性能

防锈性能是专指防锈油脂所应具有的特殊理化性能,它的试验方法包括潮湿试验、盐雾试验、叠片试验、水置换性试验,此外还有百叶箱试验、长期储存试验等。

14）电气性能

电气性能是绝缘油的特有性能,主要有介质损失角、介电常数、击穿电压、脉冲电压等。基础油的精制深度、杂质、水分等均对油品的电气性能有较大的影响。

15）润滑脂的特殊理化性能

润滑脂除一般理化性能外,专门用途的脂还有其特殊的理化性能。如防水性好的润滑脂要求进行水淋试验;低温脂要测低温转矩;多效润滑脂要测极压抗磨性和防锈性;长寿命脂要进行轴承寿命试验等。这些性能的测定也有相应的试验方法。

16）其他特殊理化性能

每种油品除一般性能外,都应有自己独特的特殊性能。例如,淬火油要测定冷却速度;

乳化油要测定乳化稳定性;液压导轨油要测防爬系数;喷雾润滑油要测油雾弥漫性;冷冻机油要测凝絮点;低温齿轮油要测成沟点等。这些特性都需要基础油特殊的化学组成,或者加入某些特殊的添加剂来加以保证。

4. 润滑剂的选用原则

1) 基本原则

润滑剂选择的原则是:载荷越大,应选用黏度较大的润滑油;转速越高,应选用黏度较小的润滑油。

2) 选用影响因素

(1) 轴承转速。

轴承转速越高,则摩擦发热越大,高速时选用黏度较小的润滑油或工作锥入度较大的润滑脂,低速时反之。因此选用脂润滑和油润滑的 DmN 值应在其适用的 DmN 值中。

(2) 工作温度。

滚动轴承在运转过程中,由于摩擦发热会使轴承温度很快升高,每种润滑剂都有一定的温度适用范围,温度还是影响轴承的精度的因素。因此,工作温度高时应选用黏度较大、闪点较高的润滑油或工作锥入度较小、滴点较高、耐高温的润滑脂。因此,推荐的润滑脂适用温度范围应在该润滑脂适用的温度范围中。

(3) 轴承载荷。

轴承载荷的大小对能否形成油膜影响很大,载荷越大,越不易形成油膜。因此,载荷大时宜选用黏度较大的润滑油或工作锥入度较小的润滑脂,载荷小时则反之。承受冲击载荷时宜选用黏度较大的润滑油或工作锥入度较小的润滑脂。

(4) 工作环境。

周围空气潮湿,灰尘较多,密封装置简单时,应选择不易溶于水的钙基脂;周围空气干燥,水分较少,则宜选用钠基润滑脂。

(5) 安装状态。

安装在立式或倾斜轴上的轴承,润滑剂易于流失,除了密封应特别注意外,应选用黏度稍大的润滑油或工作锥入度稍小的润滑脂。

(6) 润滑方式。

滴油润滑、循环润滑、喷射润滑选用黏度较小的润滑油　选用有抗氧化添加剂的润滑油。

3) 选用一般原则

润滑剂的选择应综合考虑摩擦接触面的工作条件、环境、摩擦面加工情况及摩擦面之间的间隙,以及润滑方式与装置特点等因素,选用的一般原则是:

(1) 高速、轻载荷、工作平稳选用低黏度润滑油、针入度较大(稠度低)的润滑脂。反之,低速、重载荷、有冲击载荷或做往复与间歇运动的选用高黏度润滑油、针入度较小(稠度较高)的润滑脂。在边界润滑的重负荷运动副上,宜选用极压型润滑油。

(2) 工作及环境温度低宜选用黏度较小的润滑油、针入度较大的润滑脂。反之,温度高则应采用黏度较大、针入度小及滴点较高的润滑脂。夏季用油的黏度一般比冬季用油的黏度高一些。在高温条件下的润滑应考虑润滑油的闪点、润滑脂的滴点,在很低温度条件下的润滑应考虑润滑油的凝固点。温度范围变化大的,可采用增黏剂以改善润滑油的黏温性。

(3)潮湿条件应选抗乳化性较强和油性、防锈性好的润滑剂,不能选用无抗水能力的钠基脂。

(4)摩擦面之间的间隙越小,润滑油的黏度应越低。一般新零件跑合期应比正常使用期的润滑油黏度低一些。

(5)摩擦面加工粗糙,要求使用的润滑油黏度大、润滑脂的针入度小。反之,表面光洁度高使用的润滑油黏度小、润滑脂针入度大。

(6)采用循环润滑系统、油绳或油垫润滑装置的润滑,应采用黏度较小的润滑油。循环系统、油环、油勺、飞溅润滑采用的润滑油应具有抗氧化安定性。

(7)集中润滑系统中采用的润滑脂针入度宜大些,以便输送。人工间歇加油应采用黏度大一些的润滑油,以免流失太快。

5. 动设备润滑的管理

1)设备润滑"五定"

(1)定点。根据设备技术规范或图纸指定的润滑部位进行注油、补油和换油。

(2)定质。按设备说明书或润滑图表中规定的油品对设备进行润滑并保证油品质量。

(3)定量。按规定的数量对各润滑部位注油。

(4)定人。每台设备的润滑都要有专人负责。

(5)定时。定时间加油,定期补油,定期换油。

设备换油期的长短不应简单规定,应参考设备出厂说明书并结合实际使用情况来确定。

2)油品"三级"过滤

润滑油品从进库到加注到润滑部位上,一般要经过几次容器的倒换、存储和搬运。为保证油品的清洁,要求从大桶到油库储槽,从储槽到油壶,从油壶到设备之间要进行三次过滤。三次过滤网的密度要逐次加密,故称为"三级"过滤。"三级"过滤所用滤网要符合下述规定:

(1)大桶到储油槽(箱)之间为40~60目。

(2)储油槽(箱)到加油壶之间为80目。

(3)加油壶到设备之间为100目。

3)编制润滑技术档案

(1)设备润滑图表标明设备润滑部位、油品牌号、加油量及时间间隔。

(2)润滑记录卡注明设备名称、加油部位、油品牌号,加(换)油日期等。

(3)根据装置内设备的具体情况制订合理的设备清洗,换油计划。该计划一般应尽量与设备检修计划相吻合。

4)设备润滑状态管理

(1)设备润滑状态检查设备润滑状态检查是巡检的重要内容之一。要注意设备润滑系统的工作状况,如供油压力、回油流量、油杯或油桶液面、油路是否畅通及油质情况等。对设备润滑装置或润滑系统部件缺损或故障要及时补充或更换。

(2)定期对主要运转设备的润滑油进行常规分析,进行铁谱或光谱分析,检查润滑油中的杂质、金属微粒等,了解设备的润滑状态和磨损情况,常规分析是状态监测的重要方法之一。

5)装置润滑油品计划管理

(1)润滑油品计划每年应根据装置润滑油的使用和消耗情况编制年、季度用油计划。

(2)油料存放与检验油品进入装置,必须进行分析化验,确认合格后方可使用。油库内油品需分类储存,定期抽检。

(3)油品选配与代用一般机械设备说明书都规定或推荐使用润滑油(脂)的种类、牌号及有关规格指标。选配和代用油品的依据是设备出厂说明书,据此查找相似的油品和牌号。重要设备润滑油的选配与代用必须慎重。要根据设备的工作条件(如转速、轴承载荷、工作温度、润滑方式、环境状况等),提出专业性报告,必要时要经有关技术机构进行代用油的试验,方可进入试用阶段。在试用代用油(脂)期间要严格加强设备运行状态的监测,定期取样进行油质分析,及时检查,试用效果良好的,可由主管部门备案正式作为代用油。

项目四　设备防腐知识

一、化学腐蚀

(一)化学腐蚀的概念

化学腐蚀是金属与接触到的物质直接发生氧化还原反应而被氧化损耗的过程。这类腐蚀不普遍、只有在特殊条件下发生,它通常分为铁的高温氧化、钢的脱碳与氢脆等,它与电化学腐蚀的区别是没有电流产生。

> ZAD005　化学腐蚀的概念

(二)化学腐蚀的原理

化学腐蚀是由于金属表面与环境介质发生化学作用而引起的腐蚀。当金属与非电解质相接触时,非电解质中的分子(如氧气、氯气等)被金属表面所吸附,并分解为原子后与金属原子化合,生成腐蚀产物。反应式如下:

$$xMe + yX \longrightarrow Me_xX_y$$

式中,Me 代表金属原子;X 代表介质原子。

若反应产物是挥发性的,则在金属表面形成不了保护性膜,腐蚀反应将继续下去;若反应产物能够附着在金属表面上,在反应起始,所生成的膜还不足以把金属表面与介质完全隔开,金属原子、离子或电子与介质中的原子将通过膜进行扩散,并在已形成的膜中相遇,发生反应,使膜加厚。

由以上简单的分析可见,化学腐蚀的基本过程是介质分子在金属表面吸附和分解,金属原子与介质原子化合,反应产物或者挥发掉或者附着在金属表面成膜,属于前者时金属不断被腐蚀,属于后者时金属表面膜不断增厚,使反应速度下降。

金属在干燥气体介质中(如高温氧化、氢腐蚀、硫化等)以及在非电解质溶液中(如苯、酒精等)发生的腐蚀都是化学腐蚀。

(三)化学腐蚀的常见形式

1. 高温气体腐蚀

1)高温氧化

钢铁在空气中加热时,在低温下(200~300℃),表面已经开始出现可见的氧化膜。随着温度的升高,氧化速度逐渐加快。在570℃以下,氧化膜由 Fe_3O_4 和 Fe_2O_3 组成,在570℃以上,氧化层由三种氧化物 FeO、Fe_2O_3 和 Fe_3O_4(从内到外)组成。这些氧化物中,FeO 结构疏松,易破裂,保护性差,而 Fe_2O_3 和 Fe_3O_4 结构致密,具有较好的保护性。因此,在570℃以下,钢铁的氧化速度较低,而在570℃以上,氧化层中出现大量有晶格缺陷的 FeO,使 Fe^{2+} 易于扩散,氧化速度很快。

2) 脱碳

钢在氧化过程中常伴随着脱碳现象。钢的高温脱碳是指在高温气体作用下,钢的表面在生成氧化皮的同时,与氧化膜相连接的金属表面层发生渗碳体减少的现象。这是由于当高温气体中含有氧气、水、二氧化碳、氢气等成分时,钢中渗碳体与这些气体发生下述反应:

$$Fe_3C + O_2 =\!=\!= 3Fe + CO_2$$

$$Fe_3C + H_2O =\!=\!= 3Fe + CO + H_2$$

$$Fe_3C + CO_2 =\!=\!= 3Fe + 2CO$$

$$Fe_3C + 2H_2 =\!=\!= 3Fe + CH_4$$

脱碳过程中产生了气体,破坏了表面膜的完整性,降低了膜的保护性,加速了氧化过程。同时由于钢表层的渗碳体减少,表层硬度和强度都大幅度下降,降低了工件的耐磨性和疲劳强度。渗碳体与氢气作用生成甲烷的过程就是前面介绍的氢腐蚀。

3) 硫化

高温气体中常含有 S 蒸气、SO_2 或 H_2S 等成分,这些成分可起氧化剂的作用。金属和高温含硫介质作用生成金属硫化物而变质的过程称为金属的高温硫化。高温硫化对炼厂设备的破坏是很严重的。在加工含硫原油时,在设备高温部分(240~425℃)会出现高温硫的均匀腐蚀。腐蚀过程中,首先是有机硫化物转化为 H_2S 和单质 S,它们的腐蚀反应如下:

$$Fe + H_2S \longrightarrow FeS + H_2$$

H_2S 在 350~400℃ 仍能分解出 S 和 H_2,分解出的单质 S 比 H_2S 的腐蚀还激烈:

$$Fe + S \longrightarrow FeS$$

硫化作用比氧化快。在大气或在燃烧产物(烟气)中有含 S 气体存在时,都会加速金属的腐蚀破坏,其主要原因如下:

(1) 金属硫化物与参加硫化的金属体积的比值大于金属氧化物与参加氧化的金属体积的比值。例如,FeS、MnS、CrS 和 CuS 等的体积与相应金属体积之比一般在 2.5~3.0,形成的硫化物膜有较大的内应力,易于使膜破裂。

(2) 金属硫化物的晶格缺陷浓度比相应的氧化物要高,如800℃时 FeO 的精确分子式为 $Fe_{0.89}O$,而 FeS 的为 $Fe_{0.8}S$。因此,硫化物中离子的扩散能力较高,硫化速度快。

(3) 与金属氧化物相比,金属硫化物的熔点低得多,特别是当生成某些硫化物的共晶体时,熔点更低。

2. 氢腐蚀

1) 腐蚀特征

高温、高压氢环境中,氢扩散后,与钢中的碳及 Fe、C 反应产生甲烷,会造成表面严重脱碳和沿晶网状裂纹,使钢的强度和塑性大幅度下降。

氢腐蚀最早是在生产氨的容器上发现的。炼油厂的加氢精制、加氢裂化、铂重整的预加氢等装置,均使材料面临苛刻的高温高压氢环境。在一些情况下,氢与钢中的碳及 Fe_3C 反应生成甲烷,会造成表面严重脱碳和沿晶网状裂纹,使钢的强度和塑性大幅度下降。

2)腐蚀机理

氢腐蚀是一种化学腐蚀,是在高温高压下钢中过量的氢与钢中固溶的碳或碳化物作用生成甲烷造成的,反应式如下:

$$C + 4H \longrightarrow CH_4 \text{ 或 } Fe_4C + 2H_2 \longrightarrow 3Fe + CH_4$$

生成的甲烷在钢中扩散能力很低,聚集在晶界原有的微观空隙内。该区域的碳浓度随着反应的进行而降低,由于碳浓度梯度的存在,别处的碳不断地通过扩散而补充到该区域,使反应持续进行。这样甲烷的量将不断增多,形成高压,造成应力集中,使甲烷聚集的晶界形成裂纹。在靠近表面的夹杂等缺陷处会形成气泡,最终造成钢表面出现鼓泡。裂纹和鼓泡出现后,使得钢的性能恶化,造成氢腐蚀损伤。

甲烷的产生,使得晶界附近脱碳,随着碳的不断扩散和反应的不断进行,新生裂纹处甲烷、氢、碳的浓度均较低,使得碳、氢向其中扩散更容易。随着此过程的不断进行,在晶界形成网状裂纹,钢的强度、塑性大幅度下降。

3)氢腐蚀的过程

氢腐蚀大致分三个阶段:

(1)孕育期。在此期间晶界碳化物及其附近有大量亚微型充满甲烷的鼓泡形核,钢的力学性能没有明显变化。

(2)迅速腐蚀期。小鼓泡长大达到临界密度后,便沿晶界连接起来形成裂纹,钢的体积膨胀,力学性能迅速下降。

(3)饱和期。裂纹彼此连接的同时,碳逐渐耗尽,钢的力学性能和体积不再改变。

二、电化学腐蚀

(一)电化学腐蚀的概念

不纯的金属跟电解质溶液接触时,会发生原电池反应,比较活泼的金属失去电子而被氧化,这种腐蚀叫作电化学腐蚀。

(二)电化学腐蚀的原理

金属的腐蚀原理有多种,其中电化学腐蚀是最为广泛的一种。当金属被放置在水溶液中或潮湿的大气中,金属表面会形成一种微电池,也称腐蚀电池(其电极习惯上称阴、阳极,不叫正、负极)。阳极上发生氧化反应,使阳极发生溶解,阴极上发生还原反应,一般只起传递电子的作用。腐蚀电池的形成原因主要是由于金属表面吸附了空气中的水分,形成一层水膜,因而使空气中 CO_2、SO_2、NO_2 等溶解在这层水膜中,形成电解质溶液,而浸泡在这层溶液中的金属又总是不纯的,如工业用的钢铁,实际上是合金,即除铁之外,还含有石墨、渗碳体(Fe_3C)以及其他金属和杂质,它们大多数没有铁活泼。这样形成的腐蚀电池的阳极为铁,而阴极为杂质,又由于铁与杂质紧密接触,使得腐蚀不断进行。

(三)电化学腐蚀的常见形式

金属电化学腐蚀按其被破坏的形式可以分为全面腐蚀和局部腐蚀。

1. 全面腐蚀

全面腐蚀是指在整个金属表面上进行的腐蚀。全面腐蚀一般来说分布比较均匀,腐蚀速度比较稳定,机器设备的寿命可以预测,对设备的检测也比较容易,一般不会发生突发事故。全面腐蚀电池的阴、阳极全部是微电极,阴阳极面积基本上相等,所以反应速度比较稳定。

2. 局部腐蚀

局部腐蚀是指只集中在金属表面局部区域上进行的腐蚀,其余大部分区域几乎不腐蚀。局部腐蚀造成的金属损失量不大,但是严重的局部腐蚀会导致机器设备的突发性破坏,这种破坏很难预测,往往会造成巨大的经济损失,更有甚者会引起灾难性事故。

三、金属腐蚀

(一)金属腐蚀的概念

金属材料受周围介质的作用而损坏,称为金属腐蚀。金属的锈蚀是最常见的腐蚀形态。腐蚀时,在金属的界面上发生了化学或电化学多相反应,使金属转入氧化(离子)状态。这会显著降低金属材料的强度、塑性、韧性等力学性能,破坏金属构件的几何形状,增加零件间的磨损,恶化电学和光学等物理性能,缩短设备的使用寿命,甚至造成火灾、爆炸等灾难性事故。

(二)金属腐蚀的途径

腐蚀过程一般通过两种途径进行:化学腐蚀和电化学腐蚀。

化学腐蚀:金属表面与周围介质直接发生化学反应而引起的腐蚀。

电化学腐蚀:金属材料(合金或不纯的金属)与电解质溶液接触,通过电极反应产生的腐蚀。

生物腐蚀也是金属腐蚀的一种途径。

(三)金属腐蚀的分类

1. 点蚀

点蚀又称坑蚀和小孔腐蚀。点蚀有大有小,一般情况下,点蚀的深度要比其直径大得多。点蚀经常发生在表面有钝化膜或保护膜的金属上。

2. 缝隙腐蚀

在电解液中,金属与金属或金属与非金属表面之间构成狭窄的缝隙,缝隙内有关物质的移动受到了阻滞,形成浓差电池,从而产生局部腐蚀,这种腐蚀被称为缝隙腐蚀。

3. 应力腐蚀

材料在特定的腐蚀介质中和在静拉伸应力(包括外加载荷、热应力、冷加工、热加工、焊接等所引起的残余应力,以及裂缝锈蚀产物的楔入应力等)下,所出现的低于强度极限的脆性开裂现象,称为应力腐蚀开裂。

4. 腐蚀疲劳

腐蚀疲劳是在腐蚀介质与循环应力的联合作用下产生的。这种由于腐蚀介质而引起的抗腐蚀疲劳性能的降低,称为腐蚀疲劳。

5. 晶间腐蚀

晶间腐蚀是金属材料在特定的腐蚀介质中,沿着材料的晶粒间界受到腐蚀,使晶粒之间丧失结合力的一种局部腐蚀破坏现象。

6. 均匀腐蚀

均匀腐蚀是指在与环境接触的整个金属表面上几乎以相同速度进行的腐蚀。在应用耐蚀材料时,应以抗均匀腐蚀作为主要的耐蚀性能依据,在特殊情况下才考虑某些抗局部腐蚀的性能。

7. 磨损腐蚀

由磨损和腐蚀联合作用而产生的材料破坏过程叫磨损腐蚀。磨损腐蚀可发生在高速流动的流体管道及载有悬浮摩擦颗粒流体的泵、管道等处。

8. 氢脆

金属材料特别是钛材一旦吸氢,就会析出脆性氢化物,使机械强度劣化。在腐蚀介质中,金属因腐蚀反应析出的氢及制造过程中吸收的氢,是金属中氢的主要来源。

四、管线防腐基本知识

(一)管线腐蚀的定义

基于特定的管线环境,在管线系统所有的金属和非金属材料中发生的化学反应、电化学反应和微生物的侵蚀,该反应可以导致管线结构和其他材料的损坏和流失。除了腐蚀作用对材料的直接破坏外,由腐蚀产物所引起的管道损坏也可视为腐蚀破坏。

(二)管线防腐的定义

管道防腐指的是为减缓或防止管道在内外介质的化学、电化学作用下或由微生物的代谢活动而被侵蚀和变质的措施。

(三)管线防腐的方法

> GAD005 管线的防腐措施

1. 涂层防腐

用涂料均匀致密地涂敷在经除锈的金属管道表面上,使其与各种腐蚀性介质隔绝,是管道防腐最基本的方法之一。

1)外壁防腐涂层

使用于管道外侧,为了防止管道金属与周围环境接触,防止腐蚀的发生。

2)内壁防腐涂层

为了防止管内腐蚀、降低摩擦阻力、提高输量而涂于管子内壁的薄膜。70年代以来趋向于管内、外壁涂层选用相同的材料,以便管内、外壁的涂敷同时进行。

3)防腐保温涂层

在中、小口径的热输原油或燃料油的管道上,为了减少管道向土壤散热,在管道外部加上保温和防腐的复合层。

2. 电保护法

电保护法是指改变金属相对于周围介质的电极电位,使金属免受腐蚀的方法。长输管道电法保护仅指阴极保护和电蚀防止法。

1)阴极保护

利用外施电流迫使电解液中被保护金属表面全部阴极极化,则腐蚀就不会发生。判断管道是否达到阴极保护的指标有两项:一是最小保护电位,它是金属在电解液中阴极极化到腐蚀过程停止时的电位,其值与环境等因素有关,常用的数值为-850mV(相对于铜-硫酸铜参比电极测定,下同);二是最大保护电位,即被保护金属表面容许达到的最高电位值,当阴极极化过强,管道表面与涂层间会析出氢气,而使涂层产生阴极剥离,所以必须控制汇流点电位在容许范围内,以使涂层免遭破坏。

2)电蚀防止法

(1)在杂散电流源有关设施上采取措施,使漏泄电流减小到最低限度。

(2)在敷设管道时尽量避开杂散电流地区,或提高被干扰管段绝缘防腐层质量,采用屏蔽、加装绝缘法兰等措施。

(3)对干扰管道做排流保护,即将杂散电流从被干扰管道排回产生漏泄电流的电网中,以消除杂散电流对管道的腐蚀。根据应用范围和排流设备的不同性能,分直接排流、极性排流、强制排流三种。

模块五　仪表基础知识

项目一　测量基本概念

一、测量

(一) 测量的定义

测量是按照某种规律,用数据来描述观察到的现象,即对事物做出量化描述。测量是对非量化实物的量化过程。

(二) 测量的四个要素

1. 测量的客体即测量对象

测量对象主要指几何量,包括长度、面积、形状、高程、角度、表面粗糙度以及形位误差等。由于几何量的特点是种类繁多,形状又各式各样,因此对于他们的特性,被测参数的定义,以及标准等都必须加以研究和熟悉,以便进行测量。

2. 计量单位

我国国务院于 1977 年 5 月 27 日颁发的《中华人民共和国计量管理条例(试行)》第三条规定中重申:"我国的基本计量制度是米制(即公制),逐步采用国际单位制。" 1984 年 2 月 27 日正式公布中华人民共和国法定计量单位,确定米制为我国的基本计量制度。在长度计量中单位为米(m),其他常用单位有毫米(mm)和微米(μm)。在角度测量中以度、分、秒为单位。

3. 测量方法

测量方法是指在进行测量时所用的按类叙述的一组操作逻辑次序。对几何量的测量而言,则是根据被测参数的特点,如公差值、大小、轻重、材质、数量等,并分析研究该参数与其他参数的关系,最后确定对该参数如何进行测量的操作方法。

4. 测量的准确度

测量的准确度是指测量结果与真值的一致程度。由于任何测量过程总不可避免地会出现测量误差,误差大说明测量结果离真值远,准确度低。因此,准确度和误差是两个相对的概念。由于存在测量误差,任何测量结果都是以一近似值来表示。

(三) 测量的分类

1. 直接测量

无需对被测量与其他实测量进行一定函数关系的辅助计算而直接得到被测量值的测量。

2. 间接测量

通过直接测量与被测参数有已知函数关系的其他量而得到该被测参数量值的测量。

3. 接触测量

仪器的测量头与工件的被测表面直接接触,并有机械作用的测力存在(如接触式三坐标等)。

4. 非接触测量

仪器的测量头与工件的被测表面之间没有机械的测力存在(如光学投影仪、气动量仪测量和影像测量仪等)。

5. 组合测量

如果被测量有多个,虽然被测量(未知量)与某种中间量存在一定函数关系,但由于函数式有多个未知量,对中间量的一次测量是不可能求得被测量的值。这时可以通过改变测量条件来获得某些可测量的不同组合,然后测出这些组合的数值,解联立方程求出未知的被测量。

6. 比较测量

比较法是指被测量与已知的同类度量器在比较器上进行比较,从而求得被测量的一种方法。这种方法用于高准确度的测量。

7. 零位法

被测量与已知量进行比较,使两者之间的差值为零,这种方法称为零位法。例如电桥、天平、杆秤、检流计。

8. 偏位法

被测量直接作用于测量机构使指针等偏转或位移以指示被测量大小。

9. 替代法

替代发是将被测量与已知量先后接入同一测量仪器,在不改变仪器的工作状态下,使两次测量仪器的示值相同,则认为被测量等于已知量。

10. 累积法

被测量的物体的量值太小,不能够用测量仪器直接测量单一的物体,则测量相同规格的物体集合再求其平均值的方法,如测量一张纸的厚度,一根头发丝的直径,一颗订书针的质量等。

二、测量误差

(一)测量误差的概念

由于实验理论上存在着近似性,方法上难以很完善,实验仪器灵敏度和分辨能力有局限性,周围环境不稳定等因素的影响,待测量的真值是不可能测得的,测量结果和被测量真值之间总会存在或多或少的偏差,这种偏差就叫作测量值的误差。

(二)测量误差的来源

测量工作是在一定条件下进行的,外界环境、观测者的技术水平和仪器本身构造的不完善等原因,都可能导致测量误差的产生。通常把测量仪器、观测者的技术水平和外界环境三个方面综合起来,称为观测条件。观测条件不理想和不断变化,是产生测量误差的根本原因。通常把观测条件相同的各次观测,称为等精度观测;观测条件不同的各次观测,称为不等精度观测。

具体来说,测量误差主要来自以下四个方面:

1. 外界条件

外界条件主要指观测环境中气温、气压、空气湿度和清晰度、风力以及大气折光等因素的不断变化,导致测量结果中带有误差。

2. 仪器条件

仪器在加工和装配等工艺过程中,不能保证仪器的结构能满足各种几何关系,这样的仪器必然会给测量带来误差。

3. 方法

理论公式的近似限制或测量方法的不完善。

4. 观测者的自身条件

由于观测者感官鉴别能力所限以及技术熟练程度不同,也会在仪器对中、整平和瞄准等方面产生误差。

(三)测量误差的分类

测量误差主要分为三大类:系统误差、随机误差、粗大误差。

1. 系统误差

在相同的观测条件下,对某量进行了 n 次观测,如果误差出现的大小和符号均相同或按一定的规律变化,这种误差称为系统误差。系统误差一般具有累积性。

系统误差产生的主要原因之一是由于仪器设备制造不完善。例如,用一把名义长度为50m 的钢尺去量距,经检定钢尺的实际长度为 50.005m,则每量尺,就带有+0.005m 的误差("+"表示在所量距离值中应加上),丈量的尺段越多,所产生的误差越大。所以这种误差与所丈量的距离成正比。

2. 偶然误差

在相同的观测条件下,对某量进行了 n 次观测,如果误差出现的大小和符号均不一定,则这种误差称为偶然误差,又称为随机误差。例如,用经纬仪测角时的照准误差,钢尺量距时的读数误差等,都属于偶然误差。

偶然误差,就其个别值而言,在观测前我们确实不能预知其出现的大小和符号。但若在一定的观测条件下,对某量进行多次观测,误差列却呈现出一定的规律性,称为统计规律。而且,随着观测次数的增加,偶然误差的规律性表现得更加明显。

偶然误差具有如下四个特征:

(1)在一定的观测条件下,偶然误差的绝对值不会超过一定的限值。

(2)绝对值小的误差比绝对值大的误差出现的机会多(或概率大)。

(3)绝对值相等的正、负误差出现的机会相等。

(4)在相同条件下,同一量的等精度观测,其偶然误差的算术平均值,随着观测次数的无限增大而趋于零。

3. 粗大误差

在一定的测量条件下,超出规定条件下预期的误差称为粗大误差,一般地,给定一个显著性的水平,按一定条件分布确定一个临界值,凡是超出临界值范围的值,就是粗大误差,它又叫作粗误差或寄生误差。

产生粗大误差的主要原因如下:

(1)客观原因:电压突变、机械冲击、外界振动、电磁(静电)干扰、仪器故障等引起了测试仪器的测量值异常或被测物品的位置相对移动,从而产生了粗大误差。

(2)主观原因:使用了有缺陷的量具;操作时疏忽大意;读数、记录、计算的错误等。另外,环境条件的反常突变因素也是产生这些误差的原因。

粗大误差不具有抵偿性,它存在于一切科学实验中,不能被彻底消除,只能在一定程度上减弱。它是异常值,严重歪曲了实际情况,所以在处理数据时应将其剔除,否则将对标准差、平均差产生严重的影响。

> CAF002 测量误差的概念

三、仪表精度和灵敏度

(一)仪表精度

1. 仪表精度的概念

反映测量结果与真值接近程度的量,称为精度,它与误差的大小相对应,因此可用误差大小来表示精度的高低,误差小则精度高,误差大则精度低。

2. 精度的等级

精度的等级是以它的允许误差占表盘刻度值的百分数来划分的,其精度等级数越大,允许误差占表盘刻度极限值越大。量程越大,同样精度等级下测得压力值的绝对值允许的误差也越大。经常使用的精度为2.5级、1.5级,如果是1.0级和0.5级的属于高精度,现在有的数字已经达到0.25级。

3. 精度的表示方法

精度常使用三种方式来表征。

(1)最大误差占真实值的百分比,如测量误差3%。

(2)最大误差,如测量精度±0.02mm。

(3)误差正态分布,如误差0~10%占比例65%,误差10%~20%占比例20%,误差20%~30%占10%,误差30%以上占5%。

比较以上三种表征方式,可以看出:

(1)最大误差百分比方式简单直观。由于基于真实值,不具体。在不知道真实值的情况下,无法判读误差的具体大小。

(2)最大误差方式简单直观,反映了误差的具体值,但是有片面性。

(3)误差正态分布方式科学、全面、系统,但是表述较为复杂,所以反而不如前两种应用广泛。

(二)仪表灵敏度

1. 仪表灵敏度的概念

仪表灵敏度表示仪表在稳定状态下输出增量与输入增量的比值。它是用来表达测量仪表反映被测量变化的灵敏程度的一项质量指标。

2. 仪表灵敏度的选用

在灵敏度不够时,会引起测量误差,灵敏度越低,误差就越大,所以有必要提高灵敏度,一般在测量仪表经常设有放大器等,仪表的灵敏度可以用增大系统(机械的或电子的)的放大倍数来提高,但若单从加大灵敏度而不改变仪表的基本性能来企图达到更准确地读数(即提高精度)是不合理的,反而可能出现似乎灵敏度很高,但精度实际上却下降的虚假现象。所以在选用仪表时,应选灵敏度合适的仪表,不要一味追求高灵敏度的仪表。在某些仪表的测量中,灵敏度与多方面的因素有关,所以尽量使这多方面因素不影响灵敏度的稳定性,使仪表稳定的工作,以保证仪表有足够的灵敏度。在有些仪表的结构设计中,适当地选择材料尽量使之合理也是重要的。总之,对测量条件、对象及环境,应从多方面去综合考虑,应有限度地合理地提高灵敏度,使仪表有足够的测量精度。

(三) 灵敏度、精密度、准确度的区分

1. 仪器的灵敏度

灵敏度是指仪器测量最小被测量的能力。所测的最小量越小,该仪器的灵敏度就越高。如天平的灵敏度,每个毫克数就越小,即使天平指针从平衡位置偏转到刻度盘一分度所需的最大质量就越小。仪器的灵敏度也不是越高越好,因为灵敏度过高,测量时的稳定性就越差,甚至不易测量,即准确度就差。故在保证测量准确性的前提下,灵敏度也不宜要求过高。灵敏度一般是对天平和电气仪表等而言,对直尺、卡尺、螺旋测微器则无所谓。

2. 仪器的精密度

仪器的精密度,又称精度,一般是指仪器的最小分度值。如米尺的最小分度为1mm,其精度就是1mm,水银温度计的最小分度为0.2℃,其精度就是0.2℃。仪器的最小分度值越小,其精度就越高,灵敏度也就越高。比如最小分度为0.1℃的温度计就比最小分度为0.2℃的温度计灵敏度和精密度都高。

在正常使用情况下,仪器的精度高,准确度也就高,这表明仪器的精度是一定准确度的前提,有什么样的准确度,也就要求有什么样的精度相适应。这正是人们常用精度来描述准确度的原因。但是,仪器的精度并不能完全反映出其准确度。例如一台一定规格的电压表,其内部的附加电压变质,使其实际准确度下降了,但精度却不变。可见精度与准确度是有区别的。一般仪器都存在精度问题。

3. 仪器的准确度

仪器的准确度一般是指在规定条件下测量它指针满偏时出现的最大相对误差的百分数值。某电表的准确度是2.5级,其意义是指相对误差不超过满偏度的2.5%,即以其绝对误差=量程×准确度。如量程为0.6A的直流电流表,其最大绝对误差=0.6A×2.5%=0.015A。

显然用同一电表的不同量程测量同一被测量时,其最大绝对误差相是同的。因此用电表时,就存在一个选择适当量程挡的问题。准确度一般是对电气仪器而说的,对其他仪器无所谓准确度。

项目二 常用温度、压力、流量、液位测量仪表的原理

一、测量仪表

CAF005 常用测量仪表的分类

测量仪表是间接或直接地测量各种自然量的(仪表)设备。

根据用途可分为温度计、压力计、流量计、液面计、气体分析器等。

二、温度计

(一)温度计的概念及设计原理

温度计,是测温仪器的总称,可以准确地判断和测量温度。温度计设计的依据有:利用固体、液体、气体受温度的影响而热胀冷缩的现象;在定容条件下,气体或蒸气压强因不同温度而变化;热电效应的作用;电阻随温度的变化而变化;热辐射的影响等。

一般来说,任何物质的任一物理属性,只要它随温度的改变而发生单调的、显著的变化,都可用来标志温度而制成温度计。

(二)温度计的分类

按测量方式,可分为接触式和非接触式。

按测温原理,可分为膨胀式温度计、压力式温度计、热电式温度计、电阻式温度计、辐射式度计等。

按显示方式,可分为指针式温度计、数显温度计、液位温度计、色带温度计等。

(三)化工常见温度计

1. 双金属温度计

1)定义

双金属温度计把两种线膨胀系数不同的金属组合在一起,一端固定,当温度变化时,两金属热膨胀不同,带动指针偏转以指示温度。

2)原理

双金属温度计是将绕成螺纹旋形的热双金属片作为感温器件,并把它装在保护套管内,其中一端固定,称为固定端,另一端连接在一根细轴上,称为自由端。在自由端线轴上装有指针。当温度发生变化时,感温器件的自由端随之发生转动,带动细轴上的指针产生角度变化,在标度盘上指示对应的温度。

3)特点

(1)优点。

① 结构简单,价格低。

② 维护方便。

③ 比玻璃温度计坚固、耐震、耐冲击。

④ 指示值连续。

(2)缺点。测量精度较低。

2. 热电偶温度计

[ZAF008 热电偶的作用]

1)定义

热电偶温度计是以热电效应为基础的测温仪表。热电偶温度计在工业生产中应用极为普遍,由三部分组成:热电偶(感温元件);测量仪表(动圈仪表或电位差计);连接热电偶和测量仪表的导线(补偿导线)。

[GAF004 热电偶的测量原理]

2)原理

两种不同成分的导体(称为热电偶丝材或热电极)两端接合成回路,当接合点的温度不同时,在回路中就会产生电动势,这种现象称为热电效应,而这种电动势称为热电势。热电偶就是利用这种原理进行温度测量的,其中,直接用作测量介质温度的一端叫作工作端(也称为测量端),另一端叫作冷端(也称为补偿端);冷端与显示仪表或配套仪表连接,显示仪表会指出热电偶所产生的热电势。

热电偶实际上是一种能量转换器,它将热能转换为电能,用所产生的热电势测量温度,对于热电偶的热电势,应注意如下几个问题:

(1)热电偶的热电势是热电偶工作端的两端温度函数的差,而不是热电偶冷端与工作端两端温度函数的差。

(2)热电偶所产生的热电势的大小,当热电偶的材料是均匀时,与热电偶的长度和直径无关,只与热电偶材料的成分和两端的温差有关。

(3)当热电偶的两个热电偶丝材料成分确定后,热电偶热电势的大小,只与热电偶的温度差有关;若热电偶冷端的温度保持一定,这进热电偶的热电势仅是工作端温度的单值函数。常见温差电序如下:

Bi-Ni-Co-K-Rb-Ca-Pd-Na-Hg-Pr-Ta-Al-Mn-Pb-Sn-Cs-W-Tl-In-Ir-Ag-Re--Cu-Au-Cd-Zn-Mo-Ce-Li-Fe-Sb-Ge-Te-Se。

3)特点

(1)优点。

① 体积小,方便安装。

② 信号可远传做指示、控制用。

③ 与压力式温度计相比相应速度快。

④ 测温范围宽。

⑤ 价格低。

⑥ 精度高。

⑦ 再现性好。

⑧ 校验容易。

(2)缺点。

① 热电势与温度之间呈非线性关系。

② 精度比热电阻低。

③ 在同样条件下,热电偶接点容易老化。

3.红外温度计

1)定义

红外温度计又称红外线测温仪,通过检测被检测对象表面所发出的红外辐射线能量并转化成与温度相对应的电信号测量温度。

2)原理

一切温度高于绝对零度的物体都在不停地向周围空间发出红外辐射能量。物体的红外辐射能量的大小及其按波长的分布——与它的表面温度有着十分密切的关系。因此,通过对物体自身辐射的红外能量的测量,便能准确地测定它的表面温度,这就是红外辐射测温的原理。

3)特点

(1)优点。

① 不需要与度测目标接触。

② 适合高温测量。

③ 重量轻,便于携带。

④ 精度较高。

(2)缺点。

① 价格较高。

② 被测物体的辐射率会影响结果。

三、压力计

(一)压力计的概念

压力计是用来测量气体或液体压力的工业自动化仪表。

(二)压力计的分类

常见的压力测量仪表按测压原理可分为三类:

(1)按重力与被测压力平衡方法,直接测量单位面积上所承受力的大小。例如液柱式压力计和活塞式压力计。

(2)按弹性与被测压力平衡方法,测量弹性元件受压后形变而产生的弹性力大小。例如弹簧管压力表、波纹管压力表、膜片压力表。

(3)利用某些物质与压力有关的物理特性,如受压时电阻变化、受压时电压变化等。例如半导体(压阻)压力传感器和压电式压力传感器等。

(三)化工常见压力计

1. 液柱式压力计

1)定义及原理

液柱式压力计是利用一定高度的液柱所产生的压力平衡被测压力,而用相应的液柱高度显示被测压力。

2)种类

常见的液柱式压力计有:U形管压力计、单管压力计、多管压力计、斜管微压计、补偿式微压计、差动式微压计、水银气压计等。

3)特点

这类压力计结构简单,显示直观,使用方便,价格便宜,在0.1MPa范围内其测量准确度比较高。但由于结构和显示上的原因,液柱式压力计的测量压力上限不高,一般显示的液柱高度上限为1~2m。所以液柱式压力计适用于小压力、真空及压差的测量。

2. 弹簧管式压力计

1)定义及原理

弹簧管式压力表,又可以称作布尔登表,弹簧管压力表的主要组成部分为一弯成圆弧形的弹簧管,管的横切面为椭圆形。作为测量元件的弹簧管一端固定起来,并通过接头与被测介质相连;另一端封闭,为自由端。自由端与连杆与扇形齿轮相连,扇形齿轮又和机心齿轮咬合组成传动放大装置。弹簧管压力表通过表内的敏感元件(波登管、膜盒、波纹管)的弹性形变,再由表内机芯的转换机构将压力形变传导至指针,引起指针转动来显示压力。

2)结构

弹簧管式压力表主要由弹簧管、传送放大机构、显示装置组成,其结构如图1-5-1所示。

(1)弹簧管。

弹簧管作为敏感元件,是一根弯成270°圆弧、截面为椭圆形的空心金属管子,管子的自由端B封闭,另一端固定在接头上。弹簧管的工作过程是当通入被测压力p后,椭圆形截面在p作用下将趋于圆形,使自由端B产生位移,且与p的大小成正比(具有线性刻度)。

(2)传送放大机构。

当压力p增加时,自由端B产生的位移经过二级放大,第一级放大是自由端B的位移通过拉杆使扇形齿轮作逆时针偏转;第二级放大是指针通过同轴的中心齿轮的带动作顺时针偏转,在面板的刻度标尺上显示出被测压力p的数值。游丝用来克服因扇形齿轮与中心齿轮间的传动间隙而产生的仪表变差。改变调整螺栓的位置,可调整仪表量程。

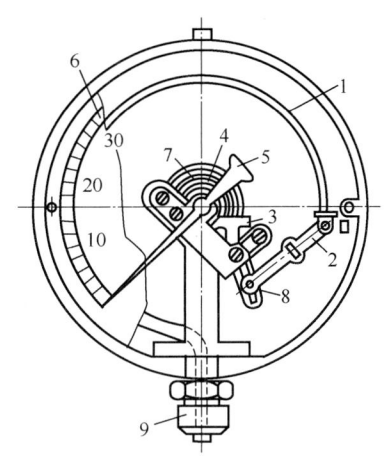

图1-5-1　弹簧式压力表结构示意图
1—弹簧管;2—拉杆;3—扇形齿轮;
4—中心齿轮;5—指针;6—面板;
7—游丝;8—调整螺栓;9—接头

(3)显示装置。

包括指针、刻度盘(0~270°),由于弹簧管自由端的位移与被测压力之间的关系是正比关系,故刻度盘具有线性刻度。

3)特点

(1)优点。

① 结构简单,价廉。

② 有长期使用经验。

③ 量程范围大。

④ 精度高。

(2)缺点。

① 对冲击、震动敏感。

② 正、反形成有滞回现象。

3. 压电式压力传感器

1)定义及原理

> GAF001　压电式压力传感器的测量原理

压电式压力传感器是基于压电效应的压力传感器。它是利用电气元件和其他机械把待测的压力转换成为电量,再进行相关测量工作的测量精密仪器。

正压电效应是指:当晶体受到某固定方向外力的作用时,内部就产生电极化现象,同时在某两个表面上产生符号相反的电荷;当外力撤去后,晶体又恢复到不带电的状态;当外力作用方向改变时,电荷的极性也随之改变;晶体受力所产生的电荷量与外力的大小成正比。

逆压电效应又称电致伸缩效应,是指对晶体施加交变电场引起晶体机械变形的现象。

2)特点

压电传感器不可以应用在静态的测量当中,原因是受到外力作用后的电荷,当回路有无限大的输入抗阻的时候,才可以保存下来,因此压电传感器只可以应用在动态测量当中。

(1)优点。

重量较轻、工作可靠、结构简单、信噪比很高、灵敏度高、信频宽等。

(2)缺点。

部分压电材料忌潮湿、输出电流响应比较差。

3)应用

压电式压力传感器的应用领域很广泛,电声学、生物医学和工程力学等,它能测量很大的压力如发动机气缸里面的燃烧压力、炮膛中炮弹发射的瞬间压力和炮弹受到冲击波的压力,也可以测量很小的压力,如一些物体细微的震动等。

四、液位计

(一)液位计的概念

在容器中液体介质的高低叫作液位,测量液位的仪表叫作液位计。液位计为物位仪表的一种。

(二)液位计的分类

(1)直接式液位测量仪表,如玻璃管式液位计、玻璃板式液位计等。

(2)静压式液位测量仪表,如压力式液位计、吹气法压力式液位计、差压式液位计等。

(3)浮力式液位测量仪表,如浮球式、浮筒式、磁性翻板式等。

(4)电气式液位测量仪表,如电接点式液位计、磁致伸缩式液位计、电容式液位计等。

(5)超声波式液位测量仪表。

(6)雷达液位计。

(7)放射性液位计。

(三)化工常见液位计

> GAF003 常见液位计的测量原理

1. 玻璃管式液位计

1)定义及原理

玻璃管式液位计是一种直读式液位测量仪表,该类型测量仪表是基于连通器原理设计,由玻璃管构成的液体通路,通路经接管用法兰或椎管螺纹与被测容器连接构成连通器,透过玻璃管观察到液面与容器内液面相同即为液位高度。

2)结构

玻璃管式液位计主要由玻璃管、维护套、上下阀门及连接法兰(或螺纹)等组成。

3)特点

(1)优点。

① 读数清洗、直观、可靠。

② 结构简单、维修方便。

③ 经久耐用。

(2)缺点。
① 使用范围较窄、易碎。
② 不坚固、不安全、不耐压。
③ 使用时间长对刻度有磨损会显示不清楚。
④ 使用温度较低。
⑤ 大量程玻璃管液位计运输不方便。

2. 浮筒式液位计

1)定义及原理

浮筒式液位计是一种浮力式液位测量仪表,该类型液位计基于浮力原理工作,浸在液体中的浮筒受到向下的重力,向上的浮力和弹簧弹力的复合作用。当这三个力达到平衡时,浮筒就静止在某一位置。当液位发生变化时,浮筒所受浮力相应改变,平衡状态被打破,从而引起弹力变化即弹簧的伸缩,以达到新的平衡。弹簧的伸缩使其与刚性连接的磁钢产生位移。这样,通过指示器内磁感应元件和传动装置使其指示出液位。

2)结构

浮筒液位计一般由浮筒、弹簧、磁钢室和指示器四部分组成。

3)特点

(1)优点。
① 测量精度高。
② 智能化。
③ 高灵敏。
④ 具有优良的温度和时间稳定性。
⑤ 结构坚固,耐腐蚀。
⑥ 应用面广,适用性强。

(2)缺点。
① 安装、运输不方便。
② 液罐过高不适用。

3. 差压式液位计

1)定义及原理

差压式液位计是一种静压式液位测量仪表,该类型液位计基于液体静压平衡原理工作,差压式液位计是通过测量容器两个不同点处的压力差来计算容器内物体液位(差压)的仪表。差压式液位计有气相液相两个取压口。气相取压点处压力为设备内气相压力;液相取压点处压力除受气相压力作用外,还受液柱静压力的作用,液相和气相压力之差,就是液柱所产生的静压力。差压计一端接液相,另一端接气相时,根据流体静力学原理,有:

$$P_B = P_A + H\rho g \tag{1-5-1}$$

式中 H——液体高度,m;
ρ——被测介质密度,g/L;
g——被测当地的重力加速度,m/s^2。

由上式可知

ZAF004 静压式液位计的测量原理

$$\Delta P = P_B - P_A = H\rho g \qquad (1-5-2)$$

在一般情况下,被测介质的密度和重力加速度都是已知的,因此,差压计测得的差压与液体的高度 H 成正比,这样就把测量液体的高度的问题变成了测量差压的问题。

2)结构

差压式液位计主要由平衡容器、压力信号导管和差压计三部分组成。

3)特点

(1)优点。

① 无机械磨损。

② 工作可靠,质量稳定。

③ 结构简单,安装方便,便于操作维护。

④ 寿命长。

⑤ 体积小适用大多数场合。

(2)缺点

① 容器内有蒸气,在引压管冷凝有冷凝液体会造成严重测量误差。

② 天冷时需进行伴热保温。

③ 投用时较复杂。

④ 测量综合误差较大。

4. 吹气法压力式液位计

1)定义及原理

吹气法式液位计是一种静压式液位测量仪表,可以理解为非接触式液位测量仪表,在敞口的容器中插入一根吹气管,空气或惰性气体作为气源经过滤、减压后经调节阀节流,以恒定压力、流量,鼓泡并通过液体排入大气,当吹气管由微量气泡排出时,因气泡微量且流速较低,可忽略空气在气管中的阻力损失,此时吹气管内的压力几乎与液位的静压相等,因此,由压差变送器指示的压力和相应的计算公式可反映出液位高度。

2)结构

吹气式液位计主要由吹气装置、差压(压力)变送器和吹气管路三部分组成。

3)特点

(1)优点。

① 适用于开口容器中黏稠或腐蚀性介质的液位测量。

② 方法简便可靠,应用广泛。

(2)缺点。

① 测量范围较小。

② 适用于卧式储罐。

5. 超声波液位计

1)定义及原理

超声波液位计是由声波的发射和接收之间的时间来计算传感器到被测液体表面的距离的液位测量仪表。

由超声波换能器(探头)发出高频脉冲声波遇到被测物位(物料)表面被反射折回,反射回波被换能器接收转换成电信号。声波的传播时间与声波的发出到物体表面的距离成正比。声波传输距离 $S(m)$ 与声速 $C(m/s)$ 和声传输时间 $T(s)$ 的关系可用公式表示：

$$S = C \times T/2 \quad (1-5-3)$$

探头部分发射出超声波，然后被液面反射，探头部分再接收，探头到液（物）面的距离和超声波经过的时间成比例。

2）结构

超声波液位计一般由超声波换能器、处理单元、输出单元三部分组成。

3）特点

（1）优点。

① 无须与被测介质接触安全、清洁。

② 精度高。

③ 寿命长，稳定可靠。

④ 安装维护方便。

⑤ 读数简捷。

（2）缺点。

① 由于声波无法在真空下传播，因此无法在真空或微真空下使用。

② 空间湿度过大会影响声波传播速度，造成误差。

③ 声波传播路径中有障碍或管路会影响超声波发射与返回，造成信号丢失。

④ 被测介质易产生大量泡沫容易吸收或干扰声波。

⑤ 风速大于 50km/h 时将影响测量结果。

五、流量计

（一）流量计的概念

流量计是指被测流量和（或）在选定的时间间隔内流体总量的仪表。简单来说就是用于测量管道或明渠中流体流量的一种仪表。

（二）流量计的分类

1. 按测量目的分类

按测量目的可分为总量测量和流量测量。

总量表，用于测量一段时间内流过管道的流量总体。

流量计，用于测量流过管道的流量。

2. 按测量原理分类

（1）力学原理：属于此类原理的仪表有利用伯努利定理的差压式、转子式；利用动量定理的冲量式、可动管式；利用牛顿第二定律的直接质量式；利用流体动量原理的靶式；利用角动量定理的涡轮式；利用流体振荡原理的旋涡式、涡街式；利用总静压力差的皮托管式以及容积式和堰、槽式等。

（2）电学原理：用于此类原理的仪表有电磁式、差动电容式、电感式、应变电阻式等。

（3）声学原理：利用声学原理进行流量测量的有超声波式、声学式（冲击波式）等。

（4）热学原理：利用热学原理测量流量的有热量式、直接量热式、间接量热式等。

JAF014 流量测量仪表的分类

(5)光学原理:激光式、光电式等是属于此类原理的仪表。
(6)原子物理原理:核磁共振式、核辐射式等是属于此类原理的仪表。

3. 按测量体积流量和质量流量分类

1)体积流量计

流量计的检测的输出信号为体积流量,主要由以下几类:电磁流量计、涡街流量计、涡轮流量计、超声流量计、标记法流量计和容积式流量计等。这些流量计的输出信号与管道中流体的平均流速或体积流速成一定关系,是反映真实体积流量的流量计,用这些流量计测量流体的质量流量必须配以密度变送器(一般为压力、温度变送器),然后求体积流量与流体密度的乘积,即得质量流量。

2)质量流量计

质量流量计可分为直接式质量流量计和间接式质量流量计两大类。

(1)直接式质量流量计。

流量计检测件的输出信号直接反应流体的质量流量,主要包括差压式质量流量计、双涡轮式质量流量计、科里奥利质量流量计等。

(2)间接式质量流量计。

流量计的检测件输出信号并不能直接反应质量流量的变化,而是通过检测件与密度计组合或者两种检测件的组合而求得质量流量,主要有:动能检测件与密度计组合形式、体积流量计与密度计组合形式、动能检测件与体积流量计组合形式等。

(三)化工常见流量计

> GAF002 常见流量计的测量原理
>
> ZAF003 转子流量计测量原理

1. 转子流量计

1)定义及原理

转子流量计是根据节流原理测量流体流量的,但是它是改变流体的流通面积来保持转子上下的差压恒定,故又称为变流通面积恒差压流量计,也称为浮子流量计。转子流量计测量流体的流量时,被测流体从锥形管下端流入,流体的流动冲击着转子,并对它产生一个作用力(这个力的大小随流量大小而变化);当流量足够大时,所产生的作用力将转子托起,并使之升高。同时,被测流体流经转子与锥形管壁间的环形断面,这时作用在转子上的力有三个:流体对转子的动压力、转子在流体中的浮力和转子自身的重力。流量计垂直安装时,转子重心与锥管管轴相重合,作用在转子上的三个力都沿平行于管轴的方向。当这三个力达到平衡时,转子就平稳地浮在锥管内某一位置上。对于给定的转子流量计,转子大小和形状已经确定,因此它在流体中的浮力和自身重力都是已知常量,唯有流体对浮子的动压力是随来流流速的大小而变化的。因此当来流流速变大或变小时,转子将做向上或向下的移动,相应位置的流动截面积也发生变化,直到流速变成平衡时对应的速度,转子就会在新的位置上稳定。对于一台给定的转子流量计,转子在锥管中的位置与流体流经锥管的流量大小成一一对应关系。

2)结构

转子流量计一般由指示器(智能型指示器,就地指示器)、浮子、锥形测量室三部分组成。

3)特点

(1)优点。

① 结构简单,使用维护方便。

② 对仪表前后直管段长度要求不高。
③ 压力损失小而且恒定。
④ 测量范围比较宽。
(2) 缺点。
① 测量精确度相对较低,为±2%左右。
② 更适用于中小管径、中小流量和较低雷诺数的流量测量。
③ 仪表测量受被测介质的密度、黏度、温度、压力、纯净度影响。
④ 只能垂直安全。

2. 压差流量计

1) 定义及原理

压差流量计是一种测定流量的仪器。它是利用流体流经节流装置时所产生的压力差与流量之间存在一定关系的原理,通过测量压差来实现流量测定。

传统的差压式流量(如孔板等)仪表都是属于节流式差压流量仪表。其工作原理都是基于封闭管道中流体质量守恒(连续性方程)和能量守恒(伯努利方程)两个定律。

2) 结构

压差流量计由一次装置和二次装置组成。一次装置称为流量测量元件,它安装在被测流体的管道中,产生与流量(流速)成比例的压力差,供二次装置进行流量显示。二次装置称为显示仪表,它接收测量元件产生的差压信号,并将其转换为相应的流量进行显示。压差流量计的一次装置常为节流装置或动压测定装置(皮托管、均速管等)。二次装置为各种机械式、电子式、组合式差压计配以流量显示仪表。

3) 特点

(1) 优点。
① 结构简单,无可动部件。
② 可靠性较高。
③ 复现性能好。
④ 适应性较广,它适用于各种工况下的单相流体,适用的管道直径范围宽,可以配用通用差压计。
⑤ 仪表已标准化。

(2) 缺点。
① 安装要求严格。
② 流量计前后要求较长直管段。
③ 测量范围窄,一般范围度为 3∶1。
④ 压力损失较大。
⑤ 对于较小直径的管道测量比较困难。
⑥ 精确度不够高(±1%~±2%)。

3. 电磁流量计

1) 定义及原理

电磁流量计是应用电磁感应原理,根据导电流体通过外加磁场时感生的电动势来测量导电流体流量的一种仪器。

当导体在磁场中作切割磁力线运动时,在导体中会产生感应电势,感应电势的大小与导体在磁场中的有效长度及导体在磁场中作垂直于磁场方向运动的速度成正比。同理,导电流体在磁场中作垂直方向流动而切割磁感应力线时,也会在管道两边的电极上产生感应电势。感应电势的方向由右手定则判定,感应电势的大小由下式确定:

$$E_x = BDv \tag{1-5-4}$$

式中　E_x——感应电势,V;
　　　B——磁感应强度,T;
　　　D——管道内径,m;
　　　v——液体的平均流速,m/s。

然而体积流量 q_v 等于流体的流速 v 与管道截面积 $(\pi D^2)/4$ 的乘积,将式(1-5-4)代入该式得:

$$Q_v = (\pi D/4B) \times E_x \tag{1-5-5}$$

由式(1-5-5)可知,在管道直径 D 已定且保持磁感应强度 B 不变时,被测体积流量与感应电势呈线性关系。若在管道两侧各插入一根电极,就可引入感应电势 E_x,测量此电势的大小,就可求得体积流量。

2)结构

电磁流量计的结构主要由磁路系统、测量导管、电极、外壳、衬里和转换器等部分组成。

(1)磁路系统。

其作用是产生均匀的直流或交流磁场。直流磁路用永久磁铁来实现,其优点是结构比较简单,受交流磁场的干扰较小,但它易使通过测量导管内的电解质液体极化,使正电极被负离子包围,负电极被正离子包围,即电极的极化现象,并导致两电极之间内阻增大,因而严重影响仪表正常工作。当管道直径较大时,永久磁铁相应也很大,笨重且不经济,所以电磁流量计一般采用交变磁场,且是50Hz工频电源激励产生的。

(2)测量导管。

其作用是让被测导电性液体通过。为了使磁力线通过测量导管时磁通量被分流或短路,测量导管必须采用不导磁、低导电率、低导热率和具有一定机械强度的材料制成,可选用不导磁的不锈钢、玻璃钢、高强度塑料、铝等。

(3)电极。

其作用是引出和被测量成正比的感应电势信号。电极一般用非导磁的不锈钢制成,且被要求与衬里齐平,以便流体通过时不受阻碍。它的安装位置宜在管道的垂直方向,以防止沉淀物堆积在其上面而影响测量精度。

(4)外壳。

应用铁磁材料制成,是分配制度励磁线圈的外罩,并隔离外磁场的干扰。

(5)衬里。

在测量导管的内侧及法兰密封面上,有一层完整的电绝缘衬里。它直接接触被测液体,其作用是增加测量导管的耐腐蚀性,防止感应电势被金属测量导管管壁短路。衬里材料多为耐腐蚀、耐高温、耐磨的聚四氟乙烯塑料、陶瓷等。

（6）转换器。

由液体流动产生的感应电势信号十分微弱,受各种干扰因素的影响很大,转换器的作用就是将感应电势信号放大并转换成统一的标准信号并抑制主要的干扰信号。其任务是把电极检测到的感应电势信号 E_x 经放大转换成统一的标准直流信号。

3）特点

（1）优点。

① 测量导管中无阻力件,压力损失极小;

② 其流速测量范围宽,为 0.5~10m/s;

③ 范围度可达 10:1;流量计的口径可从几毫米到几米以上;

④ 流量计的精度 0.5~1.5 级;

⑤ 仪表反应快,流动状态对指示值影响小。

（2）缺点。

对测量导电流体的电导率有要求,不能测量气体、蒸气和电导率低的石油流量。

4. 椭圆齿轮流量计

1）定义及原理

椭圆齿轮流量计是容积式流量计的一种,用于精密的连续或间断的测量管道中液体的流量或瞬时流量。

该流量计是由计量箱和装在计量箱内的一对椭圆齿轮,与上下盖板构成一个密封的初月形空腔（由于齿轮的转动,所以不是绝对密封的）作为一次排量的计算单位。当被测液体经管道进入流量计时,由于进出口处产生的压力差推动一对齿轮连续旋转,不断地把经初月形空腔计量后的液体输送到出口处,椭圆齿轮的转数与每次排量四倍的乘积即为被测液体流量的总量。椭圆齿轮流量计结构原理如图 1-5-2 所示。

图 1-5-2　椭圆齿轮流量计结构原理示意图

2）结构

椭圆齿轮流量计主要由壳体、计数器、椭圆齿轮和联轴器（分磁性联轴器和轴向联轴器）等组成。

3）特点

（1）优点。

① 计量精度高。

② 安装管道条件对计量精度没有影响。

③ 可用于高黏度液体的测量。

④ 范围度宽。

⑤ 直读式仪表无须外部能源可直接获得累计总量,清晰明了,操作简便。

(2)缺点。

① 结构复杂,体积庞大。

② 被测介质种类、口径、介质工作状态局限性较大。

③ 不适用于高、低温场合。

④ 大部分仪表只适用于洁净单相流体。

⑤ 产生噪声及振动。

5. 科氏力质量流量计

1)定义及原理

科氏力质量流量计是运用流体质量流量对振动管振荡的调制作用即科里奥利力现象为原理,以质量流量测量为目的的质量流量计。

科氏力质量流量计依据牛顿第二定律:力 = 质量×加速度($F=ma$),当质量为 m 的质点以速度 v 在对 P 轴作角速度 ω 旋转的管道内移动时,质点受两个分量的加速度及其力:

法向加速度,即向心加速度 α_r,其量值等于 $2\omega r$,朝向 P 轴。

切向角速度 α_t,即科里奥利加速度,其值等于 $2\omega V$,方向与 α_r 垂直。由于复合运动,在质点的 α_t 方向上作用着科里奥利力 $F_c = 2\omega Vm$,管道对质点作用着一个反向力 $-F_c = -2\omega Vm$。

当密度为 ρ 的流体在旋转管道中以恒定速度 v 流动时,任何一段长度 Δx 的管道将受到一个切向科里奥利力 ΔF_c:

$$\Delta F_c = 2\omega V \rho A \Delta x \quad (1-5-6)$$

式中　A——管道的流通截面积,m^2。

由于存在关系式:

$$mq = \rho VA \quad (1-5-7)$$

所以:

$$\Delta F_c = 2\omega qm \Delta x \quad (1-5-8)$$

因此,直接或间接测量在旋转管中流动流体的科里奥利力就可以测得质量流量。

2)结构

一台科氏力质量流量计的计量系统包括一台传感器和一台用于信号处理的变送器。

3)特点

(1)优点。

① 具有准确性、重复性、稳定性,而且在流体通道内没有阻流元件和可动部件。

② 可直接测得质量流量信号,不受被测介质物理参数的影响,精度较高。

③ 可以测量多种液体和浆液,也可以用于多相流测量。

④ 不受管内流态影响,因此对流量计前后直管段要求不高。

⑤ 其范围度可达 100∶1。

(2)缺点。

① 不能用于测量低密度介质和低压气体。

② 液体中含气量超过某一限制会显著影响测量值。

③ 对外界振动干扰较为敏感,为防止受管道振动影响,大部分型号的科里奥利质量流量计的流量传感器安装固定要求较高。

④ 传感器安装固定要求较高。

⑤ 不能用于较大管径,目前尚局限于150(200)mm以下。

⑥ 价格昂贵。约为同口径电磁流量计的2~5倍。

⑦ 阻力损失较大,存在零点漂移,管路的振动会影响其测量。

6. 涡街流量计

1) 定义及原理

涡街流量计是根据卡门涡街原理研究生产的测量气体、蒸气或液体的体积流量、标况的体积流量或质量流量的体积流量计。

涡街流量计是应用流体振荡原理来测量流量的,流体在管道中经过涡街流量变送器时,在三角柱的旋涡发生体后上下交替产生正比于流速的两列旋涡,旋涡的释放频率与流过旋涡发生体的流体平均速度及旋涡发生体特征宽度有关,可用式(1-5-9)表示:

$$f = \frac{Stv}{d} \quad (1-5-9)$$

式中 f——旋涡的释放频率,Hz;

v——流过旋涡发生体的流体平均速度,m/s;

d——旋涡发生体特征宽度,m;

St——斯特劳哈尔数(Strouhal number),无量纲,它的数值范围为0.14~0.27。

$$St = f\left(\frac{1}{Re}\right) \quad (1-5-10)$$

St是雷诺数的函数,当雷诺数Re为$10^2 \sim 10^5$范围内,St值约为0.2。在测量中,要尽量满足流体的雷诺数在$10^2 \sim 10^5$,此时旋涡频率$f = \frac{0.2v}{d}$。

由此,通过测量旋涡频率就可以计算出流过旋涡发生体的流体平均速度v,再由式$q = vA$可以求出流量q,其中A为流体流过旋涡发生体的截面积。

2) 结构

涡街流量计由传感器和转换器两部分组成。传感器包括旋涡发生体(阻流体)、检测元件、仪表表体等;转换器包括前置放大器、滤波整形电路、D/A转换电路、输出接口电路、端子、支架和防护罩等。

3) 特点

(1) 优点。

① 涡街流量计适用于气体、液体和蒸气介质的流量测量,其测量几乎不受流体参数(温度、压力、密度、黏度)变化的影响。

② 涡街流量计在仪表内部无可动部件,使用寿命长。

③ 压力损失小。

④ 输出为频率信号。

⑤ 有较宽的范围度30:1。

⑥ 测量精度比较高,为±0.5%~±1%。
(2)缺点。
流体流速分布情况和脉动情况将影响测量准确度,旋涡发生体被玷污也会引起误差。

> JAF003 简单仪表故障的判断方法

六、仪表故障

(一)流量检测故障判断

故障现象:流量指示不正常,偏高、偏低或无流量显示。

仪表工在处理故障时应向工艺人员了解故障情况,了解工艺情况,如被测介质情况、机泵类型、简单工艺流程等。故障处理可以按图1-5-3所示思路进行判断和检查。

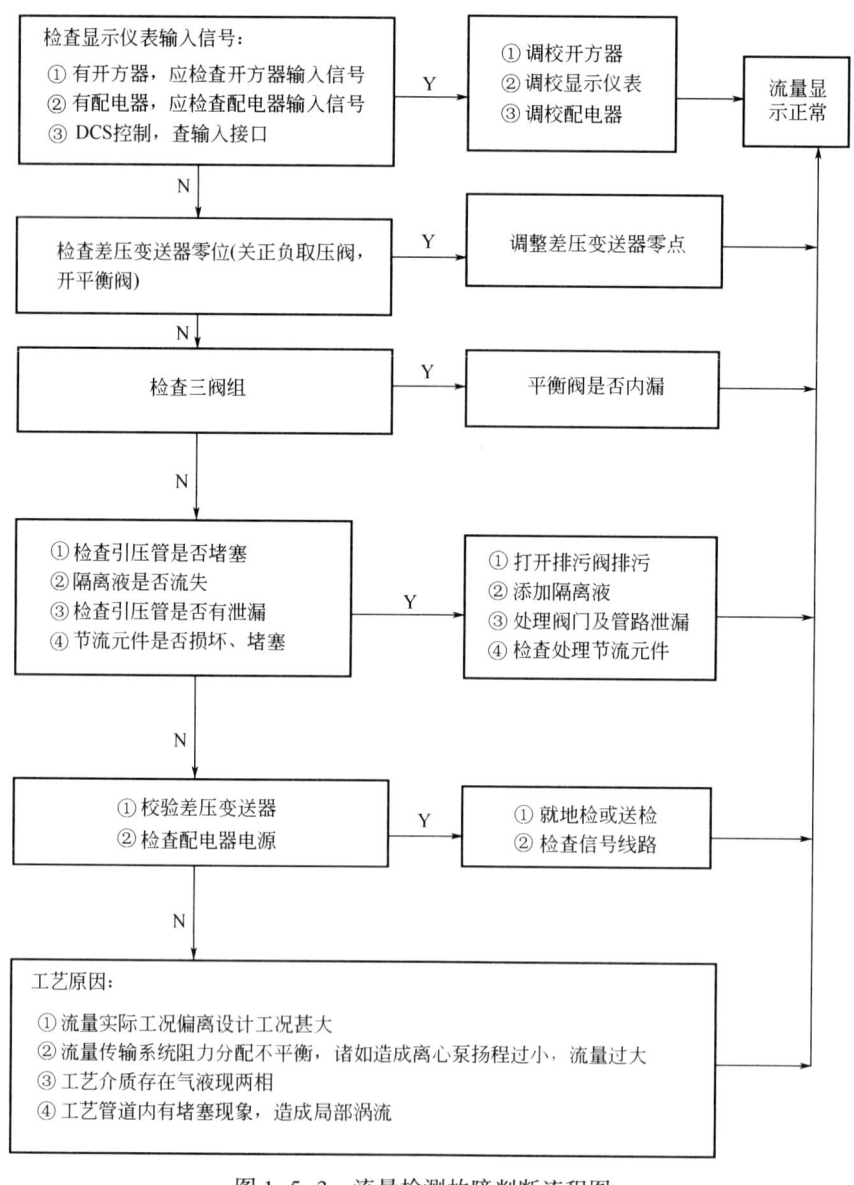

图1-5-3 流量检测故障判断流程图

(二)压力检测故障判断

故障现象:压力指示不正常,偏高、偏低或无压力显示。

在处理故障时应向工艺人员了解故障情况,了解工艺情况,如被测介质情况,机泵类型,简单工艺流程等。故障处理可以按下图1-5-4所示思路进行判断和检查。

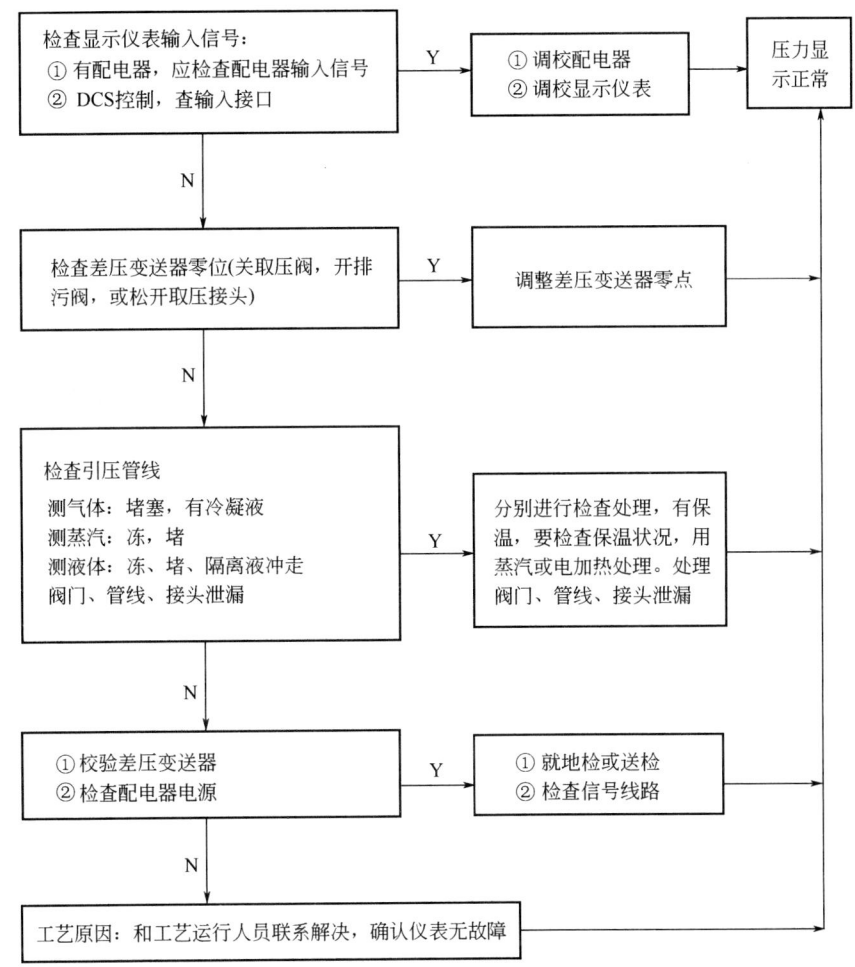

图1-5-4 压力检测故障判断流程图

(三)液位检测故障判断

故障现象:液位指增不正常,偏高或偏低。

首先要了解工艺状况、工艺介质,被测对象是精馏塔、反应釜,还是储罐(槽)、反应器。用浮筒液位计测量液位,往往同时配置玻璃液位计。工艺人员以现场玻璃液位计为参照判断电动浮筒液位变送器指示偏高或偏低,因为玻璃液位计比较直观。

1. 差压式测液位

差压式测液位故障处理可以按如图1-5-5所示思路进行判断和检查。

2. 超声波测液位

超声波测液位故障处理可以按如图1-5-6所示思路进行判断和检查。

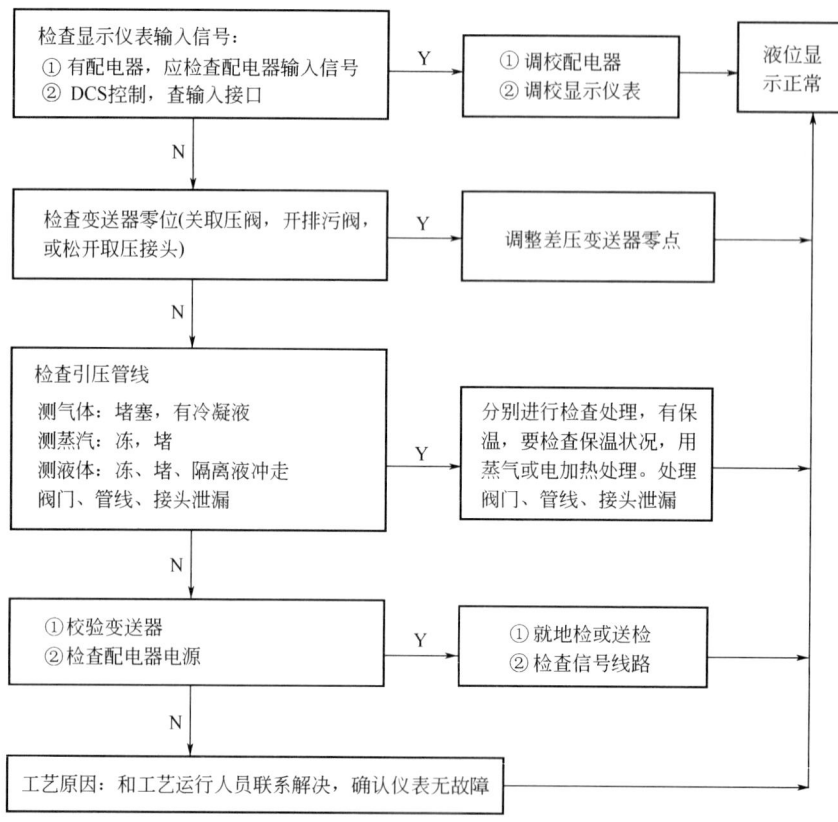

图 1-5-5 差压式液位检测故障判断流程图

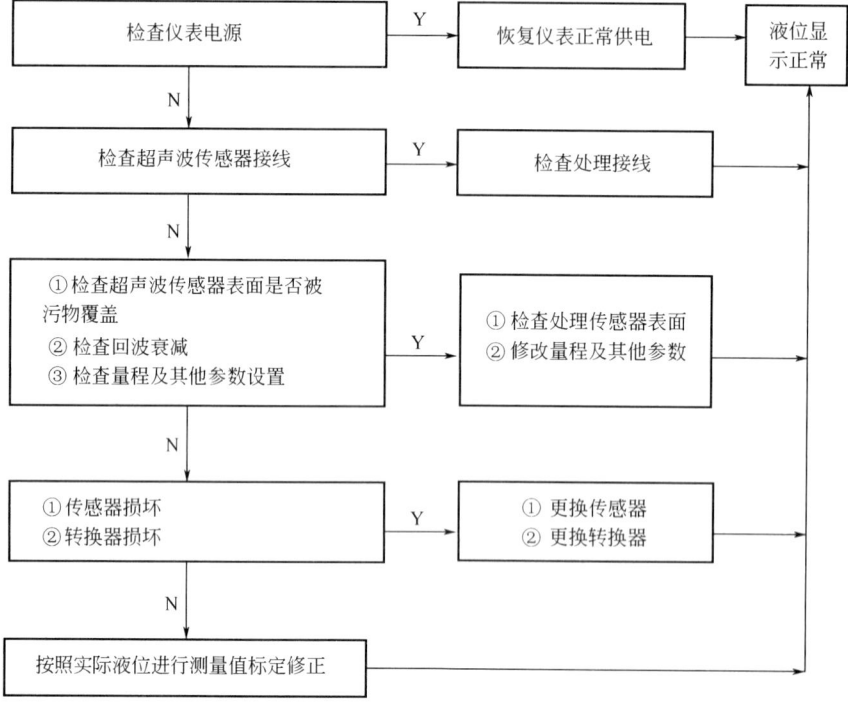

图 1-5-6 超声波测液位故障判断流程图

(四)温度检测故障判断

故障现象:温度指示不正常,偏高或偏低,或变化缓慢甚至不变化等。

1. 热电偶测量元件

因为是正常生产过程中的故障,不是新安装的热电偶,所以可以排除热电偶和补偿导线极性接反、热电偶或补偿导线不配套等因素。排除上述因素后可以按如图 1-5-7 所示思路逐步进行判断和检查。

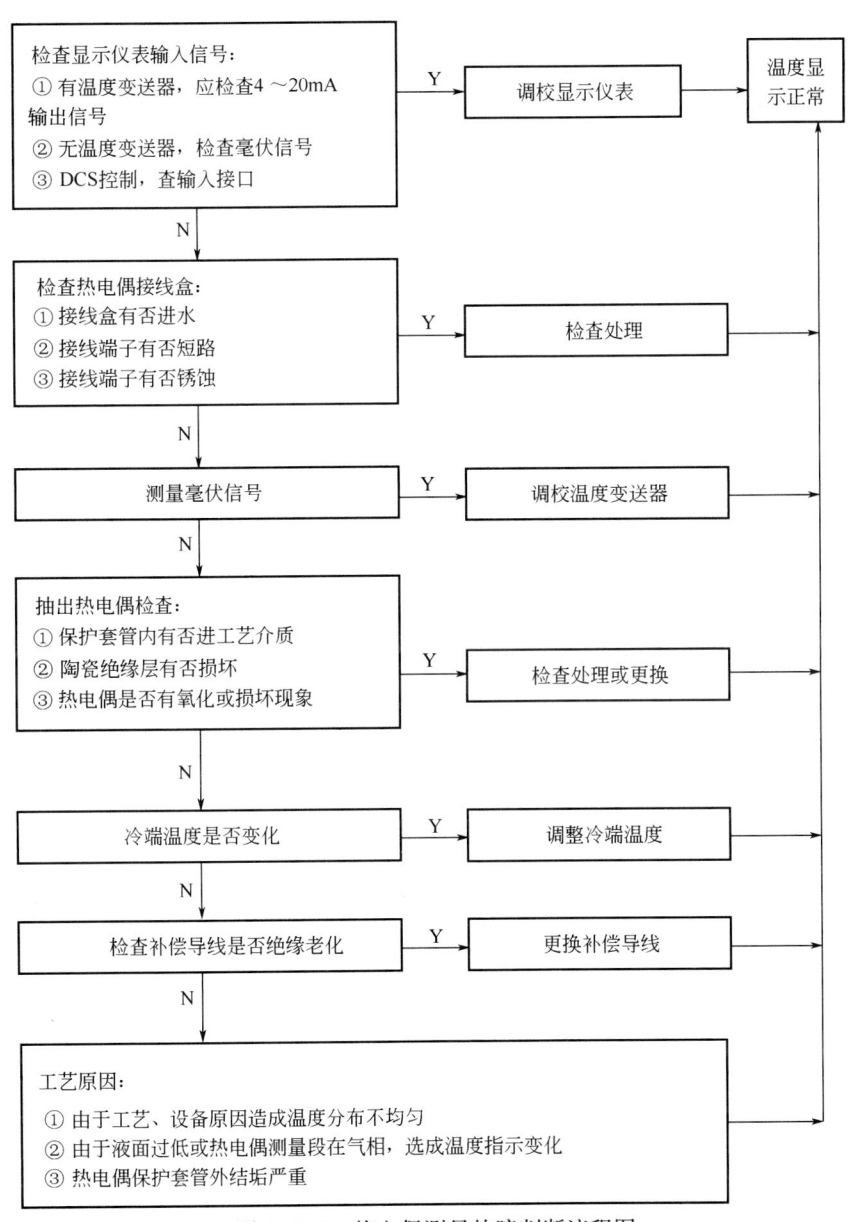

图 1-5-7　热电偶测量故障判断流程图

2. 热电阻测量元件

热电阻检测故障处理可以按如图 1-5-8 所示思路进行判断和检查。

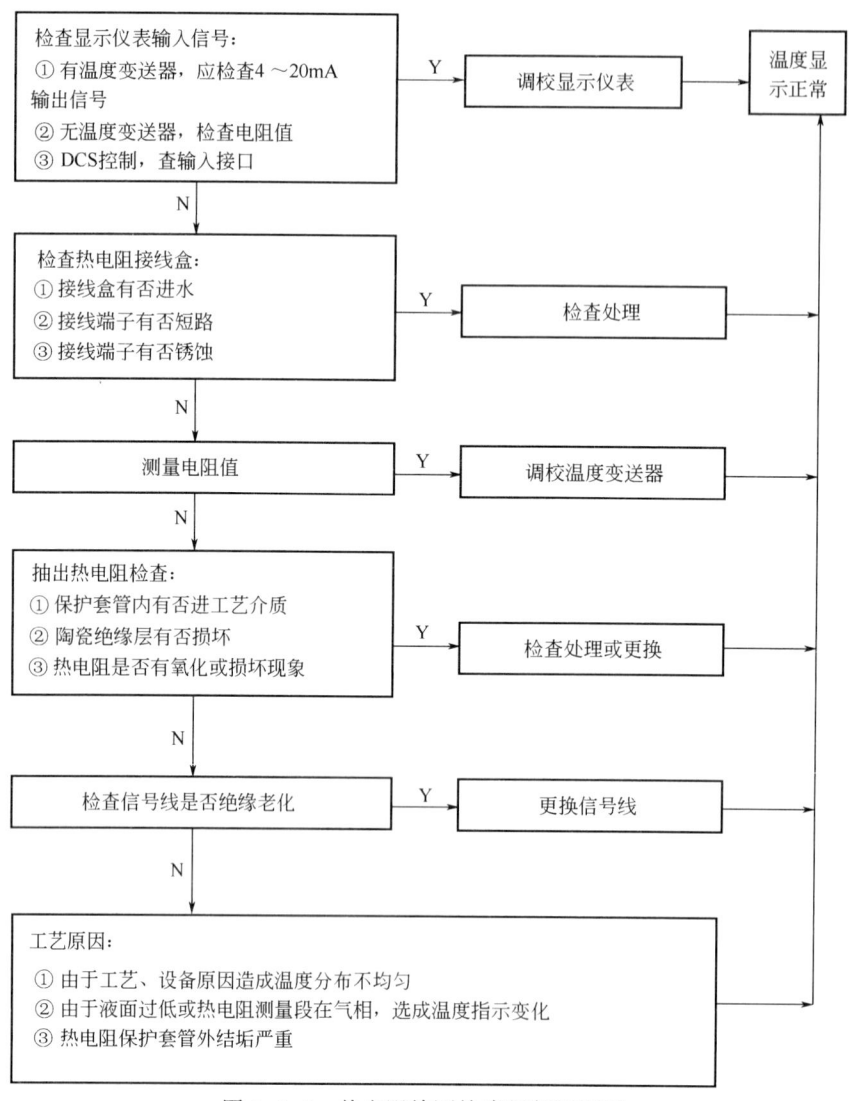

图 1-5-8 热电阻检测故障判断流程图

项目三 特殊仪表的基本知识

JAF008 防爆（隔爆、本安）仪表的特点

一、防爆仪表

（一）防爆仪表的定义

防爆仪表是指能在具有爆炸性混合物的环境中安全使用的电动仪表。这类仪表在设计制造时就采取了一定的安全技术措施，能保证在石油、化工等有爆炸危险的场所安全供电、用电、检测和控制。

（二）使用场合

爆炸危险场所一般分为1类场所和2类场所。1类场所是指易燃气体与空气构成爆炸性混合物的场所。2类场所是指易燃粉尘与空气构成爆炸性混合物的场所。1类场所的危险程度最高,防爆仪表都是针对这种条件设计的,根据爆炸性气体、蒸气、空气混合物放出的概率,存在的多少和时间长短等分为0级、1级和2级。

(三)防爆措施

一般电动仪表在正常运行或事故状态下可能出现火花、电弧、热表面和灼热颗粒等,并具有一定的能量,成为点燃爆炸危险环境中易燃气体混合物的火源。爆炸性气体混合物的爆炸必须具有两个条件:一定的气体浓度和足够的火花能量。电气设备中采取的安全措施无非是使这两个条件不同时存在。根据这个原则形成的电气设备防爆类型有隔爆型、增安型、本质安全型、正压型、充油型、充砂型和无火花型。中国国家标准规定,防爆的电气设备分为Ⅰ、Ⅱ两类。Ⅰ类为煤矿井下用防爆电气设备;Ⅱ类为工厂用防爆电气设备。Ⅱ类防爆电气设备主要用于有爆炸性危险的厂房,如石油开采、石油炼制、输油系统、化工等具有各种爆炸性气体的厂房。

爆炸性气体在相同的试验条件下具有不同的试验安全间隙、不同的最小点燃电流和自燃温度。Ⅱ类设备根据试验安全间隙与最小点燃电流比分为A、B、C三级,即ⅡA、ⅡB、ⅡC级。各种爆炸性气体或蒸气与空气混合物按自燃温度又分为6组:T1、T2、T3、T4、T5、T6(对应的设备允许最高表面温度为450℃、300℃、200℃、135℃、100℃、85℃)。常用的防爆仪表均属Ⅱ类隔爆型或Ⅱ类本质安全型。前者的防爆标志为exdⅡ,后者的防爆标志为exiaⅡ或exibⅡ。其中ex为防爆设备的总标志,d、ia、ib分别为隔爆型、本质安全型ia等级、ib等级仪表的标志。

(四)仪表类型

JAF009 防爆(隔爆、本安)仪表的分类

1. 隔爆型防爆仪表

隔爆型的防爆结构是将仪表的电路和接线端全部置于隔爆壳体内,表壳的强度足够大,表壳接口面间隙足够深,而最大间隙宽度足够窄。该类仪表即使因事故产生火花引起表壳内部爆炸,也不致引起仪表外部的可爆炸气体爆炸。隔爆型仪表可用在1类1级和1类2级的场所。仪表安装和维护正常时能确保安全,但在揭开外壳时便失去防爆性能,因此不能在通电运行的情况下打开外壳进行检修和调整。仪表长期使用后,因磨损很难保持防爆表壳的间隙,因而会逐渐失去防爆性能。隔爆型仪表不能用在级别和组别高的易爆环境中。

2. 本质安全型防爆仪表

本质安全型电路在正常和故障状态下产生的火花和达到的温度都不致引起易爆炸气体混合物爆炸。正常状态是指电气设备在设计规定条件下的工作状态,包括正常的断开和闭合电路。故障状态是指因事故发生短路、断路、接地和电源故障等情况。现代本质安全型防爆是指整个自动化系统的防爆,如DDZ-Ⅲ型电动单元组合仪表。防爆系统包含有本质安全和非本质安全两种电路。本质安全电路安装在危险场所,非本质安全型电路安装在非危险场所(控制室)中,两者间采用防爆安全栅,防止过大的能量进入危险场所。整套仪表具有本质安全型防爆性能。

二、可燃气体报警器

(一)可燃气体报警器的定义

可燃气体报警器也称气体泄漏检测报警仪器。当工业环境、日常生活环境(如使用天

然气的厨房)中可燃性气体发生泄漏,可燃气体报警器检测到可燃性气体浓度达到报警器设置的报警值时,可燃气体报警器就会发出声、光报警信号,以提醒采取人员疏散、强制排风、关停设备等安全措施。

(二)可燃气体报警器的分类

1. 按照使用环境

可以分为工业用气体报警器和家用燃气报警器。

2. 按自身形态

可分为固定式可燃气体报警器和便携式可燃气体报警器。

(1)工业用固定式可燃气体报警仪核心为报警控制器和探测器,控制器可放置于值班室内,主要对各监测点进行控制,探测器安装于可燃气体最易泄漏的地点,其核心部件为内置的可燃气体传感器,传感器检测空气中气体的浓度。

(2)便携式可燃气体报警仪一般为手持式,工作人员可随身携带,检测不同地点的可燃气体浓度,便携式气体检测仪集控制器,探测器于一体。与固定式气体报警器相比主要区别是便携式气体检测仪不能外联其他设备。

3. 按气体环境气体成分的变化及气体的化学活性

可分为半导体式气体报警仪和催化燃烧式气体报警仪。

(三)工作原理

JAF010 可燃性气体报警仪的测量原理

1. 半导体式气体传感器

半导体式气体传感器是根据在一定温度下,电导率随着环境气体成分的变化而变化的原理制造的。例如,酒精检测仪利用二氧化锡在高温下遇到酒精气体时,电阻会急剧减小的原理制备的。

半导体式气体传感器可以有效地用于:甲烷、乙烷、丙烷、丁烷、酒精、甲醛、一氧化碳、二氧化碳、乙烯、乙炔、氯乙烯、苯乙烯、丙烯酸等很多气体地检测。这种传感器成本低廉,适宜于民用气体检测的需求。下列几种半导体式气体传感器是成功的:甲烷(天然气、沼气)、酒精、一氧化碳(城市煤气)、硫化氢、氨气(包括胺类,肼类)。高质量的传感器可以满足工业检测的需要。

缺点:稳定性较差,受环境影响较大;每一种传感器的选择性都不是唯一的,输出参数也不能确定。因此,不宜应用于计量准确要求的场所。

2. 催化燃烧式

催化燃烧式气体传感器是在白金电阻的表面制备耐高温的催化剂层,在一定的温度下,可燃性气体在其表面催化燃烧,燃烧使白金电阻温度升高,电阻变化,变化值是可燃性气体浓度的函数。

催化燃烧式气体传感器选择性地检测可燃性气体:一般来讲可以燃烧的,都能够检测;凡是不能燃烧的,传感器都没有任何响应。催化燃烧式气体传感器计量准确、响应快速、寿命较长。传感器的输出与环境的爆炸危险直接相关,在安全检测领域是一类主导地位的传感器。

催化燃烧传感器缺点:在可燃性气体范围内,无选择性。暗火工作,有引燃爆炸的危险。大部分元素有机蒸气对传感器都有中毒作用。

(四)安装注意

(1)报警器探头主要是接触燃烧气体传感器的检测元件,由铂丝线圈上包氧化铝和黏合剂组成球状,其外表面附有铂、钯等稀有金属。因此,在安装时一定要小心,避免摔坏探头。

(2)报警器的安装高度应根据气体的性质来决定。

(3)报警器是安全仪表,有声、光显示功能,应安装在工作人员易看到和易听到的地方,以便及时消除隐患。

(4)报警器的周围不能有对仪表工作有影响的强电磁场(如大功率电动机、变压器)。

(5)被测气体的密度不同,室内探头的安装位置也应不同。被测气体密度小于空气密度时,探头应安装在距屋顶30cm外,方向向下;反之,探头应安装在距地面30cm处,方向向上。

(五)测量单位

可燃性气体报警器通常用LEL作测量单位,"LEL"是指爆炸下限,可燃气体在空气中遇明火种爆炸的最低浓度,称为爆炸下限,简称%LEL。由于可燃气体在空气中的浓度只有在爆炸下限、爆炸上限之间才会发生爆炸。低于爆炸下限或高于爆炸上限都不会发生爆炸。因此各种可燃气体检测仪的测量范围为0~100%LEL。

固定式可燃气体检测仪通常设有两个报警点(与报警主机的型号有关):10%LEL为一级报警,25%LEL为二级报警。便携式可燃气体检测仪通常设有一个报警点:25%LEL。例如,甲烷的爆炸下限为5%体积比,把这个5%体积比一百等分,让5%体积比对应100%LEL,当检测仪数值到达10%LEL报警点时,相当于此时甲烷的含量为0.5%体积比。当检测仪数值到达25%LEL报警点时,相当于此时甲烷的含量为1.25%体积比。所以,不必担心报警后是不是随时有危险,此时是在提示要马上采取相应的措施,这样才会起到报警提示的作用。

项目四 调节阀的基本知识

一、调节阀的定义

调节阀又名控制阀,在工业自动化过程控制领域中,通过接受调节控制单元输出的控制信号,借助动力操作改变介质流量、压力、温度、液位等工艺参数的最终控制元件。

二、调节阀的分类

GAF005 调节阀的类型

(一)按行程特点分类

调节阀按行程特点可分为直行程和角行程。

1. 直行程

包括单座阀、双座阀、套筒阀、笼式阀、角形阀、三通阀、隔膜阀。

2. 角行程

包括蝶阀、球阀、偏心旋转阀、全功能超轻型调节阀。

(二)按驱动方式分类

调节阀按驱动方式可分为手动调节阀、气动调节阀、电动调节阀和液动调节阀,即以压缩空气为动力源的气动调节阀,以电为动力源的电动调节阀,以液体介质(如油等)压力为动力的液动调节阀。

(三)按调节形式分类

按调节形式可分为调节型、切断型、调节切断型。

(四)按流量特性分类

按流量特性可分为线性、对数型(百分比)、抛物线、快开。

三、调节阀的作用方式

(一)气开阀、气关阀概念

调节阀的作用方式只是在选用气动执行机构时才有,其作用方式通过执行机构正反作用和阀门的正反作用组合形成。组合形式有 4 种,即正正(气关型)、正反(气开型)、反正(气开型)、反反(气关型),通过这四种组合形成的调节阀作用方式有气开和气关两种。

气开阀,指当压力信号输入时,调节阀打开,无压力信号时调节阀关闭,用"FC"表示。

气关阀,指当压力信号输入时,调节阀关闭,无压力信号时调节阀打开,用"FO"表示。

(二)气开阀、气关阀的选择

对于调节阀作用方式的选择,主要从三方面考虑:
(1)工艺生产安全。
(2)介质的特性。
(3)保证产品质量,经济损失最小。

项目五 自控系统基础知识

一、控制系统及相关概念

(一)控制系统

1. 基本概念

控制系统是指由控制主体、控制客体和控制媒体组成的具有自身目标和功能的管理系统。控制系统意味着通过它可以按照所希望的方式保持和改变机器、机构或其他设备内任何感兴趣或可变的量。控制系统同时是为了使被控制对象达到预定的理想状态而实施的。控制系统使被控制对象趋于某种需要的稳定状态。

2. 分类

1)按控制原理分类

自动控制系统按控制原理不同可分为开环控制系统和闭环控制系统。

(1)开环控制系统。

在开环控制系统中,系统输出只受输入的控制,控制精度和抑制干扰的特性都比较差。基于按时序进行逻辑控制的称为顺序控制系统;由顺序控制装置、检测元件、执行机构和被控工业对象所组成。主要应用于机械、化工、物料装卸运输等过程的控制以及机械手和生产自动线。

(2)闭环控制系统。

闭环控制系统是建立在反馈原理基础之上的,利用输出量同期望值的偏差对系统进行控制,可获得比较好的控制性能。闭环控制系统又称反馈控制系统。

2)按给定信号分类

自动控制系统按给定信号分类可分为恒值控制系统、随动控制系统和程序控制系统。

(1)恒值控制系统。

恒值控制系统是指给定值不变,要求系统输出量以一定的精度接近给定希望值的系统。如生产过程中的温度、压力、流量、液位高度、电动机转速等自动控制系统属于恒值系统。

(2)随动控制系统。

给定值按未知时间函数变化,要求输出跟随给定值的变化。

(3)程序控制系统。

给定值按一定时间函数变化。

3. 工作原理

(1)检测输出量(被控制量)的实际值。

(2)将输出量的实际值与给定值(输入量)进行比较得出偏差。

(3)用偏差值产生控制调节作用去消除偏差,使得输出量维持期望的输出。

(二)国际标准信号制

1. 基本概念

ZAF007 仪表标准信号的种类

国际标准信号制是指国际电工委员会(IEC):过程控制系统用模拟信号标准。我国从DDZ-Ⅲ型电动仪表开始采用这一国际标准信号制。

2. 分类

1)电信号

(1)DDZ-Ⅲ标准信号。是指 4~20mA DC 的电流信号、1~5V DC 的电压信号。

(2)DDZ-Ⅱ标准信号。是指 0~20mA DC 的电流信号、0~10V DC 的电压信号。但现在 DDZ-Ⅱ仪表几乎被淘汰了,多采用 DDZ-Ⅲ的仪表。

2)气信号

气信号即压力信号,20~100kPa(0.02~0.1MPa)。

3. 电流信号的优点

(1)电流信号适合远距离传输,因为电流信号不受导线电阻的影响,而电压信号在导线本身具有电阻的情况下会分压,导致测量不精准。

(2)电流信号一般采用两线制,电压信号一般采用三线制,相比之下,两线制比三线制节省材料,降低成本。

(3)相对于现场工况比较复杂的,电流信号抗干扰能力相比电压信号更强。

(4)电流信号可以适当超出量程的范围,输出不精准信号,如量程为 1MPa,输出 4~20mA 的压力变送器,在超量程时可以输出 24mA。而电压信号,则要根据供电不同而又些许不同。如量程为 1MPa,输出 0~10V 的压力变送器,当供电为 9V 时,则无法输出 9V 以上信号。

(5)当导线材质不一样的时候(如铜、镍),一般会产生磁场,对精度要求较高的场合电压信号会有误差,电流信号不会有。

GAF008 简单控制系统及工作原理

二、简单控制系统

(一)简单控制系统的概念

简单控制系统通常是指由一个测量元件(或变送器)、一个控制器、一个控制阀和一个对象所构成的单闭环控制系统,因此也称为单回路控制系统。

(二)简单控制系统的组成

(1)一个控制器。

(2)一个变送器(测量仪表)。

(3)一个执行器(控制阀)。

(4)一个被控对象。

由于控制系统信号流只有一个回路,也称单回路控制系统,如图 1-5-9 所示。

图 1-5-9 中,TC 为温度控制器;TT 为温度变送器;执行器为控制阀;被控对象为换热器。

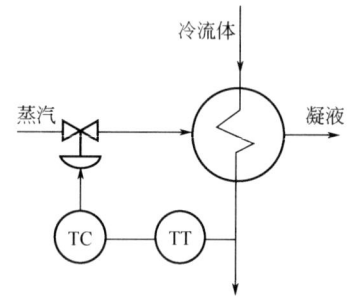

图 1-5-9 简单控制系统示意图

(三)PID 控制器

1. PID 控制器的概念

PID 控制器(比例-积分-微分控制器)是一个在工业控制应用中常见的反馈回路部件,由比例单元 P、积分单元 I 和微分单元 D 组成。PID 控制的基础是比例控制;积分控制可消除稳态误差,但可能增加超调;微分控制可加快大惯性系统响应速度以及减弱超调趋势。

2. PID 控制原理

PID 控制器是根据系统的误差,利用比例、积分、微分计算出控制量进行控制的。

ZAF009 比例调节的概念

1)比例 P 控制

比例调节作用是按比例反应系统的偏差,系统一旦出现了偏差,比例调节立即产生调节作用来减少偏差。比例作用大,可以加快调节,减少误差,但是过大的比例,使系统的稳定性下降,甚至造成系统的不稳定。

比例控制是一种最简单的控制方式,其控制器的输出与输入误差信号成比例关系。当仅有比例控制时系统输出存在稳态误差。

ZAF010 积分调节的概念

2)积分 I 控制

积分调节作用是使系统消除稳态误差,提高无差度。因为有误差,积分调节就会进行,直至无差,积分调节停止,积分调节输出一常值。积分作用的强弱取决于积分时间常数 T_i,T_i 越小,积分作用就越强。反之 T_i 大则积分作用弱,加入积分调节可使系统稳定性下降,动态响应变慢。积分作用常与另两种调节规律结合,组成 PI 调节器或 PID 调节器。

在积分控制中,控制器的输出与输入误差信号的积分成正比关系。对一个自动控制系统,如果在进入稳态后存在稳态误差,则称这个控制系统是有稳态误差的或简称有差系统。

为了消除稳态误差,在控制器中必须引入"积分项"。积分项对误差取决于时间的积分,随着时间的增加,积分项会增大。这样,即便误差很小,积分项也会随着时间的增加而加大,它推动控制器的输出增大使稳态误差进一步减小,直到等于零。因此,比例+积分(PI)控制器,可以使系统在进入稳态后无稳态误差。

> ZAF011 微分调节的概念

3)微分 D 控制

微分作用反映系统偏差信号的变化率,具有预见性,能预见偏差变化的趋势,因此能产生超前的控制作用,在偏差还没有形成之前,已被微分调节作用消除。因此,可以改善系统的动态性能。在微分时间选择合适情况下,可以减少超调,减少调节时间。微分作用对噪声干扰有放大作用,因此过强的加微分调节,对系统抗干扰不利。此外,微分反应的是变化率,而当输入没有变化时,微分作用输出为零。微分作用不能单独使用,需要与另外两种调节规律相结合,组成 PD 或 PID 控制器。

在微分控制中,控制器的输出与输入误差信号的微分(即误差的变化率)成正比关系。自动控制系统在克服误差的调节过程中可能会出现振荡甚至失稳。其原因是存在有较大惯性组件(环节)或有滞后(delay)组件,具有抑制误差的作用,其变化总是落后于误差的变化。解决的办法是使抑制误差的作用的变化"超前",即在误差接近零时,抑制误差的作用就应该是零。这就是说,在控制器中仅引入"比例"项往往是不够的,比例项的作用仅是放大误差的幅值,而需要增加的是"微分项",它能预测误差变化的趋势,这样,具有比例+微分的控制器,就能够提前使抑制误差的控制作用等于零,甚至为负值,从而避免了被控量的严重超调。所以对有较大惯性或滞后的被控对象,比例+微分(PD)控制器能改善系统在调节过程中的动态特性。

3. PID 的参数整定

1)作用

PID 控制器的参数整定是控制系统设计的核心内容。它是根据被控过程的特性确定 PID 控制器的比例系数、积分时间和微分时间的大小。

2)方法

PID 控制器参数整定的方法很多,概括起来有两大类:

(1)理论计算整定法。

理论计算整定法主要是依据系统的数学模型,经过理论计算确定控制器参数。这种方法所得到的计算数据未必可以直接用,还必须通过工程实际进行调整和修改。

(2)工程整定法

工程整定法主要依赖工程经验,直接在控制系统的试验中进行,且方法简单、易于掌握,在工程实际中被广泛采用。PID 控制器参数的工程整定方法,主要有如经验法、衰减曲线法、临界比例带法和反应曲线法。

① 经验法。

经验法又叫现场凑试法,先确定一个调节器的参数值 PB 和 Ti,通过改变给定值对控制系统施加一个扰动,现场观察判断控制曲线形状。若曲线不够理想,可改变 PB 或 Ti,再画控制过程曲线,经反复凑试直到控制系统符合动态过程品质要求为止,这时的 PB 和 Ti 就是最佳值。如果调节器是 PID 三作用式,那么要在整定好的 PB 和 Ti 的基础上加进微分作用。

由于微分作用有抵制偏差变化的能力,所以确定一个 Td 值后,可把整定好的 PB 和 Ti 值减小一点再进行现场凑试,直到 PB、Ti 和 Td 取得最佳值为止。显然用经验法整定的参数是准确的,但花时间较多。

② 衰减曲线法。

衰减曲线法是以 4∶1 衰减作为整定要求的,先切除调节器的积分和微分作用,用凑试法整定纯比例控制作用的比例带 PB(比同时凑试二个或三个参数要简单得多),使之符合 4∶1 衰减比例的要求,记下此时的比例带 PBs 和振荡周期 Ts。对有些控制对象,控制过程进行较快,难以从记录曲线上找出衰减比。这时,只要被控量波动 2 次就能达到稳定状态,可近似认为是 4∶1 的衰减过程,其波动一次时间为 Ts。此外,若有的过程 4∶1 衰减过程仍嫌振荡过强,可采用 10∶1 衰减曲线法,方法同上,可得到 10∶1 曲线,再按照经验公式计算 Ts。

③ 临界比例带法。

用临界比例带法整定调节器参数时,先要切除积分和微分作用,让控制系统以较大的比例带,在纯比例控制作用下运行,然后逐渐减小 PB,每减小一次都要认真观察过程曲线,直到达到等幅振荡时,记下此时的比例带 PBk(称为临界比例带)和波动周期 Tk,然后按经验公式求出调节器的参数值。算出参数值后,要把比例带放在比计算值稍大一点的值上,把 Ti 和 Td 放在计算值上,进行现场观察,如果比例带可以减小,再将 PB 放在计算值上。这种方法简单,应用比较广泛。但对 PBk 很小的控制系统不适用。

4. PID 控制器正反作用概念与选择方法

PID 控制器正反作用的选择,是以工艺的安全经济为前提来选择调节阀的开、关形式,然后再根据 PID 调节器、调节阀和对象的放大系数符号,以构成负反馈控制系统的原则来选择的。

先对控制系统组成四个环节的放大系数符号做些规定。

(1)测量变送环节的放大系数始终为正。

(2)PID 调节器按其控制规律,其输出值随着偏差值的增大而增大,即正作用,其放大系数为正;其输出值随着偏差值的增大而减少,即负作用,其放大系数为负。

(3)调节阀的开度随输入信号增加而增加的气开调节阀、电开调节阀,其放大系数为正;气关调节阀、电关调节阀,其放大系数为负。

(4)对于被控对象,当被控参数与控制参数变化趋势相同时,其放大系数为正,当被控参数与控制参数变化趋势相反时,其放大系数为负。

这时就可用以下 PID 调节器的正反作用判断式来进行选择。

(PID 调节器±)×(调节阀±)×(对象±)=(−)

可知,当调节阀与被控对象符号相同时,PID 调节器应选择反作用,相反时应选择正作用。

三、复杂控制系统

(一)复杂控制系统的概念

复杂控制系统就是在单回路控制系统(简单控制系统)的基础上,再增加计算环节、控制环节或其他环节的控制系统。

(二)串级控制系统

1. 概念

串级控制系统是两个调节器串联起来工作,其中一个调节器的输出作为另一个调节器的给定值的系统。该系统主要应用于:对象的滞后和时间常数很大、干扰作用强而频繁、负荷变化大、对控制质量要求较高的场合。

2. 特点

(1)在系统结构上,它是由两个串接工作的控制器构成的双闭环控制系统。

(2)系统的目的在于通过设置副变量来提高对主变量的控制质量。

(3)由于副回路的存在,对进入副回路的干扰有超前控制的作用,因而减少了干扰对主变量的影响。

(4)系统对负荷改变时有一定的自适应能力。

(三)比值控制系统

1. 概念

比值控制系统是指实现两个或两个以上参数符合一定比例关系的控制系统。

主物料或主动量:在保持比例关系的两种物料中处于主导地位的物料,称为主物料;表征主物料的参数,称为主动量,用 $F1$ 表示。

从物料或从动量:按照主物料进行配比,在控制过程中跟随主物料变化而变化的物料,称为从物料;表征从物料特性的参数,称为从动量,用 $F2$ 表示。一些场合,用不可控物料作为主物料,用改变可控物料即从物料来实现比值关系。

$K = F2/F1$,K 为主从物料比值。

需要注意区分流量比值 K 和设置与仪表的比值系数 K'。因为工艺上规定的比值 K 是指两种物料的流量(体积或质量)之比,而目前通用仪表使用同一的标准信号,因此必须把工艺规定的流量比值 K 折算成仪表信号的比值系数 K',才能进行比值设定。

比值控制系统可分为:开环比值控制系统,单闭环比值控制系统,双闭环比值控制系统,变比值控制系统,串级和比值控制组合的系统等。

2. 特点

1)开环比值控制系统

控制方式:随着 $F1$ 的变化,$F2$ 跟随变化,满足 $F2 = KF1$ 关系。

优点:简单、所需仪表较少。

缺点:系统开环,$F2$ 波动时比值难以保证。

适用于从动量较平稳且比值精度要求不高的场合。

2)单闭环比值控制系统

控制方式:

(1)当 $F1$ 不变而 $F2$ 受到扰动,通过闭环视线定值控制,将 $F2$ 调回到 $F1$ 的给定值上。

(2)当 $F1$ 收到扰动时,改变了 $F2$ 的给定值,使 $F2$ 跟随 $F1$ 而变化。

(3)当 $F1$、$F2$ 同时变化,在新的流量数值的基础上保持设定值的比值。

该系统不但能实现从流量跟随主流量的变化而变化,而且可以克服从流量本身干扰对比值的影响,主从流量的比值较为精确。适用于主物料在工艺上不允许进行控制的场合。

总物料量不固定,对于负荷变化幅度大,物料又直接去化学反应器的场合不合适。当主流量出现大幅度波动时,从流量给定值大幅度波动,在调节的一段时间里,比值会偏离工艺要求的流量比,不适用于要求严格动态比的场合。

3)双闭环比值控制系统

控制方式:主动量控制回路克服主动量扰动,实现定制控制;从动量控制回路克服从动扰动,实现随动控制;当扰动消除后,主、从动量都回到原设定值上,其比值不变。

流量比值精确,物料总量基本不变。

只要缓慢改变主流量控制器给定值,可以提降主流量,从流量会自动跟随变化,两种比值不变。

适用于主流量干扰频繁及工艺上不允许负荷有较大波动或工艺上经常需要提降负荷的场合。

当主动量采用定值控制后,由于调节作用,变化幅度会减小,变化频率会加快,从而使从动量控制器的给定值处于不断变化中,当他的变化频率与从动量控制回路的工作频率接近时,可能引起"共振"。

4)变比值控制系统

控制方式:稳态时,主、从量恒定,分别经变送器送除法器,其输出作为比值控制器的测量反馈信号。此时,主参数恒定,所以主控制器输出信号稳定且与比值测量值相等,比值控制器输出稳定,控制阀处于某一开度,产品质量合格。

当 F_1、F_2 出现扰动,通过比值控制回路,保持比值一定,从而不影响或大大减少扰动对产品质量的影响。

(四)均匀控制系统

1. 概念

使两个有关联的被控变量在规定范围内缓慢地、均匀地变化,使前后设备在物料的供求上相互兼顾、均匀协调的系统称之为均匀控制系统。

2. 特点

(1)前后两个设备的两个参数都应该是缓慢变化的。当采取液位定值调节时,是通过调节流量的手段达到的,因此要使液位平稳,流量变化就较大,这样就不能满足下一工序平稳进料的要求;如果采取流量定值调节,流量稳定,但前一设备的液位波动就比较大;如果采取均匀控制,就能兼顾液位和流量都在允许范围内缓慢均匀地变化,因此符合均匀控制的目的。

(2)前后互相联系又互相矛盾的两个参数应保持在工艺操作所允许的范围内波动。如塔釜液位过高会造成冲塔现象,液位过低又会使塔釜有流干的危险,而后塔的进料量也不能超过它所能承受的最大负荷和最低处理量。

(五)分程控制系统

1. 概念

分程控制属于过程控制中的概念。一台调节器的输出仅操纵一只调节阀,若一只调节器去控制两个以上的阀并且是按输出信号的不同区间去操作不同的阀门,这种控制方式习惯上称为分程控制。

2. 特点

(1)提高控制阀的可调比,有效改善控制品质。

(2)可以控制两种不同的介质,以满足工艺上的特殊要求。

(3)还可用于一种工艺操作中的安全保护措施,比如油品储罐中的 N_2 封,其微正压控制就可以用分程控制来实现,氮气控制阀为气开,而泄压用的控制阀用气关阀。

(六)前馈控制系统

1. 概念

前馈控制系统是指通过测量干扰的变化并经控制器的控制作用直接克服干扰对被控变量的影响,即使被控变量不受干扰或少受干扰的影响的控制方式组成的控制系统。

单纯的前馈控制是开环的,是按扰动进行补偿的,因此根据一种扰动设置的前馈控制就只能克服这一扰动对被控变量的影响,而对于其他扰动对被控变量的影响,由于这个前馈控制器无法感受到,也就无能为力了。所以在实际工业过程中单独使用前馈控制很难达到工艺要求,因此,为了克服其他扰动对被控变量的影响,就必须将前馈控制和反馈控制结合起来,构成前馈反馈控制系统。前馈反馈控制系统有两种结构形式,一种是前馈控制作用与反馈控制作用相乘,另一种是前馈控制作用与反馈控制作用相加,这是前馈反馈控制系统中最典型的结构形式。

> JAF012 前馈调节系统的工作原理

2. 特点

(1)前馈控制是"基于扰动来消除扰动对被控变量的影响"故前馈控制又称为"扰动补偿"。

(2)扰动发生后,前馈控制器"及时"动作,对抑制被控量由于扰动引起的动、静态偏差比较有效。

(3)前馈控制属于开环控制,所以只要系统中各环节是稳定的,则控制系统必然稳定。

(4)只适用于克服可测而不可控的扰动,而对系统中的其他扰动无抑制作用,因此,前馈控制具有指定性补偿的局限性。

(5)前馈控制的控制规律,取决于被控对象的特征。因此,往往控制规律比较复杂。

四、数字控制系统

(一)DCS

1. 概述

DCS(Distributed Control System)集散控制系统是随着现代大型工业生产自动化的不断兴起和过程控制要求的日益复杂应运而生的综合控制系统。

DCS 系统依赖于自动控制技术、计算机技术、通信技术和 CRT 显示技术(4C)。

"分散"是指工艺上各种设备地理位置分散、功能分散。

"集中"是指集中监视、集中管理。

2. 系统组成

1)过程输入/输出接口单元(I/O 单元)

> GAF009 DCS 的构成

过程输入/输出接口单元又叫数据采集站、监视站等,是为生产过程中的非控制变量设置的数据采集装置,它不但能完成数据采集和预处理,还可以对实时数据做进一步加工处理,供 CRT 操作站显示和打印,实现开环监视。

2)过程控制单元

过程控制单元又叫控制器、控制站等,是 DCS 的核心部分,对生产过程进行闭环控制,可控制数个至数十个回路,还可进行批量(顺序)控制。

3)CRT 操作站

CRT 操作站是 DCS 的人-机接口装置,除监视操作、打印报表外,系统的组态、编程也在操作站上进行。

4)高速数据通路

高速数据通路又叫高速通信总线、大道、公路等,是一种具有高速通信能力的信息总线,一般采用双绞线、同轴电缆或光导纤维构成。有的 DCS 还挂接有上位计算机,实现集中管理和最佳控制等功能。

3. DCS 通信网络

[JAF004 DCS 网络的构成]

1)DCS 通信网络的分级体系

目前,DCS 的最多网络级有四级,它们分别是 I/O 总线、现场总线、控制总线和 DCS 网络。

(1)I/O 总线(输入/输出总线)。

它把多种 I/O 信号送到控制器,由控制器读取 I/O 信号,I/O 模件之间并不交换数据。I/O 总线包括并行总线和串行总线。I/O 总线的传输速率是不高的,从几十 K 到几兆不等,为了快速,最好是并行总线。采用并行总线,其 I/O 模件必须与控制器模件相邻。若采用串行总线,I/O 模件和控制器之间的距离也要比较近才行。通常把控制器模件和 I/O 模件装在一个机柜内或相邻的机柜内。

(2)现场总线。

现场总线是 90 年代初发展起来的,远程 I/O 应该采用现场总线,如 CAN、LONWORKS、HART 总线等。在 DCS 系统中,远程 I/O 采用 HART 总线比较多。例如,现场的变送器距离控制器机柜比较远,常把 16 个变送器来的信号编成一组,用 HART 总线把信号送到控制器,控制器同时读进 16 个变送器来的信号。采用现场总线,控制器和变送器两者距离可达 1km 以上。

(3)控制总线。

把完成不同任务的三种控制器连在一条总线上,实现控制器之间的通信,称为控制总线。在控制总线上的不同控制器的数量不受限制,在这一条总线上除三种不同的控制器模件以外,还有 DCS 网络的接口模件。在控制总线上,控制器之间可以调用数据,使得模拟量和开关量之间的结合很好。控制总线不是 DCS 系统都具有,可以把各种控制器分别连到 DCS 网络上,控制器之间的数据调用通过 DCS 网络。控制总线的传输速率与 I/O 总线的传输速率相类似,通常是几十 K 到几兆之间。当 CPU 和存储器的能力比较强时,把开关量的逻辑运算和模拟量的采集功能都在一个控制器中完成,这样在控制总线上就只有一种形式的控制器。其通信协议类似以太网,采用载波监听,令牌广播发送。

(4)DCS 网络。

DCS 网络把现场控制器和人机界面连成一个系统。为了确保通信可靠,DCS 生产厂家无论是电缆,还是通信接口,都做成冗余的,一条网络发生故障,另一条备用网络立即投入运行。连在 DCS 通信网络上的部件称为结点(节点)。在地理位置上,结点可以分散配置,各结点的距离各 DCS 系统不同,有的可达几百米。DCS 网络的传输速率在几百 K 至一百兆之间,网络的总长度可达几公里,最短也有几百米,网络不够长时需加中继器。

2)DCS 通信网络的三要素

(1)通信介质。

通信介质又称为传输介质或信道,它是连接网上站或结点的物理信号通路,主要有双绞线、同轴电缆、光导纤维三种。最早的 DCS 采用双绞线或同轴电缆,传输速率在 1Mbps 以下,目前的 DCS 主要采用同轴电缆或光纤,通信速率为 1~10Mbps。

① 双绞线。

把两根平行导线按一定节距绞合在一起的信号线。双绞线最大带宽为 100KHz~1MHz,,其传输速率低于 2Mbps,传输距离可达 15km 或更长。这种把多股导线封装在屏蔽护套内构成一根电缆的结构,能较好地抑制电磁感应干扰,但由于双绞线有较大的分布电容,故不宜传输高频信号。

② 同轴电缆。

同轴电缆是由中心导体、固定中心导体的电介质绝缘层、外屏蔽层导体和外绝缘层构成,它又分基带同轴电缆和宽带同轴电缆两种,它们的传输速率可分别达到 10Mbps 和 50Mbps,传输距离为几千米和数十千米,同轴电缆的抗干扰性较双绞线好,它可传输高频和中频信号。

③ 光导纤维。

网络信息经光电转换器变换成光信号,在光缆中进行传输,光信号在光纤中的传输速率大约是电信号在铜导线中传输速率的 2/3,因此光纤缆传输的延迟就大些,但光导纤维不受电磁场的影响,适用于特别恶劣的环境,由于造价昂贵,目前尚未被广泛采用。

(2)网络结构形式。

网络结构又称网络拓扑,它是指网络结点的互连方式,在 DCS 中通常有总线型、环型、星型三种。总线型在逻辑上也是环型的,星型通常只用于小系统。

① 总线型网络。

总线型网络结构所有结点都挂接在总线上,为控制通信,有的设有通信控制器,采取集中控制方式;有的把通信控制功能分设在各通信接口中,称为发散控制方式。总线型通信网络的性能主要取决于总线的"带宽",挂接设备的数目及总线访问规程。总线型网络结构简单,系统可大可小,扩展方便,易设置备用部件,安装费用低,某设备故障不会威胁整个系统,是目前广泛采用的一种网络结构。

② 环型网络。

环型网络结构的网上所有结点都通过点对点链路连接,并构成一封闭环,工作站通过结点接口单元与环相连,数据沿环单向或双向传输,当然在双向传输时须考虑路径控制问题。环型结构的突出优点是结构简单,控制逻辑简单,挂接或摘除结点也比较容易,系统的初始开发成本以及修改费用较低,环型结构的主要问题是可靠性较差,当结点处理机或数据通道出现故障时,会给整个系统带来威胁,虽可通过增设"旁路通道"或采用双向环形数据通道等措施加以克服,但增加了系统的复杂性。

③ 星型网络。

星型网络结构中星的中心为主结点,其他为从结点,网上各从站间交换信息都要通过主站,这种拓扑结构体现了一种集中式通信控制策略,主结点负责全部信息的协调和传输,一旦发生故障,殃及整个网络。为了提高可靠性,主结点采用冗余结构,使系统投资较大。

(3) 通信网络的通信协议。

当结点连到 DCS 的通信网络上时,通常有一个网络接口,控制器把数据送到接口,人机界面从网络接口读取数据,读取数据时应遵循网络通信协议。常用的 DCS 的通信控制方式分为令牌广播式、问询式和存储转发式三种,通信协议是由各 DCS 生产厂家自行开发的,一般不公开。它们各有特点,应用都较为广泛。

① 令牌广播式协议。

令牌广播式协议由一个结点发出一个令牌(令牌是特别的比特组,比特组内无源地址和目的地址),令牌沿环绕行。拿到这个令牌的结点就改变令牌中一个特定位,将令牌变成一信息帧的帧起始定界符,加挂上构成一帧所需要的其余字段以发送信息,网络上的其他结点都在收听信息。当本站检测到帧的目的地址与本站地址相符时,就接收该信息帧(目的结点)。同时转发该帧,直到该帧回到发送站(源结点),才把该帧释放。再发送新令牌。在同一时间内只有一个结点在发送信息,其他都在收听。这种协议的特点是只有持有令牌的结点才能发送信息。令牌广播式协议的网络中,可以连接多个人机界面的结点,在网络上的结点都是平等的,每一个结点都有机会发送信息。在环型和总线型网络中用得较多,如 Beiley INFI-90、Advant-500 系统等。

② 问询式。

问询式协议的网络设有交通指挥器,当人机界面向控制器请求数据时,必须通过交通指挥器,由交通指挥器来向控制器请求数据,控制器才能发送信息给人机界面。如 Honeywell 的 TDC-2000,Fisher 的 Provox 都有交通指挥器。在星型网络中,人机界面(操作站)可以作为交通指挥器,但它只能连接一个人机界面的结点。由一些回路控制器组成的系统通常都连成星型网络。

③ 存储转发式。

存储转发式协议是一个结点发出信息传给下一个,这个结点接到信息,必须先存下来,如果自己要,就可以接收下来,如果不需要,就把它转发出去。直到需要这个信息的结点为止。然后信息再返回到源结点,才释放这个信息。这种协议主要用于环型网络中,如 Beiley NETWORK-90 系统等。

3) DCS 通信网络的特点

通信网络是 DCS 的重要支柱,执行分散控制的各单元以及各级人机接口要靠通信系统连成一体,这种在局部区域内使用各种数据通信的设备互连的通信网络称为局域网(LAN)。它是一个高通信速率、低误码率、快速响应的局部网络,具有组织灵活、易于扩展、资源共享的特点。然而 DCS 完成的是工业控制,因此它与一般的办公室用局部网络有所不同,具有如下的特点:

(1) 具有快速的实时响应能力,一般办公室自动化计算机局部网络响应时间为 2~6s,

而它要求 0.01~0.5s

(2)具有极高的可靠性,必须连续、准确运行,数据传送误码率低于 10-8 至 10-11,系统利用率在 99.999%以上。

(3)适合于在恶劣环境下工作,能抗电源干扰、雷击干扰、电磁干扰和低电位差干扰。

(4)分层结构,为适应 DCS 的分层结构,其通信网络也必须具有分层结构,如分为现场总线,车间级网络系统,工厂级网络系统等不同层次。

4. DCS 特点

DCS 的特点和优点主要表现在以下 6 个方面:分散性和集中性,自治性和协调性,灵活性和扩展性,先进性和继承性,可靠性和适应性,友好性和新颖性。

1)分散性和集中性

DCS 分散性的含义是广义的,不单是分散控制,还有地域分散、设备分散、功能分散和危险分散的含义。分散的目的是为了使危险分散,进而提高系统的可靠性和安全性。

DCS 硬件积木化和软件模块化是分散性的具体体现。因此,可以因地制宜地分散配置系统。DCS 纵向分层次结构,可分为直接控制层、操作监控层和生产管理层。DCS 横向分子系统结构,如直接控制层中一台过程控制站(PCS)可看作一个子系统;操作监控层中的一台操作员站(OS)也可看作一个子系统。

DCS 的集中性是指集中监控、集中操作和集中管理。

DCS 通信网络和分布式数据库是集中性的具体表现,用通信网络把物理分散的设备构成统一的整体,用分布式数据库实现全系统的信息集成,进而达到信息共享。因此,可以同时在多台操作员站上实现集中监控、集中操作和集中管理。当然,操作员站的地理位置不必强求集中。

2)自治性和协调性

DCS 的自治性是指系统中的各台计算机均可独立地工作,例如,过程控制站能自主地进行信号输入、运算、控制和输出;操作员站能自主地实现监控、操作和管理;工程师站的组态功能更为独立,既可在线组态,也可离线组态,甚至可以在与组态软件兼容的其他计算机上组态,形成组态文件后再装入 DCS 运行。

DCS 的协调性是指系统中的各台计算机用通信网络互连在一起,相互传送信息,相互协调工作,以实现系统的总体功能。

DCS 的分散和集中、自治和协调不是互相对立,而是互相补充。DCS 的分散是相互协调的分散,各台分散的自主设备是在统一集中管理和协调下各自分散独立地工作,构成统一的有机整体。正因为有了这种分散和集中的设计思想,自治和协调的设计原则,才使 DCS 获得进一步发展,并得到了广泛地应用。

3)灵活性和扩展性

DCS 硬件采用积木式结构,类似儿童搭积木那样,可灵活地配置成小、中、大各类系统。另外,还可根据企业的财力或生产要求,逐步扩展系统,改变系统的配置。

DCS 软件采用模块式结构,提供各类功能模块,可灵活地组态构成简单、复杂各类控制系统。另外,还可根据生产工艺和流程的改变,随时修改控制方案,在系统容量允许范围内,只需通过组态就可以构成新的控制方案,而不需要改变硬件配置。

4) 先进性和继承性

DCS 综合了"4C"(计算机、控制、通信和屏幕显示)技术,随着"4C"技术的发展而发展。也就是说,DCS 硬件上采用先进的计算机、通信网络和屏幕显示;软件上采用先进的操作系统、数据库、网络管理和算法语言;算法上采用自适应、预测、推理、优化等先进控制算法,建立生产过程教学模型和专家系统。

DCS 自问世以来,更新换代比较快,几乎一年一个样。当出现新型 DCS 时,老 DCS 作为新 DCS 的一个子系统继续工作,新、老 DCS 之间还可以互相传递信息。这种 DCS 的继承性,给用户消除了后顾之忧,不会因为新、老 DCS 之间的不兼容,给用户带来经济上的损失。

5) 可靠性和适应性

DCS 的分散性带来系统的危险分散,提高了系统的可靠性。DCS 采用了一系列冗余技术,如控制站主机、I/O 板、通信网络和电源等均可双重化,而且采用热备份工作方式,自动检查故障,一旦出现故障立即自动切换。DCS 安装了一系列故障诊断与维护软件,实时检查系统的硬件和软件故障,并采用故障屏蔽技术,使故障影响尽可能地小。

DCS 采用高性能的电子器件、先进的生产工艺和各项抗干扰技术,可使 DCS 能够适应恶劣的工作环境。DCS 设备的安装位置可适应生产装置的地理位置,尽可能满足生产的需要。DCS 的各项功能可适应现代化大生产的控制和管理要求。

6) 友好性和新颖性

DCS 为操作人员提供了友好的人机界面(MMI)。操作员站采用彩色 CRT 和交互式图形画面,常用的画面有总貌、组、点、趋势、报警、操作指导和流程图画面等。由于采用图形窗口、专用键盘、鼠标器或球标器等,使得操作简单。

DCS 的新颖性重要表现在人机界面,采用动态画面、工业电视、合成语音等多媒体技术,图文并茂,形象直观,使操作人员有如身临其境之感。

5. DCS 组态

DCS 的开发过程主要是采用系统组态软件依据控制系统的实际需要生成各类应用软件的过程。组态软件功能包括基本配置组态和应用软件组态。基本配置组态是给系统一个配置信息,如系统的各种站的个数、它们的索引标志、每个控制站的最大点数、最短执行周期和内存容量等。应用软件的组态则包括比较丰富的内容,主要包括以下几个方面。

1) 控制回路的组态

控制回路的组态在本质上就是利用系统提供的各种基本的功能模块,来构成各种各样的实际控制系统。目前各种不同的 DCS 提供的组态方法各不相同,归纳起来有指定运算模块连接方式、判定表方式、步骤记录方式等。

指定运算模块连接方式是通过调用各种独立的标准运算模块,用线条连接成多种多样的控制回路,最终自动生成控制软件,这是一种信息流和控制功能都很直观的组态方法。判定表方式是一种纯粹的填表形式,只要按照组态表格的要求,逐项填入内容或回答问题即可,这种方式很利于用户的组态操作。步骤记入方式是一种基于语言指令的编写方式,编程自由度大,各种复杂功能都可通过一些技巧实现,但组态效率较低。另外,由于这种组态方法不够直观,往往对组态工程师在技术水平和组态经验有较高的要求。

2）实时数据库生成

实时数据库是 DCS 最基本的信息资源，这些实时数据由实时数据库存储和管理。在 DCS 中，建立和修改实时数据库记录的方法有多种，常用的方法是用通用数据库工具软件生成数据库文件，系统直接利用这种数据格式进行管理或采用某种方法将生成的数据文件转换为 DCS 所要求的格式。

3）工业流程画面的生成

DCS 是一种综合控制系统，它必须具有丰富的控制系统和检测系统画面显示功能。显然，不同的控制系统，需要显示的画面是不一样的。总的来说，结合总貌、分组、控制回路、流程图、报警等画面，以字符、棒图、曲线等适当的形式表示出各种测控参数、系统状态，是 DCS 组态的一项基本要求。此外，根据需要还可显示各类变量目录画面、操作指导画面、故障诊断画面、工程师维护画面和系统组态画面。

4）历史数据库的生成

所有 DCS 都支持历史数据存储和趋势显示功能，历史数据库通常由用户在不需要编程的条件下，通过屏幕编辑编译技术生成一个数据文件，该文件定义了各历史数据记录的结构和范围。历史数据库中数据一般按组划分，每组内数据类型、采样时间一样。在生成时对各数据点的有关信息进行定义。

5）报表生成

DCS 的操作员站的报表打印功能也是通过组态软件中的报表生成部分进行组态，不同的 DCS 在报表打印功能方面存在较大的差异。一般来说，DCS 支持如下两类报表打印功能：一是周期性报表打印，二是触发性报表打印，用户根据需要和喜好生成不同的报表形式。

（二）PLC

1. PLC 的概念

PLC 全称为 Programmable logic Controller，即可编程序逻辑控制器，是一种数字运算器，一种数字运算操作的电子系统，它采用可编程序的存储器，用来在其内部存储执行逻辑运算、顺序控制、定时、记数和算数运算等操作的指令，并通过数字式、模拟式的输入和输出，控制各种机械或生产过程。

2. PLC 的硬件组成

PLC 的硬件主要由中央处理器（CPU）、存储器、输入单元、输出单元、通信接口、扩展接口电源等部分组成。其中，CPU 是 PLC 的核心，输入单元与输出单元是连接现场输入/输出设备与 CPU 之间的接口电路，通信接口用于与编程器、上位计算机等外设连接。

对于整体式 PLC，所有部件都装在同一机壳内；对于模块式 PLC，各部件独立封装成模块，各模块通过总线连接，安装在机架或导轨上。

无论是哪种结构类型的 PLC，都可根据用户需要进行配置与组合。

1）中央处理单元（CPU）

同一般的微机一样，CPU 是 PLC 的核心。PLC 中所配置的 CPU 随机型不同而不同，常用有三类：通用微处理器（如 Z80、8086、80286 等）、单片微处理器（如 8031、8096 等）和位片式微处理器（如 AMD29W 等）。小型 PLC 大多采用 8 位通用微处理器和单片微处理器；中型 PLC 大多采用 16 位通用微处理器或单片微处理器；大型 PLC 大多采用高速位片式微处理器。

目前,小型 PLC 为单 CPU 系统,而中、大型 PLC 则大多为双 CPU 系统,甚至有些 PLC 中多达 8 个 CPU。对于双 CPU 系统,一般一个为字处理器,一般采用 8 位或 16 位处理器;另一个为位处理器,采用由各厂家设计制造的专用芯片。字处理器为主处理器,用于执行编程器接口功能,监视内部定时器,监视扫描时间,处理字节指令以及对系统总线和位处理器进行控制等。位处理器为从处理器,主要用于处理位操作指令和实现 PLC 编程语言向机器语言的转换。位处理器的采用,提高了 PLC 的速度,使 PLC 更好地满足实时控制要求。

在 PLC 中 CPU 按系统程序赋予的功能,指挥 PLC 有条不紊地进行工作,归纳起来主要有以下几个方面:

(1) 接收从编程器输入的用户程序和数据。

(2) 诊断电源、PLC 内部电路的工作故障和编程中的语法错误等。

(3) 通过输入接口接收现场的状态或数据,并存入输入映象寄存器或数据寄存器中。

(4) 从存储器逐条读取用户程序,经过解释后执行。

(5) 根据执行的结果,更新有关标志位的状态和输出映象寄存器的内容,通过输出单元实现输出控制。有些 PLC 还具有制表打印或数据通信等功能。

2) 存储器

存储器主要有两种:一种是可读/写操作的随机存储器 RAM,另一种是只读存储器 ROM、PROM、EPROM 和 EEPROM。在 PLC 中,存储器主要用于存放系统程序、用户程序及工作数据。

系统程序是由 PLC 的制造厂家编写的,和 PLC 的硬件组成有关,完成系统诊断、命令解释、功能子程序调用管理、逻辑运算、通信及各种参数设定等功能,提供 PLC 运行的平台。系统程序关系到 PLC 的性能,而且在 PLC 使用过程中不会变动,所以是由制造厂家直接固化在只读存储器 ROM、PROM 或 EPROM 中,用户不能访问和修改。

用户程序是随 PLC 的控制对象而定的,由用户根据对象生产工艺的控制要求而编制的应用程序。为了便于读出、检查和修改,用户程序一般存于 CMOS 静态 RAM 中,用锂电池作为后备电源,以保证断电时不会丢失信息。为了防止干扰对 RAM 中程序的破坏,当用户程序经过运行正常,不需要改变,可将其固化在只读存储器 EPROM 中。现在有许多 PLC 直接采用 EEPROM 作为用户存储器。

工作数据是 PLC 运行过程中经常变化、经常存取的一些数据。存放在 RAM 中,以适应随机存取的要求。在 PLC 的工作数据存储器中,设有存放输入输出继电器、辅助继电器、定时器、计数器等逻辑器件的存储区,这些器件的状态都是由用户程序的初始设置和运行情况而确定的。根据需要,部分数据在掉电时用后备电池维持其现有的状态,这部分在断电时可保存数据的存储区域称为保持数据区。

由于系统程序及工作数据与用户无直接联系,所以在 PLC 产品样本或使用手册中所列存储器的形式及容量是指用户程序存储器。当 PLC 提供的用户存储器容量不够用,许多 PLC 还提供有存储器扩展功能。

3) 输入/输出单元

输入/输出单元通常也称 I/O 单元或 I/O 模块,是 PLC 与工业生产现场之间的连接部件。PLC通过输入接口可以检测被控对象的各种数据,以这些数据作为PLC对被控制对象进行控制的依据;同时PLC又通过输出接口将处理结果送给被控制对象,以实现控制目的。

PLC提供了多种操作电平和驱动能力的I/O接口,有各种各样功能的I/O接口供用户选用。I/O接口的主要类型有:数字量(开关量)输入、数字量(开关量)输出、模拟量输入、模拟量输出等。

常用的开关量输入接口按其使用的电源不同有三种类型:直流输入接口、交流输入接口和交/直流输入接口。

常用的开关量输出接口按输出开关器件不同有三种类型:继电器输出、晶体管输出和双向晶闸管输出,PLC的I/O接口所能接受的输入信号个数和输出信号个数称为PLC输入/输出(I/O)点数。I/O点数是选择PLC的重要依据之一。当系统的I/O点数不够时,可通过PLC的I/O扩展接口对系统进行扩展。

4)通信接口

PLC配有各种通信接口,这些通信接口一般都带有通信处理器。PLC通过这些通信接口可与监视器、打印机、其他PLC、计算机等设备实现通信。PLC与打印机连接,可将过程信息、系统参数等输出打印;与监视器连接,可将控制过程图像显示出来;与其他PLC连接,可组成多机系统或连成网络,实现更大规模控制。与计算机连接,可组成多级分布式控制系统,实现控制与管理相结合。远程I/O系统也必须配备相应的通信接口模块。

5)智能接口模块

智能接口模块是一个独立的计算机系统,它有自己的CPU、系统程序、存储器以及与PLC系统总线相连的接口。它作为PLC系统的一个模块,通过总线与PLC相连进行数据交换,并在PLC的协调管理下独立地进行工作。

6)编程装置

编程装置的作用是编辑、调试、输入用户程序,也可在线监控PLC内部状态和参数,与PLC进行人机对话。它是开发、应用、维护PLC不可缺少的工具。编程装置可以是专用编程器,也可以是配有专用编程软件包的通用计算机系统。专用编程器是由PLC厂家生产,专供该厂家生产的某些PLC产品使用,它主要由键盘、显示器和外存储器接插口等部件组成。专用编程器有简易编程器和智能编程器两类。

7)电源

PLC配有开关电源,以供内部电路使用。与普通电源相比,PLC电源的稳定性好、抗干扰能力强。对电网提供的电源稳定度要求不高,一般允许电源电压在其额定值±15%的范围内波动。许多PLC还向外提供直流24V稳压电源,用于对外部传感器供电。

8)其他外部设备

除了以上所述的部件和设备外,PLC还有许多外部设备,如EPROM写入器、外存储器、人/机接口装置等。

3. PLC的工作原理

当PLC投入运行后,其工作过程一般分为三个阶段,即输入采样、用户程序执行和输出刷新三个阶段,完成上述三个阶段称作一个扫描周期。在整个运行期间,PLC的CPU以一定的扫描速度重复执行上述三个阶段。

1) 输入采样阶段

在输入采样阶段,PLC 以扫描方式依次地读入所有输入状态和数据,并将它们存入 I/O 映象区中的相应单元内。输入采样结束后,转入用户程序执行和输出刷新阶段。在这两个阶段中,即使输入状态和数据发生变化,I/O 映象区中的相应单元的状态和数据也不会改变。因此,如果输入是脉冲信号,则该脉冲信号的宽度必须大于一个扫描周期,才能保证在任何情况下,该输入均能被读入。

2) 用户程序执行阶段

在用户程序执行阶段,PLC 总是按由上而下的顺序依次地扫描用户程序(梯形图)。在扫描每一条梯形图时,又总是先扫描梯形图左边的由各触点构成的控制线路,并按先左后右、先上后下的顺序对由触点构成的控制线路进行逻辑运算,然后根据逻辑运算的结果,刷新该逻辑线圈在系统 RAM 存储区中对应位的状态;或者刷新该输出线圈在 I/O 映象区中对应位的状态;或者确定是否要执行该梯形图所规定的特殊功能指令。即,在用户程序执行过程中,只有输入点在 I/O 映象区内的状态和数据不会发生变化,而其他输出点和软设备在 I/O 映象区或系统 RAM 存储区内的状态和数据都有可能发生变化,而且排在上面的梯形图,其程序执行结果会对排在下面的凡是用到这些线圈或数据的梯形图起作用;相反,排在下面的梯形图,其被刷新的逻辑线圈的状态或数据只能到下一个扫描周期才能对排在其上面的程序起作用。在程序执行的过程中如果使用立即 I/O 指令则可以直接存取 I/O 点。即使用 I/O 指令的话,输入过程影像寄存器的值不会被更新,程序直接从 I/O 模块取值,输出过程影像寄存器会被立即更新,这跟立即输入有些区别。

3) 输出刷新阶段

当扫描用户程序结束后,PLC 就进入输出刷新阶段。在此期间,CPU 按照 I/O 映象区内对应的状态和数据刷新所有的输出锁存电路,再经输出电路驱动相应的外设。这时,才是 PLC 的真正输出。

(三) ESD

1. 概念

[GAF011 ESD 系统的基本概念]

ESD(Emergency Shutdown Device) 紧急停车系统按照安全独立原则要求,独立于 DCS 集散控制系统,其安全级别高于 DCS。在正常情况下,ESD 系统是处于静态的,不需要人为干预。作为安全保护系统,凌驾于生产过程控制之上,实时在线监测装置的安全性。只有当生产装置出现紧急情况时,不需要经过 DCS 系统,而直接由 ESD 发出保护联锁信号,对现场设备进行安全保护,避免危险扩散造成巨大损失。

2. 结构与设计原则

[JAF006 ESD 系统的构成]

ESD 从硬件上可分为检测(输入)单元、逻辑单元和执行(输出)单元,这三部分呈串联结构。

要将各部分有机的结合起来,设计成可靠的 ESD 系统,应遵循独立设置原则、中间环节最少原则、冗余原则和故障安全原则。

1) 独立设置原则

所谓独立设置,即 ESD 中各部分应尽量是专用设备或仪表,以免其他关联的故障或误操作的影响,独立设置原则包括,独立输入接点、逻辑单元独立设置和执行器独立设置。

2)中间环节最少原则

回路中仪表越多可靠性越差,典型情况是本安回路的应用。在石化装置中,防爆区域在0区的很少,因此可尽量采用隔爆型仪表,减少由于安全栅而产生的故障源,减少误停车。

3)冗余原则

冗余:具有指定的独立的 $N:1$ 重元件,并且可以自动地检测故障,切换到后备设备上。

冗余系统:并行地使用多个系统部件,以提供错误检测和错误校正能力的系统。

冗余设计一般包括检测单元冗余、逻辑单元冗余、执行单元冗余。

4)故障安全原则

故障安全原则主要着重于 ESD 系统中两端(检测单元和执行单元)的设计,主要包括:

(1)用常闭触点开关仪表。

现场常常出现触点式检测仪表由于长时间受空气中杂质腐蚀、材料老化、触头磨损等因素而不能在故障状态下准确闭合,或由于导线开路而不能将联锁信号传送给逻辑设备,从而影响整个紧急停车联锁系统的工作。采用故障安全电路,即正常情况下触点闭合通电,故障情况下断开,可有效防止故障不动作。

这种做法有可能由于导线开路而引起无动作停车,但对工艺过程来说是安全的,若同时辅以2取2或3取2表决逻辑措施,则可以表面误动作。

(2)电磁阀采用正常通电方式。

为确保阀在任何故障状态下都处于过程安全位置,其电磁阀应设计成故障安全型电路,即正常通电,故障断电动作。

对送往电气控制盘用以开停电动机的触点,应将隔离用的中间继电器的电路设计为故障安全型。

但是,电磁阀的故障安全型电路易由于接线松动和电磁阀故障引起非计划停车,因此必须选用高可靠性电磁阀并保证接线施工质量。

(四)FSC

1.概念

FSC 控制系统是美国 HONEYWELL 公司开发的紧急停车控制系统,全称 FAIL SAFE CONTROL,即故障安全控制系统。主要用于装置的联锁自保控制。

JAF007 FSC 系统的构成

2.硬件系统构成

FSC 系统的硬件模块可分为三组:CP 中央控制模块、I/O 输入/输出模块、FTA 现场接线端子模块。

1)硬件介绍

(1)CP。全称 Central Part,即核心控制元件,它由一系列控制模件组成,是整个系统的控制核心。

(2)SMM。全称 Safety Manager Module,即安全管理模块,主要用于 FSC 系统与 TPS 系统之间的数据通信。

(3)COM。全称 Communication module,即通信模块,主要用于 FSC 系统与上位机、打印机、及其他系统的数据通信。

（4）VBD。全称 Vertical bus driver，即垂直总线驱动器，主要用于连接 Central Part（CP）和 I/O rack。

（5）HBD。全称 Horizontal bus driver，即水平总线驱动器，主要用于同一个 I/O Rack 中各 I/O 模块的连接，它通过垂直总线与 VBD 相连。

（6）DBM。全称 Diagnostic and battery module，即诊断及电池模件，主要用于向系统提供后备电池，并诊断系统信息和故障信息。

（7）WD。全称 Watchdog module，即看门狗模件，主要用于监视系统参数，检测系统是否发生故障。

（8）PSU。电源供应模件（PSU），该模件主要用于将 24V DC 电转换成 5V DC/12A 电源信号。FSC 系统的供电电压是 24V DC，而系统需要用 5V DC 的内部电源向各模件供电，PSU 模件就提供了电压转换功能。

2）中央处理模件（Central Part 模件）

Central Part 模件必须装在 Central Part rack 中（HBD 除外），以便诊断程序能够正确显示故障模件的准确位置。Central Part 模件主要包括：

（1）中央处理器（CPU）。读输入信号，执行功能逻辑程序，写输出到输出卡。连续测量系统硬件（自诊断），保证安全控制。

CPU 是 FSC 系统的核心，控制着整个系统的所有操作。

（2）通信模件（COM）。用于互为冗余的 Central Part 之间的通信，两个 FSC 系统之间的通信，与其他控制系统或打印机等设备进行通信，与 FSC 用户工作站进行外部通信等。

（3）诊断和电池模件（DBM）。向用户提供一个建议的 FSC 系统诊断界面，同时在 DBM 中还装有可充电的后备电池，用于向 CPU 和 COM 中的 RAM 提供备份电源。

（4）WatchDog 模件（WD）。全称 Watchdog module，即看门狗模件。主要用于监视系统参数，监测系统是否发生故障。

（5）电源供应模件（PSU）。将 24V DC 电转换成 5V DC/12A 电源信号。

（6）垂直总线驱动模件（VBD）。主要用于连接 Central Part 和 I/O rack，实现二者之间的数据通信。

（7）水平总线模件（HBD）。实现 Central Part 和 I/O rack 之间的数据交换。

3）输入/输出模件（I/O 模件）

（1）数字量输入模件（DI）。该模件具有 16 个 24 VDC 数字量输入通道，它是故障安全型模件，即对于正常情况下输入为 ON 的系统，当某个元件发生故障时，将输入置为"0"，以保证系统处于安全状态。

每个 DI 模件通过其前方的扁平电缆与水平总线连接，在总线的下面，有 16 个通道的状态指示灯。

（2）数字量输出模件（DO）。是故障安全型，有 8 路 24V、550mA 数字量输出通道。它可驱动最大 13W 的负载。负载可以是电阻性的（如灯）或电感性的（如线圈）。

（3）模拟量输入模件（AI）。16 路 AI 输入。

3. 系统工作原理

中央控制单元通过输入卡从现场读入数据，并按照逻辑图（FLD）中组态的控制程序执行。控制程序将执行结果传输到输出端口。在具有冗余 CP 的 FSC 配置中，CP 将操作结果通过一个专门的通信线路与冗余的 CP 同步。控制处理器对 FSC 硬件作连续的测试，以确保对现场的安全控制。

（五）逻辑图的绘制与识别

> JAF011 联锁逻辑图的识读方法

1. 概念

1）逻辑图

逻辑图是指主要用二进制逻辑（与、或、异或等）单元图形符号绘制的一种简图，其中只表示功能而不涉及实现方法的逻辑图叫纯逻辑图。

2）电路图

电路图是指用图形符号并按工作顺序排列，详细表示电路、设备或成套装置的全部组成和连接关系，而不考虑其实际位置的一种简图。目的是便于详细理解作用原理、分析和计算电路特性。

联锁逻辑图由三部分组成，包括输入部分、逻辑单元部分、输出部分。

2. 注意事项

（1）一个逻辑图的详细程度随其使用的目的而定，一个逻辑图的详尽程度取决于逻辑的表达程度以及是否包含辅助的、非逻辑的信息，例如，一个逻辑系统可能有两个相对独立的输入，即一条开指令、一条闭指令（接点信号），这两个指令通常不能同时存在，逻辑图可以指定或不指定当两条指令同时存在的结果。此外，为了表示逻辑原理，可以给逻辑图加注释，若需要也可以加注非逻辑信息，如资料标记、位号、端子标志等。

（2）一个逻辑信号的存在，实际上可以对应一个存在的仪表位号或对应一个不存在的仪表信号，这取决于硬件系统的形式和所设计的电路结构原理，如流量高限报警可以选定一个在流量达到高限时触点打开的电气开关来激励，另一方面，这个高限报警也可以选定为，由在流量达到高限时触点闭合的电气开关来激励。因此，这个流量高限条件可以由电信号的存在或不存在来表示。

（3）信号的流向用直线来表示，其流向是从左至右、从上至下。

3. 图形和符号

仪表信号常用图形、符号的定义见表1-5-1。

表1-5-1 仪表信号常用图形、符号定义表

功能	图形或符号	定义	示例
—	→	流向：信号流向	—
—	┬	分支：信号分流	—
—	┼	分叉：不同信号流	—
输入	仪表位号 输入描述／输入描述	一个输入信号进入逻辑程序中	

续表

功能	图形或符号	定义	示例
输出	—[输出描述] 仪表位号 ○ / —[输出描述]○	一个来自逻辑程序的输出信号	—
条件框	B / A C	一般作为输出 A:名称　B:设备位号　C:条件	PB　　　　DCS 关闭HV-1240／关／ON CLOSE HV-12040
设备	D / A B/C	一般作为输出 A:名称　B:动作/运行/带电 C:动作/停止/失电　D:设备位号	W1001 →煤称量给料器／运行 RUN COAL WEIGH FEEDER／停止 STOP
—	D / B A / C	一般作为输出 A:名称　B:动作/运行/带电 C:动作/停止/失电　D:设备位号	HV-1302　　　<FIELD> →得电 ENE／合成手动／正常 未得电 DEN／调节阀／关闭
操作设备	B <> A C	一般作为输入 A:名称　B:设备/按钮/选择开关 C:操作开/关	SW　　　<DCS> 旁路开关／OFF/ON PB　　　<DCS> 停车开关／ON
工艺条件	B / A C	一般作为输入 A:工艺变量　B:仪表位号　C:条件	PDIA-1214　　FILED 气化炉压差高高／HH
—	⊓ (脉冲)	一旦脉冲输入,则输出持续保持在限定时间后	—
使能输入	—EN	输入为"1"时,逻辑程序有效,否则逻辑输入处于高阻抗状态	—
与	&	当且仅当所有输入信号处于"1"状态时,输出信号才能处于"1"状态	—
或	≥1	当且仅当一个或一个以上的输入信号处于其"1"状态时,输出信号才能处于"1"状态	—
逻辑门槛	≥m	当且仅当处于"1"状态的输入数等于或大于限定符号中 m 表示的数时,输出才处于"1"状态。 注:m 小于输入端子个数;m=1 时为"或"门	—
等于m	=m	当且仅当处于"1"状态的输入数等于限定符号中 m 表示的数时,输出才处于"1"状态。 注:m 小于输入端子个数;m=1 时为"异或"门	—
取反非	—◯—	二进制信号的倒换	—
数值比较大于	>	根据高限值对输入信号进行要检查,若输入信号≥高限值,则该功能激活	—

续表

功能	图形或符号	定义	示例
数值比较小于	<	根据低限值对输入信号进行要检查,若输入信号≤低限值,则该功能激活	—
与非	&	—	—
或非	≥1	—	—
触发器（基本）	a—S—c, b—R—d	a b / c d：0 0 不变 / 0 1 0 1 / 1 0 1 0 / 1 1 不定。S:设置记忆,R:清除记忆。若 S=1,则逻辑输出 C 激活且不管 A 的后续状态,直至 R=1 后复位	—
三选二	2 of 3	三个信号中至少有两个满足,则该功能被激活	—
保持时间定时器	T 定时时间	保持时间定时器,定时器激活后,信号被保持到定时器时间到为止	—
延时定时器	t 延时时间	延迟时间定时器,信号在时间内出现后延迟规定时间后才出现。若期间信号无效,则定时器重新工作	—
系统	DCS	从 ESD 到 DCS 的信号(正常情况下,对所有的动作而言,均由现场开关信号启动	—
系统	ESD	现场开关(或 DCS 产生的信号,不包括现场开关信号的输入信号)到紧急停车系统的信号	—

仪表信号常用代码及含义见表 1-5-2。

表 1-5-2　仪表信号常用代码及含义表

代码	功能	说明
AH	高报	表示 DCS 上运算的结果
AHH	高高报	表示 DCS 上运算的结果
AL	低报	表示 DCS 上运算的结果
ALL	低低报	表示 DCS 上运算的结果
SL	LOW 开关	DCS 用来启动开关的动作
SH	HIGH 开关	DCS 用来启动开关的动作
ZL	LOW 开关	DCS 用来启动切断的动作或在逻辑上启动的 ESD
ZH	HIGH 开关	DCS 用来启动切断的动作或在逻辑上启动的 ESD
C	信号到控制器	—

续表

代码	功能	说明
M(C)	手动/关闭	对象:控制阀
M(O)	手动/启动	对象:控制阀
SC	电动机的开/关闭	信号有效时关/停
SO	电动机的开/关闭	信号有效时开/启动
ZC	切断信号	信号有效时关闭/停止阀门(或电动机)
ZO	切断信号	信号有效时找开/启动阀门(或电动机)
GSC	限位开关	指示阀门的开关状态:关
GSO	限位开关	指示阀门的开关状态:开 也可指电动机的启动灯
GIC	限位开关灯指示	DCS 上限位开关的指示:关
GIO	限位开关灯指示	DCS 上限位开关的指示:开
VGC	限位开关灯指示	现场控制阀的限位开关状态:关
VGO	限位开关灯指示	现场控制阀的限位开关状态:开
VGL	限位开关的切换动作	DCS 上限位开关的"闭"切换动作
VGH	限位开关的切换动作	DCS 上限位开关的"开"切换动作
A	自动控制状态	阀门处于自动控制
M	手动控制状态	阀门处于手动控制
M(X)	手动阀门的开度	X:开度值
RC	关阀所需满足条件	—
RO	开阀所需满足条件	—
PB	按钮	—
SW	开关	—
SS	选择开关	—
CP	控制盘	—
LCP	现场控制盘	—
HSG	高压开关柜	—
SOE	事件顺列	—
FIRST OUT	第一事故报警	—

仪表信号常用阀门图形及含义见表 1-5-3。

表 1-5-3 仪表信号常用阀门图形及含义表

控制阀	阀代码	说明
	..V	控制阀,如 PV-003 表示压力调节阀
	..V	电动阀
	XV	开/关二位阀(气动)
	XV	开/关阀(电动,电动机控制)

续表

控制阀	阀代码	说明
	XVS(O)	空气操作阀(一般为开关二位阀)的电磁线圈。当该线圈通电时,阀门打开
	XVS(C)	空气操作阀(一般为开关二位阀)的电磁线圈。当该线圈通电时,阀门关阀。如 XVS-0021(O)
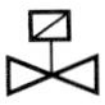	XVS(O/C)	空气操作阀(一般为开关二位阀)的电磁线圈。由相关电磁线圈通电来决定阀门的开/关。如 XVS-0015(O/C)

4. 图纸布局

仪表信号图纸布局如图 1-5-10 所示。

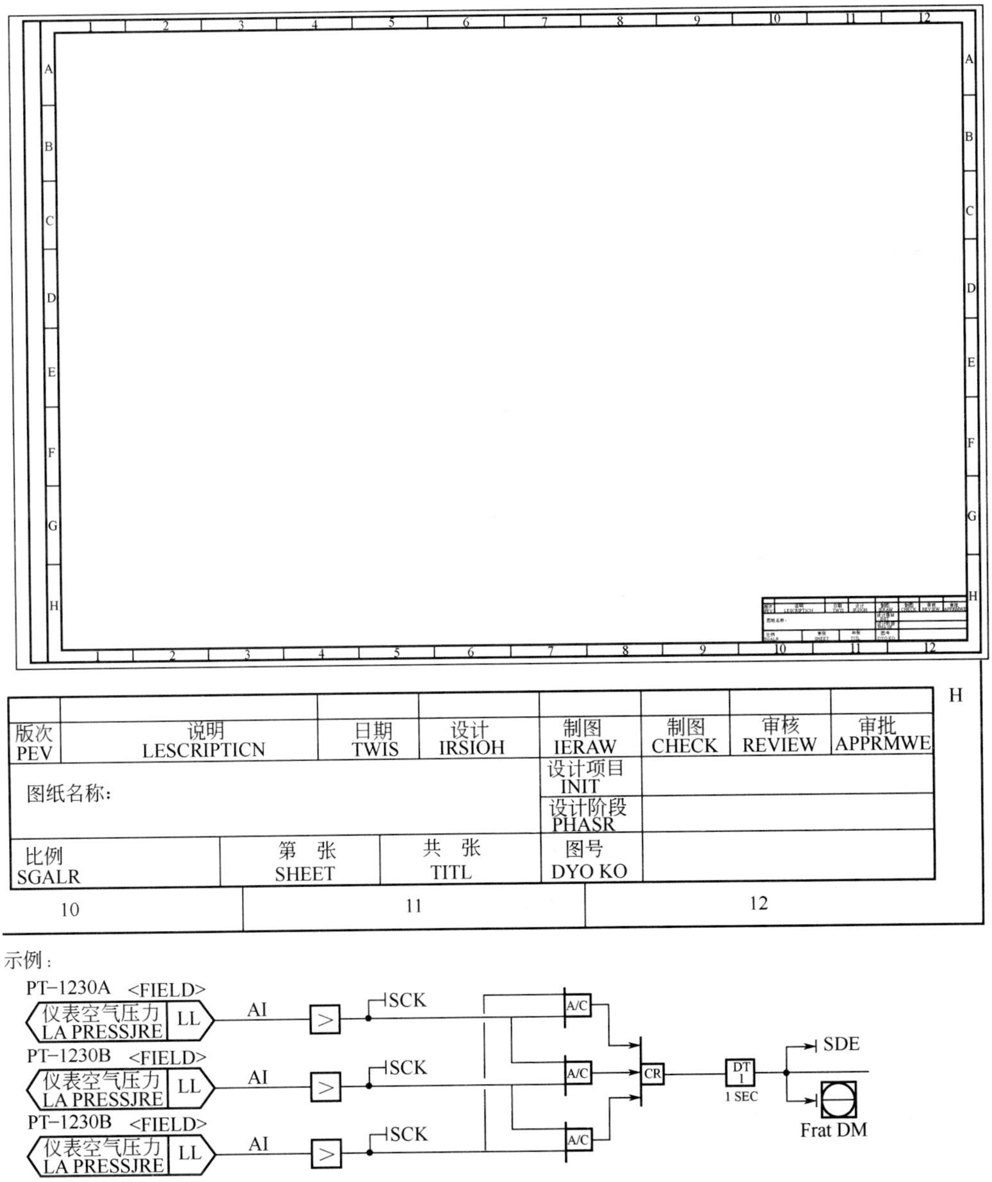

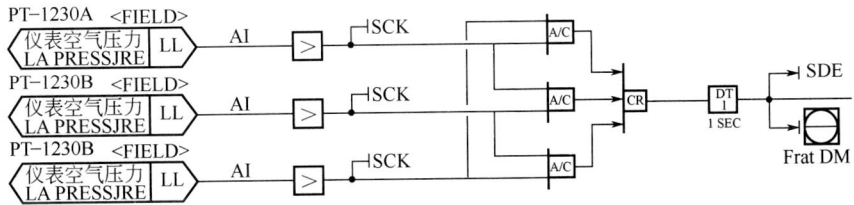

图 1-5-10　仪表信号图纸布局示意图

五、大型旋转机械状态监测

<u>JAF001 大型旋转机械状态监测仪表构成的基本内容</u>

(一) 概念

1. 大型旋转机械

大型旋转机械主要是指汽轮机、透平机、燃气轮机、水轮机、发电机、航空发动机等机械设备,是电力、石油化工、冶金、航空以及部分军事工业的关键设备,这类机械的主要构成部件是转子、支撑轴承以及机器壳体等,转速一般在几千转/分至几万转/分。大型旋转设备一般价格较为昂贵,并使用在关键位置,其运行中能量巨大,一旦失控往往会造成毁灭性或灾难性的损失。

2. 状态监测

状态监测是指通过一定的途径了解和掌握设备的运行状态,包括利用监测与分析仪器(在线或离线的),采用各种监测、监视、分析和判断方法,对设备当前的运行状态做出评估(属于正常,还是异常),对异常状态及时做出报警,并为进一步进行的故障分析、性能评估等提供信息和数据。

3. 状态监测作用

(1) 及时发现事故的早期征兆,以便采取相应的措施,避免、减缓、减少重大事故的发生。

(2) 一旦发生事故,能自动记录下故障过程的完整信息,以便事后进行故障原因分析,避免再次发生同类事故。

(3) 通过对设备异常运行状态进行分析,揭示故障的原因、程度、部位,为设备的在线调整、停机检修提供科学依据,延长运行周期,降低维修费用。

(4) 可充分地了解设备性能,为改进设计、制造与维修水平提供有力证据。

(二) 旋转机械状态监测基本参数

1. 动态参数

1) 振幅

振幅是表示机组振动严重程度(烈度)的一个重要指标,可以用唯一速度或加速度表示。根据振幅的检测,可以判断机器运行是否平稳。一般可采用接触式传感器(压电或磁电式)或非接触式传感器(接近或电涡流式)进行检测。

2) 频率

旋转机械中的振动频率一般用转速的倍率来表示。

1 倍转速频率:振动频率与机器转速相同。

2 倍转速频率:振动频率为机器转速的 2 倍。

1/2 倍转速频率:振动频率为机器转速的 1/2。

0.43 倍转速频率:振动频率为机器转速的 43%。

3) 相角

相角测量是描述转子在某一瞬间所在位置的一种方法。精确地相角测量在转子平衡中及分析机器故障时是非常重要的。对于确定转子的固有平衡影响,即临界转速是很有用的。

4) 振动形式

振动形式分为两种,即时基形式和轴心轨迹。时基形式是振动信号经变换器输入到示波器,并以时基模式监视在荧光屏上,一般为正弦波形。轴心轨迹是由两只互成 90°的传感器感受的信号分别输入到示波器的 x、y 轴,以图形方式显示在荧光屏上。

5) 振型

振型是转轴在一定转速下,沿轴向的一种变形。

2. 静态参数

1) 偏心位置

偏心位置是对轴颈轴承中转轴稳定位置的测量。转轴在空荷时,在设计确定的位置浮动,在加有一定负荷时,则会出现偏心。偏心位置是轴承磨损,不对中的一种指示。在偏心加大时,振幅并不增加。所以偏心位置的监测是非常重要的。

2) 轴向位置(轴位移)

轴向位置是止推环对止推轴承的相对位置测量值。监测轴位置的主要目的是避免转子与定子之间产生轴向摩擦。轴向止推轴承的故障可能产生灾难性后果。

3) 偏心度(挠度)

偏心度是转轴在静态时弯曲的测量。在转轴启动时,弯曲量可以用电涡流传感器的直流峰—峰信号来表示。慢转速偏心度最好由安装原理轴承处的传感器来测量,以测得最大弯曲值。

4) 差涨

启动时,机壳与转子必须以同样的比率受热膨胀、如果比率不同,就可能发生轴向摩擦而使机器损坏。测量差涨时将传感器安装在机器末端与止推轴承相反的一侧,该处可观测到机壳与转子之间的相对膨胀。

5) 机壳膨胀

机壳膨胀量通常是由安装在机壳外部,以地基为参考基准的线性可变差动变压器进行的。

3. 其他参数

1) 转速

转子每分钟的转数。

2) 温度

温度是指轴向和径向轴承中的巴氏合金衬套的温度,是监测的重点,分析温度与振动、位置参数的关系,能更好地指出机器可能的故障。

3) 零转速

机组断电后盘车时的转速。

4) 阀位

连续监视阀门的位置。

(三)振动传感器基本知识

1. 振动传感器的构成及工作原理

振动传感器是将机械振动量转换为成比例的模拟电气量的机电转换装置。

传感器至少有机械量的接收和机电量的转换两个单元构成。

(1) 机械接收单元,感受机械振动,但只接收位移、速度、加速度中的一个量。

JAF002 大型机旋转机械状态监测仪表的测量原理

（2）机电转换单元，将接收到的机械量转换成模拟电气量，如电荷、电动势、电阻、电感、电容等。

另外，还配有检测放大电路或放大器，将模拟电气量转换、放大为后续分析仪器所需要的电压信号，振动监测中的所有振动信息均来自于此电压信号。

2. 振动传感器的类型

振动传感器的种类很多，且有不同的分类方法。

1）按工作原理的不同分类

可分为电涡流式、磁电式（电动式）、压电式。

2）按参考坐标的不同分类

可分为相对式与绝对式（惯性式）。

3）按是否与被测物体接触分类

可分为接触式与非接触式

4）按测量的振动参数的不同分类

可分为位移、速度、加速度传感器。

振动传感器还包括由电涡流式传感器和惯性式传感器组合而成的复合式传感器等。在现场实际振动检测中，常用的传感器有磁电式速度传感器（其中又以绝对式应用较多）、压电式加速度传感器和电涡流式位移传感器。其中，加速度传感器应用最广，而大型旋转机械转子振动的测量几乎都是电涡流式传感器。

3. 磁电式速度传感器

磁电式速度传感器的构造如图1-5-11所示。

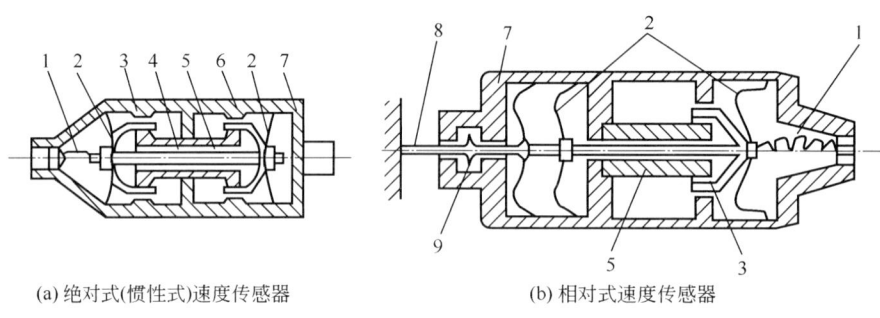

(a) 绝对式(惯性式)速度传感器　　(b) 相对式速度传感器

图1-5-11　磁电式速度传感器结构示意图

1—输出线；2—弹簧片；3—线圈；4—芯轴；5—磁钢；6—阻尼环；7—壳体；8—顶杆；9—限幅器

磁电式速度传感器的工作原理：传感器固定在被测物体上，物体振动时，固定在壳体上的磁钢，随壳体与物体一起振动，而由弹簧片和线圈组成的弹簧—质量元件，与磁钢的振动并不同步，而是发生相对运动，线圈切割磁钢的磁力线而产生电动势，在磁通量及线圈参数均为常数的情况下，电动势的大小与线圈切割磁力线的相对速度成正比。此相对速度显然是被测物体的相对振动速度；对绝对式来说，当传感器中的弹簧—质量元件的固有频率远小于被测物体的振动频率时，线圈的振动速度会远小于磁钢的振动速度，线圈与磁钢之间的相对速度，接近于被测振动体相对于大地或惯性空间的绝对速度。总之可以认为，磁电式速度传感器的输出电压与被测物体的振动速度成正比。速度传感器通过积分电路可测得位移，通过微分电路可测得加速度。

磁电式速度传感器的优点是,灵敏度高、输出信号大、输出阻抗低、电气性能稳定性好、不易受外部噪声干扰、不需外加电源、安装简单、使用方便,对后续电路也无特殊要求;缺点是动态频响范围有限,尺寸和重量较大,弹簧片容易发生疲劳损坏。速度传感器的构造特点决定了弹簧片为关键的矛盾点,弹簧片厚,弹簧—质量元件的固有频率就增高,所能测得的低频范围变窄;弹簧片薄,易损坏,使用寿命短。

4.压电式加速度传感器

某些晶体在受到沿一定方向的外力作用时,其内部的晶格会发生变化,产生极化现象,同时在晶体的两个表面上产生了极性相反的电荷;当外力消除后,又恢复到原来的不带电状态;当作用力方向改变时,所产生的电荷的极性也随之改变;晶体受力所产生的电荷量与外力的大小成正比,此现象称为压电效应。压电式加速度传感器就是根据压电晶体受力后会在其两个表面产生不同电荷的压电效应来实现机电转换的。

压电式加速度传感器的构造如图1-5-12所示。

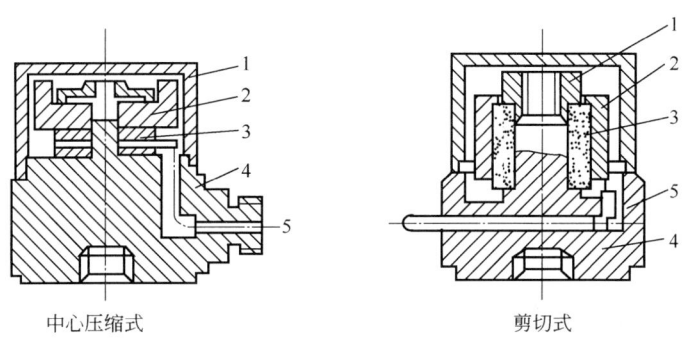

图1-5-12 压电式加速度传感器结构示意图
1—压紧弹簧;2—质量块;3—压电晶体;4—基座;5—引出线

工作原理:压电式加速度传感器的基座固定或紧密接触于被测物体,与物体一起振动,由压紧弹簧与惯性质量块组成的弹簧—质量元件,与基座的振动并不同步,而是发生相对运动,压电晶体受到质量块因相对振动加速度产生的惯性力作用而产生电荷,电荷量的大小与惯性力成正比。当传感器中的弹簧—质量元件的固有频率远大于被测物体的振动频率时,质量块的振动位移会远小于基座的振动位移,质量块与基座之间的相对振动接近于基座(即被测物体)的振动。因此,压电式加速度传感器的输出电压与被测物体的振动加速度成正比。

加速度传感器通过积分电路可测得速度,通过二次积分电路可测得位移。

压电式加速度传感器的优点:体积小,重量轻,频率响应范围宽。适于测量高频、冲击信号,例如齿轮、滚动轴承的振动测量,耐温、耐蚀性较好,不易损坏,在实际测量中应用最广泛。由于压电晶体产生的电荷量很小,加速度传感器需要配置电荷放大器,因此造成内阻抗高、电荷放大器前的连接电缆容易受到外部电磁干扰。许多加速度传感器把放大电路集成到传感器内,抗干扰能力得到大幅度的提高。压电式加速度传感器的频响特性范围,下限由电荷放大器决定,上限由传感器的固有频率及安装谐振频率决定。即传感器与被测物体的接触及固定状况会大大影响高频测量的范围,其中钢螺栓连接固定方式的高频测量范围最高,可达 10000Hz,磁铁固定式为 2000Hz,手持式最低,仅数百 Hz。

5. 电涡流式位移传感器

电涡流式位移传感器由传感器头(又称探头)、延伸电缆和前置放大器(又称测隙仪)三部分组成,探头对着转子被测表面,但并不接触,留有一定的间隙,用支架固定在轴承的瓦座上或机壳上,通过延伸电缆与机壳外的前置放大器相连。

电涡流式位移传感器的构造如图 1-5-13 所示。

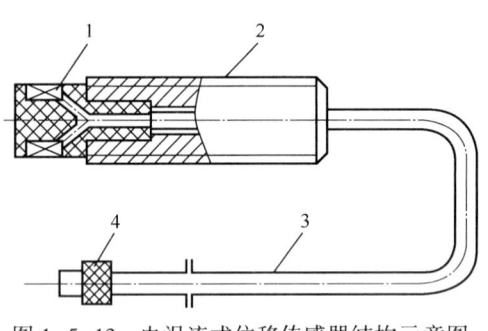

图 1-5-13 电涡流式位移传感器结构示意图
1—头部线圈;2—壳体;3—电缆;4—接头

电涡流式位移传感器的工作原理:传感器的头部线圈,与谐振电容、前置器内的石英振荡器,构成高频(1~2MHz)电流振荡回路,在头部线圈周围产生高频交变磁场。当磁场范围内出现金属导体(如转子时),转子表面会产生感应电流,即电涡流。电涡流产生的感应磁场反作用于线圈的高频磁场,使线圈的阻抗(或者说电感)发生变化,转子与探头之间的间隙 δ 越小,电涡流就越大,线圈的阻抗就越大,电感量就越小。在振荡器激励电流参数、线圈参数、金属(转子)电导率和磁导率都为常数的情况下,电感量是间隙 δ 的单值函数。测出电感量的变化,即可知道转子与探头的间隙变化。由延伸电缆输出的电感量变化信号为高频载波信号,经前置放大器内的检波器放大、转换后输出的是直流电压信号。该电压与探头和转子之间的间隙 δ 成正比,因此称为间隙电压。间隙电压 U 又可分为直流分量 U_0 和变化分量 U_a 两部分。直流分量对应于初始间隙(又称安装间隙)或平均间隙,用于测量轴位移;变化分量对应于振动间隙,用于测量振动。测隙仪输出的间隙电压信号经后续仪表的进一步处理,即可转化成轴振动、轴位移、转速、相位的数值以及状态监测的各种图谱。

电涡流式位移传感器是非接触式传感器,具有灵敏度高、线性范围大、频响范围宽、具有零频响应、探头结构尺寸小、抗干扰能力强、适于远距离传送、易于校准标定等优点。与接触式传感器(速度传感器、加速度传感器都是接触式)相比,电涡流式传感器能够更准确地测量出转子振动状况的各项参数,尤其适用于大型旋转机械轴振动、轴位移、相位、轴心轨迹、轴心位置、差胀等的测量,用途十分广泛。

6. 常用振动传感器主要性能及优缺点

常用振动传感器主要性能优缺点见表 1-5-4。

表 1-5-4 常用振动传感器主要性能指标表

类型 项目	电涡流式位移传感器 (本特利 3300、3500 系列)	磁电式速度传感器 (绝对式 CD-1)	压电式加速度传感器 (YD42,YE14103)
灵敏度	7.87mV/μm±4%	60mV/(mm/s)	20pc/g
频率范围	0~10000Hz	10~500Hz	1~10000Hz
线性范围	2mm	±1mm	1000g

续表

类型 项目	电涡流式位移传感器 （本特利3300、3500系列）	磁电式速度传感器 （绝对式 CD-1）	压电式加速度传感器 （YD42,YE14103）
适用范围	轴振动、轴位移、转速、相位、轴心轨迹等多种测量	轴承座、机壳、基础等非转动部件的振动测量	高频、冲击信号的测量，如齿轮、滚动轴承
优点	（1）非接触式测量； （2）灵敏度高，线性范围大； （3）频响范围宽，具零频响应，可测静态值； （4）高电压、低阻抗输出，适于远距离传送； （5）工作可靠，适应环境； （6）可静态标定，校准方便	（1）灵敏度高； （2）输出阻抗小，输出信号大，电气性能稳定，不易受外部噪声干扰； （3）不需外加电源； （4）简单、方便	（1）灵敏度高； （2）体积小、重量轻； （3）频响范围宽，适于高频、冲击信号的检测； （4）耐温、耐蚀性较好
缺点	（1）对被测部件的缺陷敏感，易存在机械及电气偏差； （2）需要外部电源； （3）安装较复杂	（1）频响范围有限； （2）体积、重量较大； （3）弹簧易疲劳损坏； （4）易受高温、磁场影响； （5）标定较麻烦	（1）对安装状况敏感； （2）内阻抗高，放大器前电缆易受电磁干扰； （3）标定较困难

模块六　化工安全知识

项目一　安全生产知识

一、安全

安全就是安稳,其含义是:人——平安无事;物——安稳可靠;环境——安定良好。
安全不但包括人身安全,也包括设备安全、财产安全,还包括环境安全。

二、安全生产的概念

> CAG001 安全生产的基本概念

安全生产是指在劳动过程中,要努力改善劳动条件,克服不安全因素,防止伤亡事故发生,使劳动在保护劳动者的安全和健康及国家、人民财产安全的前提下进行。

广义上讲,安全生产的内容一般包括安全法规、安全技术和职业卫生三个方面。

(一)安全法规

安全法规又叫劳动保护法规,它是用立法手段制定出来的一套保护职工安全地进行生产的政策、规程、条例、制度、规范等的总称。它对改善劳动条件,确保职工身体健康和生命安全,维护财产安全起着法律保护作用。

(二)安全技术

安全技术是指生产过程中,为防止和消除伤亡事故所采用的措施,基本内容包括预防伤亡事故的工程技术和制定安全技术规范、规程、条例及标准两部分,其作用在于使安全生产从技术上得到落实。

(三)职业卫生

职业卫生是指生产过程中,为防止高温、严寒、粉尘、振动、噪声、毒气、污染等对劳动者身体健康的危害,所采取的一系列防护或医疗措施。其内容包括环境治理、作业控制、健康保障。其作用就是创造一个良好的生产环境,防止职业病的发生。

三、安全生产的方针

> CAG002 安全生产的管理方针

"安全生产,预防为主"是安全生产的方针。安全第一是从保护和发展生产力的角度,表明在生产范围内安全与生产的关系,肯定安全在建筑生产活动中的首要位置和重要性。预防为主是在建筑生产活动中,针对建筑生产的特点,对生产要素采取管理措施,有效地控制不安全因素的发展与扩大,把可能发生的事故消灭在萌芽状态,以保证生产活动中人的安全与健康。安全第一、预防为主的方针,体现了国家对在化工安全生产中"以人为本"、保护劳动者权利、保护社会生产力、保护化工生产的高度重视。

四、安全生产管理

安全生产管理可采取的手段有：行政手段、法制手段、经济手段、文化手段等。

五、安全生产文化

ZAG001 安全生产文化建设

安全文化建设能很好地推动安全生产，有利于保障安全生产的顺利进行。建设安全文化是健全安全生产管理制度的一部分。

安全文化的核心是以人为本。提倡安全生产，人人有责，让被动接受安全管理转化为主动进行安全自我防范。

安全文化建设的理念：零事故原则、危险预知原则、全员参与原则，这三个原则之间的关系是相辅相成的。

(一) 零事故原则

任何人都不愿意受到伤害或者患病而希望安全。如果把这种愿望化作一种精神财富，总结为"大家一起向零事故挑战"的全体员工的共同意志，就一定能得到企业全体员工的一致拥护。

(二) 危险预知原则

要实现零事故原则，必须把岗位一切潜在的危险因素辨识出来，加以控制和解决，从根本上防止事故的发生。因而，应在事故发生之前，发现和掌握这些危险因素，同时对那些可能成为事故的危险因素进行预知和预测并尽力排除。

(三) 全员参与原则

全员参与，站在每个人的立场与工作岗位角度，主动发掘其所在作业场所中可能发生的一切危险因素，以无事故和无疾病为目标，共同努力做到预先推进安全卫生管理。

项目二　安全制度基本知识

一、安全教育制度

CAG003 安全教育基本知识

(一) 安全教育的规定

(1) 企业必须认真对新员工进行安全生产的公司教育、车间教育和班组教育，并且经过考试合格后，才能准许进入操作岗位。

(2) 对于从事特种作业的员工必须进行专门的安全操作技术训练，经过考试合格后，才能准许他们持证上岗操作。

(3) 企业必须建立安全活动日和在班前班后会上检查安全生产情况等制度，对职工进行经常的安全教育，并且注意结合职工文化生活，进行各种安全生产的宣传活动。

(4) 在采用新的生产方法、添设新的技术设备、制造新的产品或调换员工工作的时候，必须对员工进行新操作法和新工作岗位的安全教育。

ZAG002 新员工"三级教育"内容

(二)新工人入厂"三级教育"的内容

1. 公司级安全教育的主要内容

(1)工厂的性质及其主要工艺过程。

(2)我国安全生产的方针、政策法规和管理体制。

(3)本企业劳动安全卫生规章制度及状况、劳动纪律和有关事故案例。

(4)工厂内特别危险的地点和设备及其安全防护注意事项。

(5)新工人的安全心理教育。

(6)有关设备、电气、设施等安全技术知识。

(7)有关防火防爆和工厂消防规程的知识。

(8)有关防尘防毒的注意事项。

(9)安全防护装置和个人劳动防护用品的正确使用方法。

(10)新工人的安全生产责任制等内容。

2. 车间安全教育的主要内容

(1)车间的施工(生产)性质和主要的工艺流程。

(2)车间预防工伤事故和职业病的主要措施。

(3)车间的危险部位及其应注意事项。

(4)车间的安全生产的一般情况及其注意事项。

(5)车间的典型事故案例。

(6)新工人的安全生产职责和遵守纪律的重要性。

3. 班组安全教育的主要内容

(1)班组的工作性质、工艺流程、安全生产的概况和安全生产职责范围。

(2)新员工将要从事的生产性质、安全生产责任制、安全操作规程以及其他有关安全知识和各种安全防护、保险装置的作用。

(3)工作地点的安全生产和文明生产的具体要求。

(4)容易发生工伤事故的工作地点、操作步骤和典型事故按例介绍。

(5)个人防护用品的正确使用和保管。

(6)发生事故以后的紧急救护和自救常识。

(7)工厂、施工区域(车间)内常见的安全标志、安全色介绍。

(8)遵章守纪的重要性和必要性。

ZAG003 安全生产管理制度

二、安全操作规程

为了保障广大职工在劳动生产过程中的安全健康,防止和减少事故,劳动法把遵守安全操作规程作为职业安全卫生方面的重要措施,专门做出规定,如劳动法第五十六条规定:"劳动者在劳动过程中必须严格遵守安全操作规程。"

安全操作规程根据各岗位的作业内容,全面系统地考虑技术、设备、环境条件,规定了从事生产活动人员在各自岗位上应履行的职责,以及完成任务所必需的作业程序和动作标准,是现场操作的依据。

安全操作规程作为劳动者在劳动过程中的行为规范,可以消除违章指挥、违反劳动纪律和无知蛮干等不安全行为,安全操作规程是发展生产,保障经济建设顺利进行的基本条件。是维护生产顺利进行,保护职工身体健康的基本条件,因此劳动者必须严格遵守。

三、安全检查制度

企业对生产中的安全工作,除进行经常的检查外,每年还应定期进行二至四次群众性的检查,这种检查包括普遍检查、专业检查和季节性检查,这几种检查可以结合进行。

开展安全生产检查,必须有明确的目的、要求和具体计划,并且必须建立由企业领导负责、有关人员参加的安全生产检查组织,以加强领导,做好这项工作。安全生产检查应该始终贯彻领导与群众相结合的原则,依靠群众,边检查、边改进,并且及时地总结和推广先进经验。有些限于物质技术条件当时不能解决的问题,也应该制订计划,按期解决,务须做到条条有着落、件件有交代。

四、安全色及安全标识

安全色与安全标识是为了防止事故的发生,用形象而醒目的信息向人们提供了表达禁止、警告、指令、提示等信息。了解它们所表达的安全信息含义对于我们在工作、生活中趋利避害、预防事故发生具有重要的作用。

五、个体防护

为了避免劳动者在生产过程中发生事故并减轻事故伤害程度,而需要给劳动者配备一定的防护用品。劳动防护用品按用途分为以下几种:

(1)预防飞来物的安全帽、安全鞋、护目镜和面罩等。
(2)为防止与高温、锋利、带电等物体接触时受到伤害的各类防护手套、防护鞋等。
(3)对辐射热进行屏蔽防护的全套防护服。
(4)对放射性射线进行屏蔽防护的防护镜、防护面具等。
(5)对作业环境中的粉尘、毒物或噪声进行防护的口罩、面具或耳塞等。

六、特种作业安全

CAG004 特种作业安全基本知识

(一)特种作业的定义与分类

特种作业是指容易发生人员伤亡事故,对操作规程本人及其周围人员和设施的安全有重大危险因素的作业。包括以下作业:

(1)电工作业。
(2)金属焊接切割作业。
(3)超重机械(含电梯)作业。
(4)企业内部机动车辆驾驶。
(5)登高架设作业。
(6)锅炉作业(含水质化验)。
(7)压力容器操作。
(8)制冷作业。

(9)爆破作业。

(10)矿山通风作业(含瓦斯检验)。

(11)矿山排水作业。

(12)被批准的其他作业。

(二)特种作业人员的培训

特种作业人员在独立上岗前必须进行与本工种相适应的安全技术培训学习。学习的内容包括安全技术理论与实际操作知识两个方面。培训后要进行严格考核,经考核合格的,发予相应的特种作业操作证。

七、特种设备安全

特种设备是指由国家认定的,因设备本身和外在因素的影响容易发生事故,并且一旦发生事故会造成人身伤亡及重大经济损失的危险性较大的设备。特种设备包括电梯、起重机械、厂内机动车辆、客运索道、游艺机和游乐设施、防爆电气设备等。特种设备作业人员必须经专业培训和考核,取得资格证书后方可从事相应工作。使用单位必须对特种设备进行日常维修保养。特种设备的维护保养必须由有资格的人员进行,使用单位应当严格执行特种设备年检、月检、日检等常规检查制度,经检查发现有异常情况时,必须及时处理,严禁带故障运行。

八、有毒有害作业安全

有毒物质是作用于生物体,能使机体发生暂时永久性病变,导致疾病甚至死亡的物质。有害物质是指化学的、物理的、生物的等能危害职工健康的所有物质的总称。

有毒作业是指作业场所空气中有毒物质含量超过国家卫生标准中有毒物质的最高容许浓度的作业。有害作业是指影响人的身体健康,导致疾病,或对作业环境中有害物质的浓度剂量超过国家卫生标准中该物质最高容许可值的作业。有毒有害作业包括高温、有毒、噪声、振动电磁辐射、接触粉尘的作业等。为了避免职工在作业时身体的某部位误入危险区域或接触有害物质应该采取一定的防护措施。一般的防护措施包括隔离、屏蔽、安全距离、个人防护等。

CAG005 危险化学品基本知识

九、化学危险品安全

(一)化学危险品的分类

常用危险品按危险特性分为8类:

第1类:爆炸品。

第2类:压缩气体和液化气体。

第3类:易燃液体。

第4类:易燃固体、自燃物品和遇湿易燃物品。

第5类:氧化剂和有机过氧化物。

第6类:有毒品。

第7类:放射性物品。

第 8 类：腐蚀品。

(二) 使用化学品过程中保持个人卫生的原则

为了防止化学品对人体的危害，遵守个人卫生规则十分重要。

(1) 遵守安全操作规程，使用适当的防护用品。

(2) 工作结束后、饭前、饮水前、吸烟前，要充分洗净身体的暴露部分。

(3) 定期检查身体。

(4) 皮肤受伤时，要完好地包扎。

(5) 时刻注意防止自我污染，尤其在清洗或更换工作服时更要注意。

(6) 在衣服口袋里不装被污染的东西，如抹布、工具等。

(7) 防护用品要分放、分洗。

(8) 勤剪指甲并保持指甲洁净。

(9) 不直接接触能引起过敏的化学品。

(10) 下班后，换下工作服，洗头洗澡。

十、女员工和未成年员工特殊劳动保护

(一) 女员工劳动保护

针对女员工在经期、孕期、产期、哺乳期等的生理特点，在工作任务分配和工作时间等方面所进行的特殊保护。

(二) 未成年员工劳动保护

针对未成年(已满十六周岁，未满十八周岁)的生理特点，在工作时间和工作分配等方面所进行的特殊保护。

项目三 消防安全基础知识

一、消防相关法律法规

> GAG001 消防法律、法规相关知识

(一) 消防工作的方针和原则

消防工作贯彻预防为主、防消结合的方针，按照政府统一领导、部门依法监管、单位全面负责、公民积极参与的原则，实行消防安全责任制，建立健全社会化的消防工作网络。

(二) 消防法律

消防法律是由国家最高权力机关制定的关于消防工作的规范性文件。修订后的《中华人民共和国消防法》已于 2008 年 10 月 28 日经第十一届全国人大常委会第五次会议审议通过，并将自 2009 年 5 月 1 日起施行。《中华人民共和国消防法》是我国目前正在实施的唯一一部具有国家法律效力的专门消防法律。此外，《安全生产法》《中华人民共和国刑法》《中华人民共和国治安管理处罚条例》等均含有关消防的条例。

(三) 消防行政法规

消防行政法规是国务院制定发布的有关消防管理工作的各种规范性文件，如《森林防火条例》《草原防火条例》等。消防行政法规是消防法律体系的重要内容，在全国范围内适

用,其法律效力仅次于消防法律。

(四)地方性消防法规

地方性消防法规是地方国家权力机关根据消防法律和行政法规,结合本地区消防工作的实际需要而制定的地方性规范性文件。是由省、自治区、直辖市或省、自治区人民政府所在地或经国务院批准的较大的市的人民代表大会及其常务委员会制定,适用范围限于本行政区域之内。

(五)消防规章

消防规章分为部门规章和地方规章。部门规章是由国务院所属主管行政部门(如公安部等)在本部门权限范围内,根据国家法律法规制定的适用于某行业或某系统之内的规范文件。

地方规章是由省、自治区、直辖市或省、自治区人民政府所在地或经国务院批准的较大的市的人民政府制定,选用于本行政区域内。

二、消防基础知识

(一)燃烧的概念

燃烧是指可燃物与氧化剂作用发生的放热反应,通常伴有火焰、发光和(或)发烟现象。燃烧的三个必要条件:可燃物、助燃物、点火源。

(二)火灾的发展阶段

(1)发展阶段。

(2)猛烈阶段。

(3)下降阶段。

(4)熄灭阶段。

(三)火灾等级的划分

(1)特别重大火灾。指造成30人以上死亡,或者100人以上重伤,或者1亿元以上直接财产损失的火灾。

(2)重大火灾。指造成10人以上30人以下死亡,或者50人以上100人以下重伤,或者5000万元以上1亿元以下直接财产损失的火灾。

(3)较大火灾。指造成3人以上10人以下死亡,或者10人以上50人以下重伤,或者1000万元以上5000万元以下直接财产损失的火灾。

(4)一般火灾。指造成3人以下死亡,或者10人以下重伤,或者1000万元以下直接财产损失的火灾。

(四)火灾的类型

我国根据可燃物的类型和燃烧特性,将火灾分为A、B、C、D、E、F六类。

A类火灾:普通固体可燃物燃烧而引起的火灾,如木材、棉、毛、麻、纸张。

B类火灾:油脂及一切可燃液体燃烧引起的火灾,如汽油、煤油、原油、甲醇、乙醇、沥青、石蜡火灾。

C类火灾:可燃气体燃烧引起的火灾,如煤气、天然气、甲烷、乙烷、丙烷、氢等引起的火灾。

D类火灾:可燃金属燃烧引起的火灾,如钾、钠、镁、钛、锆、锂、铝镁合金火灾等。

E类火灾:指带电火灾。

F类火灾:烹饪器具内的烹饪物引发的火灾。

(五)常用灭火器的种类及使用范围

1. 二氧化碳灭火器

适用于扑救一般B类火灾,如油制品、油脂等火灾,也可适用于A类火灾,但不能扑救B类火灾中的水溶性可燃、易燃液体的火灾,如醇、脂、醚、酮等物质火灾;也不能扑救带电设备及C类和D类火灾。

2. 干粉灭火器

适用于扑救一般B类火灾,如油制品、油脂等火灾,也可使用于A类火灾,但不能扑救B类火灾中的水溶性可燃、易燃液体的火灾,如醇、酯、醚、酮等物质火灾;可以扑救带电设备及C类和D类火灾。

项目四　职业病防治基础知识

一、职业病的概念

根据中华人民共和国职业病防治法规定,职业病是指企业、事业单位和个体经济组织等用人单位的劳动者在职业活动中,因接触粉尘、放射性物质和其他有毒、有害物质等因素而引起的疾病。各国法律都有对于职业病预防方面的规定,一般来说,符合法律规定的疾病才能称为职业病。

二、职业病性有害因素

(一)概念

生产工艺过程、劳动过程和工作环境中产生和(或)存在的,对职业人群的健康、安全和作业能力可能造成不良影响的一切条件或要素,统称为职业性有害因素。职业性有害因素是导致职业性损害的致病源,其对健康的影响主要取决于有害因素的性质和接触强度(剂量)。

(二)分类

职业性危害因素按其来源不同可分为以下三类:

1. 生产工艺过程中产生的有害因素

(1)化学性有害因素:包括生产性毒物和生产性粉尘。

(2)物理性有害因素:包括异常气象条件(高温、高湿、低温、高(低)气压等)、噪声、振动、非电离辐射(可见光、紫外线、红外线、射频辐射、激光等)、电离辐射(α射线、β射线、γ射线、X射线、中子射线等)。

(3)生物性有害因素:包括炭疽杆菌、布氏杆菌、森林脑炎病毒、真菌、寄生虫及某些植物性花粉等。

2. 劳动过程中的有害因素

不合理的劳动组织和作息制度、劳动强度过大或生产定额不当、职业心理紧张、个别器官或系统紧张、长时间处于不良体位、姿势或使用不合理的工具等。

3. 工作环境中有害因素

自然环境因素(如太阳辐射)、厂房建筑或布局不符合职业卫生标准(如通风不良、采光照明不足、有毒工段和无毒工段在同一个车间内)和作业环境空气污染等。

三、生产性毒物

> CAG009 生产性毒物的基本知识

(一)概念

在一定的条件下,较小的剂量即可引起机体急性或慢性的病理变化,甚至危及生命的化学物质称为毒物。在生产过程中产生的,存在于工作环境空气中的毒物称为生产性毒物。劳动者在生产劳动过程中过量接触生产性毒物可引起职业中毒。

(二)生产性毒物的来源与存在形态

1. 来源

生产性毒物主要来源于原料、辅助原料、中间产品、成品、副产品、夹杂物或废弃物;有时也可来自热分解产物及反应产物,例如,聚氯乙烯塑料加热至 160~170℃ 时可以分解产生氯化氢;磷化铝遇湿分解产生磷化氢等。

> ZAG006 生产性毒物的存在形式

2. 存在的形态

毒物可以固态、液态、气态或气溶胶的形式存在于生产环境中。气态毒物是指常温、常压下呈气态的物质,例如,氯气、氮氧化物、一氧化碳、硫化氢等刺激性气体和窒息性气体;固态升华、液体蒸发或挥发可形成蒸气,如碘等可经升华,苯可经蒸发而呈气态。凡沸点低、蒸气压大的液体都易产生蒸气,对液体加温、搅拌、通风、超声处理喷雾或增大其液体表面积均可促进蒸发或挥发。

悬浮于空气中的液体微粒称为雾。蒸气冷凝或液体喷洒可形成雾,如镀铬作业时可产生铬酸雾,喷漆作业时可产生漆雾等。悬浮于空气中直径小于 $0.1\mu m$ 的固体颗粒称为烟。金属熔融时产生的蒸气在空气中迅速冷凝、氧化可形成烟。漂浮在空气中的粉尘、烟和雾,统称为气溶胶。

> ZAG007 生产性毒物的接触

(三)生产性毒物的接触机会

在劳动过程中主要有以下操作或生产环节有机会接触到毒物,例如,原料的开采与提炼,加料和出料;成品的处理、包装;材料的加工、搬运、储存;化学反应控制不当或加料失误而引起冒锅和冲料,储存气态化学物钢瓶的泄漏,作业人员进入反应釜出料和清釜,物料输送管道或出料口发生堵塞,废料的处理和回收,化学物的采样和分析,设备的保养、检修等。

(四)生产性毒物进入人体的途径

在生产中,毒物主要经呼吸道进入人体;其次为皮肤侵入;由消化道进入,在职业卫生中意义不大。

1. 呼吸道

气体、蒸气及气溶胶形式的毒物均可经呼吸道进入人体,大部分生产性毒物都由此途径进入人体。由于肺泡呼吸膜薄,呼吸膜的扩散面积很大,正常成人达 $70m^2$,故毒物可迅速大量地通过,直接进入体循环,其毒作用发生较快。

2. 皮肤

有些毒物如芳香族的氨基、硝基化合物,有机磷酸脂化合物,氨基甲酸脂化合物,金属有机化合物(四乙铅)等可通过完整的皮肤吸收引起中毒。毒物经皮肤吸收可以通过表皮屏障到达真皮,进入血液;也可以通过皮肤的附属器官(毛囊、皮脂腺或汗腺)进入真皮。

3. 消化道

在生产过程中,经消化道摄入毒物所致的职业中毒甚为少见,常见于意外事故。

四、生产性粉尘

> CAG010 生产性粉尘的基本知识

(一)概念

粉尘是直径很小($0.1 \sim 10 \mu m$)的固体微粒,可以在自然环境中天然生成,或在生产和生活中由于人为原因而生成。生产性粉尘是指在生产过程中形成,并能够长时间漂浮在空气中的固体颗粒。它是污染环境,损害劳动者健康的重要职业性有害因素,可引起包括尘肺在内的多种职业性肺部疾患。

(二)生产性粉尘的来源和分类

> ZAG008 生产性粉尘的来源与分类

1. 来源

生产性粉尘的来源非常广泛。矿山开采、凿岩、爆破、运输、隧道开凿、筑路等;冶金工业中的原材料准备、矿石的粉碎、筛分、配料等;机械制造工业中的原料的破碎、配料、清砂等;耐火材料、玻璃、水泥、陶瓷等工业的原料加工;皮毛、纺织工业的原料处理;化工工业中的固体原料加工处理,包装物品的生产过程,甚至宝石首饰加工;由于工艺原因和防、降尘措施不够完善,均可产生大量的粉尘,污染环境。

2. 分类

生产性粉尘的分类方法很多,按粉尘的性质可概括为两大类:

1)无机粉尘

无机粉尘包括矿物性粉尘,如石英、石棉、煤等;金属粉尘,如铅、锰、铁、铍、锡、锌等及其化合物;人工无机粉尘,如金刚砂、水泥、玻璃纤维等。

2)有机粉尘

有机粉尘包括动物性粉尘,如皮毛、丝、骨粉尘;植物性粉尘,如棉、麻、谷物、亚麻、甘蔗、木、茶粉尘;人工有机粉尘,如有机染料、农药、合成树脂、橡胶、人造有机纤维粉尘等。

3)混合性粉尘

在生产环境中以上两种粉尘同时存在时,其混合物为混合性粉尘。

(三)粉尘对人体健康的影响

> ZAG009 生产性粉尘对人体的影响

1. 粉尘在呼吸道沉积

含尘气流进入呼吸道后,主要通过撞击、重力沉积、布朗运动、静电沉积、截留而沉积。撞击发生在气管的分叉处,重力沉积见于气道的表面。在大气道中主要是撞击作用,随着气道变小总截面面积增大,气流减慢,重力沉积成为主要方式。直径大于$1 \mu m$的粒子大部分通过撞击和重力沉积而沉降,沉降率与粒子的密度和直径的平方成正比;直径小于$0.5 \mu m$的粒子主要通过布朗运动沉降;纤维状粉尘主要通过截留作用沉积;物质破碎新产生的粉尘粒子带较多的电荷,易在呼吸道表面产生静电沉积。

2. 人体对粉尘的清除

沉积在呼吸道的粉尘主要通过两种方式清除：黏液纤毛系统和肺泡巨噬细胞吞噬作用。气管壁上的纤毛在向咽喉方向摆动时，可将阻留在气道壁黏液层中的尘粒移出；黏附在肺泡腔表面的尘粒被巨噬细胞吞噬后成为尘细胞，大部分尘细胞通过阿米巴样运动及肺泡的缩张转移至纤毛上皮表面，在通过纤毛运动而清除。绝大部分粉尘通过这种方式约在24小时内排除。

3. 粉尘对人体的致病作用

> ZAG010 生产性粉尘对人体的致病作用

生产性粉尘根据其理化特性和作用特点的不同，可引起不同的疾病。

1）呼吸系统疾病

（1）尘肺。

矽肺、煤工尘肺、石墨尘肺、炭黑尘肺、石棉肺、滑石尘肺、水泥尘肺、云母尘肺、陶工尘肺、铝尘肺、电焊工尘肺、铸工尘肺以及根据《尘肺病诊断标准》和《尘肺病理诊断标准》可以诊断的其他尘肺。

（2）粉尘沉着症。

有些生产性粉尘（如锡、钡、铁等）吸入后，沉积于肺组织中，呈现一般的异物反应，可继发轻微的纤维性改变，对健康无明显的影响或危害较小，脱离粉尘作业后，病变可无进展或X射线胸片阴影消退。

（3）有机粉尘可引起的肺部病变。

吸入棉、亚麻或大麻等粉尘可引起棉尘症；由被霉菌、细菌或血清蛋白污染的有机粉尘可引起职业性变态反应肺炎；吸入聚氯乙烯、人造纤维粉尘可引起非特异性慢性阻塞性肺病。

（4）呼吸系统肿瘤。

石棉、放射性矿物质、镍、铬、砷等粉尘均可致肺部肿瘤。

（5）粉尘性支气管炎、肺炎、哮喘性鼻炎、支气管哮喘。

2）局部作用

粉尘作用于呼吸道黏膜，早期功能亢进、充血、毛细血管扩张，分泌液增加，阻留更多的粉尘，久之酿成肥大性病变；然后由于黏膜上皮细胞营养不足，最终造成萎缩性改变。粉尘还可以引起阻塞皮脂炎、粉刺、毛囊炎、脓皮病。金属磨料粉尘可引起角膜损伤、混浊。沥青粉尘可引起光感性皮炎等。

3）中毒作用

吸入铅、砷、锰等粉尘可在呼吸道黏膜溶解并很快吸收，导致中毒。

五、物理性有害因素

> CAG011 物理性有害因素的基本知识

（一）概念

在生产和工作环境中，与劳动者健康密切相关的物理因素包括气象条件（气温、气湿、气流、气压）、噪声和振动、电磁辐射（可见光、紫外线、红外线、射频辐射、激光、α射线、β射线、γ射线、X射线、中子射线等）等。

（二）特点

与化学因素相比，物理因素具有如下特点：

（1）作业场所常见的物理因素中，除了激光是由人工产生外，其他因素在自然界中均存在。正常情况下，有些因素不但对人体无害，反而是人体生理活动或从事生产劳动所必需的，如气温、可见光等。

（2）每一种物理因素都有特定物理参数，如表示气温的温度，振动的频率和速度，电磁辐射的能量或强度等。物理因素对人体造成危害以及危害程度的大小，与这些参数密切相关。

（3）作业场所中的物理因素一般有明确的来源，当产生有害物理因素的装置处于工作状态时，这种因素的出现在作业环境中并可能造成健康危害。一旦装置停止工作，则相应的物理因素便消失。

（4）作业场所空间物理因素的强度一般是不均匀的，多以发生装置为中心，向四周传播。如果没有阻挡，则随着距离的增加呈指数关系衰减。在进行现场评价时要注意这一特点，并在采取保护措施时充分加以利用。

（5）有些物理因素，如噪声、微波等，可有连续波和脉冲两种传播形式。不同的传播形式使得这些因素对人体危害程度有较大差异，因此在制定卫生标准时分别加以考虑。

（6）在许多情况下，物理因素对人体的损害效应与物理参数不呈直线的相关关系。而是常表现为在某一强度范围内对人体无害，高于或低于这一范围，才对人体产生不良影响，并且影响的部位和表现形式可能完全不同。例如，正常气温对人体生理功能是必须的，而高温可引起中暑，低温可引起冻伤或冻僵；高气压可引起减压病，低气压可引起高山病等。

六、生物有害因素

> CAG012 生物有害因素的基本知识

（一）概念

生产原料和生产环境中存在的对职业人群健康有害的致病微生物、寄生虫、昆虫等以及所产生的生物活性物质统称为生物有害因素。例如，附着于动物皮毛上的炭疽杆菌、布氏杆菌、蜱媒森林脑炎病毒、支原体、衣原体、钩端螺旋体、滋生于霉变蔗渣和草尘上的真菌或真菌孢子类致病微生物及其毒性产物；某些动物、植物产生的刺激性、毒性或变态反应性生物活性物质，如鳞片、粉末、毛发、粪便、毒性分泌物、酶或蛋白质和花粉等。禽畜血吸虫尾蚴、钩蚴、蚕丝、蚕蛹、蚕茧、桑毛虫等，种类繁多。他们对职业人群的健康损害，除引起法定职业性传染病，如炭疽、布氏杆菌病、森林脑炎外，也是构成哮喘、外源性过敏性肺泡炎和职业性皮肤病等法定职业病的致病因素之一。

> GAG003 炭疽杆菌的致病与接触

（二）致病微生物介绍

1. 炭疽杆菌

炭疽是一种人畜共患的急性传染病。炭疽杆菌是炭疽病的病源菌。

1）致病性

炭疽杆菌的荚膜和毒素是炭疽杆菌的两种主要的致病物质。炭疽杆菌在动物体内有荚膜形成，荚膜能抵抗吞噬细胞的吞噬作用，有利于该菌在机体内的生存、繁殖和扩散。因此，有荚膜形成的其致病性较强。炭疽杆菌可产生强毒性的炭疽毒素。炭疽毒素由水肿因子、保护性抗原和致死因子三种成分组成,其中任一成分单独存在均不引起毒性反应。水肿因子和保护性抗原同时作用可产生皮肤坏死和水肿反应,保护因子和致死因子同时作用可使动物致死,只有三者同时存在方可引起典型的炭疽病。炭疽毒素主要损害微血管内皮细胞,增强血管壁的通透性,减少有效血容量和微循环灌注量,使血液的黏滞度增高,从而导致弥散性血管内凝血,造成休克。炭疽杆菌可经皮肤、呼吸道和消化道侵入机体引起炭疽病。

2)接触机会

炭疽杆菌主要寄生于牛、马、羊、骆驼等食草动物。从事畜牧业、兽医、屠宰牲畜检疫、毛纺及皮革加工等职业人群接触炭疽杆菌的机会较多。误食病畜肉、乳品等可发生肠炭疽。

2. 布氏杆菌

1)致病性

布氏杆菌有荚膜可产生透明质酸酶和过氧化氢酶,能够通过完整的皮肤和黏膜进入宿主体内。该菌产生的内毒素,是布氏杆菌的重要致病物质。荚膜能抵抗吞噬细胞的吞噬作用,内毒素损害吞噬细胞,布氏杆菌能在宿主细胞内增殖成为胞内寄生菌,并经淋管结到达局部淋巴结繁殖形成感染灶。当布氏杆菌在淋巴结中繁殖达到一定数量后即可突破淋巴结进入血液,引起发热等菌血症的表现。布氏杆菌可随血液侵入肝、脾、骨髓、淋巴结等组织器官,并生长繁殖形成新的感染灶。

2)接触机会

牧民、饲养员、挤奶工、屠宰工、肉品包装工、卫生检疫员、兽医等职业人群接触机会较多。饮用布氏杆菌污染的生奶或奶制品可感染引发布氏杆菌病。

项目五　个人防护用品基础知识

一、个人防护用品的概念

个人防护用品是指劳动者在工作过程中为免遭或减轻事故伤害或职业危害,个人随身穿(佩)戴的用品。在作业环境中尚不能消除或有效降低职业危害因素的浓度(强度)时,劳动者随身穿(佩)戴的个人防护用品是主要的防护措施,属于预防职业危害综合措施的一部分,是第一级预防。选择防护用品首先要了解职业病危害因素的侵入途径或作用的靶器官,然后选择有针对性的防护用品。

二、个人防护用品的分类

一般而言,个人防护用品可以分为防护头盔、防护服、呼吸防护器、防护眼镜、防护面罩、护耳器、皮肤防护用品以及一些多功能或复合的防护用品七大类。

三、个人防护用品的介绍

(一)防护头盔

在生产现场,为防止意外重物坠落击伤、生产中不慎撞伤头部,或防止有害物质的污染,劳动者应当佩戴安全防护头盔。我国国家标准 GB 2811—2016《安全帽》对安全头盔的形式、颜色、耐冲击、耐燃烧、耐低温、绝缘等技术性能有专门的规定。

根据用途,防护头盔可分为单纯式和组合式两类。

1. 单纯式

(1) 一般建筑工人、煤矿工人佩戴的帽盔,用于防重物坠落砸伤头部。

(2) 机械、化工等工厂用于防污染用的以棉布或合成纤维制成的带舌帽。

2. 组合式

(1) 电焊工安全防护帽,防护帽和电焊工面罩连为一体,起到保护头部和眼睛的作用。

(2) 矿用安全防尘帽,由滤尘帽盔和口鼻罩及其附件组成。防尘帽盔包括外盔、内帽和帽衬,外盔和内帽滤层将夹层空间分隔为过滤外腔和过滤内腔。帽盔前端设进气孔,连通外腔,内腔设出气孔,于帽盔两侧与橡胶导气管连接,再通往口鼻罩。口鼻罩按一般人面型设计,接面严密并设呼气阀。每当吸气时,含尘空气通过外盔上的进气孔进入过滤外腔,透过高效过滤层净化后进入过滤内腔,将净化后的空气再经出气孔橡胶导气管、口鼻罩进入呼吸道,呼出气由呼气阀排出。

(3) 防尘防噪声安全帽,为安全防尘帽上加上防噪声耳罩。

(二) 防护服

防护服包括帽、衣、裤、围裙、鞋罩等,有防止或减轻热辐射、X 射线、微波辐射和化学物污染机体的作用

1. 防热服

防热服应具有隔热、阻燃、牢固的性能,但又应透气,穿着舒适,便于穿脱;可分为非调节和空气调节式两种。

1) 非调节防热服

(1) 阻燃防热服。

用经阻燃剂处理的棉布制成,不仅保持了天然棉布的舒适、耐用和耐洗性,而且不会聚集静电,在直接接触火焰或炽热物体后,能延缓蔓延,使衣物炭化形成隔离层,不仅有隔热作用,而且不致由于衣料燃烧或暗燃而产生继发性灾害,适用于有明火、散发火花或在熔融金属附近操作以及在易燃物质并有发火危险的场所工作时穿着。

(2) 铝箔防热服。

能反射绝大部分热辐射而起到隔热作用,缺点是透气性差。可在防热服内穿一件由细小竹段或芦苇编制的帘子背心,以利通风透气和增强汗液蒸发。

(3) 白帆布防热服。

经济耐用,但防热辐射作用远不如前两种。

2) 空气调节防热服

可分为通风服和制冷服两种。

(1) 通风服。

将冷却空气用空气压缩机压入防热服内,吸收热量后从排气阀排出。通风服需很长的风管,只适于固定的作业。还有一种装有微型风扇的通风服,直接向服装间层送风,增加其透气性而起到隔热作用。

(2)制冷服。

又可分为液体制冷服、干冰降温服和冷冻服,基本原理一致,不同处是防热服内分别装有低温无毒盐溶液、干冰、冰块的袋子或容器,最实用者为装有冰袋的冷冻服。

2. 防化学污染物的服装

一类是用涂有对所防化学物不渗透或渗透率小的聚合物化纤和天然织物做成,并经某种助剂浸轧或防水涂层处理,以提高其抗透过能力,如喷洒农药人员防护服;另一类是以丙纶、涤纶或氯纶等织物制作,用以防酸碱。对这些防护服,国家有一定的透气、透湿、防油拒水、防酸碱及防特定毒物透过的标准。

3. 防尘服

一般用较致密的棉布、麻布或帆布制作。需具有良好的透气性和防尘性,式样有连身式和分身式两种,袖口、裤口均须扎紧,用双层扣,即扣外再缝上盖布加扣,以防粉尘进入。

(三)防护眼镜或面罩

1. 防护眼镜

防护眼镜一般用于各种焊接、切割、炉前工、微波、激光工作人员防御有害辐射线的危害。可根据作用原理将防护镜片分为两类:

1)反射性防护镜片

根据反射的方式,还可以分为干涉型和衍射型。在玻璃镜片上涂布光亮的金属薄膜,如铬、镍、银等,在一般情况下,可反射的辐射线范围较宽(包括红外线、紫外线、微波等),反射率可达95%,适用于多种非电离辐射作业。另外还有一种涂布二氧化亚锡薄膜的防微波镜片,反射微波效果良好。

2)吸收性防护镜片

根据选择吸收光线的原理,用带有色泽的玻璃制成,例如,接触红外线辐射应佩戴绿色镜片,接触紫外线辐射佩戴深绿色镜片,还有一种加入氧化亚铁的镜片能较全面地吸收辐射线。此外,防激光镜片有其特殊性,多用高分子合成材料制成,针对不同波长的激光采用不同的镜片,镜片具有不同的颜色,并注明所防激光的光密度值和波长,不得错用。使用一定时间后,须交有关检测机构校验,不能长期一直戴用。

2. 防护面罩

防护面罩是用来保护面部和颈部免受飞来的金属碎屑、有害气体、液体喷溅、金属和高温溶剂飞沫伤害的用具。

1)防固体屑末和化学溶液面罩

用轻质透明塑料或聚碳酸酯塑料制作,面罩两侧和下端分别向两耳和下颏下端及颈部延伸,使面罩能全面地覆盖面部,增强防护效果。

2)防热面罩

除与铝箔防热服相配套的铝箔面罩外,还有用镀铬或镍的双层金属网制成,反射热和隔热作用良好,并能防微波辐射。

3)电焊工用面罩

带有电焊工防护眼镜的深绿色玻璃,周边配以厚硬纸纤维制成的面罩,防热效果较好,并具有一定电绝缘性。

(四)呼吸防护器

呼吸防护器包括括防尘口罩、防毒口罩、防毒面具等。

根据结构和作用原理,可分为过滤式和隔离式呼吸防护器两大类。

1. 过滤式呼吸防护器

过滤式呼吸防护器具是以佩戴者自身呼吸为动力,将空气中有害物质予以过滤净化。适用于空气中有害物质浓度不很高,且空气中含氧量不低于18%的场所,有机械过滤式和化学过滤式两种。

1)机械过滤式

机械过滤式呼吸防护器主要为防御各种粉尘和烟雾等质点较大的固体有害物质的防尘口罩。其过滤净化全靠多孔性滤料的机械式阻挡作用。又可分为简式和复式两种,简式直接将滤料做成口鼻罩,结构简单,但效果较差,如一般纱布口罩。复式将吸气与呼气分为两个通路,分别由两个阀门控制。性能好的滤料能滤掉细尘,通气性好,阻力小。

2)化学过滤式

简单的化学过滤式呼吸防护器有以浸入药剂的纱、滤垫的简易防毒口罩,还有一般所说的防毒面具,由薄橡皮制的面罩、短皮管、药罐三部分组成,或在面罩上直接连接一个或两个药盒,如某些有害物质并不刺激皮肤或黏膜,就不用面罩,只用一个连储药盒的口罩(也称半面罩)。

3)过滤式呼吸防护器要求

防毒面罩(口罩)应达以下卫生要求。

(1)滤毒性能好,滤料的种类依毒物的性质、浓度和防护时间而定。

(2)面罩和呼气阀的气密性好。

(3)呼吸阻力小。

(4)不妨碍视野,重量轻。

2. 隔离(供气)式呼吸防护器

经此类呼吸防护器吸入的空气并非经净化的现场空气,而是另行供给。

按其供气方式又可分为自带式与外界输入式两类。

1)自带式

自带式呼吸防护器由面罩、短导气管、供气调节阀和供气罐组成。供气罐应耐压,固定于工人背部或前胸,其呼吸通路与外界隔绝。有两种供气形式。

(1)罐内盛压缩氧气(空气)供吸入,呼出的二氧化碳由呼吸通路中的滤料(钠石灰等)除去,再循环吸入,例如常用的两小时氧气呼吸器(AHG-2型)。

(2)罐中盛过氧化物(如过氧化钠、过氧化钾)及小量铜盐作触媒,借呼出的水蒸气及二氧化碳发生化学反应,产生氧气供吸入。此类防护器可维持30min至2h,主要用于意外事故时或密不通风且有害物质浓度极高而又缺氧的工作环境。但使用过氧化物作为供气源进时,要注意防止其供气罐损漏而引起事故。

2)输入式

常用外界输入式的呼吸防护器有两种。

(1)蛇管面具。

蛇管面具由面罩和面罩相接的长蛇管组成,蛇管固置于皮腰带上的供气调节阀上。蛇管末端接一油水尘屑分离器,其后再接输气的压缩空气机或鼓风机,冬季还需在分离器前加空气预热器。用鼓风机蛇管长度不宜超过 50m,用空气压缩机蛇管可长达 100~200m。还有一种将蛇管末端置于空气清洁处,靠使用者自身吸气时输入空气,长度不宜超过 8m。

(2)送气口罩和头盔。

送气口罩为一吸入与呼出通道分开的口罩,连一段短蛇管,管尾接于皮带上的供气阀。送气头盔为能罩住头部并伸延至肩部的特殊头罩,以小橡皮管一端伸入盔内供气,另一端也固定于皮腰带上的供气阀,送气口罩和头盔所需供呼吸的空气,可以由安装在附近墙上的空气管路,通过小橡皮管输入。

(五)防噪声用具

> ZAG014 防噪声用具的基本知识

1. 耳塞

耳塞为插入外耳道内或置于外耳道口的一种栓,常用材料为塑料和橡胶。按结构外形和材料不同分为圆锥形塑料耳塞、蘑菇形橡胶耳塞、伞形提篮形塑料耳塞、圆柱形泡沫塑料耳塞、可塑性变形塑料耳塞和硅橡胶成型耳塞、外包多孔塑料纸的超细纤维玻璃棉耳塞、棉纱耳塞。

对耳塞的要求:应有不同规格的适合于各种人耳道的构型,隔声性能好、佩戴舒适、易佩戴和取出,又不易滑脱、易清洗、消毒、不变形等。

2. 耳罩

耳罩常以塑料制成呈矩杯碗状,内具泡沫或海绵垫层,覆盖于双耳,两杯碗间连以富有弹性的头架适度紧夹于头部,可调节,无明显压痛,舒适。要求其隔音性能好,耳罩壳体的低限共振率越低,防声效果越好。

3. 防噪声帽盔

防噪声帽盔能覆盖大部分头部,以防强烈噪声经骨传导而达内耳,有软式和硬式两种。软式质轻,导热系数小,声衰减量为 24dB。缺点是不通风。硬式为塑料硬壳,声衰减量可达 30~50dB。

对防噪声用具的选用,应考虑作业环境中噪声的强度和性质,以及各种防噪声用具衰减噪声的性能。各种防噪声用具都有适用范围,选用时应认真按照说明书使用,以达到最佳防护效果。

(六)皮肤防护用品

> ZAG015 皮肤防护用品的基本知识

皮肤防护用品主要指防护手和前臂皮肤的手套和防护油膏。

1. 手套

品种繁多,对不同有害物质防护效果各异,可根据所接触的有害物质的种类和作业情况选用。现在国内质量较好的一种采用新型橡胶体聚氨酯塑料浸塑而成,不仅能防苯类溶剂,且耐多种油类、漆类和有机溶剂,并有良好的耐热、耐寒性能。

2. 防护油膏

在戴手套感到妨碍操作的情况下,常用膏膜防护皮肤污染。干酪素防护膏可对有机溶剂、油漆和染料等有良好的防护作用。对酸碱等水溶液可用由聚甲基丙烯酸丁酯制成的胶状膜液,涂布后即形成防护膜,洗脱时需用乙酸乙酯等溶剂。防护膏膜不适于有较强摩擦力的操作。

（七）复合防护用品

对于有些全身都暴露于有害因素，尤其是放射性物质的职业，例如，介入手术医生，应佩带能防护全身的由铅胶板制作的复合防护用品。考虑到医生工作的特殊性，防护用品不仅要有可靠的防护效果，还要轻便、舒适、方便使用。这种防护用品由防护帽、防护颈套、防护眼镜、全身整体防护服或分体防护服组成，对于眼晶体、甲状腺、女性乳腺、性腺等敏感部位，铅胶板厚度应加大。

四、使用与保养

（一）立法和规章制度

由于用人单位负责人和劳动者本人对个人防护重要性的认识不足，用人单位负责人认为购买个人防护用品加大生产成本而不愿意使用；劳动者佩戴个人防护用品感到不习惯等原因，在不少用人单位个人防护用品未得到很好应用。因此，应从立法和规章制度上来规范个人防护用品的使用。一些发达国家，从立法角度强制性使用个人防护用品，如有违反，用人单位主被课以高额罚金，严重者吊销经营许可证；劳动者除被课以罚金外，并有解除工作合同的可能。我国针对个人防护用品的制造和使用也制定了一些国家标准，但大多数是技术规范，对强制使用还缺乏有力的法律条款，应进一步完善。

（二）正确选择防护用品

应针对防护要求，正确选择性能符合要求的用品，绝不能选错或将就使用，特别是绝不能以过滤式呼吸防护器代替隔离式呼吸防护器，以防止发生事故。

（三）加强教育和训练

应利用各种途径，如培训班、宣传册、车间板报和标语等，对使用个人防护用品者加强教育，使其充分了解使用的目的和意义，反复训练，熟练掌握使用方法。对于结构和使用方法较为复杂的用品，如呼吸防护器，宜反复进行训练，使能迅速正确地戴上、卸下和使用，并逐渐习惯于呼吸防护器的阻力。又如用于紧急救灾时的呼吸防护器，要定期严格检查，并妥善地存放在可能发生事故的邻近地点，便于及时取用。

（四）防护用品的使用和维护

应按每种防护用品的要求规范使用。在使用时，必须在整个接触时间内认真充分佩戴。其防护效果以有效防护系数来衡量，在接触时间内99%以上时间佩戴，有效防护程度可达到100%；不佩戴时间增多，其有效防护系数递减。

第二部分

初级工操作技能及相关知识

模块一　工艺操作

项目一　相关知识

一、开车准备

(一)有机化工的基本知识

1. 有机物的概念

1)概念

狭义上的有机化合物主要是由碳元素、氢元素组成,是一定含碳的化合物,但是不包括碳的氧化物(一氧化碳、二氧化碳)、碳酸、碳酸盐、氰化物、硫氰化物、氰酸盐、金属碳化物、部分简单含碳化合物(如 SiC)等物质。除含碳元素外,还可能含有氢、氧、氮、氯、磷和硫等元素。

2)特点

和无机物相比,有机物数目众多,可达几千万种。而无机物目前却只发现数十万种,因为有机化合物的碳原子的结合能力非常强,可以互相结合成碳链或碳环。碳原子数量可以是 1、2 个,也可以是几千、几万个,许多有机高分子化合物(聚合物)甚至可以有几十万个碳原子。此外,有机化合物中同分异构现象非常普遍,这也是有机化合物数目繁多的原因之一。

3)化学性质

有机物一般具有以下化学性质:

(1)可燃性。

总体来说,有机化合物除少数以外,一般都能燃烧。一般与氧气充分燃烧后,生成物中含有水和二氧化碳。

(2)稳定性差。

和无机物相比,它们的热稳定性比较差,电解质受热容易分解。有机物的熔点较低,一般不超过 400℃。有机化合物常会因为温度、细菌、空气或光照的影响分解变质。

(3)反应速率比较慢。

有机物之间的反应,大多是分子间的反应,往往需要一定的活化能,因此反应缓慢,往往需要加入催化剂等。

(4)反应产物复杂。

有机物的反应比较复杂,在同样条件下,一个化合物往往可以同时进行几个不同的反应,生成不同的产物。

(5)难溶于水。

有机物的极性很弱,因此大多不溶于水。

> CBD001 有机物的分类及特点

2. 有机化学工业的概念及特点

1) 有机化学工业的概念

有机化学工业(以下简称有机化工)是以煤、石油、天然气、农林产品含碳化合物为简单的基础原料,生产各种基本有机原料,化工以及合成化工产品的化工生产部门。

2) 有机化工的特点

（1）化学反应复杂且产率较低。

物料在有机化学加工过程中,其化学变化很复杂,必须抓住主要反应的最佳条件,才能得到高产量、高质量的产品。有机物分子结构一般比较复杂,反应时常常不局限于某一特定部位。于是在反应过程中分子不同部位(基团)对其他反应物有反应竞争,就可能产生不同的反应产物。因此,在通过反应制备某一产物时总是伴随着一些副反应,故有机化学反应的产率一般比较低。

（2）产品纯度低需进一步提纯。

即使在最佳条件下,有机化学反应也难避免发生副反应,因此产品纯度往往较低,需经提纯才能得到目的产品。产品提纯工作在有机化工产品生产中十分重要,有时可能是最为关键的工艺步骤。

（3）化学反应速度慢需对应加入催化剂。

有机化学反应一般是分子间的反应,反应速率往往决定于分子间的无规则的碰撞。这与无机化合物易解离为离子,其间有静电引力的反应比较,反应速度要慢得多。有的反应可能需要几天甚至更长的时间才能完成。因此,多数反应需要加热、震荡或搅拌以增加分子碰撞的机会,使用催化剂以增加活化分子的数目等手段。

3) 有机化工的分类

有机化工按产品的性能在有机化学工业及国民经济中所起的作用,大体可分为以下三大门类。

（1）基本有机化学工业。

基本有机化学工业是有机化学工业的基础,它的任务:利用自然界中大量存在的煤、石油、天然气及生物质等资源,通过各种化学加工方法,制成一系列重要的基本有机化工产品,如乙烯、丙烯、丁二烯、醇、醛、酮、羧酸及其衍生物、卤代物、环氧化合物及有机含氮化合物等。这些产品有些具有独立用途,如作溶剂、萃取剂、抗冻剂等;但更大量地主要用作其他有机化工产品生产的基础原料,经过进一步加工制成更为广泛的有机化工产品,如高分子合成材料、合成洗涤剂、表面活性剂、水质稳定剂、染料、医药、农药、香料、涂料、增塑剂、阻燃剂等。所以,基本有机化学工业就是生产有机化工原料和重要有机产品的工业。

（2）精细有机化学工业。

精细有机化学工业是指利用基本有机化工产品作为原料,经深度精细加工,生产具有功能性和最终使用性的有机化合物产品的工业。精细有机化学工业包括:表面活性剂、水质稳定剂、专用助剂、添加剂、胶黏剂、合成药物、染料、香料、农药等行业。精细有机化学工业产品的结构复杂、品种繁多,但生产规模不大(相对基本有机化工的产品而言)、生产过程步骤多,对产品纯度和质量的要求高。

(3)高分子化学工业。

高分子化学工业是指利用基本有机化学工业产品,经过进一步化学加工,生产相对分子质量很大的有机聚合物的工业。高分子化学工业的主要产品为三大合成材料,即合成树脂及塑料、合成橡胶和合成纤维。

3. 有机化工中的氧化反应

1)有机化工的氧化反应

> CBD008 氧化反应的条件

有机分子的加氧或脱氢过程称为氧化反应。自官能团的转换中,常用氧化反应来得到较高氧化态的化合物,是有机合成研究和工业生产中最常用、最重要的反应类型之一,通常氧化反应都是放热反应。

2)常用氧化剂的分类及其性质特点

一般可将氧化剂分为以下三类:

(1)过度金属氧化剂:SeO_2、OsO_4。

(2)氧、臭氧、过氧化物:O_2、O_3、H_2O_2。

(3)其他氧化剂:$KMnO_4$、$K_2Cr_2O_7$、MnO_2。

其中氧气作为最经济的氧化剂之一广泛应用于有机化学工业。

由于6价铬和7价锰的含氧衍生物,它们的氧化能力强,但选择性差,一般作为通用氧化剂。此外一些氧化剂如SeO_2、$Pb(OAc)_4$等,只能有选择性地氧化某些基团,一般作为专用氧化剂。

4. 样品的采集方法

> CBD012 取样的注意事项

1)采样的目的

(1)技术目的。

① 为了确定原材料、半成品及成品的质量。

② 为了控制生产工艺过程。

③ 为了检定未知物。

④ 为了确定污染的性质、程度和来源。

⑤ 为了验证物料的性质或特性值。

⑥ 为了测定物料随时间、环境的变化。

⑦ 为了检定物料的来源。

(2)安全目的。

① 为了确定物料是否安全或危险程度。

② 为了分析发生事故的原因。

③ 为了按危险性进行物料的分类。

2)采样的基本原则

采样的基本原则是使采得的样品具有充分的代表性。

当采样的费用(如物料费用、作业费用等)较高,在设计采样方案时可以适当兼顾采样误差和费用,但应满足对采样误差的要求。

3)采样的安全原则

(1)无论所采样品的性质如何,都要遵守以下采样操作的规定。

采样地点要有出入安全的通道,符合要求的照明和通风条件。

设置在固定装置上的采样点必须满足上述这些要求,还要满足所取物质物料性质的特殊要求。在储罐或槽车顶部采样时要预防掉下去,还要防止堆垛容器或散装货物的倒塌。

(2) 如果所采物料本身是危险品,应遵守以下规定。

① 采样时,不应使该批物料收到损害。

特别在通过阀门取流体样品时,为了避免阀门开拉卡住时可能导致流体的大量流出,采样设备应具有随时限制流出总量和流速的装置。

对液体采样时,为了预防溢出,应当准备排溢槽和漏斗,以便安全地收集溢出物,并为采样者设置常备防溅防护板。

对液体和气体的采样,在任何时候都应该能用阀门来切断采样点与物料或管线的联系,该阀门应安装在采样点的附近,但不要太靠近,以便万一发生意外时可以安全的控制流体。

在任何情况下,采样者都必须确保所有被打开了的部件和采样口按照要求重新关闭好。

② 当需要用待采物料取清洗样品容器,而该物料又存在危险时,应准备适当的设备以处理那些清洗用过的物料。气体应排放到原理采样者和其他工作人员的地方。

③ 采样量和采样次数应根据检验的需要来确定。

④ 装有样品的容器,应使用适当的运载工具来运输。此运载工具的设计和制造应便于操作并尽量减少样品容器的破损及由此引起的危险性。

⑤ 采样设备(包括所有的工具和容器)要与待采物料的性质相适应并符合使用要求。

⑥ 应在采样前或尽早地在容器上做出标记,表明物料的性质及危险性。

⑦ 采样者要完全了解样品的危险性及预防措施,并受过使用安全设施的训练,包括灭火器、防护眼镜和防护服等。采样前及采样后应相有关主管人汇报,尤其要汇报发生的异常事件和情况。

⑧ 采样者应有第二者陪伴,此人的任务是确保采样者的安全。采样操作时,陪伴者应处于能清楚地看到采样点的地方并观察整个采样操作过程。陪伴者应经受专门训练,懂得在紧急情况时应该采取什么行动,这些训练要求他首先报警,除非在极特殊的情况下,不要单独一人去进行营救。

⑨ 无论在何处接触化学品时,都应坚持使用保护眼睛的设施。

⑩ 采样工作指导者应详细考虑可能发生细小事故的后果。对采样者要进行专门训练,知道在正常情况下和一旦发生事故时应该怎么做。同样重要的是陪伴者也要进行专门的训练,使他们知道在对有毒物质和危险的腐蚀性物质采样时该怎么做。

4) 气体产品的采样

(1) 采样方案。

① 钢瓶中压缩或液化气体。

钢瓶中的压缩气体基本上是均匀的,采样方案应考虑容器间特性值的差异来选择采样数。

加压状态的液化气体样品根据储运条件不同,可分别从成品储罐、装车管线、卸车管线或钢瓶中采样。在成品储罐、装车管线和卸车管线上选定采样点部位的首要因素是必须能在此点采得代表性的液体样品,由于各种液化气体成品储罐结构不同,当遇到有的成品储罐难以使内装的液化气体产品达到完全均匀时,可按供需双方达成协议的采样方法和采样点采取样品。

② 储罐中的气体

大型储罐中的气体在不断得到补充的情况下,通常以采取部位样品或在气体离开储罐出口进行间断或连续取样。

③ 管内流动的气体。

引起管内气体特性值差异的原因有:

气体在断面上不同流动态引起的分层;气体在生产过程中,特性值的周期或间断性波动。

结合以上两种因素,可采取断面上不通点的样品,监测后确定采样的最佳位置(一般在管中心 1/3 半径的断面内)。

(2) 采样技术。

在采样前应分析产生误差的因素,从而采取措施使误差减少到最低程度。

① 因分层引起的组成的变化。

在直径较大的管道或容器中,流动速度较低的气体混合物常发生分层,各点的组成可能不同,需要预先测量管道不同断面上的许多点,才能决定采样点的正确位置。在管道湍流源的下游采样最有利。应避免在气体静止点采样(如靠近锐孔的下游、尖端障碍物和器壁处)。

② 在采样前应严格试漏。影响测定结果的漏气必须消除。

③ 在取平均样品或混合样品时,流速变化会引起误差。应对流速进行补偿和调整。

④ 系统不稳定引起的误差应消除,以合适的冷凝或加垫部件的方法控制采样系统的温度,可减少造成误差。

⑤ 采样导管过长引起的采样系统的时间滞后,这样取得的样品没有代表性。应尽量采用短的、孔径小的导管。连续采样时,可加大流速;间断采样时,应在采样前彻底吹洗导管。

⑥ 封闭液造成的误差,先用样品气将封闭液饱和,以封闭液充满样品容器,然后用样品器将封闭液置换出去,从而在样品容器中充满样品器,完成采样操作。

5) 液体产品的采样

(1) 采样方案。

① 件装容器采样。

小瓶装产品(25~500mL):按采样方案随机采得若干瓶产品,摇匀后分别倒出等亮液体混合均匀作为样品。也可分别测得各瓶物料的某特性值以考察物料特性值的变异性和均值。

大瓶装产品(1~10L)和小桶装产品(约 19L):被采样的瓶或通用人工搅拌或摇匀后,用适当的采样管采得混合样品。

大桶装产品(约 200L):在静止情况下开口采样管采全液为样品或采部位样品混合成平均样品。在滚动或搅拌均匀后,用适当的采样管采得混合样品。如需知表面或底部情况时,可分别采得表面样品或底部样品。

② 贮罐采样。

固定采样口采样:在储罐侧壁安装上中下采样口并配阀门。当储罐装满物料时,从各采样口分别采得部位样品。按等体积比例混合三个部位样品成平均样品。

从顶部进口采样:把采样瓶或采样罐从顶部进口放入,降到所需位置,分别采上中下部位样品,按体积比例进行混合成平均样品或全液位样品。也可用长金属采样罐采部位样品或全液位样品。

③ 槽车采样(火车和汽车槽车)。

从排料口采样:在顶部无法采样而物料又较为均匀时,可用才样品在槽车的排料口采样。

从顶部进口采样:用采样瓶、罐或金属采样管从顶部进口放入不敷出槽车内,放到所需位置采上中下部位样品并按一定比例混合成平均样品。

对一列槽车采样:对每辆槽车采得的样品混合成平均样品作为一列车的代表性样品。

④ 船舱采样。

把采样瓶放入船舱内降到所需位置采上中下部位样品,以等体积混合成平均样品。对装载相同产品的整船货物采样时,可把每个舱采得的样品混合成平均样品。当舱内物料比较均匀时可采一个混合样品或全液位样品作为该舱的代表性样品。

⑤ 从输送管道采样。

从管道出口采样:周期性地在管道出口端放一个容器,容器上方放漏斗以防外溢。采样时间间隔和流速成反比,混合体积和流速成正比。

(2)采样技术。

① 为了适应快速采样的要求,采样瓶、罐的进口部分不应狭窄。

② 为了防止所采样品的固相物质减少而影响到样品液固比例的代表性,必须选用能关闭的采样器,确保在采样操作完毕时采样器能一直保持密闭状态。

(3)液体样品的储存。

① 对易挥发物质,样品容器必须有预留空间,需密封并定期检查是否泄漏。

② 对光敏物质,样品应装入棕色玻璃瓶中并置于避光处。

③ 对温度敏感物质,样品应储存在规定的温度下。

④ 对易和周围环境物起作用的物质,应隔绝氧气、二氧化碳和水。

⑤ 对高纯物质应防止受潮和灰尘侵入。

6)固体产品的采样

(1)采样方案。

① 采样前必须制定采样方案。

② 制定采样方案的目的是以最低的成本,在允许的采样误差范围内获得总体物料有代表性的样品。

③ 制定采样方案时必须考虑的因素主要是采样目的、总体物料特性值的差异、允许的采样误差和物料的包装及运输方式。

(2)采样技术。

对采样器和分样器的基本要求:

① 所用材质不能和待采物料有任何反应,不能使待采物料污染、分层和损失。

② 应清洁、干燥、便于使用、清洗、保养、检查和维修。

③ 任何采样装置(特别是自动采样器)在正式使用前应做可行性试验。

(3)最终样品的量及保存。

① 最终样品的量应满足检测及备考的需要。把样品一般等量分成两份。一份供检测用,一份留作备考。每份样品量至少应为检验需要量的三倍。

② 应根据样品及储存时间选择对样品呈惰性的包装材料及合适的包装形式。

③ 容器在装置样品后应立即贴上写有规定内容的标签。

④ 样品制成后应尽快检验。备检样品储存时间一般为六个月。根据实际的需要和物料的特性,可以适当的延长和缩短。

(二)常用公用工程的理化性质

1. 循环水性质及使用要求

1)概念

> CBD003 循环水的使用要求

循环冷却水是指通过换热器交换热量或直接接触换热方式来交换介质热量并经冷却塔凉水后,循环使用,以节约水资源。

2)循环水的要求

循环水在使用过程中应保证水温在一定范围内尽可能的低,水的浊度要低,水质不易结垢,水质对金属设备不易产生腐蚀,水质不易滋生细菌和藻类。

循环水水质标准根据 GB 50050—2017《工业循环冷却水处理设计规范》。

3)循环水的处理

由于循环水在循环使用过程中,易积累大量悬浮固体杂质和溶解性固体杂质,同时由于溶解氧含量高,易滋生大量微生物和细菌,对设备造成腐蚀、结垢等影响,降低设备使用寿命,因此在使用过程时循环水必须进行处理。

2. 仪表空气性质及使用要求

> CBD004 仪表空气的使用要求

1)概念

仪表空气一般指在化工装置中一部分特别净化的压缩空气,严格要求空气中的露点温度、含油和含尘量,主要用于为装置的仪表控制系统提供气源。

2)仪表空气要求

(1)气源质量。

① 供气系统的气源操作压力下的露点,应比工作环境或历史上当地年(季)极端最低温度至少低 10℃。

② 仪表空气含尘粒径不应大于 $3\mu m$,含尘量应小于 $1mg/m^3$。

③ 仪表空气中含油量应小于 1ppm。

(2)气源压力。

根据设计中启动仪表的选型要求,可供选用的气源装置送至装置各界区的压力范围宜为 500~700kPa。规定的压力下限值为气源装置送至装置各界区的最低压力,若低于此规定值时,应设置声光报警并采取相应的安全措施。

3. 蒸汽性质及使用要求

> CBD005 蒸汽的性质及使用要求

1)概念

蒸汽亦称水蒸气,在化学工业中用途广泛,一般可用于加热、降温、加湿或用作动力驱动设备等。

2)分类

根据压力和温度对应关系可分为饱和蒸汽和过热蒸汽。

根据压力大小可分为低压蒸汽、中压蒸汽、高压蒸汽等。

3)饱和蒸汽

(1)概念。

未经过热处理的蒸汽称为饱和蒸汽,饱和蒸汽是在一个大气压下,温度为100℃的蒸汽,温度不能再升高,是饱和状态下的蒸汽。

(2)压力与温度的对应关系。

饱和蒸汽的压力与温度的对应关系见表2-1-1。

表2-1-1 饱和蒸汽的压力与温度的对应关系

温度 ℃	饱和蒸气压 kPa	温度	饱和蒸气压 kPa	温度	饱和蒸气压 kPa	温度	饱和蒸气压 kPa	温度	饱和蒸气压 kPa	温度	饱和蒸气压 kPa
0	0.61129	63	22.868	126	239.24	189	1226.1	252	4109.6	315	10551
1	0.65716	64	23.925	127	216.66	190	1254.2	253	4178.9	316	10694
2	0.70606	65	26.022	128	254.25	191	1281.9	254	4249.1	317	10838
3	0.75813	66	26.163	129	262.04	192	1310.1	255	4320.2	318	10984
4	0.81369	67	27.347	130	270.02	193	1338.8	256	4392.2	319	11131
5	0.8726	68	28.576	131	278.2	194	1368	257	4465.1	320	11279
6	0.93637	69	29.852	132	286.57	195	1397.6	258	4539	321	11429
7	1.0021	70	31.176	133	296.15	196	1427.6	259	4513.7	322	11581
8	1.073	71	32.549	134	303.93	197	1458.5	260	4689.4	323	11734
9	1.1482	72	33.972	135	312.93	198	1489.7	261	4766.1	324	11889
10	1.2281	73	35.448	136	322.14	199	1521.4	262	4843.7	325	12046
11	1.3129	74	36.978	137	331.57	200	1553.6	263	4922.3	326	12204
12	1.4027	75	38.563	138	341.22	201	1558.4	264	5001.8	327	12354
13	1.4579	76	40.205	139	351.09	202	1619.7	265	5082.3	328	12525
14	1.5988	77	41.906	140	351.19	203	1653.6	266	5163.8	329	12588
15	1.7056	78	43.666	141	371.53	204	1688	267	5246.3	330	12852
16	1.8186	79	45.487	142	382.11	205	1722.9	268	5329.8	331	13019
17	1.938	80	47.373	143	392.92	206	1758.4	269	5414.3	332	13187
18	2.0644	81	49.324	144	403.98	207	1794.5	270	5499.9	333	13367
19	2.1978	82	51.342	145	415.29	208	1831.1	271	5586.4	334	13528
20	2.3388	83	53.428	146	425.85	209	1858.4	272	5674	335	13701
21	2.4877	84	55.585	147	438.67	210	1906.2	273	5762.7	336	13876
22	2.6447	85	57.815	148	450.75	211	1944.6	274	5852.4	337	14053
23	2.8104	86	60.119	149	463.1	212	1983.6	275	5943.1	338	14232
24	2.985	87	62.499	150	475.72	213	2023.2	276	6035	339	14412
25	3.169	88	64.968	151	488.61	214	2053.4	277	6127.9	340	14594
26	3.3629	89	67.496	152	501.78	215	2104.3	278	6221.9	341	14778
27	3.567	90	70.117	153	515.23	216	2145.7	279	6317.2	342	14964
28	3.7818	91	72.823	154	528.96	217	2187.8	280	6413.2	343	15152
29	4.0078	92	75.614	155	542.99	218	2230.5	281	6510.5	344	15342
30	4.2455	93	78.494	156	557.32	219	2273.8	282	6508.9	345	15533

(3)特点。

① 饱和蒸汽的温度与压力之间一一对应,二者之间只有一个独立变量。理想的饱和蒸汽状态指的是温度、压力及蒸汽密度三者存在一一对应的关系,知道其中一个,其他两个值就是定数。存在这种关系的蒸汽就是饱和蒸汽,否则都可以视为过热蒸汽进行计量。

② 饱和蒸汽容易凝结,在传输过程中如有热量损失,蒸汽中便有液滴或液雾形成,并导致温度与压力降低。含有液滴或液雾的蒸汽称为湿蒸汽。严格来说,饱和蒸汽或多或少都含有液滴或液雾的双相流体,所以,不同状态下不能用同一气体状态方程式来描述。饱和蒸汽中液滴或液雾的含量反映了蒸汽的质量,一般用干度这一参数来表示。蒸汽的干度是指单位体积饱和蒸汽中干蒸汽所占的百分数,以"x"表示。

③ 准确计量饱和蒸汽流量比较困难,因为饱和蒸汽的干度难以保证,一般流量计都不能准确检测双相流体的流量,蒸汽压力波动将引起蒸汽密度的变化,流量计显示值产生附加误差。所以在蒸汽计量中,必须设法保持测量点处蒸汽的干度以满足要求,必要时还应采取补偿措施,实现准确的测量。

4)过热蒸汽

(1)概念。

如果把饱和蒸汽继续进行加热,其温度将会升高,并超过该压力下的饱和温度。这种超过饱和温度的蒸汽就称为过热蒸汽。

(2)特点。

① 优点。在蒸汽驱动设备的时候不会产生冷凝水,这样就能有效的避免由于碳酸侵蚀和腐蚀设备的危险。

② 缺点。热系数低,生产效率低下,需要较大的传热面积。

不能够通过压力的控制来调控蒸汽温度,过热蒸汽要较高的运输速度,不然热量会损失使温度下降。

使用显热来传递热能,温度的下降可能对产品造成不利的影响。温度可能非常高,需要建设坚固的设备,因此需要较高的初期投入。因此根据过热蒸汽的特点,一般过热蒸汽通常作为动力来驱动设备,很少用于传热。

5)蒸汽管网的建立

(1)暖管。

① 开管网各导淋排放阀,关闭蒸汽用户蒸汽入口阀门。

② 开管网各减压调节阀前后截止阀,手动缓慢打开管网上各加压阀。

③ 手动将各级管网放空调节阀打开。

④ 对全装置各等级蒸汽管网进行暖管,在暖管时,速度要缓慢,防止水锤现象发生。

⑤ 当蒸汽管网各就地排放阀(导淋)排除蒸汽为干汽时,关闭导淋阀,打开各疏水器前后阀,关闭旁路阀,将蒸汽冷凝液并网。

(2)建网。

① 手动关小各管网减压调节阀,缓慢升高管网压力,在升压过程中,逐步建立各级管网压力。在提压过程中,注意防止蒸汽管网超压,防止温度低于蒸汽的饱和温度。

② 将各级蒸汽管网压力提升至设定压力后,放空阀投自动。

③ 各级蒸汽管网的建立应由高压到低压逐级建立。

④ 建立装置各蒸汽伴热管网。打开蒸汽伴热管网所有就地排放阀导淋,对伴热管网进行暖管。暖管结束后关闭各导淋阀,投运疏水器,回收蒸汽冷凝液。

4. 氮气性质及使用要求

> CBD009 氮气的物化性质

1) 氮气在化工装置中的作用

(1) 工艺氮气。

直接作为化工产品的原料,例如用于氨的合成及氮洗等工艺过程。

(2) 公用氮气。

在化工装置中主要作用是作为惰性气体使用,对防止爆炸、燃烧,保证安全生产具有不可缺少的辅助作用。

2) 氮气的来源

工业中氮气的主要来源是空气深冷分离装置(习惯称为"空分"),可同时提供数量巨大的合格氧气和高纯度氮气。

3) 氮气的使用安全

氮气是惰性气体,对人体无害,但不能供人呼吸,若氮气在空气中含量增高,则空气中的氧含量降低,将对人体健康产生不良影响,若短时间吸入大量氮气会导致窒息,因此在使用氮气过程中必须注意空间内的氧气含量。

5. 电性质及使用要求

(1) 工业用电的概念及分级。

工业供电是指主要从事大规模生产加工行业的企业用电。三相380V供电或者直接高压电线进户。

一般根据工厂内生产装置的重要性,其对供电可靠性和连续性的要求,中断供电时对其他生产装置的影响等因素来进行分级。

0级负荷(保安负荷):指当供电中断时,为确保安全停车的自动程序控制及其执行机构和配套装置提供供电。如DCS、仪表、继电保护器、关键物料排出阀等。

1级负荷:指当生产装置电源中断时,将打乱关键性的连续生产工艺生产过程,造成重大经济损失。

2级负荷:指当生产装置工作电源突然中断时,将造成较大经济损失。

3级负荷:不属于0级、1级、2级的其他用电负荷。

> CBD007 停送电的基本要求

(2) 工业用电停送电的一般规定

① 执行停送电工作的人员必须是经培训考试合格,持证上岗,非专职人员禁止操作或执行停送电工作。

② 所有开关手把在切断电源时都应闭锁,并悬挂"禁止合闸,有人工作"的警示牌,严格坚持"谁停电、谁送电"的停送电制度。

③ 接受送电命令的人员必须清楚发令人的要求,不清楚不得执行送电工作。

④ 在送电之前,负责检修的电工要详细检查被送电设备、线路是否完好。

⑤ 电气设备进行停电检修时,必须严格执行停、送电制度,中间不得换人,严禁约时停、送电。

⑥ 设备检修前必须有检修负责人对控制该设备的开关进行停电、闭锁、挂牌,做好停

电、验电、放电、下接地安全措施后,方可进行检修工作。

(3)用电安全原则。

① 不靠近高压带电体(室外高压线、变压器旁),不接触低压带电体。

② 不用湿手扳开关,插入或拔出插头。

③ 安装、检修电器应穿绝缘鞋,站在绝缘体上且要切断电源。

④ 禁止用铜丝代替熔断丝,禁止用橡皮胶代替电工绝缘胶布。

⑤ 在电路中安装触电保护器并定期检验其灵敏度。

⑥ 下雷雨时,不使用收音机、录像机、电视机且拔出电源插头,拔出电视机天线插头。暂时不使用电话,如一定要用,可用免提功能。

> CBD011 安全用电的原则

(三)吹扫、置换基本知识

1. 管线吹扫

1)吹扫的目的

由于管道焊接过程中有焊渣存在以及施工管道中存在其他异物。所以在开车前要进行管道吹扫,其目的是清除杂物,使管道清洁,防止在开车(生产)中这些杂物影响生产。

> CBD010 物料管线吹扫的原则

2)吹扫的方法

(1)空气吹扫。

① 工艺管道中凡输送气体介质的管道一般都采用空气吹扫。

② 空气吹扫应利用生产装置的大型压缩机,也可利用装置中的大型容器蓄气,进行间歇性吹扫;吹扫压力不得超过容器和管道的设计压力,流速不宜小于20m/s。

③ 吹扫忌油管道时,应使用不含油的压缩空气。

④ 空气吹扫的检验方法:在吹扫管道的排气口,设有白布或涂有白油漆的靶板检查,5min内靶板上无铁锈、泥土或其他脏物即为合格。

⑤ 吹扫口与地面夹角应为30°~45°,吹扫口管段与被吹扫口管段必须采取平缓对焊,吹扫口直径符合要求。

⑥ 每次吹扫长度不宜超过500m,当管道长度超过500m时,应分段吹扫。

(2)蒸汽吹扫。

① 蒸汽吹扫适用于输送动力蒸汽管道或热力管道,非热力管道因设计时没有考虑受热膨胀等问题,所以不适用蒸汽吹扫。

② 蒸汽吹扫应以大流量蒸汽进行吹扫,流速不应低于30m/s。

③ 蒸汽吹扫前应先进行暖管并及时排水,检查管道热位移情况。

④ 蒸汽吹扫应按通蒸汽——缓慢升温暖管——恒温1h——吹扫——停气降温——再暖管升温、恒温、第二次吹扫,如此反复一般不少于3次。

⑤ 中、高压蒸汽管道和蒸汽涡轮压缩机入口管道,要用平面光洁的铝靶板、低压蒸汽用木靶板来检查,靶板放置在蒸汽出口处,靶板无脏物为合格。

2. 氮气置换

1)氮气置换的目的

氮气置换主要用于置换易燃、易爆系统,目的是置换出管道、设备内的空气,避免可燃气体与空气中的氧气形成爆炸性混合物。

> CBD006 氮气置换的目的

2)氮气置换的要求

(1)氮气纯度不低于99.9%。

(2)氮气保护采用清管球作为隔离,氮气推动清管球运动。正常情况下,氮气压力一般在0.04~0.2MPa时方能推动清管球前进。

(3)在接收清管球后,从取样口取样分析,若排除气体的氧含量小于2%,并连续3次(间隔为5min)检验达到此值,即为置换合格。

(4)管线氮气置换合格后,应使管线内氮气的压力保持正压力。为此继续将高纯度氮气从首站注入管线内,当氮气压力大于0.05MPa时,停止注入氮气,然后静置6h以上。最后在排气口处用磁氧分析检测仪检测,测得管线出口处氧气体积含量小于2%,管线氮气置换合格。

(5)氮气量根据$1m^3$液氮折算$650m^3$标准气体,并需考虑一定富余量。

二、开车操作

(一)常用设备的投用方法

1. 过滤机的启动

过滤机是利用多孔性过滤介质截留液体与固体颗粒混合物中的固体颗粒,而实现固、液分离的设备。

按照操作的连续化程度,过滤机可分为连续过滤机和间歇过滤机。

1)连续过滤机的启动(以真空带式过滤机启动为例)

(1)真空带式过滤机开机前的准备工作。

① 检查真空带式过滤机各部位是否符合安装要求,连接部位是否松动,转动部位是否加润滑剂。

② 检查真空带式过滤机上是否有异物,特别是真空室、滤袋有无卡阻物及障碍物。

③ 检查输入电源电压是否正常,电源是否接有零线(地线),水压是否大于0.3MPa。

④ 检查减速机油雾品中是否加入润滑油,油量是否达到油位线。

(2)真空带式过滤机开机。

① 启动真空带式过滤机空压机,打开气源开关,调节减压阀输入压力,满足以下要求:主汽缸压力为0.4~0.5MPa;切换阀压力为0.3~0.4MPa;纠偏气囊压力为0.15~0.2MPa;

② 接通总电源开关,启动主电动机按钮,确定真空带式过滤机运行速度。

③ 启动真空泵,打开真空阀门,真空泵进水量大小符合真空泵使用说明书要求。

④ 依次开启滤带水,润滑密封水,满足以下要求:滤袋水水压大于0.3MPa。

⑤ 启动刷滚电动机,调整滤带水喷射方向,使其达到喷射效果。

⑥ 观察滤带运行情况,调节滤带纠偏开关,使滤带运行正常。

⑦ 开启交换釜控制阀门,由小到大调节进料流量,使其达到运行要求。待滤饼至出料端时,记录真空表真空度。

⑧ 打开淋洗液开关,调节淋洗液流量,记录开关位置。

⑨ 适当调整进料流量、设备运行速度、淋洗液流量,使过滤效果和过滤要求达到工艺要求。

⑩ 检查真空带式过滤机滤带张紧效果和滤带跑偏情况,记录跑偏量。

⑪ 记录进料阀门、滤带水阀门开启位置及变频器的工作频率。

2)间歇过滤机的启动(以板框压滤机为例)

(1)板框压滤机开车前准备工作。

① 检查滤板数量是否足够,有无破损,滤板是否清洁,安防是否符合要求。

② 检查滤布是否折叠,有无破损,过滤性能是否良好。

③ 检查各需润滑、冷却设备是否符合开车要求。

④ 检查各处连接是否紧密,有无泄漏。

⑤ 检查压滤机油压是否足够,油位是否符合要求。

⑥ 其他配套设备是否齐备。

⑦ 需要压滤的母液按工艺要求调好 pH 值。

(2)板框压滤机的启动。

① 将开关调到闭合位置,设备活塞杆迁移,压紧滤板,压倒规定压力时,经开关调整到停止位置,压滤机进入保压状态。

② 打开压滤泵的冷却水阀、进口阀、出口阀,启动压滤中转泵,开始压滤,通过出口阀的开度调节控制压滤进度。

2. 搅拌器的启动

1)启动前准备工作

(1)相关的公用工程系统具备投用条件。

(2)电气、仪表具备条件。

(3)启动需用的工具及检测仪表齐全。

(4)有关人员到现场就位。

(5)相关的工艺管线已清洗干净,现场仪表及仪表控制系统调校正常并投用。

> CBD017 搅拌器的启动

2)启动操作及注意事项

(1)搅拌器应尽量在工作条件下启动,避免空运。

(2)搅拌器启动前,密封系统必须正常投用。

(3)确定罐内液位在工艺指标以内。

(4)启动电动机,运转搅拌器,检查搅拌器运转方向。

(5)运行中搅拌器出现电动机电流急速上升、减速箱有异常噪声或温度升高、搅拌器刮壁严重等异常现象需立即停车处理。

(6)搅拌器正常运转后,确认电动机与搅拌器连接是否正常。

(7)检查润滑油系统。

(8)检查密封系统和冷却系统。

(9)检查电动机振动。

> CBD019 搅拌器的启动注意事项

3. 离心泵的启动

1)离心泵的启动前准备

(1)检查泵设备的完好情况。

(2)轴承充油、油位正常、油质合格。

(3)检查盘车情况。

> CBD020 离心泵启动的条件及方法

(4)将离心泵的进口阀全部打开。

(5)打开放气阀排气,使泵内注入液体。

(6)检查轴封泄漏情况。

2)启动离心泵

准备工作完成后,便可启动电动机,检查电动机转向情况,检查压力、电流并注意泵有无振动或杂音。一切正常后,逐步开启出口阀,调整到工况需要,需要注意关闭出口阀空转的时间不宜超过3min。

CBD018 进料缓冲罐的投用

4. 进料缓冲罐的投用

缓冲罐主要用于各种系统中缓冲系统的压力波动,使系统工作更平稳。一般分为直接接触式和隔膜式两种。

一般来说进料缓冲罐随生产系统一起投入使用,并具有以下作用:

(1)使进料原料充分混合均匀。

(2)在原料因为系统原因中断的情况下起到缓冲的作用,设置在进料泵前,避免进料泵抽空造成装置进料中断和机泵损坏。

(3)可以延长外来原料的停留时间,让原料中夹杂的水分分层脱除,避免大量明水进入反应系统,对反应造成影响。

CBD021 换热器的投用方法

5. 换热器的投用

1)换热器投用前的准备工作

(1)检查出入口阀门是否完好,手轮等是否齐全好用。

(2)检查换热器壳体表面有无变形、碰伤裂纹、锈蚀等缺陷。

(3)检查换热器出口的压力表和温度表是否好用。

(4)检查确认放空阀关闭。

(5)冷换热器投用前,走易燃易爆介质的一侧应用氮气置换,置换结束后,将放空阀关闭。

(6)选定待观察的DCS参数及现场仪表参数。

2)换热器的投用操作

(1)全开冷流体的出口阀,检查法兰、封头是否有泄漏,确认无泄漏后再缓慢打开冷流体入口阀至全开。先引冷物料,后引热物料,可有效避免设备急剧变形造成泄漏,水冷却器应经常检查冷却水是否带物料,若发现带物料应及时切除。

(2)缓慢关副线阀,注意观察出、入口端压力差的变化情况,同时联系内操作工观察流量变化或上、下游设备液位变化情况,如超压或流量波动大,先检查确认是否存在憋压情况,确认压力差不再继续升高后及流量液位正常后,再缓慢减小副线阀至全关。

(3)冷流体投用后,现场检查相关管线、阀门、封头确认无泄漏后,联系内操对相关流量、温度、压力等参数检查确认。

(4)确认冷流体投用无异常后,全开热流体的出口阀,检查法兰、封头是否有泄漏,确认无泄漏后再缓慢打开入口阀至全开。

(5)逐步关小副线阀,联系内操检查冷流体温度变化,控制冷流体温度上升速度不超过规定值,联系内操观察流量变化或上下游设备液位的变化情况,外操作工现场检查确认无异常后,按工艺控制要求逐步关小副线阀至全关。

每步操作均要检查封头、出、入口法兰连接等处有无泄漏,要特别注意换热器操作压力、温度变化时是否有泄漏的现象,发现问题及时进行处理、汇报,确认无异常后方可进行下一步操作。

6. 干燥器的启动

1) 干燥器启动前的检查

(1) 检查各法兰连接是否紧固,螺栓有无松动。

(2) 检查设备前后及旁通阀是否开关自如。

(3) 检查机油油位是否满足要求。

(4) 排污总阀、放空阀是否处于正常位置。

(5) 检查各压力表、温度表是否工作正常。

(6) 干燥器通电后用调试模式检查各气动阀、电磁阀动作是否正常,各步骤切换是否与设定参数一致。

> CBD022 干燥器启动的条件

2) 干燥器的启动

(1) 检查无误后,启动送风机和电热开关。

(2) 调节温度至工况需要温度。

(3) 调节风量至工况需要风量。

(4) 送入待干燥物质。

(5) 调节干燥时间。根据原料的含水量和所需的干燥程度进行调节。

(二) 精馏塔的基本知识

1. 精馏塔的概念

精馏塔是进行精馏的一种塔式汽液接触装置。利用混合物中各组分具有不同的挥发度,即在同一温度下各组分的蒸气压不同这一性质,使液相中的轻组分(低沸物)转移到气相中,而气相中的重组分(高沸物)转移到液相中,从而实现分离的目的。精馏塔也是石油化工生产中应用极为广泛的一种传质传热装置。

2. 精馏装置的主要设备与作用

典型的精馏装置是连续精馏装置,一般包括精馏塔、再沸器、冷凝器、储罐、传输设备等。

1) 精馏塔

精馏塔是完成精馏操作的主体设备。塔体为圆筒形,塔内设有供气液接触传质用的塔板或填料。在精馏塔中,气液两相逆流接触,进行相际传质。

2) 重沸器

重沸器是精馏塔底部的换热器,用以将塔底液体部分汽化后送回精馏塔,使塔内气液两相间的接触传质得以进行。

> CBD016 精馏塔塔底换热器的作用

3) 冷凝器

冷凝器是精馏塔顶部的换热器,用以将塔顶蒸气冷凝成液体,部分冷凝液作塔顶产品,其余作回流液返回塔顶,使塔内气液两相间的接触传质得以进行。

> CBD015 精馏塔塔顶换热器的作用

4) 回流罐

回流罐相当于精馏回流的缓冲罐,用以保持塔顶来的冷凝液、送出的回流液和送出的塔顶组分达到平衡稳定。

5）传输设备

传输设备一般指泵设备，用于将塔顶或塔底液体的输送转移。

(三) 催化剂的活化

`CBD013 催化剂的活化`

催化剂的活化是将催化剂经过一定方法处理后，使其转化为催化反应所需要的活性物相和结构等。催化剂刚生产出来通常还是以氢氧化物、氧化物或硝酸盐、碳酸盐、草酸盐、铵盐和醋酸盐等形式存在。一般来说，这些化合物既不是催化剂所需要的化学状态，也尚未具备较为合适的物理结构，即没有一定性质和数量的活性中心，对反应不能起催化作用，故称催化剂的钝态。当把它们进行焙烧或再进一步还原、氧化、硫化等处理，使之具有一定性质和数量的活性中心时，便转化为催化剂的活泼态。催化剂的活化过程，有时在催化剂生产厂进行。

三、正常操作

(一) 日常巡检的基本内容

1. 巡检操作的基本内容

对设备巡视检查是运行工作中经常性是很重要的一项内容。处于运行状况的设备，其性能和状态的变化，除依靠设备的保护、监视装置等显示外，对于设备故障和异常初期的外部现象，则主要依靠值班人员定期的和特殊的巡视检查来发现。因此，设备巡视检查的质量高低、全面与否，与人员的运行经验、工作责任心和巡视方法有关。巡视检查的一般方法有：

1) 眼看

用双眼来观察设备看得见的部位，观察其外表变化来发现异常现象，是巡视检查最基本的方法，如标色设备漆色的变化、裸金属色泽、充油设备油色等的变化、渗漏，设备绝缘的破损裂纹、污秽等。

2) 耳听

带电运行的设备，不论是静止的还是旋转的，有很多都能发出表明其运行状况的声音。如变压器正常运行时，平稳、均匀、低沉的"嗡嗡"声是我们所熟悉的，这是交变磁场反复作用振动的结果。值班人员随着经验和知识的积累，只要熟练地掌握了这些设备正常运行时的声音情况，遇有异常时，用耳朵或借助听音器械（如听音棒），就能通过它们的高低、节奏、声色的变化、杂音的强弱来判断电气设备的运行状况。

3) 鼻嗅

鼻子是人的一个向导，对于某些气味（如绝缘烧损的焦糊味）的反应，比用某些自动仪器还灵敏的多。嗅觉功能因人而异，但对于电气设备有机绝缘材料过热所产生的气味，正常人都是可以辨别的。值班人员在巡视过程中，一旦嗅到绝缘烧损的焦糊味，应立即寻找发热元件的具体部位，判别其严重程度，如是否冒烟、变色及有无异音异状，从而对症查处。

4) 用手触试

用手触试设备来判断缺陷和故障虽然是一种必不可少的方法，但必须强调的是，必须分清可触摸的界限和部位，明确禁止用手触试的部位。

(1) 对于一次设备的检查，用手触试检查之前，应当首先考虑安全方面的问题，例如，对带电运行设备的外壳和其他装置，需要触试检查温度时，先要检查其接地是否良好，同时还应站好位置，注意保持与设备带电部位的安全距离。

(2)对于二次设备的检查,如感应继电器等元件是否发热,非金属外壳的可以直接用手摸,对于金属外壳的接地确实良好的,也可以用手触试检查。

5)使用仪器检查

巡视检查设备使用的便携式检测仪器,主要是测温仪、测振仪等,可以及时发现过热异常情况。

2. 罐区巡检内容 〔CBD029 罐区的巡检内容〕

(1)进罐区管线有无泄漏。

(2)进罐物料温度是否超标。

(3)各罐的出入口管线法兰阀门是否完好,有无泄漏。

(4)各罐加热的温度是否在控制工艺参数范围以内。

(5)各罐液位变化情况是否在要求范围以内。

(6)冬季防冻防凝各排空点是否正常。

(7)管线阀门有无跑、冒、滴、漏现象。

(8)各机泵的运转及备用情况是否良好,盘车是否灵活。

(9)各机泵润滑油量是否充足。

(10)各附件是否完好。

(11)罐体有无异常。

3. 机泵巡检内容 〔CBD030 机泵的巡检内容〕

(1)检查泵的润滑油位、油质情况。

(2)检查机械密封泄漏情况。

(3)检查电动机电流情况。

(4)检查泵的出口压力、封油压力情况。

(5)检查轴承箱及电动机温度、振动情况,设备无杂音。

(6)检查泵的冷却水是否正常。

(7)检查备泵预热情况。

(8)做好备用泵及不用泵的盘车工作。

(9)做好泵的盘车及运行记录。

(二)设备的切换方法

1. 离心泵的切换 〔CBD024 离心泵的切换方法〕

1)离心泵的切换准备工作

(1)检查备用泵是否完好,附件是否齐全无损。

(2)检查封油管路、冷却水管路是否畅通。

(3)对备用泵按规定加注润滑油。

2)离心泵的切换操作步骤

(1)打开备用泵入口阀,启动备用泵的电动机、检查转向。

(2)压力正常后,打开备用泵出口阀。

(3)逐步关小直至完全关闭被切换泵的出口阀。

(4)停被切换泵,关被切换泵的入口阀,待泵冷却后,再关闭各冷却水及封油管路。

(5) 高温离心泵停车时，要每隔半小时盘车一次，直至泵体温度为100℃为止。对长期停用的泵要做到每班盘车一次。

[CBD026 离心泵切换的注意事项]

3) 离心泵的切换注意事项

(1) 备用泵启动前做好准备工作。

(2) 慢慢关小被切换泵的出口阀，保证流量平稳。

(3) 待备用泵运转正常后，再停被切换泵。

(4) 长期停用的泵，应定期盘车。

[CBD025 储罐切换的注意事项]

2. 储罐的切换

1) 储罐切换前准备工作

(1) 确认切换罐号。

(2) 检查待进储罐流程正常。

(3) 检查待进储罐安全附件，确认安全附件投用正常。

(4) 检查待进储罐液位、压力、温度，确认待进储罐具有收料条件。

2) 储罐切换操作

(1) 经主管部门审批同意后，方可开始操作。

(2) 打开待进储罐进料阀门，确认待进储罐收料正常。

(3) 关闭原储罐进料阀门，确认原储罐已停止进料。

(4) 检查物料进罐液位、压力、温度。

(5) 做好相关记录。

[CBD035 压力表的使用方法]

（三）现场压力仪表的使用方法

精密压力表的测量精确度等级分别为0.1级、0.16级、0.25级、0.4级和0.5级；一般压力表的测量精确度等级分别为1.0级、1.6级、2.5级、4.0级。日常一般较多使用压力表等级是2.5级。

(1) 读数时要正视前方，目光对准刻度线，眼睛、仪表指针与刻度保持同一水平线。

(2) 根据仪表量程，确定每刻度线所代表的数值大小，待指针稳定后读取数值。

(3) 若指针或液位无法保持平稳，应多次读数（即最大值和最小值），取算数平均值。

[CBD023 反应器温度控制原则]

[CBD028 反应器压力的控制原则]

（四）设备工艺参数的调整方法

1. 反应器的操作要点

(1) 熟悉并掌握容器内反应物特性。反应过程的基本原理及工艺特点，确定反应容器安全操作。

(2) 正确控制反应温度、压力。温度和压力是反应物在容器中主要控制参数，不同的化学反应都有各自最适宜的反应温度、压力。正确控制不仅提高产品质量、成品率，同时直接关系到容器的安全运行。温度高、压力增高会使反应物着火、容器壁温度上升、机械性能下降，造成变形甚至破坏。温度过低造成反应速度减慢或停滞。如处理不当会使反应物发生剧烈反应，乃至发生爆炸，要控制反应温度、压力，须做到以下几点：

① 控制反应热。

② 防止反应过程中搅拌中断，换热中断。

③ 正确选择传热介质。

④ 加强保温措施。
⑤ 防止杂质进入反应器内。
⑥ 投料的控制。
⑦ 确保安全保障反应正常。

2. 离心泵入口过滤器清理

1）清理原因

在机泵正常运行情况下，发现机泵出口流量变小，达不到生产工艺要求，排除设备原因，可判断是由于机泵过滤器含杂质过多，阻塞过滤网，此时必须清理过滤器。

2）清理步骤

（1）操作人员佩戴好个人防护用品和所需工具。
（2）通知相关岗位人员，按要求进行过滤器清理工作。
（3）倒开备用过滤器或备用机泵。
（4）观察流量、压力是否平稳。
（5）关闭所需清理过滤器的出入口阀门或机泵的出入口阀门。
（6）打开过滤器泄压阀泄压，注意如果是高温介质泵，待内部介质温度下降后再进行泄压。
（7）打开卸料阀卸料，应注意卸除物料应尽可能回收，如不能回收，排入地沟时应加水稀释、冲洗。
（8）打开过滤器，将滤芯抽出进行清洗。
（9）检查滤网或滤篮是否有破损、变形，如有应及时进行更换或维修。
（10）将滤芯安装复位，关闭泄压阀、卸料阀。
（11）通知相关岗位人员，过滤器清理完毕。
（12）清理现场，作业完成。

3. 换热器的操作要点

（1）若物料流量一定，可通过增加或减少冷、热介质的流量来控制物料的出口温度。反之若冷、热介质的流量一定，可通过增加或减少物料流量的方式来控制物料的出口温度。
（2）换热器在正常运行中，应定时巡检，检查换热器及相关管线是否有跑、冒、滴、漏问题，外观是否正常，其压力表、温度计以及其他安全部件是否正常好用等。
（3）换热器运行过程中应保证温度、压力在正常工况允许范围以内，不能有超温、超压现象。
（4）换热器温度调整要平稳、缓慢防止骤冷、骤热损坏设备造成事故。
（5）对于蒸汽加热的换热器，应及时排除蒸汽冷凝水，保证换热器正常运行。
（6）应定期检查换热器的壳程、管程以及相关管线，检查是否有结垢、泄漏等异常情况，如有应立即处理，保证换热器正常使用。

4. 离心泵流量的控制

1）阀门节流

改变离心泵流量最简单的方法就是调节泵出口阀门的开度，以水泵为例，水泵转速保持不变（一般为额定转速），其实质是改变管路特性曲线的位置来改变泵的工况点。以关小阀门来控制流量时，水泵本身的供水能力不变，扬程特性不变，管阻特性将随阀门开度的改变而改变。这种方法操作简便、流量连续,可以在某一最大流量与零之间随意调节,且无需额外投资,适用场合很广。但节流调节是以消耗离心泵的多余能量来维持一定的供给量,离心泵的效率也将随之下降,经济上不太合理。

2) 变频调速

工况点偏离高效区是水泵需要调速的基本条件。当水泵的转速改变时,阀门开度保持不变(通常为最大开度),管路系统特性不变,而供水能力和扬程特性随之改变。在所需流量小于额定流量的情况下,变频调速时的扬程比阀门节流小,所以变频调速所需的供水功率也比阀门节流小。与阀门节流相比,变频调速的节能效果很突出,离心泵的工作效率更高。另外,采用变频调速后,不仅有利于降低离心泵发生汽蚀的可能性,而且还可以通过对升速、降速时间的预置来延长开机/停机过程,使动态转矩大为减小,从而在很大程度上消除了极具破坏性的水锤效应,大大延长了水泵和管道系统的寿命。

3) 切削叶轮

当转速一定时,泵的压头、流量均和叶轮直径有关。对同一型号的泵,可采用切削法改变泵的特性曲线。设离心泵原叶轮直径为 D、流量为 Q、扬程为 H、功率为 P,切削后的叶轮直径为 D'、流量为 Q'、扬程为 H'、功率为 P',则其相互关系为:

(1) 对于中低比转数泵:

$Q_1/Q_2 = 2(D_1/D_2)$

$H_1/H_2 = 2(D_1/D_2)$

$N_1/N_2 = 4(D_1/D_2)$

(2) 对于高比转数泵:

$Q_1/Q_2 = D_1/D_2$

$H_1/H_2 = 2(D_1/D_2)$

$N_1/N_2 = 3(D_1/D_2)$

切削定律是建立在大量感性试验资料基础上的,它认为如果叶轮的切削量控制在一定限度内(此切削限量与水泵的比转数有关),则切削前后水泵相应的效率可视为不变。切削叶轮是改变水泵性能的一种简便易行的办法,即所谓变径调节,在一定程度上解决了水泵类型、规格的有限性与供水对象要求的多样性之间的矛盾,扩大了水泵的使用范围。当然,切削叶轮属不可逆过程,用户必须经过精确计算并衡量经济合理性后方可实施。

4) 水泵串联和并联

水泵串联是指一台泵的出口向另一台泵的入口输送流体。

以最简单的两台相同型号、相同性能的离心泵串联为例:串联性能曲线相当于单泵性能曲线的扬程在流量相同的情况下迭加起来,串联工作点的流量和扬程都比单泵工作点的大,但均达不到单泵时的2倍,这是因为泵串联后一方面扬程的增加大于管路阻力的增加,致使富余的扬程促使流量增加,另一方面流量的增加又使阻力增加,抑制了总扬程的升高。水泵串联运行时,必须注意后一台泵是否能够承受升压。启动前每台泵的出口阀都要关闭,然后顺序开启泵和阀门向外供水。

如果纯粹以增加流量为目的,那么究竟采用并联还是串联应当取决于管路特性曲线的平坦程度,管路特性曲线越平坦,并联后的流量就越接近于单泵运行。

(五) 废气的处理

由于有机反应比较复杂,反应废气中一般含有大量有毒有害物质、烟尘、生产性粉尘等,若直接排入大气会污染空气,这些物质通过不同的途径进入人体,有的直接产生危害,有的会在人体内蓄积,危害人的健康,因此在排放前必须进行处理。

废气净化的基本方法有吸收法、吸附法、燃烧法等。

1. 吸收法

吸收法处理是利用液态吸收剂处理气体混合物以除去某一种或几种气体的过程。在这个过程中会发生某些气体在溶液中溶解的物理作用称为物理吸收,若有气体在吸收过程中发生化学反应称为化学吸收。

2. 吸附法

吸附法是利用多孔性固体(吸附剂)吸附污水中某种或几种污染物(吸附质)以回收或去除这些污染物,从而使污水得到净化的方法。

3. 燃烧法

燃烧法是利用废气中某些有害物质可以氧化燃烧的特性,使之燃烧变成无害物质的方法。燃烧净化只能把有害物质烧掉,或者可以从中回收利用燃烧氧化后的产物,不能回收废气中含有的原来物质。被燃烧的物质大多数是有机溶剂和碳氢化合物,燃烧后生成 CO_2 和水蒸气,解决有害物质的污染。

1)直接燃烧

直接燃烧是利用废气中可燃烧的有害气体作燃料来燃烧的方法。操作温度一般为700~800℃,有时可达1000℃以上。如果废气中可燃物质含量低,燃烧后产生的热量小,不能维持燃烧,必须依赖辅助燃料来燃烧供热,它只作为燃烧对象处理。

2)催化燃烧

催化燃烧是利用催化剂使废气中可燃物质在较低温度下氧化分解的净化方法。一般操作温度控制在320~480℃。催化燃烧的净化率为90%~95%。它只适用于含有可燃气体、蒸汽的废气净化,不适于含有大量尘粒雾滴的废气净化。因为尘粒雾滴可以堵塞催化剂的床层,使催化剂活性降低。

四、停车操作

(一)常见设备的停车操作

> CBD042 常见设备停用的要求及要点

1. 停用设备的一般管理规定

(1)设备停用后应做好清洁、防腐工作,对其相关仪表应进行保护、防尘处理,保证停用设备清洁及附属设施的完好。

(2)设备管理部门应做好设备管理档案,详细记录设备停用状态,明确设备存在的缺陷、问题。

(3)对停用设备进行断电处理,对带有电控设备的设备,应保持干燥,做好防潮处理,防止电气元件损坏。

(4)切断与停用设备连接的物料及公用工程并做好设备停用标识。

(5)每月应定期对停用设备进行检查,检查停用设备是否有漏油、漏气异常问题,周围环境对停用设备是否有影响等并做好记录。

2. 离心泵的停用

(1)缓慢关闭待停泵的出口阀,防止止逆阀失灵,液体倒灌进泵,引起叶轮反转,造成泵损坏。

(2)关停泵电动机。

(3)停泵时应注意轴的减速情况,如时间过短,要检查泵内是否磨、卡等现象。

(4)待泵冷却后再依次关闭附属系统的阀门。

(5)高温泵停车时,应打开前后管线平衡或连通阀,防止进出口管线冻裂。

(6)高温泵停车应根据设备技术文件规定执行,停车后每 20~30min 盘车半圈,直到泵体温度降低至 50℃以下。

(7)待修理的泵,需要关闭出入口阀,打开放空阀放净泵内残存液体和残压。

(8)对于长期停用的机泵,要每天进行盘车一次,防止泵轴弯曲。

3. 反应器的停用

1)釜式反应器的停车要点

(1)停止进料,维持工艺要求的反应时间,使反应结束。

(2)对于放热反应夹套或盘管内冷却介质继续冷却。

(3)对于吸热反应应停止加热。

(4)待釜内物料温度冷却至常温时,关闭冷却介质进口阀,打开放料阀,边搅拌边放料,待釜内物料放净,停止搅拌,关闭放料阀。

(5)对于有些反应需要洗釜时,组织进行洗釜。

(6)若反应器需要检修,应断开原料及公用工程相关管线,若准备开车备用,应检查各相关阀门处于开车状态。

2)床式反应器的停车要点

(1)停止进气,对于吸热反应,停止加热,对于放热反应,应继续冷却。

(2)若短期停车,应使反应器处于热态,随时准备继续投入生产。

(3)若长期停车,应使反应器继续冷却至常温、置换、取气体样进行分析,并通入氮气等保护性气体对催化剂床层或反应器内部结构进行保护。

4. 透平机的停用

(1)接到停机通知后,将流量自动控制阀拨到"手动"位置,利用主控制室控制系统或现场打开各段旁通阀或放空阀,关闭送气阀,使压缩机与工艺系统切断,全部进行自身循环。

(2)通过主控制室或者在现场使透平机减速,直到调速器的最低转速。在降低负荷的同时进行缓慢降速,避免压缩机喘振。

(3)按透平机停机要求和程序,进行透平机的停机。

(4)润滑油泵和密封油泵应在机组完全停运并冷却之后才能停运。

(5)据规程的规定可以关闭透平机的进口阀门,如果需要阀门开着并且处在压力状态下,则密封系统务必保持运转。

(6)润滑油泵和密封油泵必须维持运转,直到透平机机壳出口端温度降到 20℃以下。检查润滑油温度,调整油冷器水量,使出口油温保持在 50℃左右。

(7)停车后将透平机机壳及中间冷却器排放阀门打开,关闭中间冷却器的进入阀门。透平机机壳上的所有排放阀或丝堵在停机后都应打开,以排除冷凝液,直到下次开车之前再关上。

(8)透平机停机后,如果压缩机内仍存留部分剩余压力,密封系统要继续维持运转,密封油油箱加热盘管应继续加热,高位油槽和密封油收集器应当保持稳定。如果周围环境温度降到5℃以下时,应对某些管路系统的伴管进行供热保温。

透平机停车后严禁发生反转。当压缩机转子静止后,此时管路中尚残存大量的工艺气体,并具有一定的压力,而此时透平机转子停止转动,压缩机内的压力低于管路压力。这时如果压缩机出口管路上没有安装止逆阀门或者止逆阀门距压缩机出口很远,管路中的气体便会倒流,使压缩机发生反转,同时也带动汽轮机或电动机及齿轮变速器等转子反转。

透平机组转子发生反转会破坏轴承的正常润滑,使止推轴承受力状况发生改变,甚至会造成止推轴承的损失。

(二)装置停车操作要求

1. 正常停车程序

> CBD036 正常停车程序及要求

生产进行到一段时间后,设备需要检查或检修而有计划的停车,叫作正常停车,一般程序如下:

(1)逐步减少物料的加入,直至完全停止加入物料。

(2)所有物料反应完毕后,处理设备内剩余物料。

(3)剩余物料处理完毕后,停止供汽、供水,对设备降温、降压。

(4)所有设备处于常温、常压后,停止剩余转动设备的运转。

(5)生产完全停止。

(6)对某些特殊需要设备进行特殊气体保护。

(7)对某些需要进行检修的设备,要对设备进行彻底清洗置换,用盲板切断设备的相关管线,避免造成事故。

2. 紧急停车程序

1)局部紧急停车

> CBD043 紧急停车的程序及要求

生产过程中,在一些想象不到的特殊情况下的停车,称为局部紧急停车,如某设备损坏,某部分电气的电源故障,某一个或多个仪表失灵等,当这种情况发生时应实施局部紧急停车。

(1)立即通知各相关岗位采取紧急处理措施,启动应急预案。

(2)把物料暂时储存或向事故排放设施(如火炬、放空等)排放。

(3)停止加入物料,转入停车待生产状态。

(4)通知相关岗位停止生产或进入待开车状态。

(5)对问题部位进行检修,排除故障。

(6)待故障排除后,通知相关岗位并按正常开车程序恢复生产。

2)全面紧急停车

生产过程中,突然发生停水、停电、停汽、发生重大事故或自然灾害时,则要全面紧急停车。

(1)装置各岗位应立即启动应急预案。

(2)若事故已经发生且无法控制,所有人员应尽快撤离现场,进入退守状态,报告有关部门等待救援,对事故范围区域进行隔离、警戒,接应救援人员并协助救援人员进行救援。

(3)若事故尚未发生,应首先切断物料,对于具备紧急停车系统的装置应立即启动停车系统。

(4)生产现场的检修、巡检、施工等与生产无关人员应立即停止作业,迅速撤离现场。

(5)操作人员应尽力保护关键设备,防止设备超温、超压、跑料以及电动机设备损坏,防止事故发生和扩大。

3. 停车后固废处理

> CBD039 停车后固废的处理

工业固废种类繁多,危害性质各异。如果处理不当,污染环境,破坏生态平衡,引起人畜中毒。其处理措施主要有:

1)安全土地填埋

安全土地填埋亦称安全化学土地填埋,是一种改进的卫生填埋方法。对场地的建造技术比卫生填埋更为严格。如衬里的渗透系数要小于 8~10cm/s,浸出液要加以收集和处理,地面径流要加以控制,要控制和处理产生的气体。此法是一种完全的、最终的处理,最为经济,不受工业废渣种类限制,适于处理大量的工业废渣,填埋后的土地可用作绿化地和停车场等,但场址必须远离居民区。

2)焚烧法

焚烧法是高温分解和深度氧化的综合过程。通过焚烧使可燃性的工业废渣氧化分解,达到减少容积、去除毒性、回收能量及副产品的目的。此法适合于有机性工业废渣的处理。对于无机和有机混合性的工业废渣,若有机废渣是有毒有害物质,一般也最好用焚烧法处理,尚可回收无机物。本法能迅速而大量减少可燃性工业废渣的容积,达到杀灭病原菌或解毒的目的,还能提供热能可用供热和发电。要防止固体废物会产生大量的酸性气体和未完全燃烧的有机组分及炉渣的二次污染。

3)固化法

固化法是将水泥、塑料、水玻璃、沥青等凝固剂同有害工业废渣加以混合进行固化。我国固化法主要用于处理放射性废物。它能降低废物的渗透性,并将其制成具有高应变能力的最终产品,从而使有害废物变成无害废物。

4)化学法

化学法是一种利用有害工业废渣的化学性质,通过酸碱中和、氧化还原等方式,将有害工业废渣转化为无害的最终产物。

5)生物法

许多有害工业废渣可以通过生物降解毒性,解除毒性的废物可以被土壤和水体接纳。目前常用的生物法有活性污泥法、气化池法、氧化塘法等。

6)有毒工业废渣的回收处理与利用

化学工业生产中排除的许多废渣具有毒性,须经过资源化处理加以回收和利用。例如,砷矿一般与铜、铅、锌、锑、钴、钨、金等有色金属矿共生。用含砷矿废渣可以提取白砷和回收有色金属。氰盐生产中排出的废渣含有剧毒的氰化物,可以采用高温水解-气化法处理,得到二氧化氮气体等有用的资源。

(三)正常停车检修作业前的相关要求

> CBD037 停车后管线清洗置换的注意事项

1. 停车后设备、管线清洗置换的注意事项

1)置换

> CBD038 停车后设备清洗置换的注意事项

为保证检修动火和进入设备内作业安全,在检修范围内的所有设备和管线中的易燃易爆、有毒有害气体应进行置换。对易燃、有毒气体的置换,大多采用蒸汽、氮气等惰性气体作为置换介质,也可采用注水排气法。将易燃、有毒气体排出。设备经置换后,若需要进入其内部工作还必须再用新鲜空气置换惰性气体,以防发生缺氧窒息。

(1)置换作业安全注意事项。

① 被置换的设备、管道等必须与系统进行可靠隔绝。

② 置换前应制定置换方案,绘制置换流程图,根据置换和被置换介质密度不同,合理选择置换介质入口、被置换介质排出口及取样部位,防止出现死角。

③ 若置换介质的密度大于被置换介质的密度时,应由设备或管道最低点送入置换介质,由最高点排出被置换介质,取样点宜在顶部位置及易产生死角的部位;反之,置换介质的密度低于被置换介质时,从设备最高点送入置换介质,由最低点排出被置换介质,取样点宜放在设备的底部位置和可能成为死角的位置,确保置换彻底。

(2)置换要求。

① 用水作为置换介质时,一定要保证设备内注满水,且在设备顶部最高处溢流口有水溢出,并持续一段时间,严禁注水未满。

② 用惰性气体作置换介质时,必须保证惰性气体用量(一般为被置换介质容积的3倍以上),但是,置换是否彻底,置换作业是否已符合安全要求,不能只根据置换时间的长短或置换介质的用量,而应根据取样分析是否合格为准。

③ 置换作业排出的气体应引入安全场所。

④ 如需检修动火,置换用惰性气体中氧含量一般小于1%～2%(体积百分浓度)。按置换流程图规定的取样点取样、分析并应达到合格。

2)吹扫

对设备和管道内没有排净的易燃、有毒液体,一般采用以蒸汽或惰性气体进行吹扫的方法清除。

吹扫作业安全注意事项如下:

(1)吹扫作业应该根据停车方案中规定的吹扫流程图,按管段号和设备位号逐一进行,并填写登记表。

(2)在登记表上注明管段号、设备位号、吹扫压力、进气点、排气点、负责人等。

(3)吹扫结束时应先关闭与物料相连阀门,再停气,以防管路系统介质倒流。

(4)吹扫结束应取样分析,合格后及时与运行系统隔绝。

3)清洗和铲除

对置换和吹扫都无法清除的黏结在设备内壁的易燃、有毒物质的沉积物及结垢等,还必须采用清洗和铲除的办法进行处理。避免因为动火时沉积物或结垢遇高温迅速分解或挥发,使空气中可燃物质或有毒有害物质浓度大大增加而发生燃烧、爆炸或中毒事故。

清洗一般有蒸煮和化学清洗两种。

(1)蒸煮。

一般说来,较大的设备和容器在清除物料后,都应用蒸汽、高压热水喷扫或用碱液(氢氧化钠溶液)通入蒸汽煮沸,采用蒸汽宜用低压饱和蒸汽。被喷扫设备应有静电接地,防止产生静电火花引起燃烧、爆炸事故,防止烫伤及碱液灼伤。

(2)化学清洗。

化学清洗常用碱洗法、酸洗法、碱洗与酸洗交替使用等方法。碱洗和酸洗交替使用法适于单纯对设备内氧化铁沉积物的清洗,若设备内有油垢,先用碱洗去油垢,然后清水洗涤,接着进行酸洗，氧化铁沉积即溶解。

若沉积物中除氧化铁外还有铜、氧化铜等物质，仅用酸洗法不能清除，应先用氨溶液除去沉积物中的铜成分，然后进行酸洗。因为铜和铜的氧化物污垢和铁的氧化物大部呈现迭状积附，故交替使用氨水和酸类进行清洗。如果铜及铜的氧化物污垢附着较多，在酸洗时一定要添加铜离子封闭剂，以防因铜离子的电极沉积引起腐蚀。

采用化学清洗后的废液应予以处理后方可排放。一般将废液进行稀释沉淀、过滤等，或采用化学药品中和、氧化、还原、凝聚、吸附以及离子交换等方法处理，使之符合排放标准后排放。

对某些设备内的沉积物，也可用人工铲刮的方法予以清除。进行此项作业时，应符合设备作业安全规定，特别应注意的是，对于可燃物的沉积物的铲刮应使用铜质、木质等不产生火花的工具，并对铲刮下来的沉积物妥善处理。

CBD040 常见灭火器的使用要求

2. 有机化工装置常用灭火器的使用

有机化工装置常见的灭火器有手提式泡沫灭火器、干粉灭火器、二氧化碳灭火器等。

1）泡沫灭火器

（1）适用范围。

适用于扑救一般 B 类火灾，如油制品、油脂等火灾，也可适用于 A 类火灾。

（2）使用方法。

可手提筒体上部的提环，迅速奔赴火场。这时应注意不得使灭火器过分倾斜，更不可横拿或颠倒，以免两种药剂混合而提前喷出。当距离着火点 10m 左右时，即可将筒体颠倒过来，一只手紧握提环，另一只手扶住筒体的底圈，将射流对准燃烧物。在扑救可燃液体火灾时，如已呈流淌状燃烧，则将泡沫由远而近喷射，使泡沫完全覆盖在燃烧液面上；如在容器内燃烧，应将泡沫射向容器的内壁。在扑救固体物质火灾时，应将射流对准燃烧最猛烈处。使用时，灭火器应始终保持倒置状态。

2）干粉灭火器

（1）适用范围。

碳酸氢钠干粉灭火器适用于易燃、可燃液体、气体及带电设备的初起火灾，其中磷酸铵盐干粉灭火器除可用于上述几类火灾外，还可扑救固体类物质的初起火灾。

（2）使用方法。

在距燃烧处 5m 左右，放下灭火器。如在室外，应选择在上风方向喷射。干粉灭火器最常用的开启方法为压把法。将灭火器提到距火源适当位置后，先上下颠倒几次，使筒内的干粉松动，然后让喷嘴对准燃烧最猛烈处，拔去保险销，压下压把，灭火剂便会喷出。开启干粉灭火器时，左手握住其中部，将喷嘴对准火焰根部，右手拔掉保险卡，旋转开启旋钮，打开储气瓶，滞时 1~4s，干粉便会喷出。

3）二氧化碳灭火器

（1）适用范围。

用来扑灭图书、档案、贵重设备、精密仪器、600V 以下电气设备及油类的初起火灾。适用于扑救一般 B 类火灾，如油制品、油脂等火灾，也可适用于 A 类火灾。

（2）使用方法。

在使用时，应首先将灭火器提到起火地点，放下灭火器，拔出保险销，一只手握住喇叭筒根部的手柄,另一只手紧握启闭阀的压把。对没有喷射软管的二氧化碳灭火器,应把喇叭筒往上扳 70°~90°。

3. 动火分析要求

动火作业必须经动火分析,合格后方可进行。

1)动火分析规定

(1)取样要有代表性,特殊动火的分析样品要保留到动火作业结束。

(2)取样时间与动火作业的时间不得超过 30min,如超过此间隔时间或动火停歇时间超过 30min 以上,必须重新取样分析。

2)动火分析标准

(1)若使用测爆仪时,被测对象的气体或蒸气的浓度应小于或等于爆炸下限的 20%(体积比,下同)。

(2)若使用其他化学分析手段时,当被测气体或蒸气的爆炸下限不小于 10%时,其浓度应小于 1%;当爆炸下限小于 10%、不小于 4%时,其浓度应小于 0.5%;当爆炸下限小于 4%、不小于 1%时,其浓度应小于 0.2%。

(3)若有两种以上的混合可燃气体,应以爆炸下限低者为准。

进入设备内动火,同时还须分析测定空气中氧含量,不得超过《中国石油进入受限空间作业安全管理办法》(安全[2014]86 号)中规定的容许浓度,氧含量应为 19.5%~23.5%。

4. 管线隔绝

由于隔绝不可靠致使有毒、易燃易爆、有腐蚀、令人窒息和高温介质进入检修设备而造成的重大事故时有发生,因此,检修设备必须进行可靠隔绝。视具体情况,最安全可靠的隔绝办法是拆除管线或抽插盲板。

1)拆除管线

拆除管线是将与检修设备相连接的管道、管道上的阀门、伸缩接头等可拆卸部分拆下。然后在管路侧的法兰上加设盲法兰或盲板。

2)抽插盲板

如果无可拆卸部分或拆卸十分困难,则应关严阀门,在和检修设备相连的管道法兰连接处插入盲板,这种方法操作方便、安全可靠,广为采用。

抽插盲板属于危险作业,应办理"抽插盲板作业许可证",并同时落实各项安全措施。

(1)绘制抽插盲板作业图,按图进行抽插作业并做好记录和检查。加入盲板的部位要有明显的挂牌标志,严防漏插、漏抽。拆除法兰螺栓时要逐步缓慢松开,防止管道内余压或残余物料喷出,以免发生意外事故。加盲板的位置一般在来料阀后部法兰处,盲板两侧均应加垫片并用螺栓紧固,做到无泄漏。

(2)盲板必须符合安全要求并进行编号。根据现场实际情况制作合适的盲板:盲板的尺寸应符合阀门或管道的口径;盲板的厚度需通过计算确定,原则上盲板厚度不得低于管壁厚度。盲板及垫片的材质,要根据介质特性、温度、压力选定。盲板应有大的突耳并涂上特别颜色,用于挂牌编号和识别。

(3)抽插盲板现场安全措施。

① 确认系统物料排尽,压力、温度降至规定要求。

② 要注意防火防爆,凡在禁火区、抽插易燃易爆介质管道盲板时,应使用防爆工具和防爆灯具,在规定范围内严禁用火,作业中应有专人巡回检查和监护。
③ 在室内抽插盲板时,必须打开窗户或采用符合安全要求的通风设备强制通风。
④ 抽插有毒介质管路盲板时,作业人员应按规定佩戴合适的个体防护用品,防止中毒。
⑤ 在高处抽插盲板作业时,应同时满足高处作业安全要求,并佩戴安全帽、安全带。
⑥ 危险性特别大的作业,应有抢救后备措施及气防站,医务人员、救护车应在现场。
⑦ 操作人员在抽插盲板连续作业中,时间不宜过长,应轮换休息。

项目二　开车前循环水系统的投用

一、准备工作

(一)设备

对讲机 2 部,循环水装置 1 套,生产装置 1 套。

(二)材料、工具

肥皂水、防爆 F 形扳手 1 把、活动扳手 1 把。

(三)人员

外操 1 名,内操 1 名,班长 1 名。

二、操作规程

(1)检查循环水系统连接完好情况具备开车条件,通过对讲机与控制室内操和班长确认。
(2)检查循环水系统气密,不能有漏项。
(3)检查仪表系统开车条件确认。
(4)循环水引入换热器操作,循环水引入开上水阀门同时进行排气操作。
(5)文明生产,施工后彻底清理现场。
(6)安全及其他。

三、注意事项

新的循环水换热设备及管线使用前需要进行预处理,根据实际情况制定预处理方案,对其进行冲洗、预膜、钝化等处理后,再投入使用,否则会有结垢或者腐蚀的风险。

项目三　开车前装置氮气系统的投用

一、准备工作

(一)设备

对讲机 2 部,带有氮气系统的生产装置 1 套。

(二)材料、工具

防爆 F 形扳手 1 把、活动扳手 1 把。

(三)人员

外操 1 名,内操 1 名,班长 1 名。

二、操作规程

(1)氮气系统连接完好情况检查,对仪表条件检查确认,检查阀门、螺栓连接完好情况。

(2)拆除盲板操作。拆除之前确认氮气总阀关闭状态,盲板处于正常使用状态,通过对讲机联系好控制室监控,进行盲板拆除作业。

(3)氮气引入装置确认。缓慢打开氮气界区总阀,检查氮气压力表指示正确,检查温度表指示正常,打开氮气导淋检查确认有氮气。

(4)现场检查不能有跑、冒、滴、漏问题。

(5)文明生产,施工后彻底清理现场。

(6)安全及其他。

三、注意事项

氮气系统投用前,不允许装置内有有限空间作业。

项目四 接受物料的操作

一、准备工作

(一)设备

对讲机 2 部,收料生产装置 1 套。

(二)材料、工具

活动扳手 1 把。

(三)人员

外操 1 名,内操 1 名。

二、操作规程

(1)仪表系统条件确认。检查确认控制室原料罐压力、液位指示正确;检查确认现场原料罐压力、液位指示正确。

(2)收料前确认。收料前通过对讲机与岗位联系,确认收料来源和数量,现场对收料阀门设定状态进行检查。

(3)收料操作。拆除盲板,打开收料阀门。

(4)控制室内液位计和压力表实时监控。

(5)对现场液位计和压力表实时监控。

(6)收料结束后及时联系现场人员进行关闭阀门。

(7)对收料系统进行吹扫置换,加堵盲板。
(8)文明生产,施工后彻底清理现场。
(9)安全及其他。

三、注意事项

收料之前,需要掌握物料的性质、危险性、应急处置措施。

项目五　离心泵的启动操作

一、准备工作

(一)设备
对讲机2部,机泵1套。

(二)材料、工具
活动扳手1把。

(三)人员
外操1名,内操1名。

二、操作规程

(1)与电气人员联系检查确认是否送电。
(2)检查确认泵的排污系统阀门是否已关闭,机泵盘车。
(3)检查确认冷却系统是否正常打开。
(4)检查润滑油系统润滑油油位和状态。
(5)检查关闭机泵出口阀。
(6)操作过程确认,打开泵入口阀,进行排气操作,启动机泵后,检查压力表指示正常,启动机泵后,缓慢打开出口阀,检查机泵电流、震动指示正常。
(7)文明生产,施工后彻底清理现场。
(8)安全及其他。

三、注意事项

(1)因为离心泵是靠叶轮离心力形成真空的吸力把水提起,所以,离心泵启动时,必须先把闸阀关闭,灌水。水位超过叶轮部位以上,排出离心泵中的空气,才可启动。启动后,叶轮周围形成真空,把水向上吸,其闸阀可自动打开,把水提起。因此,必须先闭闸阀。

(2)为了保证离心泵的安全运行,启动前应对离心泵机组做全面仔细的检查,尤其是对新安装或检修后的泵,启动前更要注意做好检查工作。检查之后,也要重视停车操作,以延长机泵的使用寿命,保证离心泵能正常工作。

项目六　备用泵的切换操作

一、准备工作

(一)设备
对讲机 2 部,机泵 2 套。

(二)材料、工具
活动扳手 1 把。

(三)人员
外操 1 名,内操 1 名。

二、操作规程

(1)备用泵启动前检查。

(2)通过对讲机与控制室联系,检查确认备用泵是否送电,检查确认泵的排污系统阀门是否已关闭,检查备用泵冷却系统是否正常打开,检查备用泵润滑油系统润滑油油位和状态,压力表完好,检查机泵出口阀处于关闭状态。

(3)备用泵启动。打开泵入口阀,进行排气操作,启动机泵后,检查压力表、机泵电流、震动指示正常,缓慢打开出口阀并确认正常。

(4)停止运转泵程序,全关运行机泵出口阀,停机泵电源,停机泵冷却系统,关闭入口阀,组织卸料。

(5)文明生产,施工后彻底清理现场。

(6)安全及其他。

三、注意事项

(1)有些屏蔽泵设有自冷却系统,不设外部冷却水,所以不可空转。

(2)启动泵之后,打开出口阀门要缓慢,发现异常情况马上停泵检查。

(3)离心泵启动前,要对机泵进行盘车。

项目七　反应器温度的正常控制

一、准备工作

(一)设备
对讲机 2 部,反应系统 1 套。

(二)材料、工具
活动扳手 1 把,防爆 F 形扳手 1 把。

(三) 人员

外操 1 名,内操 1 名。

二、操作规程

(1) 控制目的表述完整,影响因素分析透彻,调节对象理解深刻,控制指标表述准确。
(2) 熟练掌握调节反应器温度的方法。
(3) 熟练掌握反应温度变化对生产稳定运行及产品质量的影响。
(4) 熟悉 DCS 操作。
(5) 调节后,稳定反应器参数运行。
(6) 文明生产,施工后彻底清理现场。
(7) 安全及其他。

三、注意事项

(1) 调节过程中,注意反应器温度分布变化情况,避免出现飞温和超出工艺控制指标范围问题出现,一旦发生必须进行装置紧急停车处理。
(2) 阀门开关确定清楚。
(3) 温度调节过程中,要注意进料和压力变化等情况。

项目八　离心泵的停车操作

一、准备工作

(一) 设备
机泵 1 套。

(二) 材料、工具
活动扳手 1 把。

(三) 人员
外操 1 名,内操 1 名。

二、操作规程

(1) 停泵前检查。
(2) 检查确认运行泵出口压力、电流等情况,检查泵冷却系统正常打开,运行正常。
(3) 检查泵润滑油系统润滑油油位和状态,压力表完好。
(4) 停泵操作程序。关闭机泵出口阀,停机泵电源操作,关闭入口阀。
(5) 停泵后操作。关闭冷却水进口阀门,关闭冷却水出口。
(6) 停泵后卸料,完毕后,关闭入口阀卸料。
(7) 文明生产,施工后彻底清理现场。
(8) 安全及其他。

三、注意事项

(1) 停泵前机泵运行正常无异常振动、机械封无泄漏。
(2) 停泵后卸料时,可通过稍微打开压力表进行系统泄压,达到卸净机泵内物料。
(3) 停泵后要对机泵进行盘车,确保具备备用条件。

项目九　换热器的停车操作

一、准备工作

(一) 设备
换热器 1 个。

(二) 材料、工具
活动扳手 1 把、F 形扳手 1 把。

(三) 人员
外操 1 名,内操 1 名。

二、操作规程

(1) 操作前流程检查。
(2) 检查换热器进出、入口压力。
(3) 检查换热器进出口阀门状态。
(4) 检查换热器壳程和管程温差较小,确认温降结束。
(5) 关闭换热器出入口阀门,停止进料。
(6) 换热器卸料操作。
(7) 文明生产,施工后彻底清理现场。
(8) 安全及其他。

三、注意事项

停运换热器后确保现场无泄漏。

模块二 设备使用与维护

项目一 相关知识

一、设备使用

(一)常用阀门的型号、性能、特点

CBA008 阀门的分类及代号含义

1. 阀门的代号含义

阀门型号通常应表示出阀门类型、驱动方式、连接形式、结构特点、密封面材料、阀体材料和公称压力等要素。阀门型号的标准化对阀门的设计、选用、销售提供了方便。当今阀门的类型和材料越来越多,阀门的型号编制也越来越复杂。

阀门型号的含义如图 2-2-1 所示。

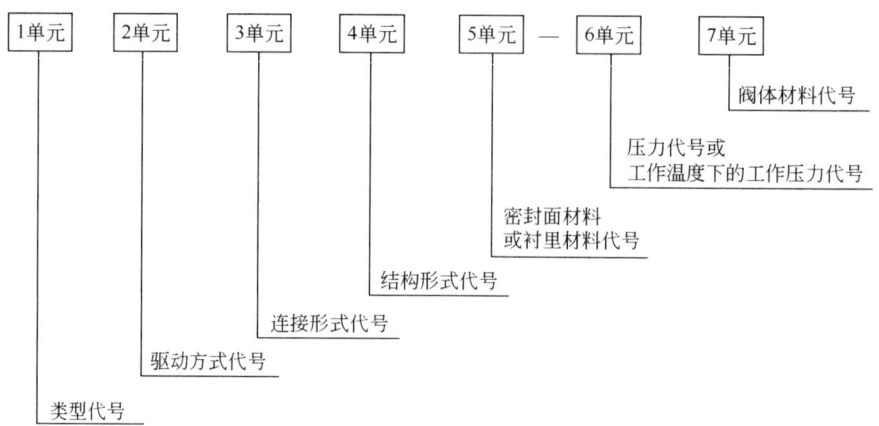

图 2-2-1 阀门型号的含义

阀门型号:"Z961Y-100I DN150"是 1 个完整的闸阀型号,讲编制里头不包括最后的"DN150"其代表阀门口径为 150mm。"Z961Y-100I"根据图 2-2-1 对号入座:"Z"对应 1 单元;"9"对应 2 单元;"6"对应 3 单元;"1"对应 4 单元;"Y"对应 5 单元;"100"对应 6 单元;"I"对应 7 单元。

这个阀门型号意义为:闸阀、电动驱动、焊接连接、楔式单闸板、硬质合金密封、10MPa 压力、铬钼钢阀体材质。

一单元:阀门类型代号见表 2-2-1。

表 2-2-1 阀门类型代号

类型	安全阀	蝶阀	隔膜阀	止回阀	截止阀	节流阀	排污阀	球阀	疏水阀	柱塞阀	旋塞阀	减压阀	闸阀
代号	A	D	G	H	J	L	P	Q	S	U	X	Y	Z

具有其他作用功能或带有其他特异机构的阀门,在阀门类型代号前再加注一个汉语拼音字母,见表2-2-2。

表2-2-2　阀门功能式特异机构类型代号

类型	保温性	低温型	防火型	缓闭型	排渣型	快速型	(阀杆密封)波纹管型
代号	B	D	F	H	P	Q	W

二单元:传动方式见表2-2-3。

表2-2-3　阀门传动方式代号

传动方式	电磁动	电磁-液动	电-液动	蜗轮	正齿轮	伞齿轮	气动	液动	气-液动	电动	手柄手轮
代号	0	1	2	3	4	5	6	7	8	9	无代号

三单元:连接型式见表2-2-4。

表2-2-4　阀门连接型式

连接方式	内螺纹	外螺纹	两不同连接	法兰	焊接	对夹	卡箍	卡套
代号	1	2	3	4	6	7	8	9

四单元:结构型式。

(1)闸阀结构形式代号见表2-2-5。

表2-2-5　闸阀结构形式代号

结构形式				代号
阀杆升降式（明杆）	楔式闸板	弹性闸板		0
		刚性闸板	单闸板	1
			双闸板	2
	平行式闸板	刚性闸板	单闸板	3
			双闸板	4
阀杆非升降式（暗杆）	楔式闸板		单闸板	5
			双闸板	6
	平行式闸板		单闸板	7
			双闸板	8

(2)截止阀、节流阀和柱塞阀结构形式代号见表2-2-6。

表2-2-6　截止阀、节流阀和柱塞阀结构形式代号

结构形式		代号	结构形式		代号
阀瓣非平衡式	直通流道	1	阀瓣平衡式	直通流道	6
	Z形流道	2		角式流道	7
	三通流道	3		—	—
	角式流道	4		—	—
	直流流道	5			

(3)球阀结构形式代号见表2-2-7。

表2-2-7 球阀结构形式代号

结构形式		代号	结构形式		代号
浮动球	直通流道	1	固定球	直通流道	7
	Y形三通流道	2		四通流道	6
	L形三通流道	4		T形三通流道	8
	T形三通流道	5		L形三通流道	9
	—	—		半球直通	0

(4)蝶阀结构形式代号见表2-2-8。

表2-2-8 蝶阀结构形式代号

结构形式		代号	结构形式		代号
密封型	单偏心	0	非密封型	单偏心	5
	中心垂直板	1		中心垂直板	6
	双偏心	2		双偏心	7
	三偏心	3		三偏心	8
	连杆机构	4		连杆机构	9

(5)隔膜阀结构形式代号见表2-2-9。

表2-2-9 隔膜阀结构形式代号

结构形式	代号	结构形式	代号
屋脊流道	1	直通流道	6
直流流道	5	Y形角式流道	8

(6)旋塞阀结构形式代号见表2-2-10。

表2-2-10 旋塞阀结构形式代号

结构形式		代号	结构形式		代号
填料密封	直通流道	3	油密封	直通流道	7
	T形三通流道	4		T形三通流道	8
	四通流道	5		—	—

(7)止回阀结构形式代号见表2-2-11。

表2-2-11 止回阀结构形式代号

结构形式		代号	结构形式		代号
升降式阀瓣	直通流道	1	旋启式阀瓣	单瓣结构	4
	立式结构	2		多瓣结构	5
	角式流道	3		双瓣结构	6
—	—	—		蝶形止回式	7

(8)安全阀结构形式代号见表2-2-12。

表 2-2-12 安全阀结构形式代号

结构形式		代号	结构形式		代号
弹簧载荷弹簧密封结构	带散热片全启式	0	弹簧载荷弹簧不封闭且带扳手结构	微启式、双联阀	3
	微启式	1		微启式	7
	全启式	2		全启式	8
	带扳手全启式	4		—	—
杠杆式	单杠杆	2	带控制机构全启式		6
	双杠杆	4	脉冲式		9

（9）减压阀结构形式代号见表 2-2-13。

表 2-2-13 减压阀结构形式代号

结构形式	代号	结构形式	代号
薄膜式	1	波纹管式	4
弹簧薄膜式	2	杠杆式	5
活塞式	3	—	—

（10）蒸汽疏水阀结构形式代号见表 2-2-14。

表 2-2-14 蒸汽疏水阀结构形式代号

结构形式	代号	结构形式	代号
浮球式	1	蒸汽压力式或膜盒式	6
浮桶式	3	双金属片式	7
液体或固体膨胀式	4	脉冲式	8
钟形浮子式	5	圆盘热动力式	9

（11）排污阀结构形式代号见表 2-2-15。

表 2-2-15 排污阀结构形式代号

结构形式		代号	结构形式		代号
液面连接排放	截止型直通式	1	液底间断排放	截止型直流式	5
	截止型角式	2		截止型直通式	6
	—	—		截止型角式	7
	—	—		浮动闸板型直通式	8

五单元：密封面及衬里材料代号见表 2-2-16。

表 2-2-16 密封面及衬里材料代号

密封面或衬里材料	锡基轴承合金（巴氏合金）	搪瓷	渗氮钢	氟塑料	陶瓷	Cr13 系不锈钢	衬胶	蒙乃尔合金
代号	B	C	D	F	G	H	J	M
密封面或衬里材料	尼龙塑料	渗硼钢	衬铅	奥氏体不锈钢	塑料	铜合金	橡胶	硬质合金
代号	N	P	Q	R	S	T	X	Y

六单元:公称压力数值,用阿拉伯数字直接表示,该数值是 MPa 单位下数值的 10 倍。

七单元:阀体材料见表 2-2-17。

表 2-2-17 阀体材料代号

阀体材料	钛及钛合金	碳钢	Cr_{13} 系不锈钢	铬钼钢	可锻铸铁	铝合金	18-8 系不锈钢	球墨铸铁	Mo_2Ti 系不锈钢	塑料	铜及铜合金	铬钼钒钢	灰铸铁
代号	A	C	H	I	K	L	P	Q	R	S	T	V	Z

2. 常见阀门的特点

1) 闸阀

(1) 概述。

闸阀的启闭件是闸板,闸板的运动方向与流体方向垂直,闸阀只能全开和全关,不能调节和节流。闸板有两个密封面,最常用的模式闸板阀的两个密封面形成楔形,楔形角随阀门参数而异。

(2) 适用范围。

闸阀适用于 DN150~DN2500、工作温度为 -29~425℃(碳钢)或 -29~500℃(不锈钢)的小口径管路上,用于截断或接通管路中的介质,选用不同的材质,可分别适用于水、蒸汽、油品、硝酸、醋酸、氧化性介质、尿素等多种介质,在石油管道上应用较多。

(3) 特点。

① 优点。

流体阻力小,密封面受介质的冲刷和侵蚀小;开闭较省力;介质流向不受限制,不扰流、不降低压力;经久耐用,使用简单;形体简单,结构长度短,制造工艺性好,适用范围广。

② 缺点。

密封面之间易引起冲蚀和擦伤,维修比较困难;外形尺寸较大,开启需要一定的空间,开闭时间长;结构较复杂。

2) 球阀

(1) 概述。

球阀是由旋塞阀演变而来,它的启闭件是一个球体,利用球体绕阀杆的轴线旋转 90°,实现开启和关闭的目的。球阀在管道上主要用于切断、分配和改变介质流动方向,设计成 V 形开口的球阀还具有良好的流量调节功能。阀体可以是整体的,也可以是组合式的。

(2) 适用范围。

球阀结构紧凑、密封可靠、结构简单、维修方便,密封面与球面常在闭合状态,不易被介质冲蚀,易于操作和维修,适用于水、溶剂、酸和天然气等一般工作介质,而且还适用于工作条件恶劣的介质,如氧气、过氧化氢、甲烷和乙烯等,在各行业得到广泛的应用。

(3) 特点。

① 优点。

具有最低的流阻(实际为 0);因在工作时不会卡住(在无润滑剂时),故能可靠地应用于腐蚀性介质和低沸点液体中;在较大的压力和温度范围内,能实现完全密封;可实现快速启闭,某些结构的启闭时间仅为 0.05~0.1s,以保证能用于试验台的自动化系统中;快速启闭阀门时,操作无冲击;球形关闭件能在边界位置上自动定位;工作介质在双面上密封可靠;在全开和全闭时,球体和阀座的密封面与介质隔离,因此,高速通过阀门的介质不会引起密封面的侵蚀;结构紧凑、重量轻,可以认为它是用于低温介质系统的最合理的阀门结构;阀体对称,尤其是焊接阀体结构,能很好地承受来自管道的应力;关闭件能承受关闭时的高压差。全焊接阀体的球阀,可以直埋于地下,使阀门内件不受侵蚀,最高使用寿命可达 30 年,是石油、天然气管线最理想的阀门。

② 缺点。

因为球阀最主要的阀座密封圈材料是聚四氟乙烯,它对几乎所有的化学物质都有是惰性的,且具有摩擦系数小、性能稳定、不易老化、温度适用范围广和密封性能优良的综合特点。但聚四氟乙烯的物理特性,包括较高的膨胀系数,对冷流的敏感性和不良的热传导性,要求阀座密封的设计必须围绕这些特性进行。所以,当密封材料变硬时,密封的可靠性受到破坏。而且,聚四氟乙烯的耐温等级较低,只能在低于 180℃情况下使用。超过此温度,密封材料就会老化。而考虑长期使用的情况下,一般只会在 120℃下使用。它的调节性能相对于截止阀要差一些,尤其是气动阀(或电动阀)。

3) 截止阀

(1) 概述。

CBA001 截止阀的优点与缺点

截止阀是指启闭件(阀瓣)沿阀座中心线移动的阀门。根据阀瓣的这种移动形式,阀座通口的变化与阀瓣行程成正比例关系。由于该类阀门的阀杆开启或关闭行程相对较短,而且具有非常可靠的切断功能,又由于阀座通口的变化与阀瓣的行程成正比例关系,非常适合对流量的调节。

(2) 适用范围。

截止阀是利用阀瓣(截止阀的关闭件叫阀瓣)沿着瓣座(阀座)通道的中心线移动,来控制管路启闭的一种闭路阀。截止阀一般适用于各种压力及温度条件下,在规定的标准范围内,输送液体和气体介质,但不适用于输送含有固体沉淀或析出晶体的液体。在低压管路中截止阀也可用来调节管路中介质的流量。由于受到结构的限制,截止阀的公称通径在 250mm 以下。若是在介质压力较高和流速较大的管路上,其密封面会很快磨损。因此需调节流量时,必须用节流。

(3) 特点。

① 优点。

在开启和关闭过程中,由于阀瓣与阀体密封面间的摩擦力比闸阀小,因而耐磨;开启高度一般仅为阀座通道的1/4,因此比闸阀小得多;通常在阀体和阀瓣上只有一个密封面,因而制造工艺性比较好,便于维修;由于其填料一般为石棉与石墨的混合物,故耐温等级较高,一般蒸汽阀门都用截止阀。

② 缺点。

由于介质通过阀门的流动方向发生了变化,因此,截止阀的最小流阻也较高于大多数其他类型的阀门;由于行程较长,开启速度较球阀慢。

4) 蝶阀

(1) 概述。

蝶阀是用圆盘式启闭件往复回转 90°左右来开启、关闭和调节流体通道的一种阀门。

即以关闭件(阀瓣或蝶板)为圆盘,围绕阀轴旋转来达到开启与关闭的一种阀,在管道上主要起切断和节流用。蝶阀启闭件是一个圆盘形的蝶板,在阀体内绕其自身的轴线旋转,从而达到启闭或调节的目的。蝶阀全开到全关通常是小于90°,蝶阀和蝶杆本身没有自锁能力,为了蝶板的定位,要在阀杆上加装蜗轮减速器。采用蜗轮减速器,不仅可以使蝶板具有自锁能力,使蝶板停止在任意位置上,还能改善阀门的操作性能。

(2)适用范围。

蝶阀阀瓣的运动带有擦拭性,故大多数蝶阀可用于带悬浮固体颗粒的介质。

(3)特点。

① 优点。

结构简单、体积小、重量轻、耗材省,特别适用于大口径阀门中;启闭迅速,流阻系数小;可用于带悬浮固体颗粒的介质,依据密封面的强度也可用于粉状和颗粒状介质;可适用于通风除尘管路的双向启闭及调节,广泛用于冶金、轻工、电力、石油化工系统的煤气管道及水道等。

② 缺点。

流量调节范围不大,当开启达30%时,流量就达将近95%以上。由于蝶阀的结构和密封材料的限制,不宜用于高温、高压的管路系统中;一般工作温度在300℃以下,$PN40$以下;密封性能相对于球阀、截止阀较差,故用于密封要求不是很高的地方。

5)止回阀

(1)概述。

止回阀又称逆流阀、逆止阀、背压阀和单向阀。其作用是防止管路中的介质倒流。水泵吸水管的底阀也属于止回阀类。启闭件靠介质流动和力量自行开启或关闭,以防止介质倒流的阀门叫止回阀。止回阀属于自动阀类,主要用于介质单向流动的管道上,只允许介质向一个方向流动,以防止发生事故。止回阀是靠管路中介质本身的流动产生的力自动开启和关闭的,属于一种自动阀门。

(2)用途及特点。

止回阀是用来防止管路中的介质倒流的阀门,它在介质顺流时开启,介质逆流时自动关闭。一般使用在不允许介质朝反方向流动的管路中,以阻止逆流的介质损坏设备和机件。在泵停止运转时,不致使旋转式泵反转。在管路上,常把止回阀和闭路阀串在一起使用。这是由于止回阀的密封性较差,当介质压力较小时,会有一小部分介质泄漏,需要闭路阀来保证管路的关闭。底阀也是一种止回阀,它必须潜入水中,专门安装在不能自吸或没有真空抽气引水的水泵的吸水管前端。

(二)常用仪表的使用基本知识

1. 化工仪表的分类

> CBA005 仪表的分类方式

(1)按仪表所使用的能源不同可分为:气动仪表、电动仪表和液动仪表。

(2)按仪表组合形式不同可分为:基地式仪表、单元组合仪表和综合控制装置。

(3)按仪表的安装形式不同可分为:现场仪表、盘装仪表和架装仪表。

(4)按仪表信号形式不同可分为:模拟仪表、数字仪表。

2. 流量计的分类

(1)按测量原理分类,可分为力学原理、电学原理、声学原理、热学原理、光学原理以及其他原理。

(2)按流量计结构原理分类,可分为容积式流量计、叶轮式流量计、差压式流量计、变面积式流量计、动量式流量计、冲量式流量计、电磁流量计、超声波流量计、流体振荡式流量计、质量流量计等。

(3)按测量介质分类,可分为气体流量计和液体流量计。

3.温度计的分类

(1)接触式测温仪表。主要有膨胀式温度计、热电阻温度计和热电偶温度计等。

(2)非接触式测量仪表。主要有光学高温计、全辐射式高温计和光电高温计等。

4.液位计的分类

在容器中液体介质的高低叫作液位,测量液位的仪表叫作液位计,液位计是物位仪表的一种。

液位计按工作原理可分为以下几种:

声学式,根据液位变化引起声阻抗和反射距离变化来测量液位,如超声波液位计、雷达液位计等。

直读式,根据流体的连通性原理来测量液位,如玻璃管液位计等,该种液位计一般具有结构简单、经济实用、安装方便、工作可靠、使用寿命长等优点,但不适用于高温、高压以及危险介质的场合。

静压式,根据液柱或液体高度变化对某点上产生的静压力的变化的原理测量液位。

电气式,根据把液位变化转换成各种电量变化的原理来测量液位。

辐射式,根据同位素射线的辐射透过物体时,其强度随物质的厚度发生变化的原理来测量液位。

浮力式,根据浮子高度随液位高低而变化或液体对浸入在液体中的浮筒的浮力随液位高度变化而变化的原理来测量液位,如浮球或浮筒液位计等。

5.压力表的分类

(1)压力表按其测量基准不同分类:一般压力表、绝对压力表、差压表。一般压力表以大气压力为基准;绝压表以绝对压力零位为基准;差压表测量两个被测压力之差。

(2)压力表按其测量范围不同分类:真空表、压力真空表、微压表、低压表、中压表及高压表。真空表用于测量小于大气压力的压力值;压力真空表用于测量小于和大于大气压力的压力值;微压表用于测量小于60000Pa的压力值;低压表用于测量0~6MPa压力值;中压表用于测量10~60MPa压力值。

(3)压力表按其显示方式不同分类:指针压力表,数字压力表。

(三)泵的使用基本知识

1.离心泵的基本知识

1)离心泵简述

离心泵是指靠叶轮旋转时产生的离心力来输送液体的泵。

2)离心泵的铭牌标识含义

离心泵名牌上一般应该标注型号、流量、扬程、配套功率、转速、轴功率、重量、出厂编号、出厂日期和制造厂家等,离心泵的主要参数和相关信息。

离心泵主要参数包括：

(1) 流量，用符号 Q 表示；单位：m3/h 或 m3/s。

(2) 扬程，用符号 H 表示；单位：m 液柱，简写为 m。

(3) 转速，用符号 n 表示；单位：r/min。

(4) 功率，离心泵的功率指轴功率，用符号 N 表示，单位：W 或 kW。

(5) 效率，用符号 η 表示。

(6) 允许吸上真空度和允许气蚀余量都是离心泵的主要性能参数。

3) 离心泵的管路附件

离心式水泵管路的附件及其作用如下：

(1) 出入口阀门。

泵的进出口均装有阀门，阀门的作用是正常运行时控制水泵流量，水泵检修时切断水泵与系统的联系。

(2) 法兰。

法兰（包括螺栓及橡胶垫片）的作用是管道连接件，小型的水泵也可用螺纹连接。

(3) 软接头。

软接头是用于金属管道之间起挠性连接作用的中空橡胶制品，可起到减震，降低振动及噪声，对因温度变化引起的热胀冷缩起补偿的作用。

(4) 压力表。

压力表的作用是观察水泵运行情况是否正常。

(5) 逆止阀。

逆止阀的作用是当离心泵停止后，防止液体倒灌回泵内使叶轮反转，造成泵损坏。

(6) 过滤器。

过滤器一般设置在泵入口管路上，其作用是为了防止离心泵不允许大小的颗粒和杂物进入到泵体内，造成泵件损坏，化工常见的的过滤器有 Y 型过滤器和篮式过滤器，通常用法兰连接，对于少部分管径较小的管路也可用螺纹进行连接。

4) 离心泵的应用

离心泵属于一种叶片式泵，按照吸液方式的不同，离心泵叶轮可分为单吸式和多吸式，主要应用在大流量，中、低扬程的场合。离心泵在运转过程中，常发生气缚、气蚀现象，均能使泵不能正常工作，严重时会损坏泵部件，若发现应及时处理，此外为保证离心泵正常运转，润滑油温度应不高于60℃，不应有乳化、变质。离心泵口环也称减漏环或减磨环，其主要作用是防止出口端介质倒流回进口端介质，同时起到耐磨作用保护叶轮，避免叶轮与泵壳直接接触，它是机泵中最容易磨损的零件之一，若磨损过于严重会造成电动机电流超高，因此应定期检查，并根据磨损情况定期更换。

5) 离心泵的操作

(1) 启动前应做好如下准备工作。

① 检查离心泵设备的完好情况。

② 轴承充油、油位正常、油质合格，盘车。

③ 将离心泵的进口阀门全部打开。

④ 泵内注水或真空泵引水(倒灌除外)打开放气阀排气。

⑤ 检查轴封漏水情况,填料密封以少许滴水为宜。

⑥ 点动电动机,判断电机旋转方向正确。

以上准备工作完成后,便可带上绝缘手套启动电动机,待转速正常后,检查压力、电流并注意有无振动和噪声。一切正常后,逐步开启出口阀,调整到所需工况,注意关阀空转的时间不宜超过 3min。

(2)离心泵启后检查。

① 启泵后检查泵压、管线压力、电流、电压是否正常。电流不得超过电动机的额定电流。

② 听各部声音是否异常,发现噪声和异常声音应立即停泵检查。

③ 检查机泵振幅不超过规定值(振幅小于 0.06mm 为合格)。

④ 检查轴承温度不超过 65℃,电动机温升不超过 70℃。

⑤ 检查泵密封填料漏失量应控制在 10~30 滴/min。

⑥ 检查润滑油油位在看窗的 1/2~2/3。

⑦ 检查泵和管路有无渗漏和进气的地方。

(3)停泵操作。

① 离心泵停泵应先关闭出口阀,以防逆止阀失灵致使出水管压力水倒灌进泵内,引起叶轮反转,造成泵损坏,待泵停止后再关闭入口阀。

② 停泵时如果惯性小,即断电后泵很快就停下来,说明泵内有摩卡或偏心现象。

2. 往复泵的基本知识

> CBA013 往复泵的应用

往复泵是典型的容积式泵,它的工作原理与离心泵完全不同,往复泵是通过活塞运动将机械能以静压能形式传递给液体,因此,理论上往复泵的排出压力可以无限高,在使用时为避免损坏往复泵,在启动泵前必须先打开出口阀门,同时,往复泵的流量与排出压力无关,与泵缸尺寸、活塞冲程及往复次数有关,因此,往复泵的流量不能通过改变排出阀的开度来调节,一般采用旁路回流法调节流量。往复泵适用于流量小、波动范围大、扬程高、液体黏度大且对含气量要求不严的场合。同时因为其具有自吸能力,因此启动前不需要灌泵的是往复泵。

3. 计量泵

> CBA007 计量泵的应用

计量泵也称定量泵或比例泵,是一种可以满足各种严格的工艺流程需要,流量可以在 0~100% 范围内无级调节并精确计量,用来输送液体(特别是腐蚀性液体)的一种特殊容积泵。其突出特点是可以保持与排出压力无关的恒定流量。化工常用的计量泵一般有往复式和旋转式两大类。

(四)换热器的使用基本知识

> CBA006 换热器的分类与使用

1. 化工换热器的分类

化工常用的换热器按照传热原理不同可分为以下几类。

1)间壁式换热器

间壁式换热器是温度不同的两种流体在被壁面分开的空间里流动,通过壁面的导热和流体在壁表面对流,两种流体之间进行换热。间壁式换热器有管壳式、套管式和其他型式的换热器,是目前应用最为广泛的换热器。

2) 蓄热式换热器

蓄热式换热器通过固体物质构成的蓄热体,把热量从高温流体传递给低温流体,热介质先通过加热固体物质达到一定温度后,冷介质再通过固体物质被加热,使之达到热量传递的目的,蓄热式换热器有旋转式、阀门切换式等。

3) 流体连接间接式换热器

流体连接间接式换热器是把两个表面式换热器由在其中循环的热载体连接起来的换热器,热载体在高温流体换热器和低温流体之间循环,在高温流体接受热量,在低温流体换热器把热量释放给低温流体。

4) 直接接触式换热器

直接接触式换热器又被称为混合式换热器,这种换热器是两种流体直接接触,彼此混合进行换热的设备,例如冷水塔、气体冷凝器等。

5) 复式换热器

复式换热器是指兼有汽水面式间接换热及水水直接混流换热两种换热方式的设备。同汽水面式间接换热相比,具有更高的换热效率;同汽水直接混合换热相比具有较高的稳定性及较低的机组噪音。

2. 列管式换热器的特点

列管式换热器是间壁式换热器的一种,是目前化工生产上应用最广的一种换热器。它主要由壳体、管板、换热管、封头、折流挡板等组成。

列管式换热器主要有固定管板式、浮头式、填料函式、U 形管式、热涡流膜式等几种。

1) 固定管板式换热器

固定管板式换热器的结构比较简单、紧凑、造价便宜,但管外不能机械清洗。此种换热器管束连接在管板上,管板分别焊在外壳两端,并在其上连接有顶盖,顶盖和壳体装有流体进出口接管。通常在管外装置一系列垂直于管束的挡板。同时,管子和管板与外壳的连接都是刚性的,而管内管外是两种不同温度的流体。因此,当管壁与壳壁温差较大时,由于两者的热膨胀不同,产生了很大的温差应力,以至管子扭弯或使管子从管板上松脱,甚至毁坏换热器。

2) 浮头式换热器

浮头式换热器的一块管板用法兰与外壳相连接,另一块管板不与外壳连接,以使管子受热或冷却时可以自由伸缩,在这块管板上连接一个顶盖,称之为"浮头"。其管束可以拉出以便清洗,管束的膨胀不受壳体约束,因而当两种换热器介质的温差大时,不会因管束与壳体的热膨胀量的不同而产生温差应力。但其结构复杂,造价高。

(五) 反应器的使用基本知识

1. 反应器的概念

反应器是一种实现反应过程的设备,广泛应用于化工、炼油、冶金等领域。反应器用于实现液相单相反应过程和液液、气液、液固、气液固等多相反应过程。

2. 常用反应器的类型

1) 管式反应器

管式反应器由长径比较大的空管或填充管构成,可用于实现气相反应和液相反应。

2)釜式反应器

釜式反应器由长径比较小的圆筒形容器构成,常装有机械搅拌或气流搅拌装置,可用于液相单相反应过程和液液相、气液相、气液固相等多相反应过程。用于气液相反应过程的称为鼓泡搅拌釜;用于气液固相反应过程的称为搅拌釜式反应器。

3)有固体颗粒床层的反应器

气体或液体通过固定的或运动的固体颗粒床层以实现多相反应过程,包括固定床反应器、流化床反应器、移动床反应器、涓流床反应器等。

4)塔式反应器

塔式反应器用于实现气液相或液液相反应过程的塔式设备,包括填充塔、板式塔、鼓泡塔等。

5)喷射反应器

喷射反应器是指利用喷射器进行混合,实现气相或液相单相反应过程和气液相、液液相等多相反应过程的设备。

6)其他多种非典型反应器

如回转窑、曝气池等。

3. 操作方式

1)间歇式反应器

间歇式反应器操作灵活,易于适应不同操作条件和产品品种,适用于小批量、多品种、反应时间较长的产品生产。其缺点是需有装料和卸料等辅助操作,产品质量也不易稳定。

2)连续式反应器

连续反应器即反应一直持续的进行,反应不会中断,内常设有搅拌装置、进料装置、温度压力调节及监控设备等,最常用的连续反应器是催化剂固定床反应器以及连续搅拌釜反应器。大规模生产应尽可能采用连续反应器。连续反应器的优点是产品质量稳定,易于操作控制。其缺点是连续反应器中都存在程度不同的返混,这对大多数反应皆为不利因素,应通过反应器合理选型和结构设计加以抑制。

3)半连续釜式反应器

半连续釜式反应器是指一种原料一次加入,另一种原料连续加入的反应器,其特性介于间歇釜和连续釜之间。

二、设备维护

(一)润滑油的基本知识

1. 润滑油的作用

> CBA018 润滑油的作用

润滑油是用在各种类型汽车、机械设备上以减少摩擦,保护机械及加工件的液体或半固体润滑剂,主要起润滑、辅助冷却、防锈、清洁、密封和缓冲等作用。

1)润滑

发动机在运转时,如果一些摩擦部位得不到适当的润滑,就会产生干摩擦。当润滑油流到摩擦部位后,就会黏附在摩擦表面上形成一层油膜,减少摩擦机件之间的阻力,而油膜的强度和韧性是发挥其润滑作用的关键。但是又不能用量过大,因为量过大时会产生平方关系的阻力,对转速影响极大,所以在用量上要特别注意。

2) 冷却

燃料在发动机内燃烧后产生的热量,只有一小部分用于动力输出以及摩擦阻力消耗和辅助机构的驱动上;其余大部分热量除随废气排到大气中外,还会被发动机中的冷却介质带走一部分。发动机中多余的热必须排出机体,否则发动机会由于温度过高而烧坏。这一方面靠发动机冷却系来完成,另一方面靠润滑油从气缸、活塞、曲轴等表面吸收热量后带到油底壳中散发。

3) 洗涤

发动机工作中,会产生许多污物。如吸入空气中带来的砂土、灰尘,混合气燃烧后形成的积炭,润滑油氧化后生成的胶状物,机件间摩擦产生金属屑等。这些污物会附着在机件的摩擦表面上,如不清洗下来,就会加大机件的磨损。另外,大量的胶质会使活塞环黏结卡滞,导致发动机不能正常运转。因此,必须及时将这些污物清理,这个清洗过程是靠润滑油在机体内循环流动来完成的。

4) 密封

发动机的气缸与活塞、活塞环与环槽以及气门与气门座间均存在一定间隙,这样能保证各运动部件之间不会卡滞。但这些间隙可造成气缸密封不好,燃烧室漏气结果是降低气缸压力及发动机输出功率。润滑油在这些间隙中形成的油膜,保证了气缸的密封性,保持气缸压力及发动机输出功率,并能阻止废气向下窜入曲轴箱。

5) 防锈

发动机在运转或存放时,大气、润滑油、燃油中的水分以及燃烧产生的酸性气体会对机件造成腐蚀和锈蚀,从而加大摩擦面的损坏。润滑油在机件表面形成的油膜可以避免机件与水及酸性气体直接接触,防止产生腐蚀、锈蚀。

6) 消除冲击载荷

在压缩行程结束时,混合气开始燃烧,气缸压力急剧上升。这时,轴承间隙中的润滑油将缓和活塞、活塞销、连杆、曲轴等机件所受到的冲击载荷,使发动机平稳工作,并防止金属直接接触,减少磨损。

CBA015 润滑油的三级过滤内容

2. 润滑油的三级过滤

润滑油三级过滤是为了减少油液中的杂质含量,防止尘屑等杂质随油进入设备而采取的净化措施,概括为入库过滤、发放过滤和加油过滤。

(1) 入库过滤:油液经过输入库,泵入油罐储存时,必须经过严格过滤。

(2) 发放过滤:油液注入润滑容器时要过滤。

(3) 加油过滤:油液加入设备储油部位时也必须先过滤。

从领油大桶到储油桶是一级,滤网是 60 目。

从储油桶到加油壶是二级,滤网是 80 目。

从加油壶到加油点是三级,滤网是 100 目。

(二)机泵维护的基本要求

CBA016 机泵维护的相关要求

1. 机泵的维护

(1) 保持设备清洁、干燥、无油污、不泄漏。

(2) 每天检查离心泵的运行声音是否正常,有无振动以及泄漏情况,发现问题及时处理。

(3)每天检查离心泵悬架油室内油位是否合适,必须保持在油标的1/2至2/3处。

(4)严禁离心泵在水池(桶)中的液体被抽空的状态下工作,因为离心泵在抽空状态下工作不但振动剧烈,而且还会影响泵的寿命,因此,一定要特别注意。

(5)离心泵内严禁进入金属物体以及胶皮、棉纱、塑料布之类习柔性物质,以免破坏水泵的过流部件及堵塞叶轮流道,使泵不能正常工作。

(6)要定期检查爪形联轴器的同心度。

(7)填料密封的离心泵要定期检查填料函处泄漏量,填料函处正常的泄漏量以10~20滴/min为宜。否则,应调整填料压盖松紧位置。

(8)应经常检查轴承温度,其最高温度一般不能超过70~75℃。

(9)在机泵运转的第一个月内,运转100h后,更换悬架油室内的润滑油,以后机泵每运转500h,更换一次润滑油。

(10)应经常检查离心泵进、出料管路系统(管件、阀门)支撑机构是否有松动,要确保支撑机构牢靠,泵体不承受支撑力。

(11)应经常检查离心泵基础紧固螺栓的紧固情况,确保连接牢固可靠。

(12)离心泵长时间不用时,应将机泵拆开,做防锈处理,重新装好,妥善保存,以备下次再用。

(13)当生产系统中安装的备用离心泵较长时间不运转时,每星期应转动1/4圈,以使泵轴均匀地承受静荷载以及外部振动。

(14)离心泵运转2000h左右,应进行周期检查,修理或更换已损坏的零件,使机泵经常处于完好状态。

(15)新安装以及检修后的离心泵,一定要首先试好电动机转向后,再穿上联轴器的柱销。

(16)离心泵允许在电动机断电时,管道内的液体倒流使泵反转。但应特别注意,当离心泵输送高差特别大时,在管道上应设置逆止阀,防止回水倒流,控制离心泵的突然反转。

(17)离心泵在寒冬季节使用时,停车后,需将泵体下部放料螺塞拧开将介质放净,防止冻裂。

2.机泵维护安全注意事项

(1)泵座上不准放置维修工具和任何物体。

(2)泵在运转中,不在靠近转动部位擦抹设备。

(3)保持电动机接地线完好,清扫时注意不要将水喷洒到电动机上。

3.机泵的检修前检查内容

(1)确认泵出、入口阀以及相关管道线阀门关闭。

(2)确认泵入口临时气体置换管线阀门关闭,临时胶管拆除。

(3)确认泵内介质已经全部排空。

(4)确认密闭排放管线阀门关闭。

(5)确认放空阀开启。

(6)确认泵体温度降至常温。

(7)联系该设备所对应岗位内操对该泵进行停电。

CBA017 机泵的检修前检查相关要求

(8)确认该泵电动机断电。
(9)确认该泵电动机电源线路已拆除断开。

4. 机泵的检修前安全注意事项

(1)检修人员应遵守本工种的安全规程及本企业的有关安全规定。
(2)检修前必须办理有关安全检修手续。
(3)切断电源,挂上"禁动牌"。
(4)放掉剩液,关闭进、出口阀或添加盲板与系统隔绝。
(5)拆卸、清洗、更换的零部件以及检修工具要整齐摆放,做到文明检修。

项目二 液位计的投用操作

一、准备工作

(一)设备

换热器1个,对讲机2部。

(二)材料、工具

活动扳手1把。

(三)人员

外操1名,内操1名。

二、操作规程

(1)检查液面计外观,检查液面计流程和状态,检查液面计导淋。
(2)液位计投用操作操作,排净液面计内积液,确认打开现场液面计进出、口阀门,观察实际液位显示。
(3)与控制室联系确保液位指示正确。
(4)检查确认液位计投用后,现场无泄漏,无工艺参数异常。
(5)文明生产,施工后彻底清理现场。
(6)安全及其他。

三、注意事项

有排气阀门的液面计,在投用过程中要进行排气操作,避免液面指示不准。

项目三 常用阀门的使用

一、准备工作

(一)设备

阀门若干。

(二)材料、工具

活动扳手1把,防爆F形扳手1把。

(三)人员

外操1名。

二、操作规程

(1)检查阀门的开关方向。

(2)大口径阀门注意事项,清楚大口径阀门,应先启动旁通阀充气或者预热,然后再开启主阀门。

(3)蒸汽阀门,清楚开启蒸汽阀门前先导淋泄水,清楚开启蒸汽阀门时,应缓慢小开。

(4)检查暗杆阀门的开闭程度要标记,阀门不能使用大锤猛击,损坏阀门零件,定期对阀门进行维护保养。

(5)文明生产,施工后彻底清理现场。

(6)安全及其他。

三、注意事项

阀门操作时,首先判断阀门的型号,物料的性质,使用专用工具进行开关。

项目四 运转设备润滑油脂的正常补加

一、准备工作

(一)设备

专用润滑油设备。

(二)材料、工具

活动扳手1把。

(三)人员

外操1名。

二、操作规程

(1)坚持润滑油管理的"五定",即:定点、定质、定量、定期、定人;"三级虑",即:检验合格的油品进固定油桶是进行一极过滤;固定油桶进加油工具是二级过滤;加油工具里的油进入设备润滑点是要三级过滤。

(2)执行润滑油规定及制度。

(3)检查油位及泄漏情况。

(4)补加润滑油,时要核对润滑油牌号,补加数量。

(5)文明生产,施工后彻底清理现场。

(6)安全及其他。

三、注意事项

(1)每次加油前应清晰油壶、油抽等容器和工具。
(2)每次添加完毕后,要做好机械保养记录。
(3)发现油品异常或者到更换周期后,要取样交由专业部门分析化验检定。

项目五　机泵检修时监护

一、准备工作

(一)设备
机泵1台。

(二)材料、工具
活动扳手1把。

(三)人员
外操1名。

二、操作规程

(1)运行机泵状态检查,检查压力和震动,检查油位和电流,检查过滤网符合要求。
(2)待修机泵状态检查。
(3)检查待修机泵出入口阀关闭。
(4)检查待修机泵冷却水阀。
(5)检查待修机泵是否断电。
(6)检查待修机泵卸料可燃物及有毒有害物质分析合格。
(7)监护要求。监护人要清楚监护职责,熟悉机泵连接管线工艺流程,监护人要查看票证书工作范围,配合做好安全防范措施,监护人要坚守检修作业现场。
(8)文明生产,施工后彻底清理现场。
(9)安全及其他。

三、注意事项

(1)监护人要清楚现场风险,主动与施工作业人员进行交代,做好突发事件应急处置准备。
(2)监护人要在现场挂检修标志牌。

模块三 事故判断与处理

项目一 相关知识

一、事故判断

(一)常见设备一般异常原因分析

1. 阀门常见故障分析

1)阀门动作故障

(1)阀杆动作故障。

在阀门启闭过程中,有时感到有卡阻不灵活,启闭很费力,有时用正常的启闭力矩无法启闭,甚至启闭一段距离后就无法继续启闭。

阀杆升降失灵的原因如下:

① 操作过猛使螺纹损伤。

② 缺乏润滑或润滑剂失效。

③ 阀杆弯扭。

④ 表面光洁度不够。

⑤ 配合公差不准,咬得过紧。

⑥ 阀杆螺母倾斜。

⑦ 材料选择不当,例如阀杆和阀杆螺母为同一材质,容易咬住。

⑧ 螺纹被介质腐蚀(指暗杆阀门或阀杆螺母在下部的阀门)。

⑨ 露天阀门缺乏保护,阀杆螺纹沾满尘砂或者被雨露霜雪所锈蚀。

⑩ 阀杆与其他零件卡阻:如第一填料压盖歪斜后碰到阀杆,第二填料安装不正确或压得过紧,第三阀杆与其他零件擦咬或咬死。

(2)手轮损坏。

撞击或长杠杆猛力操作所致。只要操作人员和其他有关人员注意,便可避免。

(3)填料压盖断裂。

压紧填料时用力不均匀或压盖(一般是铸铁/钢)有缺陷。压紧填料时要对称地旋转螺栓,不可偏歪。制造时不仅要注意大件和关键件,也要注意压盖之类次要件,否则影响使用。

(4)阀杆与闸板连接失灵。

闸阀采用阀杆长方头与闸板T形槽连接的形式较多,T形槽内有时不加工,因此使阀杆长方头磨损较快。该问题主要从制造方面来解决,但使用单位也可对T形槽进行补加工,让它有一定的光洁度和平面度。

> CBB009 阀门启闭失效的原因

(5)双闸板阀门的闸板不能压紧密封面。

双闸板的张力是靠顶楔产生的,有些闸阀的顶楔材质不佳(低牌号铸铁),使用不久便磨损或折断,顶楔是个小件,所用材料不多,使用单位可以用碳钢自行制作,换下原有的铸铁件。

(6)止回阀阀瓣打碎。

止回阀前后介质压力处于接近平衡而又互相"拉锯"的状态,阀瓣经常与阀座拍打,某些脆性材料(如铸铁、黄铜等)做成的阀瓣就易被打碎。预防的办法是采用阀瓣为韧性材料的止回阀。

2)阀门内漏

阀门的内漏是指阀座与关闭件之间对介质达到的密封程度,当阀门处于关闭状态时,阀门进口侧介质仍经由阀瓣、阀座密封面流向阀门出口侧。

造成该阀门内漏故障的原因有很多,大体上分为以下几种。

(1)阀瓣/阀座密封面未贴合。

① 系统内介质净化程度不高,在阀门开启再关闭时流体将杂质带到密封面中间,垫住阀瓣,以致阀瓣与阀座未贴合导致密封不严,这种现象对于安全阀起跳后发生率较高。

② 对于闸阀而言,阀体下部底腔比较容易存留杂质,当有较大的硬性杂质被介质携带经过阀门时,便有机会驻留在底腔,且不易再被冲走,这样,阀门在关闭的过程中阀瓣由于被硬物阻碍不能达到与阀座贴合位置,从而造成此阀会有较大漏量。

③ 当阀门行程开关或力矩开关调整不当或锁定螺母松动等原因造成行程动作不准确,也就是说当电动头行程开关的关位与阀体实际关位不一致的情况下,则可造成阀瓣与阀座未贴合导致内漏。

④ 阀瓣或阀座密封面研磨质量差。

磨偏:当研磨时如研磨胎具角度不精确、人工力度不均匀,或在车削密封面时车刀角度调整不精确等因素造成阀瓣密封面的锥度与轴线有微量偏斜,组装后的阀瓣密封面与阀座密封面必然不能严密贴合。

光洁度不够:研磨后仍有划痕、麻点使之密封不严。

⑤ 对于软密封的蝶阀来说,由于某些蝶阀本身的制造问题,导致蝶板不能关到位是由于阀体通流截面过小所致,这时可以将阀体对环的固定螺栓拆下,在中间加垫片调整的方法来增大流通面积,从而使阀板能够严密关闭。

⑥ 电动头与阀体不匹配。在中高压系统中的阀门,如电动机功率相对较小,输出力矩或设定力矩较小,由于系统介质本身的压力作用,导致阀门电动头出现跳力矩,使阀门关不到位或关闭不严。

(2)阀瓣/阀座密封受损。

① 对于闸阀而言,当闸阀在刚刚开启或即将关闭过程中,就是说当闸板、阀座密封面正在相互的强力摩擦中,此时,当有硬性杂质经过阀门,就易被夹带于闸板和阀座的密封面中间,造成密封面划伤,这种现象出现的概率较高,且在旋塞式调节阀、金属密封蝶阀、球阀等阀门中经常出现。

② 在阀门开启再关闭时流体将杂质夹带到密封面中间,垫住阀瓣密封面,在电动机所

产生的强力作用下,使密封面受损,以致阀瓣与阀座密封面垫出压痕而导致密封不严,这种现象发生率也较高。

③ 阀瓣与阀座密封面长期在微接触(未接触,阀瓣与阀座间尚有缝隙)且在压差较高的情况下,阀瓣、阀座密封面就会在介质长期的冲刷下并产生冲蚀的沟痕或气蚀的麻点,密封面受到损伤的状态下是无法严密地密封介质的。

④ 由于阀瓣、阀座密封面本身的制造问题,如气孔,车削沟痕等造成密封面无法密封严密。

⑤ 由于各种原因导致阀瓣与阀杆脱落。

⑥ 在强酸系统中,阀瓣由于选材不当、各种原因引起的衬胶脱落等原因,在长期腐蚀状态下致使阀瓣本身结构不完整。

2. 离心泵常见故障原因分析

1) 离心泵密封泄漏的原因分析

(1) 机械密封泄漏的原因。

机械密封又叫端面密封,是指由至少一对垂直于旋转轴线的端面在流体压力和补偿机构弹力(或磁力)的作用以及辅助密封的配合下保持贴合并相对滑动而构成的防止流体泄漏的装置。

离心泵机械密封失效的原因可以总结为以下几点:

① 介质中结胶性、腐蚀性、聚合性物质增多。

② 长时间停运,重启动时没有手动盘车,因粘连损坏了密封面。

③ 长时间憋压,损坏密封面。

④ 管道离心泵输出过小,介质在泵内热积聚,引起气化。

⑤ 环境温度急剧变化,工况变化频繁导致密封面被破坏。

⑥ 回流量大,导致吸入管侧容器底部沉渣泛起,损坏密封面。

⑦ 突然停电或故障停机。

(2) 填料密封泄漏原因。

填料密封又称为压紧填料密封。离心泵使用的密封填料很多,包括石墨环、碳纤维密封填料、石棉绳等。选择填料的原则比表面积尽可能的大、制造容易、价格便宜、重量轻、机械强度高,具有较好的化学稳定性。

离心泵填料密封失效的原因可以总结为以下几点:

① 当填料使用一段时间后就会失去弹性及润滑作用,从而造成泄漏。

② 填料的材料不符合要求或安全填料不良而发生严重泄漏。

③ 安装填料的轴套等零件磨损严重或填料箱与轴套等零件的径向间隙过大而造成泄漏。

④ 若在轴套的断面安装橡胶圈,有可能吹损而造成泄漏。

⑤ 新装轴套偏心较大。

⑥ 使用时间过长腐烂。

⑦ 填料、压盖、填料套、填料环等零件损坏。

⑧ 泵的长时间振动。

2) 离心泵有杂音的原因分析

离心泵内有杂音的原因可以总结为以下几点:

(1)泵部件损坏、松动或堵塞。
(2)轴承无油少油,发生干摩擦。
(3)抽空引起气蚀。
(4)叶轮磨损严重。
(5)流量过小。
(6)杂物进入泵内,与叶轮或泵壳碰撞。
(7)转动部分磨损严重。

> CBB008 搅拌机停止运转的原因

3. 搅拌器停止运转的原因

化工搅拌器停止运转的原因可以总结为以下几点:
(1)主电动机由于断电、机体故障以及电路故障等原因不工作。
(2)传送皮带过松或脱落。
(3)安全开关启动或出现故障。
(4)减速箱、联轴器、主轴损坏。
(5)主轴两侧轴承损坏。
(6)容器内物料过多或黏度过大造成电动机过载或叶片损坏。

> CBB003 离心式风机电动机超负荷的原因

4. 离心风机电动机超负荷的原因

(1)系统性能与风机性能不匹配。系统阻力小,而留有的富裕量过大,风机在风压过低、风量过大的流量区域内运行。
(2)所运载气体的密度大于额定数据。
(3)风机内部由于机械部件损坏发生摩擦、碰撞使转动阻力增大。
(4)排气管漏气,使系统压力降低。
(5)并联工作风机的影响。
(6)启动时,调节门或出气管道阀门未关闭。
(7)电动机输入电压低或电源单相断电。
(8)风机反转。

> CBB011 离心式压缩机供油温度升高的原因

5. 离心压缩机供油温度高的原因

(1)润滑油量不足或中断,主油泵损坏而辅助油泵又未能及时投入供油;供油系统管路及连接法兰漏油或破裂,油管路堵塞;油箱中油位过低使油泵吸油量不足或者吸不上油来。
(2)润滑油不清洁,含有沙粒杂质等异物。
(3)润滑油冷却器工作失常,无法及时降低润滑油温度。
(4)润滑油中含水,降低了油的润滑性能,影响了压力油膜的形成。
(5)压缩机进气温度太高。

(二)公用工程系统工艺参数异常的原因分析

> CBB004 氮气中断的现象

1. 氮气中断的现象

化工装置氮气突然中断时,一般会出现氮气总管压力迅速下降,装置氮气缓冲罐的压力和出口压力快速下降,入口压力、流量迅速下降或呈零指示,氮气突然中断会对装置的氮气密封系统、吹扫系统、取样系统等产生极大影响,一旦氮气中断,岗位人员应立即启动车间应急预案,按预案内容进行紧急停车,防止事故发生。

2. 仪表空气中断

化工装置仪表空气突然中断时，一般会出现仪表空气总管压力迅速下降，装置气动调节阀失灵，根据调节阀相应的气动机构呈现全关或全开状态，调节阀仪表空气管内无正常压力和流量的仪表空气，装置仪表空气缓冲罐的压力和出口压力快速下降，入口压力、流量迅速下降或呈零指示，仪表空气中断时，岗位人员应立即启动车间应急预案，按预案内容进行紧急停车，防止发生事故。

> CBB005 仪表空气中断的现象

3. 蒸汽压力下降

当产汽系统蒸汽压力降低、蒸汽管网出现泄漏、蒸汽系统调节阀动作失灵、管道系统密封不严、产气系统异常、管线堵塞、阀门异常等问题发生时，会造成装置蒸汽压力下降，一般会出现装置蒸汽总管压力下降，各减压阀压力指示下降，影响减压蒸汽的使用，利用蒸汽加热的设备温度会随之下降。系统蒸汽压力下降时，装置区内的蒸汽总线的流量出现上升，温度下降。

> CBB006 系统蒸汽压力下降的现象

4. 循环水压力下降

化工装置循环水压力下降时，一般会出现循环水总线的压力降低，对于使用循环水进行冷却的设备产生极大影响，如反应釜、换热器、结晶器等，其内部的物料温度会随循环水压力的降低而升高，对于气体冷凝器，由于换热效果下降，气体无法及时冷凝，造成系统压力升高。循环水若可以在短时间内恢复，可考虑采用工业水暂时替代循环水，若循环水无法及时恢复或有中断可能，岗位人员应按照应急预案内容进行紧急停车，防止发生事故。

> CBB007 循环水压力下降的现象

二、事故处理

（一）常见设备异常处理方法

1. 离心泵常见异常处理

1）泵轴承温度过高的原因及处理

（1）原因。

① 润滑油少或过多，油质不合格。

② 润滑油回油槽堵塞。

③ 轴承跑内圆或外圆。

④ 轴承间隙过小，严重磨损。

⑤ 泵轴弯曲，轴承偏斜。

⑥ 润滑油内有机械杂质。

⑦ 输送介质温度过高。

（2）处理。

① 补充加油或利用下排污口把液位调节到 1/2～2/3 处，清理回油槽。

② 泵检查，跑外圆要更换轴承体或轴承，跑内圆要更换泵轴或轴承。

③ 选择合适间隙的轴承。

④ 校正或更换泵轴。

⑤ 更换清洁的润滑油。

> CBB015 轴承温度高的处理方法

⑥ 降低来液温度。

2）泵的机械密封发生泄漏的原因及处理

> CBB020 泵的机械密封发生泄漏的处理方法

（1）原因。

① 密封胶圈老化、损坏、压偏或厚度不均。

② 压盖把偏或纸垫损坏。

③ 弹簧压力不均。

④ 摩擦副端面损伤。

⑤ 传动螺钉弯曲或折断。

⑥ 操作中，因抽空、气蚀、憋压等异常现象，引起较大的轴向力，使动、静环接触面分离。

⑦ 对安装时机械密封压缩量过大。

⑧ 动环密封圈过紧。

（2）处理。

① 检查更换胶圈。

② 重新把紧压盖或更换纸垫。

③ 检查弹簧。

④ 检查动、静密封环。

⑤ 检查或更换螺钉。

⑥ 重新更换机械密封。

3）泵抽空的原因及处理

> CBB030 离心泵抽空的处理方法

（1）原因。

① 泵进口管线堵塞。

② 流程未导通，泵入口阀门没开。

③ 泵叶轮堵塞。

④ 泵进口密封填料漏气严重。

⑤ 油温过低，吸阻过大。

⑥ 泵入口过滤缸堵塞。

⑦ 泵内有气体未放净。

⑧ 进口阀门闸板脱落。

⑨ 大罐液位过低。

⑩ 油温过高产生汽化。

（2）处理。

① 清理或用高压泵车顶通泵进口管线。

② 启泵前全面检查流程。

③ 清除泵叶轮入口处堵塞物。

④ 调整密封填料压盖，使密封填料漏失量在规定范围内，填料磨损严重需要更换。

⑤ 提高来油温度。

⑥ 检查清理泵入口过滤缸。

⑦ 在泵出口处放净泵内气体，在过滤缸处放净入口处的气体。

⑧ 检查更换阀门。
⑨ 倒罐,提高大罐液位。
⑩ 降低来油温度。

4)离心泵气蚀的原因及处理

> CBB024 防止离心泵气蚀的措施

(1)原因。
① 吸入压力降低。
② 吸入高度过高。
③ 吸入管阻力增大。
④ 输送液体黏度增大。
⑤ 抽吸液体温度过高,液体饱和蒸气压增加。

(2)处理。
① 提高罐液位,增加吸入口压力。
② 降低泵吸入高度。
③ 检查流程,清理过滤网,增大进口阀门的开启度,减少吸入管的阻力。
④ 输送黏度高的液体要提前加温降低黏度,或采取伴热水掺输的办法。
⑤ 对锅炉减火降温,减少液体的饱和蒸汽压。

(3)预防离心泵汽蚀的主要措施。
① 过流部分断面变化率力求小,壁面力求光滑。
② 吸入管阻力要小,且短而直。
③ 正确选择吸入高度。
④ 汽蚀区域贴补环氧树脂涂料。

(4)提高离心泵抗汽蚀的措施。
① 采用双吸叶轮。
② 增大叶轮入口面积。
③ 增大叶轮进口流道宽度。
④ 增大叶轮前后盖板转弯处曲率半径。
⑤ 叶片进口流道向吸入侧延伸。
⑥ 叶轮首级采用抗汽蚀材料。
⑦ 设前置诱导轮。

2. 透平压缩机油压降低

压缩机运转过程中润滑油压力过低的原因包括以下几项:

> CBB019 透平润滑油压力低的原因

1)压缩机油量不足
应定时检查油位,及时补充润滑油,保证油位的正常。

2)润滑油泵不转
润滑油泵异常停机,润滑油压力降为零,应停机检修润滑油泵。

3)机油泵磨损
润滑油泵磨损,关键部件间隙增大,都会导致泵油量减小,使润滑油压力下降。此时应停机检修润滑油泵,更换磨损的零件,使之恢复到标准范围,保证泵油量及压力。

4) 润滑油温度过高

如果冷却系水垢过多、散热不良、长时间超负荷作业或者喷油泵的供油时间过迟等都会使压缩机过热，加速润滑油的老化、变质、变稀，从各配合间隙中泄漏，压力降低。应清除水垢、调整供油时间，让压缩机在额定负荷以内工作。

5) 主轴承与连杆轴承的配合间隙增大

压缩机长期使用后主曲轴与连杆轴承的配合间隙逐渐增大，泄漏增加，机油压力便下降。此时，可修磨曲轴，选配新的连杆轴承和主轴承，恢复其配合间隙。

6) 旁通阀损坏

为了保持主油道的正常油压设有旁通阀，如果其调压弹簧软化或调整不当，阀座与钢球的配合面磨损或者被卡住而关闭不严时，回油量增加，主油道的压力就会下降。此时应拆下旁通阀进行检查，并把压力调整到正常范围。

7) 润滑油散热器漏油

外漏会使润滑油系统泄压，造成压力下降，内漏使润滑油进入水箱，冷却系统的散热效果变差，润滑油过热变稀，压力下降。应拆下散热器，修理或更换，恢复其功能。

8) 压力传感器失灵或油道堵塞

如果压力传感器失灵或主油道至压力传感器的油道堵塞而油流不畅时，润滑油压力就会下降。应检查压力传感器和油道管路状态，若异常，应及时更换和清理管路。

9) 润滑油牌号不合适

不同的压缩机需要添加不同牌号的机油，如果选用的润滑油不合适或润滑油品质不良，压缩机运转时就会因黏度过低而加大泄漏或润滑效果不足使轴承过热，造成润滑油压力降低。应根据压缩机工况、运转外界环境温度等因素，选用合适的润滑油。

10) 润滑油过滤器堵塞

当过滤器堵塞而不能正常流通时，润滑油的流通量减少，压力就会下降。应及时切换过滤器，保证过滤器流通正常，此外还应定期清理润滑油过滤器，保证清洁。

3. 压滤机压力不足

[CBB022 压滤机压力不足的处理方法]

压滤机运行过程中压力不足可能的原因有：

(1) 压滤机电动机功率不足，更换电动机，采用合适当前工况及设备性能的电动机。

(2) 溢流阀损坏，维修或更换。

(3) 油位不够，补充液压油。

(4) 油泵损坏，油泵齿轮的间隙过大，会造成供油量不足，检修油泵。

(5) 阀块和接头处泄漏，拧紧或更换 O 形圈。

(6) 油缸密封圈磨损，更换密封圈。

(7) 活塞密封圈磨损，密封不严，更换密封圈。

(8) 皮碗损坏，检修维护。

(9) 压滤机传动丝杠弯曲，检修维护。

(10) 油路泄漏，检修油路。

(11) 液控单向阀堵塞或磨损，清洗或更换。

(12) 电磁球阀堵塞或磨损，清洗或更换。

(13)液压器内部串油,检修液压器。

4. 调节阀不动作

> CBB023 调节阀操作不动的处理方法

1) 调节阀不动作的原因分析

(1) 无信号、无气源。

① 气源未开。

② 由于气源含水在冬季结冰,导致风管堵塞或过滤器、减压阀堵塞失灵。

③ 压缩机故障。

④ 气源总管泄漏。

(2) 有气源、无信号。

① 调节阀故障。

② 信号管泄漏。

③ 定位器波纹管漏气。

④ 调节网膜片损坏。

(3) 定位器无气源。

① 过滤器堵塞。

② 减压阀故障。

③ 管道泄漏或堵塞。

(4) 定位器有气源、无输出。

定位器的节流孔堵塞。

(5) 有信号、无动作。

① 阀芯脱落。

② 阀芯与阀座卡死。

③ 阀杆弯曲或折断。

④ 阀座阀芯冻结或焦块污物。

⑤ 执行机构弹簧引长期不用而锈死。

2) 调节阀不动作工艺人员的应急处理方法

(1) 将调节阀自动操作变为手动操作。

(2) 改变工艺走副线,通过现场手动阀门对管道内介质进行调节,保证生产正常运行。

(3) 通知仪表人员处理。

(4) 通知相关人员注意生产波动等异常变化。

(5) 待调节阀维修完毕后再投自动。

5. 换热器换热效果不佳

> CBB028 换热器传热效果差的处理方法

化工生产过程中常见的换热器换热效果不佳的原因大致有以下几种:

1) 换热器选型过小

换热器自身换热面积不足,没有充足的换热面积提供换热,会造成换热器换热效果不佳,应根据工况采用合适换热面积的换热器或新增设换热器,保证换热能力。

2) 换热器内空气未排出

换热器内存有空气会减少换热器换热面积,影响换热器传热效果,因此在投用时应将换热器内的空气排净,保证换热效果,此外在换热器运行中都要进行定期放气,尽量减少系统残存的空气影响换热效果。

3)换热器内存在结垢现象

换热器结垢将降低换热系数,使换热效率降低。为避免换热器结垢,应在设计选用时,采用合适的换热管和折流形式,使用时应保证换热物料工艺参数平稳,采用换热介质符合使用标准,定期对换热器进行检查并根据情况及时对结垢进行清理。

4)换热介质量不足

在换热器使用过程中,因设计管路过小或管路在使用过程中堵塞等,会造成换热器内换热介质量不足,没有充足的换热介质参与换热,会使换热器换热效果下降。应采取合适的管路尺寸,并定期检查管路的通常情况,保证换热器正常运行。

5)疏水不畅

对于使用蒸汽作为换热介质的换热器,在运行中会出现凝结水疏水不畅的现象,过多的凝水积蓄在换热器内,造成换热面积减小,使换热器的换热效果下降,应定期检查疏水器的使用效果,若发现疏水器失灵,应及时通过手动阀门排放凝水并更换失灵疏水阀。

CBB031 物料管线泄漏的处理方法

6. 管道泄漏的处理

(1)操作人员应按工艺规程,操作相应的阀门和控制系统,立即降压停车。

(2)如有人员受伤应立即拨打120急救电话,救助伤员;如有火情立即拨打119火警电话。

(3)切断受影响电源,介质泄漏区域严禁明火和金属物品的撞击等,防止泄漏的易燃易爆介质燃爆。

(4)做好消防和防毒准备,同时,撤离现场无关人员,对介质泄漏周围区域进行人员疏散。

(5)封闭泄漏现场、设置安全警戒线。

(6)人员对泄漏部位进行处理,将泄漏部分与周围相连系统断开,将管道系统内介质倒入备用容器或进行相关处理。

(7)查明泄漏原因,紧急情况下可以进行带压堵漏。

(8)应注意泄漏物质对环境的影响,妥善处理或者排放,重大泄漏应及时向公众公布,必要时做好疏散工作。

CBB032 电动机超温事故的处理方法

7. 电动机超温事故处理

1)电动机启动后超温或冒烟的原因分析

(1)电源电压过低,造成电动机在额定负载下温升过高。

(2)电动机通风不良或环境湿度过高。

(3)电动机过载或单相运行。

(4)电动机启动频繁或正反转次数过多。

(5)定子和转子相摩擦。

2)超温或冒烟后的处理方法

(1)测量空载和负载电压。

(2)检查电动机风扇及清理通风道,加强通风,降低环境温度,减少环境湿度。

(3)用钳形电流表检测各项电流,根据检测情况进行处理。

(4)减少电动机正反转次数和启动频次,如三相异步电动机正常情况下在冷状态下允许启动2~3次,在热状态下只允许启动一次。

(5)若必须要频繁启动或正反转,应选用适用于频繁启动或正反转的电动机。

(6)检查后根据检查情况进行处理。

> CBB033 蒸发系统蒸汽中断的处理方法

8. 蒸发系统蒸汽中断

化工装置蒸发系统为节约蒸汽,通常采用多效蒸发方法,一般蒸汽经减压为高、中、低三个等级后再根据不同的温度和压力进行使用。

当蒸发系统蒸汽突然中断时,现场操作人员应完成以下工作:

(1)联系调度人员,查明蒸汽中断原因,若短时间可恢复正常,可停进出物料,装置改全回流操作,待蒸汽恢复后再调节正常。

(2)若蒸汽长时间不能供气,则系统应按紧急停车处理。

(3)当使用系统自发蒸汽停汽时,要迅速排除蒸汽发生器故障,如不能排除要及时联系调度引管网蒸汽。

(4)若总蒸汽控制阀失灵,则应关闭正线阀门。通过副线引蒸汽并调节,同时联系仪表专业维修控制阀。

> CBB034 结晶器出料口堵塞的处理方法

9. 结晶器出口物料堵塞

结晶时只有同类分子或离子才能排列成晶体,因此结晶具有良好的选择性,利用这种选择性即可实现混合物的分离。在生产过程中,岗位人员若发现结晶器出口物料堵塞应。

(1)发现结晶器出料口发生堵塞后,应立即停止放料操作。

(2)根据其物料的性质,佩戴好相应的防护用品。

(3)对于易于清理的物料可直接用工具进行清理。

(4)若用普通工具难以清理的物料,可从放料管线通入蒸汽加热熔化结块的物料,根据物料的熔点选择蒸汽的种类。

(5)查明堵塞原因,如因结晶器出料口伴热异常而出现堵塞时,需检查伴热情况,使之恢复正常,防止开车后堵塞再次发生。

> CBB021 蒸汽管线内有液击的处理方法

10. 蒸汽管线"水击"

1)蒸汽管道水击产生的原因

(1)蒸汽管线设计不合理,在本应该设置疏水器及导淋阀的位置,如管道末端、管线低点、长距离输送管道每隔30~50m等处没有设置相应膨胀节,导致凝液积聚,无法排除。

(2)疏水器选型过小,疏水管线直径选型过小,均会使产生的凝结水不能及时排除,导致水击。

(3)蒸汽温度突降,导致蒸汽过热度降低,产生的凝结水不能及时排除。

(4)运行的蒸汽管道停运后相应疏水没有及时开启或开度不足,在相关联的进汽阀门未关闭严密情况下,漏入停运管道内的蒸汽逐渐冷却为水并积聚在管道中,在投用过程中,若疏水不充分,管道将发生水击。

(5)操作不当,投用蒸汽管线时进汽阀开启过快、开度过大,或暖管不充分。

2)蒸汽管道水击的预防措施

(1)对于不经常流通的蒸汽管道末端、管段低点和蒸汽引出管界区阀前应设置疏水器及导淋,使得管道中形成的凝液能够随时排除及启动时排出凝液,从根本上消除凝液。

(2)疏水管路及疏水器应合理设计、合理选型,以确保凝结水能全部排除。

(3)监控蒸汽参数的变化,尤其是对蒸汽温度的监视,发现异常降温,及时联系相关单位调整,及时开启或开大管线疏水器及导淋阀。

(4)停运后的蒸汽管线相应疏水器应保持开启状态,同时应定期维护进汽阀,确保其关闭严密,防止蒸汽漏入停运蒸汽管线。

(5)蒸汽进汽阀应选用调节阀或手动阀,使操作员在投用蒸汽管路过程中,能够控制进气量,进行暖管操作,与启动导淋阀配合使用将管道内凝液排除。

(6)蒸汽管道由冷态备用状态投入运行时,操作人员应全开导淋阀,缓慢开启进汽阀,保持较小开度,进行暖管操作,待管道壁温升高,充分疏水后,关闭导淋阀,投用疏水器,逐渐开大进汽阀。

(二)常见工艺参数异常的处理方法

1. 反应器

1)反应器超温的处理

> CBB012 反应器超温的处理方法

反应温度是化工生产的重要工艺参数之一,维持正常的反应温度不仅能保证产品质量,维持生产的安全进行,还能预防设备、催化剂等受到损坏,延长使用寿命,防止事故发生。当生产过程中出现反应温度升高时,岗位人员应进行以下处理:

(1)在间歇反应器中发生放热反应时,加大换热介质通入量,提高换热能力,使反应热及时移出。

(2)在间歇反应器中发生吸热反应时,应减小或停止加热介质的进量,使反应维持平衡。

(3)在连续反应器中发生放热反应时,应立即切断进料,加大换热介质的流量,使反应热及时移出。

(4)在连续反应器中发生吸热反应时,应立即切断进料,减小或停止加热介质的进量,使反应维持平衡。

(5)当由于调节阀失灵、反应器泄漏等紧急情况发生,温度急剧上升超温时,应按紧急停车处理,立即放料并冷却反应器,防止事故进一步扩大。

> CBB013 反应器超压的处理方法

2)反应器超压的处理

反应压力是化工生产的重要工艺参数之一,维持正常的反应压力可保证反应的顺利进行,对于部分反应可提高转化率,压力容器超压会造成设备、管线泄漏,严重时会引起爆炸事故,因此,压力容器必须安装安全阀、爆破片等安全泄放装置,以免容器因超压而发生爆炸,如出现反应压力升高时,岗位人员应进行以下处理:

(1)由于反应温度超标而造成的压力升高,加大冷却介质通入量,对反应器应进行降温处理。

(2)反应器出现超压时,可以通过设备的排气系统及时调节压力。

(3)反应器出现超压时,应立即中断进料,控制、减缓反应速度。

2. 干燥器温度降低

气流干燥器是一种连续操作的干燥器。一定流速的热气流进入干燥器后带动粉粒状的湿物料一起运动,物料在被热气流输送的过程中被干燥。具有干燥强度大,干燥时间极短,热效率高等优点,适合于干燥热敏性介质。打开干燥器时,不能往上掀盖,应用左手按住干燥器,右手小心地把盖子稍微推开,等冷空气徐徐进入后,才能完全推开,盖子必须仰放在桌子上。

在化工生产过程中,若干燥器的温度下降,可通过以下方法处理。

(1) 干燥器的加热介质为蒸汽时,可增加蒸汽的通入量,提高温度,若由于疏水器出现故障而导致干燥器温度过低时,可以打开倒淋阀将凝液排出后,检修或更换疏水器。

(2) 干燥器的加热介质为热空气时,热空气的温度过低而造成导致干燥器温度过低时,可以提高空气加热器的加热介质的流量。

> CBB016 干燥器温度低的处理方法

3. 循环水中断

在化工生产过程中,若循环水突然中断,可通过以下方法进行处理:

(1) 岗位人员发现循环水中断后,应立即向车间及调度室汇报情况。

(2) 相关人员应立即检查循环水中断原因,如循环水系统故障跳车、电源中断、电动机或水泵坏等,并及时进行处理。

(3) 若循环水可在短时间内恢复,且空压机、增压机的排气温度及机组的润滑油温度未达到联锁值,机组可以保持运行。

(4) 若循环水停止时间较长,机组可卸载,在循环水恢复正常后,快速加载缩短启动时间,机组循环水恢复时应注意,关闭凝气器循环水进出口阀门,要等排气温度降低到规定值以下才能恢复循环水。

(5) 若循环水长时间无法恢复或机组因冷却问题排气温度或润滑油温度联锁,则应按照紧急停车进行处理。

> CBB014 循环水中断的处理方法

4. 蒸汽压力降低

在化工生产过程中,若蒸汽压力降低,可通过以下方法进行处理:

(1) 岗位人员发现异常降低后,应立即向车间及调度室汇报情况。

(2) 检查蒸汽系统有无泄漏,若发现泄漏应立即组织相关人员对泄漏部位进行处理。

(3) 若蒸汽压力过低是由于蒸汽减压阀导致的,应采用副线调控蒸汽压力,维持正常生产,联系仪表专业人员,对蒸汽减压阀进行检修和调试。

(4) 若产汽设备压力过低,而使蒸汽管网压力降低,可提高产汽系统进水压力。

(5) 若产汽设备液位过高而造成蒸汽含水量大,蒸汽压力过低时,需降低液位至控制指标。

(6) 若低等级蒸汽用量过大,而导致低等级蒸汽压力过低,可将高等级的蒸汽减压使用,以补充使用量的不足。

> CBB017 蒸汽压力低的处理方法

5. 精馏塔塔顶压力高

在精馏的操作过程中,可能造成精馏塔塔顶压力升高的原因有:

(1) 塔釜温度过高,上升的气流量大。

(2) 塔釜液位过低。

> CBB018 精馏塔塔顶压力高的原因

(3)塔顶液相回流量小。

(4)塔顶液相回流温度高。

(5)塔顶采出量过大。

(6)塔顶冷凝器的冷却介质进量小。

(7)设备、管线泄漏。

在岗人员发现精馏塔塔顶压力升高后,应首先查找温度升高原因,再根据产生原因进行相应的调整,切勿在未查明原因的情况下进行调整,如当精馏塔因塔顶换热器冷却介质进量减少而造成塔顶压力升高,此时若降低塔釜温度,则塔釜轻组分增加,造成浪费或产品质量不合格。

(三)一般事故处理

[CBB036 事故处理的原则]

1. 事故处理原则

1)事故等级划分

根据《生产安全事故报告和调查处理条例》,生产事故可划分为:

特别重大事故:是指造成 30 人以上死亡,或者 100 人以上重伤(包括急性工业中毒,下同),或者 1 亿元以上直接经济损失的事故。

重大事故:是指造成 10 人以上 30 人以下死亡,或者 50 人以上 100 人以下重伤,或者 5000 万元以上 1 亿元以下直接经济损失的事故。

较大事故:是指造成 3 人以上 10 人以下死亡,或者 10 人以上 50 人以下重伤,或者 1000 万元以上 5000 万元以下直接经济损失的事故。

一般事故:是指造成 3 人以下死亡,或者 10 人以下重伤,或者 1000 万元以下直接经济损失的事故。

2)事后处理

(1)对于化工装置的事后处理调查处理应坚持原则。

① 坚持逐级上报、分级调查处理的原则。

② 坚持实事求是,尊重科学的原则。

③ 坚持公正、公开,及时通报的原则。

④ 坚持"四不放过"的原则。

(2)"四不放过"原则。

① 事故原因未查清不放过。

② 事故责任人未受到处理不放过。

③ 事故责任人和周围群众没有受到教育不放过。

④ 事故没有制订切实可行的整改措施不放过。

3)中油集团公司 HSE 事故、事件管理规定

(1)记录并报告已经影响或正在影响健康、安全与环境的各类事故、时间(包括突然情况或管理体系的缺陷所引起的事故、事件),事故、事件报告应达到法律法规要求及组织规定的范围。

(2)确定事故、事件调查和处理的工作程序及责任,调查应及时开展和完成并沟通调查结果。

(3)确定内在的、可能导致或有助于事故、事件发生的健康、安全与环境管理缺陷和其

他因素。

(4) 对任何已识别的纠正措施的需求或预防措施的机会,应与发生不符合情况时所采取纠正措施和预防措施的工作程序相一致。

(5) 事故、事件作为资源在组织范围内进行共享。

(6) 事故、事件调查和处理的结果应形成文件并予以保存。

2. 化工装置火灾报警方法

> CBB025 火灾的报警方法

(1) 如确有火灾发生,现场火灾确认人员应立即用对讲机等通信工具向消防控制室反馈火灾确认信息。可根据火灾燃烧规模情况决定利用现场灭火器材进行扑救还是立即疏散转移。

(2) 消防控制室内值班人员接到现场火灾确认信息后,必须立即将火灾报警联动控制开关转入自动状态(处于自动状态的除外)。

(3) 拨打119火警电话向消防部门报警。

① 拨打火警电话时,应首先摘机,听到拨号音后,再拨"119"号码。

② 拨通"119"后,应确认对方是否为"119"火警受理台,以免拨错。

③ 准确报出建筑物所在地地址,说明建筑物所处地理位置及周围明显的建筑物或道路标志。

④ 简要说明起火原因和火灾范围。

⑤ 等待接警人员提问,并简要准确地回答问题。

⑥ 挂断电话后,通知消防巡查人员做好迎接消防车的各项准备工作。

(4) 消防值班人员向车间主任和单位负责人报告火情,同时立即启动单位内部灭火和应急疏散预案。

(5) 在车间主任或相关负责人的指挥下启动相应的联动设备,如消防栓系统、喷淋系统等消防设施。

(6) 通过消防广播系统等通信工具通知火灾及相关区域人员疏散。

(7) 消防队到场后,要如实报告情况,协助消防人员扑救火灾,保护火灾现场,调查火灾原因,做好火警记录。

3. 灭火方法与常见灭火器的使用

> CBB035 常用的灭火方法

1) 灭火方法

(1) 隔离法。

将着火的地方或物体与周围的可燃物隔离或移开,燃烧就会因缺少可燃物质而停止。实际运用时,如将可靠近火源的可燃、易燃和助燃的物品搬走;把着火的物体移到安全的地方;关闭可燃气体、液体管道的阀门,减少和终止可燃物质进入燃烧区域等。

(2) 窒息法。

阻止空气流入燃烧区域或用不燃烧的物质冲淡空气,使燃烧物得不到足够的氧气而熄灭。实际应用时,如用石棉毯、湿麻袋、黄沙、灭火器等不燃烧或难燃烧物质覆盖在物体上;封闭起火的船舱、建筑的门窗、孔洞等和设备容器的顶盖,窒息燃烧源。

(3) 冷却法。

将灭火剂直接喷射到燃烧物上,以降低燃烧物的温度。当燃烧物的温度降低到该物的燃点以下,燃烧就停止了。或者将灭火剂喷洒到火源附近的可燃物上,防止辐射热影响而起火。

(4)化学抑制灭火法。

将化学灭火剂喷入燃烧区使之参与燃烧的化学反应,从而使燃烧停止。采用这种灭火方法所使用的灭火剂有乘龙牌高效水系灭火器等。

> CBB026 推车式干粉灭火器的使用方法

2)推车式干粉灭火车的使用方法

(1)用手将推车摇动数次,防止干粉长时间放置后发生沉积,影响灭火效果。

(2)推车式灭火器一般由两人操作,使用时两人一起将灭火器带到燃烧处,在离燃烧物10m左右位置停下。

(3)一人取下喷枪,展开喷带,注意喷带不能弯折或打圈,打开喷管处阀门。

(4)另一人拔出保险销,向上提起手柄,将手柄扳到正上位置。

(5)对准火焰根部,扫射推进,注意死角,防止复燃。

(6)灭火完成后,首先关闭后部阀门,然后关闭喷管处阀门。

> CBB027 二氧化碳灭火器的使用方法

3)二氧化碳灭火器的使用方法

在加压时将液态二氧化碳压缩在小钢瓶中,灭火时再将其喷出,有降温和隔绝空气的作用。

(1)使用方法。

① 在距燃烧物5m左右,放下灭火器拔出保险销。

② 一手握住喇叭筒根部的手柄,另一只手紧握启闭阀的压把。

③ 将喷口对准火焰根部灭火。

(2)注意事项。

① 使用时要戴手套,以免皮肤接触喷筒和喷射胶管,防止冻伤。

② 使用二氧化碳灭火器扑救电器火灾时,如果电压超过600V,应先断电后灭火。

③ 在室外使用二氧化碳灭火器时,应选择在上风方向喷射。

④ 在室内窄小空间使用时,灭火后操作者应迅速离开,以防窒息。

> CBB029 急性中毒现场抢救的原则

(四)急性中毒的现场抢救原则

1. 迅速脱离现场

(1)急性中毒发生后,应迅速将受毒害人员移离现场至上风向的安全地带,以免毒物继续侵入。医务人员根据病情迅速进行分类,以保证对重症病人的全力抢救。

(2)对一般病员加强观察,予以必要的检查和处理,特别要注意毒物对机体的潜在危害,以免贻误治疗。

(3)救护人员在现场急救中,要有自我保护意识,如佩带防毒面具、化学防护服等,同时有人监护,以便掌握情况,及时紧急处理。

2. 防止毒物继续吸收

(1)当皮肤被酸、碱灼伤或被易于经皮肤吸收的化学品污染后,应当脱去污染的衣服、鞋袜、手套,用大量清水彻底清洗,特别要注意清洗受污染的毛发,冲洗时间不少于15min,忌用热水冲洗。

(2)在急救现场不强调使用中和剂,以免贻误治疗。

(3)对眼化学灼伤患者,及时、充分地冲洗是减少组织损伤最重要的急救方法,可就近用自来水冲洗,时间一般为10~15min。

(4)吸入中毒者,应立即送到空气清新处,安静休息,保持呼吸道通畅,必要时吸氧。

3. 心、肺、脑复苏

患者被救出事故现场后,如呼吸、心跳停止,应立即进行心、肺、脑复苏治疗。

4. 意识丧失患者

注意瞳孔、呼吸、脉搏及血压变化,及时除去口腔中的异物。

5. 特别解毒剂的应用

对某些有特效解毒方法的中毒,解毒治疗开始越早越好。

在现场急救中,医务人员要尽快查清毒源,明确诊断,以利针对性治疗。在病因一时不能明确的情况下,应根据临床表现,边抢救边查找原因,以免丧失抢救时机,其治疗要点是维持心、肺、脑功能,保护重要脏器以及对症支持疗法。经现场抢救后,在医护人员的密切监护下,根据病情迅速而安全地转送至附近医院或有关医院进一步抢救与处理。

项目二 离心泵汽蚀的判断

一、准备工作

(一)设备

机泵1台,对讲机2部。

(二)材料、工具

活动扳手1把。

(三)人员

外操1名。

二、操作规程

(1)检查运行机泵状态,检查机泵运行声音,是否有异常震动,检查运行机泵出口压力是否波动较大。

(2)与控制室联系检查确认机泵出口流量是否满足生产需要。

(3)检查机泵出入口阀是否正常全开,入口压力指示是否正常。

(4)检查机泵入口储罐液面,不能过低。

(5)检查泵体温度是否过高,而导致物料汽化发生汽蚀。

(6)检查进料温度是否过高而导致物料汽化发生汽蚀。

(7)检查机泵出口阀是否未开造成机泵长时间空转而发生汽蚀。

(8)文明生产,检修后彻底清理现场。

(9)安全及其他。

三、注意事项

(1)泵长时间在汽蚀条件下工作时,泵过流部件在某些地方会遭到腐蚀破坏。一种是由于气泡破灭时产生高频(600~25000Hz)强烈冲击,压力高达49MPa,致使金属表面出现机械剥蚀；另一种是由于汽化时放出热量，并有温差电池作用产生水解，产生的氧气使金属氧化，发生化学腐蚀。

(2)泵汽蚀时叶轮内的能量交换受到干扰和破坏，在外特性上的表现是 Q-H 曲线、Q-P 曲线、Q-η 曲线下降，严重时会使泵中的液流中断，不能工作。

项目三　离心泵打量不足的判断

一、准备工作

(一)设备
机泵1台，对讲机2部。

(二)材料、工具
活动扳手1把。

(三)人员
外操1名。

二、操作规程

(1)检查运行机泵状态。
(2)与控制室联系检查确认机泵出口流量是否满足生产需要。
(3)确认机泵不上量，对机泵进行切换操作。
(4)检查机泵流量不足的原因，检查机械封是否有泄漏。
(5)检查机泵出口回流阀门是否开启过大。
(6)检查机泵入口过滤器是否通畅。
(7)检查机泵入口管线阀门设定是否正确。
(8)故障机泵的处理。检查问题并及时检修处理。
(9)检查机泵出口阀是否未开造成机泵长时间空转而发生汽蚀。
(10)文明生产，检修后彻底清理现场。
(11)安全及其他。

三、注意事项

在检查机泵运行时，可通过检查机泵出口流量计指示和其他工艺条件变化情况来确定流量是否准确。

项目四　离心泵汽蚀的处理

一、准备工作

(一)设备
机泵1台，对讲机2部。

(二)材料、工具

活动扳手1把。

(三)人员

外操1名。

二、操作规程

(1)判断汽蚀原因。
(2)检查机泵出口阀是否未开造成机泵长时间空转而发生汽蚀。
(3)检查泵体温度是否过高而导致物料汽化发生汽蚀。
(4)检查进料温度是否过高而导致物料汽化发生汽蚀。
(5)进行切换泵操作,立即启动备用机泵,停故障机泵。
(6)排尽泵内气体,进行工艺调整,降低物料温度,降低泵壳温度,消除机泵汽蚀隐患。
(7)文明生产,检修后彻底清理现场。
(8)安全及其他。

三、注意事项

由于泵汽蚀时,在高压区发生连续破灭产生强烈水击,而产生噪声和振动,可以听到像爆豆似的劈劈啪啪的声音。

项目五 离心泵打量不足的处理

一、准备工作

(一)设备

机泵1台,对讲机2部。

(二)材料、工具

活动扳手1把。

(三)人员

外操1名。

二、操作规程

(1)现场确认,发现机泵故障不能上量,立即通过对讲机与控制室联系,组织机泵切换。
(2)检查机泵流量不足的原因。
(3)检查机泵机械封确认是否有泄漏。
(4)检查机泵出口回流阀门是否开启过大。
(5)通过切换备用过滤器,检查确认过滤器是否通畅。
(6)检查机泵入口管线阀门设定确保正确。
(7)机泵故障处理,如机械封泄漏,及时停泵,进行检修;如回流阀开启过大,适量关闭回流阀门开度;如机泵过滤器发生堵塞,及时切换过滤器,进行清理堵塞过滤器操作,作为备用。

(8)文明生产,检修后彻底清理现场。

(9)安全及其他。

三、注意事项

启动备用机泵时,确保机泵送电,启动后,要注意观察机泵电流情况、机泵出口压力正常,流量恢复正常。

项目六 干粉灭火器的使用

一、准备工作

(一)设备

干粉灭火器1具。

(二)材料、工具

无。

(三)人员

外操1名。

二、操作规程

(1)检查灭火器完好情况。

(2)检查灭火器铅封是否完好。

(3)检查灭火器使用期限,压力指针在绿区。

(4)使用干粉灭火器,要清楚灭火器适用范围。

(5)上下颠动数次,使灭火器内的干粉松动。

(6)灭火过程站在上风向,打开灭火器铅封。

(7)灭火器喷嘴应对准火源根部。

(8)按下压把喷出干粉。

(9)文明生产,使用后彻底清理现场。

(10)安全及其他。

三、注意事项

(1)干粉灭火器可扑灭一般火灾,还可扑灭油、气等燃烧引起的失火。干粉灭火器是利用二氧化碳气体或氮气气体作动力,将筒内的干粉喷出灭火。干粉是一种干燥的、易于流动的微细固体粉末,由能灭火的基料和防潮剂、流动促进剂、结块防止剂等添加剂组成。主要用于扑救石油、有机溶剂等易燃液体、可燃气体和电气设备的初期火灾。

(2)干粉灭火器在日常使用中非常普遍且方便,具有较高的安全性和稳定性,因此应针对干粉灭火器存在的质量问题,采取科学有效的管理和维护措施,完善干粉灭火器管理制度,不断提高干粉灭火器的安全性和可靠性。

模块四 绘图与计算

项目一 相关知识

一、工艺流程图的基础知识

> CBC001 工艺流程图管线的表示方法

(一) 管线的表示方法

1. 管线的绘制

带控制点的工艺流程图中应画出所有工艺物料管道和辅助物料(如蒸汽、冷却水等)的管道。主要物料的流程线画粗实线,其他用中实线表示。

常用管道符号图例如表 2-4-1 所示。

表 2-4-1 常用管道符号图例

管道符号	标记示意	管道符号	标记示意	管道符号	标记示意
带箭头粗实线	主要工艺物流	双点划线	原有管道		电伴热管 蒸汽伴热管
	隔热管	i=××	安装坡度		同心异径管 不同心异径管
	管道交叉且相连		管道交叉不相连		管道相连不交叉
框内为图纸序号 ×××	去往其他图纸	框内为图纸序号 ×××	来自其他图纸		放空管
框内为装置图号 ××	去往其他装置	框内为装置图号 ××	来自其他装置		软管、波纹管

管道流程线要用水平和垂直线表示,管道转弯处一般画成直角。应避免穿过设备或交叉。

2. 管线的标注

管线的标注方法如图 2-4-1 所示。

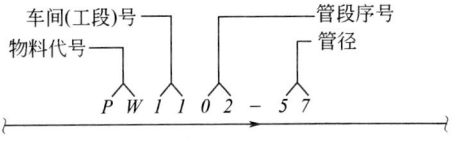

图 2-4-1 管线的标注方法

常用物料名称及代号见表 2-4-2。

表 2-4-2 常用物料代号表

代号	物料名称	代号	物料名称	代号	物料名称	代号	物料名称
AG	气氨	FL	液体燃料	LS	低压蒸汽	PW	工艺水
AL	液氨	FG	燃料气	LUS	低压过热蒸汽	SC	蒸汽冷凝水
AR	空气	FRG	氟利昂气体	MS	中压蒸汽	SG	合成气
AW	氨水	FRL	氟利昂液体	MUS	中压过热蒸汽	SL	泥浆
BW	锅炉给水	FS	固体燃料	N	氮	SW	软水
CA	压缩空气	FSL	熔盐	NG	天然气	TG	尾气
CG	转化气	FV	火炬排放气	PA	工艺空气	TS	伴热蒸汽
CSW	化学污水	FW	消防水	PG	工艺气体	RW	原水、新鲜水
CWR	循环冷却水回水	H	氢	PGL	气液两相流工艺物料	RWR	冷冻盐水回水
CWS	循环冷却水上水	HS	高压蒸汽	PGS	气固两相流工艺物料	RWS	冷冻盐水上水
DNW	脱盐水	HUS	高压过热蒸汽	PL	工艺液体	VE	真空排放气
DR	排液、导淋	HWR	热水回水	PLS	液固两相流工艺物料	VT	放空
DW	饮用水、生活用水	HWS	热水上水	PRG	气体丙烯或丙烷	WW	生产废水
ERG	气体乙烯或乙烷	IA	仪表空气	PRL	液体丙烯或丙烷	PS	工艺固体
ERL	液体乙烯或乙烷	IG	惰性气	—	—	—	—

CBC002 工艺流程图设备的表示方法

（二）设备的表示方法

1. 设备的绘制

按照主要物料的流程，采用示意性的展开画法，从左至右用细实线和规定图例，按大致比例画出。

常用设备、机器图例见表 2-4-3 和表 2-4-4。

表 2-4-3 常用设备图例

类别	名称	图例	内件			类别	名称	图例	名称	图例
塔（T）	填料塔		喷淋器分配器	升气管	格栅板	反应器（R）	固定床反应器		列管式反应器	
	板式塔		浮阀板	泡罩板	筛板		反应釜		流化床反应器	
	喷淋塔		湍球	丝网除沫器	填料除沫器	容器（V）	锥顶罐		平顶罐	
							立式		卧式	

表 2-4-4　常用机器图例

换热器(E)	名称	固定管板	浮头式	U形管式	套管式	釜式	螺旋板式	蛇管式
	图例							
泵(P)	名称	离心泵	往复泵	齿轮泵	喷射泵	水环真空泵	液下泵	旋涡泵
	图例							
常用机械(M)	名称	压滤机	转鼓过滤机	壳体离心机	带运输机	透平机	混合机	挤压机
	图例				代号(1)			
压缩机(C)	名称	电动机	内燃机	汽轮机	旋转压缩机	往复压缩机	鼓风机	离心压缩机
	图例	M	E	S				

各设备之间要留有适当距离布置连接管路。

当包括两个或两个以上相同的系统或有备用设备时,只画1套,其余以细双点画线方框表示,框内注明系统名称及编号。

当流程比较复杂时,可以绘制单独的局部系统流程图,在总流程图中用细双点画线方框表示局部系统。

2. 设备的标注

设备的标注方法如图 2-4-2 所示。

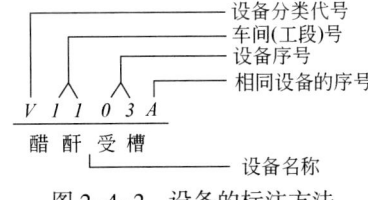

图 2-4-2　设备的标注方法

设备类别代号见表 2-4-5。

表 2-4-5　设备类别代号

序号	类别	范围	代号
1	泵	各种类型泵	P
2	反应器和转化器	固定床、流化床、反应釜、反应罐(塔)、转化器、氧化炉	R
3	换热器	列管、套管、螺旋板、蛇管、蒸发器等各种换热设备	E

续表

序号	类别	范围	代号
4	压缩机、鼓风机	各类压缩机、鼓风机	C
5	工业炉	裂解炉、加热炉、锅炉、转化炉、电石炉等	F
6	火炬与烟囱	各种工业火炬与烟囱	S
7	容器	各种类型的储槽、储罐、气柜、气液分离器、旋风分离器除尘器、床层过滤器等	V
8	起重运输机械	各种起重机械、葫芦、提升机、输送机和运输车	L
9	塔设备	各种填料塔、板式塔、喷淋塔、湍球塔和萃取塔	T
10	称量机械	各种定量给料称、地磅、电子称等	W
11	动力机械	电动机(S)、内燃机(E)、汽轮机、离心透平机(S)、活塞式膨胀机等其他动力机(D)	M,E,S,D
12	其他机械	各种压滤机、过滤机、离心机、挤压机、柔和机、混合机	M

CBC003 工艺流程图阀门及管件的表示方法

（三）阀门及管件的表示方法

阀门及管件的表示方法见表2-4-6。

表2-4-6 阀门及管件的表示方法

名称	闸门阀	截止阀	节流阀	球阀	减压阀	疏水阀	阻火器
图形符号	⋈	⋈	▶◀	⊗	▨	◐	⊠
名称	同心异径管接头	管端法兰盖	管帽	放空帽(管)	弯头	三通	四通
图形符号	▷	⊣⊢	⊃	⋀	⌐	⊢	✚

CBC004 工艺流程图仪表控制点的表示方法

（四）仪表控制点的表示方法

工艺流程图上应按标准图例画出和标注全部与工艺有关的检测仪表、调节控制系统口取样点和取样阀(组)。

仪表控制点用符号表示并从其安装位置引出。

符号包括图形符号和字母代号，它们组合起来表达仪表功能、被测变量、测量方法。仪表的图形符号、位号及标注方法如图2-4-3所示。

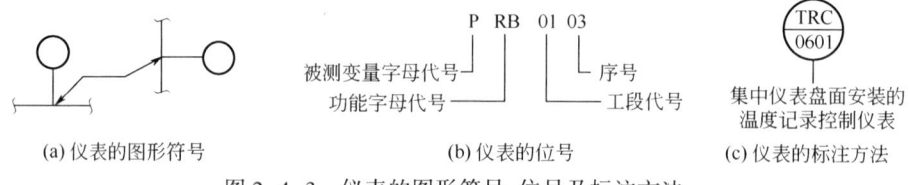

(a) 仪表的图形符号　　　(b) 仪表的位号　　　(c) 仪表的标注方法

图2-4-3　仪表的图形符号、位号及标注方法

二、常用单位换算

CBC005 物质的量的计算

（一）物质的量的计算

物质的量是表示物质所含微粒数(N)（如分子、原子等）与阿伏加德罗常数(N_A)之比，

即 $n = N/N_A$。阿伏加德罗常数的数值为 $0.012kg\ ^{12}C$ 所含碳原子的个数，约为 $6.02×10^{23}$。

科学上把含有 $6.02×10^{23}$ 个微粒的集合体作为一个单位，称为摩尔，它是表示物质的量（符号是 n）的单位，简称为摩，单位符号是 mol。

1mol 的碳原子含 $6.02×10^{23}$ 个碳原子，质量为 12g。

1mol 的硫原子含 $6.02×10^{23}$ 个硫原子，质量为 32g。

同理，1 摩任何物质的质量都是以克为单位，数值上等于该种原子的相对原子质量或相对分子质量（是一个定值）。

水的式量（相对分子质量）是 18，1mol 水的质量为 18g，含 $6.02×10^{23}$ 个水分子。

通常把 1mol 物质的质量，叫作该物质的摩尔质量（符号是 M），摩尔质量的单位是克/摩，读作"克每摩"（符号是"g/mol"）。例如，水的摩尔质量为 18g/mol，写成 $M(H_2O)=18g/mol$。

物质的质量（m）、物质的量（n）与物质的摩尔质量（M）相互之间有怎样的关系如下。

即有：

$$n = m/M \qquad (2-4-1)$$

通式：

n(物质的量) = N(粒子个数)/N_A(阿伏加德罗常数) = m(质量)/M(摩尔质量) = V(气体体积)/V_m(摩尔体积：气体在 STP[标准状况：273K（0℃）101kPa]条件下 1mol 气体体积为 22.4L) = C(物质的量浓度)×V(溶液总体积)

书写方式：系数+mol+化学式（或汉字，汉字必须标明是分子还是原子等）。

（二）压力单位的换算

1 标准大气压 = 760mmHg = 76cmHg = $1.01325×10^5$Pa = $10.336mH_2O$。1 标准大气压 = $101325N/m^2$。（在计算中通常为 1 标准大气压 = $1.01×10^5$Pa）。

1 达因/平方厘米（dyn/cm^2）= 0.1 帕（Pa）。

1 托（Torr）= 133.322 帕（Pa）。

1 毫米汞柱（mmHg）= 133.322 帕（Pa）。

1 毫米水柱（mmH_2O）= 9.80665 帕（Pa）。

1 工程大气压 = 98.0665 千帕（kPa）。

1 千帕（kPa）= 0.145 磅力/英寸^2（psi）= 0.0102 千克力/厘米^2（kgf/cm^2）= 0.0098 大气压（atm）。

1 磅力/平方英寸（psi）= 6.895 千帕（kPa）= 0.0703 千克力/厘米^2（kgf/cm^2）= 0.0689 巴（bar）= 0.068 大气压（atm）。

1 物理大气压（atm）= 101.325 千帕（kPa）= 14.695949400392 磅力/英寸^2（psi）= 1.01325 巴（bar）。

（三）温度单位的换算

摄氏温度和华氏温度的关系：℉ = 1.8℃ + 32。

摄氏温度和开尔文温度的关系：K = ℃ + 273.15。

（四）体积单位的换算

1 立方米（m^3）= 1000 升（L）= 1000 立方分米（dm^3）。

35.315 立方英尺(ft)=6.29 桶(bbl)。

1 立方英尺(ft)=0.0283 立方米(m^3)=28.317 升(liter)。

1 千立方英尺(mcf)=28.317 立方米(m^3)。

1 百万立方英尺(MMcf)=2.8317 万立方米(m^3)。

10 亿立方英尺(bcf)=2831.7 万立方米(m^3)。

1 万亿立方英尺(tcf)=283.17 亿立方米(m^3)。

1 立方英寸(cu in)=16.3871 立方厘米(cm^3)。

1 英亩·英尺=1234 立方米(m^3)。

1 桶(bbl)=0.159 立方米(m^3)=42 美加仑(gal)。

1 美加仑(gal)=3.785 升(L)。

1 美夸脱(qt)=0.946 升(L)。

1 美品脱(pt)=0.473 升(L)。

1 美吉耳(gi)=0.118 升(L)。

1 英加仑(gal)=4.546 升(L)。

(五)质量单位的换算

CBC009 质量单位的换算

1 吨(t)=1000 千克(kg)=2205 磅(lb)。

1 千克(kg)=2.205 磅(lb)。

1 克(g)=0.001 千克(kg)。

1 毫克(mg)=0.001 克(g)。

1 短吨(sh.ton)=0.907 吨(t)=2000 磅(lb)。

1 长吨(long ton)=1.016 吨(t)。

1 磅(lb)=0.454 千克(kg)。

1 盎司(oz)=28.350 克(g)。

项目二 单一物料工艺流程的绘制

一、准备工作

(一)设备
无。

(二)材料、工具
绘图纸若干、铅笔若干、橡皮 1 块、直尺 1 把。

(三)人员
外操 1 名。

二、操作规程

(1)绘制主要设备。塔、罐、反应器设备按照流程要求进行绘制。

(2)绘制主要管线和阀门。按照管线和阀门绘制要求进行绘制,不能出现遗漏和画错。

(3)绘制仪表、电器内容。按照规范要求进行绘制,不能出现遗漏和画错。
(4)设备位号、管道号、物料走向绘制完整。
(5)卷面整洁。
(6)流程图布局合理,美观,图形规范。

三、注意事项

(1)流程图中的符号及标准流向标准:一般为从左到右、从上到下原则。
(2)画流程图主要是为了说明清楚流程,同时应尽量贴近规范。

项目三　表压的换算

一、准备工作

(一)设备
无。

(二)材料、工具
碳素笔或钢笔1支。

(三)人员
外操1名。

二、操作规程

(1)解题步骤。解题规范进行按题目要求,列出已知条件。
(2)列出计算公式,带入算式,得出结果。列出绝压、表压、大气压力关系式。带入计算正常,得出正确结果。
(3)按照国际单位制要求,使用国际单位。
(4)保持卷面整洁。

项目四　换热的单一物料计算

一、准备工作

(一)设备
无。

(二)材料、工具
碳素笔或钢笔1支。

(三)人员
操作人员1名。

二、操作规程

(1)解题步骤。解题规范进行按题目要求,列出已知条件。

(2)列出计算公式,带入算式,得出结果。列出物料计算公式。带入计算正常,得出正确结果。

(3)按照国际单位制要求,使用国际单位。

(4)保持卷面整洁。

理论知识练习题

初级工理论知识练习题及答案

一、单项选择题(每题有四个选项,只有一个是正确的,将正确的选项号填入括号)

1. AA001 酚酞指示剂的变色范围是 pH 在( )的范围。
   A. 8.0~10.0　　　B. 2.9~4.0　　　C. 4.4~6.2　　　D. 3.1~4.4

2. AA001 下列关于质量的说法,不正确的是( )。
   A. 质量是物体的一种属性　　　B. 质量的国际单位是 kg
   C. 质量可以用台秤称量　　　　D. 物体的质量不随位置、形状的改变而改变

3. AA001 质量是物理学中( )个基本量纲之一。
   A. 五　　　B. 六　　　C. 七　　　D. 八

4. AA002 在反应 A+B=C+D 中,已知 A、B 两种物质各 9.8g,A、B 充分反应后生成 16.1gC,0.2gD,B 完全反应,则 A、B 反应时质量比为( )。
   A. 9.8∶9.8　　　B. 6.5∶9.8　　　C. 6.3∶9.8　　　D. 16.3∶9.8

5. AA002 在化学反应 A+B=C+D 中,agA 与 B 完全反应生成 mgC 和 ngD,则参加反应的 B 的质量为( )。
   A. $(m+n)$g　　　B. $(m+n+a)$g　　　C. $(m+n-a)$g　　　D. $(m+n)/a$g

6. AA002 在反应 2A+B=C+D 中,已知 25gA 与 10gB 恰好完全反应生成 5gC。当反应有 6gD 生成时,参加反应的 A 是( )。
   A. 1g　　　B. 2g　　　C. 5g　　　D. 6.12g

7. AA003 体积是物质占有( )的大小。
   A. 面积　　　B. 空间　　　C. 质量　　　D. 表面

8. AA003 $1m^3$ = ( )L。
   A. 10　　　B. 100　　　C. 1000　　　D. 10000

9. AA003 体积的国际单位是( )。
   A. 立方分米　　　B. 立方厘米　　　C. 立方米　　　D. 立方千米

10. AA004 物质的量的单位是( )。
    A. 摩尔　　　B. 千克　　　C. 立方米　　　D. 克

11. AA004 2mol H_2SO_4 含有( )个氧原子。
    A. 4　　　B. 8　　　C. $4×6.02×10^{23}$　　　D. $8×6.02×10^{23}$

12. AA004 32g 氧气含( )氧原子。(氧原子量:16)
    A. 0.5mol　　　B. 1mol　　　C. 1.5mol　　　D. 2mol

13. AA005 阿伏加德罗常数是( )。
    A. $9.023×10^{23}$　　　B. $6.023×10^{21}$　　　C. $6.023×10^{23}$　　　D. $9.023×10^{21}$

14. AA005　气体标准摩尔体积的单位是（　　）。
    A. L/mol　　　　　B. L/kmol　　　　　C. m³/mol　　　　　D. kg/mol
15. AA005　气体的标准状态是指（　　）。
    A. 0℃和1atm　　　B. 20℃和1atm　　　C. 25℃和1atm　　　D. 0℃和1.0MPa
16. AA006　单位质量物体的体积称为（　　）。
    A. 密度　　　　　B. 比容　　　　　　C. 比重　　　　　　D. 比热
17. AA006　气体的相对密度是指该气体的密度与标准状况下空气密度的（　　）。
    A. 比值　　　　　B. 乘积　　　　　　C. 之和　　　　　　D. 之差
18. AA006　固体和液体的相对密度是该物质（完全密实状态）的密度与在标准大气压，3.98℃时（　　）密度的比值。
    A. 汞　　　　　　B. 煤油　　　　　　C. 纯水　　　　　　D. 酒精
19. AA007　单位体积物体的质量称为（　　）。
    A. 密度　　　　　B. 比容　　　　　　C. 比重　　　　　　D. 比热
20. AA007　物质的密度与（　　）。
    A. 质量成正比　　　　　　　　　　　B. 体积成反比
    C. 质量和体积均有关　　　　　　　　D. 质量和体积均无关
21. AA007　密度的国际单位为（　　）。
    A. kg/m³　　　　B. kg/cm³　　　　　C. kg/dm³　　　　　D. g/m³
22. AA008　相对密度是指物质的密度与参考物质的密度在各自规定的条件下（　　）。
    A. 之和　　　　　B. 之差　　　　　　C. 之比　　　　　　D. 之乘积
23. AA008　相对密度在物理学中常用的符号为（　　）。
    A. a　　　　　　B. b　　　　　　　C. c　　　　　　　D. d
24. AA008　相对密度是（　　）。
    A. 无量纲量　　　B. 有量纲量　　　　C. 不确定量纲　　　D. 以上选项都不对
25. AA009　影响气体密度的因素有（　　）。
    A. 体积　　　　　B. 重量　　　　　　C. 温度和压力　　　D. 质量
26. AA009　气体密度受温度和压力的影响（　　）。
    A. 较大　　　　　B. 较小　　　　　　C. 无影响　　　　　D. 不确定
27. AA009　密度的概念是单位体积内的（　　）。
    A. 质量　　　　　B. 物质的量　　　　C. 数量　　　　　　D. 压力
28. AA010　温度的国际单位制单位是（　　）。
    A. ℃　　　　　　B. K　　　　　　　　C. ℉　　　　　　　D. 以上选项都不对
29. AA010　温度是表示（　　）的物理量。
    A. 物体大小　　　B. 物体冷热程度　　C. 物体轻重　　　　D. 物体运动
30. AA010　在微观上来讲（　　）是表征物体分子热运动的剧烈程度。
    A. 长度　　　　　B. 温度　　　　　　C. 物质的量　　　　D. 时间
31. AA011　对于放热反应,温度升高,下列说法正确的是（　　）。
    A. 平衡向正反应方向进行　　　　　　B. 平衡向逆反应方向进行
    C. 平衡不发生移动　　　　　　　　　D. 正反应速度增大,逆反应速度减小

32. AA011 下列反应中属于吸热反应的是(　　)。
   A. 酸碱中和反应　　　　　　　　B. 燃烧或爆炸反应
   C. 盐水解反应　　　　　　　　　D. 活泼金属与水或酸生成 H_2 的反应

33. AA011 下列反应中属于放热反应的是(　　)。
   A. 盐水解反应　　B. 电离　　C. 酸碱中和反应　　D. 大多数分解反应

34. AA012 原子参加反应时,失去或得到的电子数叫作(　　)。
   A. 元素的化合价　B. 元素的价电子　C. 元素的族元素　D. 元素的化学价

35. AA012 原子在化学反应中得到电子,则化合价(　　)。
   A. 升高　　　　B. 不变　　　　C. 降低　　　　D. 不确定

36. AA012 在反应中,反应物的原子得到电子,其化合价会(　　)。
   A. 升高　　　　B. 降低　　　　C. 不变　　　　D. 不一定

37. AA013 用元素符号和(　　)表示化学反应的式子叫作化学方程式。
   A. 相对分子质量　B. 分子式　　C. 分子　　　　D. 原子

38. AA013 在化学方程式前后,可能发生变化的是(　　)。
   A. 元素的种类　B. 原子的个数　C. 原子的种类　D. 分子的个数

39. AA013 化学反应方程式中,生成物为气体的符号是(　　)。
   A. =　　　　　B. ↑　　　　　C. ↓　　　　　D. >

40. AA014 溶质均匀地扩散到溶剂各部分的过程是(　　)。
   A. 结晶　　　　B. 溶解　　　　C. 溶解度　　　D. 萃取

41. AA014 与固体的溶解相反的过程称为(　　)。
   A. 萃取　　　　B. 过滤　　　　C. 结晶　　　　D. 溶解

42. AA014 10℃时无水乙酸处于(　　)状态。
   A. 气体　　　　B. 液体　　　　C. 无色结晶　　D. 白色固体

43. AA015 液体的饱和蒸气压与(　　)有关。
   A. 质量　　　　B. 体积　　　　C. 温度　　　　D. 面积

44. AA015 在 100℃时,水的饱和蒸气压为(　　)。
   A. $1.01×10^3 Pa$　B. $1.01×10^4 Pa$　C. $1.01×10^5 Pa$　D. $1.01×10^6 Pa$

45. AA015 下列选项中与液体的饱和蒸气压无关的物理量有(　　)。
   A. 沸点　　　　B. 露点　　　　C. 相对挥发度　D. 透明度

46. AA016 在一定温度下,达到溶解平衡的溶液叫作(　　)。
   A. 饱和溶液　　B. 平衡溶液　　C. 不饱和溶液　D. 浓溶液

47. AA016 饱和溶液中若蒸发溶剂,其内部的溶质将(　　)。
   A. 析出　　　　B. 溶解　　　　C. 无变化　　　D. 不一定

48. AA016 在一定压力和温度下,氯化钠水溶液达到饱和溶液后,若要溶解更多氯化钠,需(　　)。
   A. 提高温度　　B. 降低温度　　C. 蒸发溶剂　　D. 以上选项都不对

49. AA017 下列化合物属于酸的是(　　)。
   A. H_2SO_4　　B. NH_4C　　C. $NaHCO_3$　　D. $NaOH$

50. AA017 下列化合物属于盐的是( )。
    A. H₂S   B. HCl   C. NaOH   D. NaCl
51. AA017 强酸弱碱盐的水溶液显( )。
    A. 酸性   B. 碱性   C. 中性   D. 不确定
52. AA018 元素化合价降低是由于( )得到了电子。
    A. 氧化   B. 还原   C. 电解   D. 电离
53. AA018 下列关于氧化、还原反应的说法,不正确的是( )。
    A. 氧化、还原反应总是同时发生
    B. 还原反应得到电子,元素化合价降低
    C. 氧化反应得到电子,元素化合价降低
    D. 氧化反应过程中得到的电子等于还原反应过程中失去的电子
54. AA018 在氧化还原反应中,( )。
    A. 得到电子的物质叫还原剂   B. 失去电子的物质叫还原剂
    C. 被还原的物质叫还原剂   D. 化合价降低的是还原剂
55. AA019 氢氧化钠为一种具有( )的强碱。
    A. 强腐蚀性   B. 毒性   C. 窒息性   D. 以上选项都不对
56. AA019 下列物质中无法溶解氢氧化钠的是( )。
    A. 乙醇   B. 水   C. 甘油   D. 四氯化碳
57. AA019 如何检测氢氧化钠在空气中是否潮解变质( )。
    A. 加入水   B. 加入乙醇   C. 加入盐酸   D. 加入甘油
58. AA020 pH 值是氢离子浓度的( )。
    A. 常用对数的负值   B. 自然对数的负值
    C. 自然对数的正值   D. 常用对数的正值
59. AA020 酸性可溶于水的物质,其水溶液 pH 值应( )。
    A. 大于 7   B. 小于 7   C. 等于 7   D. 不一定
60. AA020 碱性可溶于水的物质,其水溶液 pH 值应( )。
    A. 大于 7   B. 小于 7   C. 等于 7   D. 不一定
61. AA021 在 25℃下,纯水的离子积常数为( )。
    A. 14   B. 7   C. $1.0×10^{-14}$ D. $1.0×10^{-7}$
62. AA021 下列不是溶液性质的是( )。
    A. 均一性   B. 稳定性   C. 单质   D. 混合物
63. AA021 下列物质中不是溶液的是( )。
    A. 碘酒   B. 乙醇   C. 生活水   D. 盐水
64. AA022 水溶液中,[H⁺]>[OH⁻],溶液的 pH 值( )7。
    A. >   B. <   C. =   D. ≈
65. AA022 在酸性溶液中,[H⁺]( )[OH⁻]。
    A. 大于   B. 小于   C. 等于   D. 无法确定
66. AA022 溶液酸碱度用 pH 值表示,pH 值得范围是( )。
    A. 1~12   B. 2~13   C. 0~14   D. 0~18

67. AA023 浓硫酸不具有( )。
    A. 酸性　　　　　　　　　　B. 强还原性
    C. 吸水性和脱水性　　　　　D. 强腐蚀性
68. AA023 浓硫酸与氢氧化钠反应,体现了它的( )。
    A. 酸性　　　B. 强氧化性　　　C. 脱水性　　　D. 还原性
69. AA023 稀硫酸起氧化作用的是( )。
    A. 酸中的氢离子　　B. 酸中的硫酸根　　C. 水中的氢离子　　D. 水中的氧离子
70. AA024 硝酸与盐酸物质的量比为( )的混合液叫王水。
    A. 1∶1　　　B. 1∶2　　　C. 1∶3　　　D. 1∶4
71. AA024 浓硝酸应该装在棕色瓶中,存放在黑暗且阴凉的地方。这主要是因为浓硝酸具有( )。
    A. 不稳定性　　B. 氧化性　　C. 还原性　　D. 硝化性
72. AA024 硝酸是一种具有强氧化性、腐蚀性的强酸,属于( )无机强酸。
    A. 四元　　　B. 三元　　　C. 二元　　　D. 一元
73. AA025 "硬水"是指水中所溶的( )离子较多的水。
    A. 钙和钠　　B. 镁和铁　　C. 钙和镁　　D. 钙和铁
74. AA025 下列不属于影响水硬度的离子是( )。
    A. 钙离子　　B. 镁离子　　C. 氢离子　　D. 钙离子和镁离子
75. AA025 水中 Ca^{2+}、Mg^{2+} 以酸式碳酸盐形式存在的部分,因其遇热即形成碳酸盐沉淀而被除去,称之为( )。
    A. 暂时硬度　　B. 永久硬度　　C. 负硬度　　D. 总硬度
76. AA026 有机化合物不具有的特点是( )。
    A. 一般热稳定性较差　　　　B. 绝大多数是非电解质
    C. 绝大多数易于燃烧　　　　D. 大部分易溶于水
77. AA026 有机物中,一般都含有( )元素。
    A. 氧　　　B. 氮　　　C. 碳　　　D. 氯
78. AA026 研究有机化合物就是研究碳氢化合物及其( )的化学。
    A. 衍生物　　B. 卤化物　　C. 氧化物　　D. 硫化物
79. AA027 在分子中只有( )两种元素所组成的有机化合物叫作烃。
    A. 碳和氧　　B. 碳和氢　　C. 氢和氧　　D. 氢和氯
80. AA027 下列物质中属于烃类化合物的是( )。
    A. 食盐　　　B. 苯　　　C. 氧气　　　D. 葡萄糖
81. AA027 下列物质不属于烃类化合物的是( )。
    A. 苯　　　B. 甲烷　　　C. 葡萄糖　　　D. 乙炔
82. AA028 ( )也叫作电石气。
    A. 甲烷　　　B. 乙烷　　　C. 乙炔　　　D. 乙烯
83. AA028 乙炔是( )气体。
    A. 有色无味的　　B. 无色无臭的　　C. 无色有蒜臭的　　D. 有色有蒜臭的

84. AA028 乙炔在纯氧中燃烧,放出大量的热,温度可达( ),因而常用于焊接或切割金属材料。
   A. 3000~4000℃   B. 2000~3000℃   C. 1000~2000℃   D. 500~1600℃

85. AA029 有机化工原料中的"三烯"是( )。
   A. 乙烯、丙烯、丁烯   B. 乙烯、丙烯、异戊二烯
   C. 乙烯、丁二烯、环己烯   D. 乙烯、丙烯、丁二烯

86. AA029 通常用来衡量一个国家石油化工发展水平的标志是( )。
   A. 石油产量   B. 乙烯产量   C. 丙烯产量   D. 汽油的产量

87. AA029 在下列烯烃中,用作水果催熟剂的物质是( )。
   A. 乙烯   B. 丙烯   C. 丁烯   D. 异丁烯

88. AA030 芳烃是指含有一个或多个( )结构的烃。
   A. 碳   B. 氧   C. 苯环   D. 氢

89. AA030 通常所说的"三苯"是指( )。
   A. 苯、乙苯、苯乙烯   B. 苯、苯胺、苯酐
   C. 甲苯、乙苯、二甲苯   D. 苯、甲苯、二甲苯

90. AA030 室内空气污染的主要来源之一,是室内装饰材料、家具、化纤地毯等不同程度都释放出有毒有害气体,它主要是( )。
   A. 一氧化碳   B. 二氧化碳
   C. 甲醇   D. 甲苯和苯的同系物及甲醛

91. AA031 天然气的主要成分是( )。
   A. 乙烷   B. 甲烷   C. 丙烷   D. 丙烯

92. AA031 石油属于( )。
   A. 化合物   B. 单质   C. 混合物   D. 纯净物

93. AA031 下列变化属于物理变化的是( )。
   A. 石油的裂化   B. 石油的裂解   C. 煤的干馏   D. 石油的分馏

94. AB001 山上大气压与山下大气压的关系是( )。
   A. 相等   B. 不相等
   C. 山上大气压比山下高   D. 山上大气压=1-山下大气压

95. AB001 在静止液体中,任一点的( )与液体的密度和深度有关。
   A. 黏度   B. 浮力   C. 温度   D. 压强

96. AB001 一标准大气压等于( )。
   A. $1.033 kg/cm^2$ B. $1 kg/cm^2$ C. $9.81 kg/cm^2$ D. $133.33 kg/cm^2$

97. AB002 流体静力学是研究流体内部( )的变化规律。
   A. 重力   B. 浮力   C. 压力   D. 密度

98. AB002 应用柏努利方程式计算时,使用压强为( )。
   A. 表压   B. 绝压
   C. 表压、绝压均可但必须一致   D. 上游截面用表压,下游截面用绝压

99. AB002　表压是指工程上用测压仪表以当地大气压为基准测得的流体的压强值,即:(　　)
　　A. 表压=绝对压-大气压　　　　B. 表压=绝对压+大气压
　　C. 表压=大气压-绝对压　　　　D. 没有关系

100. AB003　吸收的基本依据是利用气体混合物中各组分(　　)不同,从而使其分离。
　　A. 密度　　　　　　　　　　　B. 在吸收剂中溶解度
　　C. 产生的压强　　　　　　　　D. 体积

101. AB003　P—P*差值越大,吸收速率(　　)。
　　A. 越大　　　　　　　　　　　B. 越小
　　C. 越不发生变化　　　　　　　D. 越大幅度波动,不平稳

102. AB003　根据双膜理论,在相界面上可吸收组分以(　　)进入液相界面。
　　A. 过渡流方式　　B. 湍流方式　　C. 分子扩散方式　　D. 对流扩散方式

103. AB004　当一种流体以不同速度向上通过颗粒床层时,当流体的速度低时,流体只是穿过静止颗粒之间的空隙而流动,这种床层称(　　)。
　　A. 散式流化床　　B. 聚式流化床　　C. 输送床　　　　D. 固定床

104. AB004　下列不属于流化床的主要特点的是(　　)。
　　A. 易于连续自动操作　　　　　B. 颗粒易磨损
　　C. 强化了颗粒与流体间的传热、传质　　D. 在床层内的停留时间均匀

105. AB004　固体颗粒悬浮运动像沸腾的液体叫作(　　)。
　　A."沸腾床"　　B."流化床"　　C."输送床"　　D."反应床"

106. AB005　使含尘气流中的微粒在高压电场内沉降的分离方法为(　　)。
　　A. 沉降　　　　B. 过滤　　　　C. 静电除尘　　　D. 湿法除尘

107. AB005　下列不属于化工分离的作用的是(　　)。
　　A. 原料净化　　B. 物料混合　　C. 有效组分回收　　D. 污染物处理

108. AB005　下列不属于平衡分离过程的是(　　)。
　　A. 精馏　　　　B. 吸收　　　　C. 渗透　　　　D. 结晶

109. AB006　在过滤操作中,通常称原料悬浮液为(　　)。
　　A. 滤渣　　　　B. 滤浆　　　　C. 滤饼　　　　D. 滤液

110. AB006　过滤是指在什么作用下的一种单元操作(　　)。
　　A. 外力　　　　B. 内力　　　　C. 原子力　　　　D. 分子力

111. AB006　下列选项中不属于工业上常见的过滤介质是(　　)。
　　A. 织物介质　　B. 堆积介质　　C. 凝胶介质　　　D. 多孔膜

112. AB007　在热传导过程中(　　)。
　　A. 没有物质的宏观位移　　　　B. 有物质的宏观位移
　　C. 物质相互不接触　　　　　　D. 温度高的物质相对减少

113. AB007　化工生产中应用最广泛的换热方法是(　　)。
　　A. 直接混合式　　B. 间壁式　　C. 蓄热式　　　　D. 热管式

114. AB007　单位时间内由高温面以热传导的方式传给低温面的热量,与温差及垂直热流方向的截面积成正比,与壁厚成反比,称为(　　)。
　　A. 道尔顿定律　　B. 拉乌尔定律　　C. 傅里叶定律　　D. 查理定律

115. AB008　（　）导热系数最大。
　　　A. 铜　　　　　　B. 黄铜　　　　　　C. 钢　　　　　　D. 不锈钢
116. AB008　（　）导热系数最小。
　　　A. 空气　　　　　B. 水　　　　　　　C. 硫酸　　　　　D. 红砖
117. AB008　锅炉炉管对水的传热以（　）为主。
　　　A. 传导　　　　　B. 对流　　　　　　C. 辐射　　　　　D. 辐射和对流
118. AB009　质量1kg的蒸气完全冷凝为同温度的液体所放出的热量称为（　）。
　　　A. 比热　　　　　B. 潜热　　　　　　C. 交换热　　　　D. 热负荷
119. AB009　滴状冷凝的传热速率比膜状冷凝要（　）。
　　　A. 高　　　　　　B. 低　　　　　　　C. 差不多　　　　D. 相等
120. AB009　滴状冷凝的传热速率可以达到膜状冷凝的（　）。
　　　A. 一百倍　　　　　　　　　　　　　B. 一千倍
　　　C. 几倍甚至十几倍　　　　　　　　　D. 差不多
121. AB010　混合物中任一组分的摩尔分数均（　）。
　　　A. 大于1　　　　B. 小于1　　　　　C. 等于1　　　　D. 无法判断
122. AB010　150kg纯酒精与100kg水混合而成的溶液,酒精对水的摩尔比为（　）。
　　　A. 0.587　　　　B. 0.500　　　　　C. 0.487　　　　D. 0.387
123. AB010　摩尔气体常数,又称通用、理想气体常数及普适气体常数,其符号为（　）。
　　　A. B　　　　　B. F　　　　　　C. R　　　　　D. Q
124. AB011　混合气体开始冷凝,产生第一滴液滴的温度称为（　）。
　　　A. 泡点　　　　　B. 露点　　　　　　C. 滴点　　　　　D. 沸点
125. AB011　混合制冷剂进入压缩机前的温度要高于露点温度,避免液滴进入压缩机发生（　）危险。
　　　A. 液击　　　　　B. 着火　　　　　　C. 触电　　　　　D. 物理打击
126. AB011　一般可用（　）来测量露点。
　　　A. 露点湿度计　　B. 温度计　　　　　C. 压力计　　　　D. 流量表
127. AB012　在沸点组成图中,气相线又称（　）。
　　　A. 泡点线　　　　B. 露点线　　　　　C. 气、液平衡线　D. 操作线
128. AB012　如果外界的大气压降低,那么液体的沸点应（　）。
　　　A. 降低　　　　　B. 升高　　　　　　C. 不变　　　　　D. 不一定
129. AB012　在相同的大气压下,甲苯的沸点比水的沸点（　）。
　　　A. 高　　　　　　B. 低　　　　　　　C. 相同　　　　　D. 不一定
130. AB013　已知精馏塔精馏操作线方程式为$y=0.73x+0.257$,则其回流比和塔顶液相组成为（　）。
　　　A. $r=2.7, x_p=0.95$　　　　　　　B. $r=2.5, x_p=0.9$
　　　C. $r=2.8, x_p=0.98$　　　　　　　D. $r=2.6, x_p=0.93$
131. AB013　塔顶回流入塔的液体量与塔顶产品量之比称为（　）。
　　　A. 回流比　　　　B. 物料比　　　　　C. 气液比　　　　D. 以上选项都不对

132. AB013　料液从塔的中部加入,进料口以上的塔段称为( )。
　　A. 提馏段　　　　B. 精馏段　　　　C. 加热段　　　　D. 冷凝段
133. AB014　压缩比表示活塞由( ),气缸内气体被压缩的程度。
　　A. 下止点运动到上止点时　　　　B. 中点运动到下止点
　　C. 任意点运动到任意点　　　　　D. 下止点到中点
134. AB014　汽油机由于受到爆震的限制,压缩比一般为( )。
　　A. 5~8　　　　B. 8~11　　　　C. 11~14　　　　D. 14~17
135. AB014　柴油机没有爆震的限制,压缩比一般为( )。
　　A. 20~26　　　　B. 18~22　　　　C. 12~22　　　　D. 10~18
136. AB015　( )没有单位。
　　A. 密度　　　　B. 黏度　　　　C. 压头　　　　D. 雷诺准数
137. AB015　雷诺准数( )时,流体流动类型肯定是湍流。
　　A. 小于1000　　　　B. 小于2000　　　　C. 大于4000　　　　D. 2000~4000
138. AB015　人们通常把( )称为准数。
　　A. 由多个物理里组成的数群　　　　B. 由多个物理量组成的无单位数群
　　C. 各量的物理意义表达式　　　　　D. 由四个物理量组成的数群
139. AB016　在蒸发操作中,当蒸气压强与溶剂蒸气的压强处于平衡时,汽化就( )进行。
　　A. 能继续　　　　B. 不能继续　　　　C. 逆向进行　　　　D. 无法判断
140. AB016　通过加热使溶液中的一部分( )汽化并除去的操作,称为蒸发。
　　A. 溶质　　　　B. 杂质　　　　C. 溶剂　　　　D. 不溶物质
141. AB016　下列选项中不是提高蒸发速率的条件是( )。
　　A. 温度越高　　　　　　　　　　B. 液面暴露面积越大
　　C. 溶液表面的压强越低　　　　　D. 溶液表面的压强越高
142. AB017　将5%(质量分数)酒精水溶液以10t/h进入精馏塔,从塔顶蒸出的产品含95%酒精,从塔底放出的废水中含0.1%酒精,塔顶酒精的产量为( )。
　　A. 516t　　　　B. 9484t　　　　C. 9.484t　　　　D. 68t
143. AB017　在物料平衡过程中产品或物料实际产量或实际用量及收集到的损耗之和与理论产量或理论用量之间的比较( )。
　　A. 实际量与理论量绝对平衡　　　　B. 实际量一定大于理论量
　　C. 允许稍有偏差　　　　　　　　　D. 实际量一定小于理论量
144. AB017　应用最多的是以热能为衡量形式的能量平衡称为( )。
　　A. 热平衡　　　　B. 力平衡　　　　C. 光平衡　　　　D. 电平衡
145. AB018　实际流体流动时,流体分子之间产生内摩擦力的特性称为( )。
　　A. 流动性　　　　B. 黏性　　　　C. 惯性　　　　D. 惰性
146. AB018　流体黏度与温度的关系是( )。
　　A. 温度对流体黏度无影响
　　B. 温度升高,黏度增大

C. 温度升高,黏度下降
D. 液体的黏度随温度升高而下降,气体的黏度随温度升高而增大

147. AB018 流体流动状态相同的情况下,流体黏度越大,阻力( )。
 A. 越大 B. 越小 C. 越不变 D. 越波动

148. AB019 体积流速的单位( )。
 A. m/s B. kg/m^2·s C. m^3/s D. kg/s

149. AB019 质量流速的单位是( )。
 A. kg/s B. kg/(m·s) C. kg/(m·s^2) D. kg/(m^2·s)

150. AB019 质量流量是指( )里流体通过封闭管道或敞开槽有效截面的流体质量。
 A. 单位时间 B. 任意时间 C. 一段时间 D. 1h

151. AB020 在确定加热剂消耗量时,如果换热器靠近环境一侧流体与环境之间温差较大,要考虑操作过程的热损失,通常应比计算结果多( )。
 A. 1%~2% B. 3%~5% C. 6%~10% D. 10%~15%

152. AB020 化工生产中应用最广泛的换热方法是( )。
 A. 直接混合式 B. 间壁式 C. 蓄热式 D. 热管式

153. AB020 下列不属于物体的三种基本传热模式的是( )。
 A. 热传导 B. 热对流 C. 热辐射 D. 热源

154. AB021 在实际的化学反应中,实际产量一般( )理论产量。
 A. 高于 B. 低于 C. 相等 D. 不一定

155. AB021 收率是指按反应物进行量计算,生成( )的百分数。
 A. 目的产物 B. 所有产物 C. 任意产物 D. 无所谓

156. AB021 收率与转化率及选择性之间的关系为( )。
 A. 收率=转化率−选择性
 B. 收率=转化率×选择性
 C. 收率=转化率+选择性
 D. 收率=转化率÷选择性

157. AB022 对固体原料的干燥,可以提高设备的( )。
 A. 使用能力 B. 运转周期 C. 生产能力 D. 使用寿命

158. AB022 为满足工艺要求,对中间产品进行( ),以提高后期的产品质量和产量。
 A. 萃取 B. 蒸发 C. 蒸馏 D. 干燥

159. AB022 利用加热使固体物料中的湿组分汽化并除去的操作是( )。
 A. 干燥 B. 蒸发 C. 蒸馏 D. 结晶

160. AB023 催化剂对反应速率的影响( )。
 A. 一定提高
 B. 一定降低
 C. 可能升高可能降低
 D. 没有影响

161. AB023 下列不属于催化剂重要指标的是( )。
 A. 活性 B. 选择性 C. 稳定性 D. 毒性

162. AB023 催化剂种类繁多,其按照反应体系分类可分为( )。
 A. 固体催化剂和液体催化剂
 B. 均相催化剂和多相催化剂
 C. 主催化剂和助催化剂
 D. 聚合催化剂和氧化催化剂

163. AC001　国际单位制中时间的基本单位符号是(　　)。
　　A. ms　　　　　　B. s　　　　　　C. day　　　　　　D. min
164. AC001　下列选项中是国际单位制中重量的基本单位的是(　　)。
　　A. m　　　　　　B. s　　　　　　C. kg　　　　　　D. K
165. AC001　国际千克原器的质量是，1dm³ 的纯水在(　　)时的质量。
　　A. 20℃　　　　　B. 15℃　　　　　C. 10℃　　　　　D. 4℃
166. AC002　国际单位制中长度的基本导出单位名称是(　　)。
　　A. 米　　　　　　B. 千米　　　　　C. 里　　　　　　D. 海里
167. AC002　下列选项中属于导出单位的是(　　)。
　　A. s　　　　　　B. kg　　　　　　C. m　　　　　　D. Hz
168. AC002　下列选项中属于国际单位制中导出单位的是(　　)。
　　A. rad　　　　　B. m　　　　　　C. kg　　　　　　D. cd
169. AC003　国际单位制中立体角的辅助单位名称是(　　)。
　　A. 球面度　　　　B. 度　　　　　　C. 球面　　　　　D. 球体
170. AC003　下列选项中属于国际单位制中辅助单位的是(　　)。
　　A. 球面角(sr)　　B. 米(m)　　　　C. 开尔文(K)　　　D. 坎德拉(cd)
171. AC003　下列选项中属于国际单位制中辅助单位的是(　　)。
　　A. 速度(m/s)　　B. 米(m)　　　　C. 弧度(rad)　　　D. 摩尔(mol)
172. AC004　国家选定的质量非国际单位制是(　　)。
　　A. 千克　　　　　B. 市斤　　　　　C. 公斤　　　　　D. 吨
173. AC004　下列属于国家选定的非国际单位制单位的是(　　)。
　　A. 天(d)　　　　B. 速度(m/s)　　C. 球面角(sr)　　　D. 米(m)
174. AC004　国家选定的非国际单位制单位中海里(n mile)与国际单位制中米(m)的关系(　　)。
　　A. 1n mile=1300m　　　　　　　　B. 1n mile=1500m
　　C. 1n mile=1852m　　　　　　　　D. 1n mile=2000m
175. AD001　下列选项中不属于金属材料的是(　　)。
　　A. 纯金属　　　　B. 合金　　　　　C. 金属间化合物　　D. 金属氧化物
176. AD001　下列不属于金属材料的通常分类的是(　　)。
　　A. 黑色金属　　　B. 有色金属　　　C. 特种金属材料　　D. 稀有金属
177. AD001　钢指的是铁与少量的(　　)元素组成。
　　A. 氮　　　　　　B. 氧　　　　　　C. 碳　　　　　　D. 氢
178. AD002　下列阀门中阀座密封面或衬里材质属于合金钢的是(　　)。
　　A. Z41T-1.0　　　B. Z41H-4.0　　　C. Q41F-2.5　　　D. J41P-2.5
179. AD002　连接J41H-2.5 DN50阀门的法兰的密封面型式是(　　)。
　　A. RF型　　　　　B. FF型　　　　　C. FM型　　　　　D. M型
180. AD002　下列阀门中(　　)属于疏水阀。
　　A. J41H-2.5　　　B. Z61H-2.5　　　C. H41H-4.0　　　D. S49H-1.6

181. AD003　下列离心泵部件中属于做功部件的是(　　)。
    A. 口环　　　　　B. 叶轮　　　　　C. 轴承箱　　　　　D. 泵壳
182. AD003　下列不属于容积式压缩机的是(　　)。
    A. 隔膜式　　　　B. 柱塞式　　　　C. 罗茨式　　　　　D. 轴流式
183. AD003　中压压缩机的排气压力范围是(　　)。
    A. 0.4~1.6MPa　　B. 1.0~10MPa　　C. 1.6~10MPa　　　D. 2.5~10MPa
184. AD004　为了消除余隙的影响,往复真空泵在(　　)设置一个平衡气道。
    A. 活塞上　　　　B. 活门上　　　　C. 气缸左端　　　　D. 气缸左右两端
185. AD004　(　　)真空泵由于转速低、排量不均匀、结构复杂、零件多、易磨损等缺点,近年来已经被其他形式的真空泵所取代。
    A. 水环式　　　　B. 旋片式　　　　C. 往复式　　　　　D. 喷射式
186. AD004　(　　),由于它的结构简单,没有活门,经久耐用,化工生产应用也很广泛,主要用于抽吸设备中的空气或其他无腐蚀、不溶于水和不溶固体颗粒的气体。
    A. 往复式真空泵　B. 水环式真空泵　C. 旋片式真空泵　　D. 所有真空泵
187. AD005　柔性石墨金属缠绕垫片不适合下列哪种密封面形式(　　)。
    A. 凹凸面　　　　B. 突面　　　　　C. 榫槽面　　　　　D. 全平面
188. AD005　垫片的主要作用是(　　)。
    A. 调整间隙　　　B. 补偿缺陷　　　C. 密封　　　　　　D. 保护
189. AD006　下列阀门中属于安全阀的是(　　)。
    A. Z61H-2.5　　　B. J41H-4.0　　　C. Q41F-1.6　　　　D. A41Y-2.5
190. AD006　下列管件中不属于压力容器安全附件的是(　　)。
    A. 压力表　　　　B. 温度计　　　　C. 液位计　　　　　D. 手孔
191. AD006　下列压力容器安全附件中不可重复使用的是(　　)。
    A. 压力表　　　　B. 安全阀　　　　C. 紧急切断阀　　　D. 爆破片
192. AE001　电路有电能的传输、分配、转换和(　　)。
    A. 信息的传递、处理　　　　　　　B. 电流的分配
    C. 电压的分配　　　　　　　　　　D. 电源的输出
193. AE001　如图所示,以 C 为参考点,则 $U_{AC}=$(　　)。
    A. 1.5V　　　　　B. 3V　　　　　　C. 0V　　　　　　　D. 2V
194. AE001　按电路中流过的电流种类,可把电路分为(　　)。
    A. 低频电路和微波电路　　　　　　B. 直流电路和交流电路
    C. 视频电路和音频电路　　　　　　D. 电池电路和发电机电路
195. AE002　在国际单位制中,电压的主单位是(　　)。
    A. 安培　　　　　B. 伏特　　　　　C. 焦耳　　　　　　D. 千伏
196. AE002　下列对于电流的叙述,错误的是(　　)。
    A. 在电场力的作用下,自由电子或离子发生的有规则的运动称为电流

B. 正电荷定向移动的方向称为电流的正方向

C. 自由电子定向移动的方向称为电流的正方向

D. 单位时间内通过导体某一截面积的电荷量的代数和称为电流强度

197. AE002　(　　)是衡量单位电荷在静电场中由于电势不同所产生的能量差的物理量。
　　A. 电流　　　　B. 电阻　　　　C. 电压　　　　D. 电频

198. AE003　电流在单位时间内所做的功叫作(　　)。
　　A. 电工　　　　B. 电功率　　　C. 功　　　　　D. 功率

199. AE003　"W"是(　　)的单位,称"瓦特"或"瓦"。
　　A. 电能　　　　B. 电量　　　　C. 电功率　　　D. 电流

200. AE003　电阻用字母(　　)表示。
　　A. R　　　　　B. L　　　　　C. I　　　　　D. C

201. AE004　电感的国际单位是(　　)。
　　A. 法拉(F)　　B. 亨利(H)　　C. 欧姆(Ω)　　D. 瓦特(W)

202. AE004　如图所示,交流电压 $U_1 = U_2$,$f_1 = 2f_2$,L_1 和 L_2 为纯电感,测得 $I_1 = I_2$,则两电感上电感量 L_1 和 L_2 之比是(　　)。

　　A. 1∶1　　　　B. 1∶2　　　　C. 2∶1　　　　D. 3∶1

203. AE004　电容器在刚充电瞬间相当于(　　)。
　　A. 短路　　　　B. 开路　　　　C. 断路　　　　D. 通路

204. AE005　手持式电动工具标有"回"字符号的属于(　　)。
　　A. Ⅰ类　　　　B. Ⅱ类　　　　C. Ⅲ类　　　　D. Ⅱ类和Ⅲ类

205. AE005　爆炸性气体混合物发生爆炸必须具备的条件是(　　)。
　　A. 一定的浓度和足够的火花能量　　B. 一定的温度和足够的火花能量
　　C. 一定的浓度和足够的电流能量　　D. 一定的浓度和足够的温度

206. AE005　工厂用隔爆型电器防爆型式的标志为(　　)。
　　A. e　　　　　B. o　　　　　C. d　　　　　D. p

207. AE006　对要停电的设备和线路要断开(　　)而且要有明显断开点。
　　A. 熔断器　　　　　　　　　　　B. 隔离开关
　　C. 所有的电源开关　　　　　　　D. 断路器

208. AE006　保证电气安全的组织措施的内容是(　　)。
　　A. 工作票制度、工作许可制度、工作监护制度、工作间断、转移、终结制度
　　B. 工作票制度、工作许可制度、悬挂地线
　　C. 工作监护制度、工作间断转移、终结制度、验电、断路器
　　D. 工作许可制度、工作监护制度、悬挂标示牌

209. AE006　电气设备未经验电,装设接地线,一律视为(　　)。
　　A. 无电,可以用手触及　　　　　B. 有电,不准用手触及
　　C. 无危险电压　　　　　　　　　D. 既可认为有电,也可认为无电

210. AE007　油罐车在车上用金属链子从车体起直接垂到路面上是为了（　　）。
　　A. 减小电阻　　　　B. 泄放静电荷　　　C. 等电位连接　　　D. 防止触电
211. AE007　下列选项中不属于静电对人体的危害的是（　　）。
　　A. 头痛　　　　　　B. 皮肤干燥　　　　C. 心率异常　　　　D. 中毒
212. AE007　下列选项中不是常用的消除静电的方式是（　　）。
　　A. 接地　　　　　　B. 增加湿度　　　　C. 保温　　　　　　D. 静电中和器
213. AE008　由线圈中磁通变化而产生的感应电动势的大小正比于（　　）。
　　A. 磁通的变化量　　B. 磁场强度　　　　C. 磁通变化率　　　D. 磁感应强度
214. AE008　通电导线在磁场中受力的方向用（　　）定则来判断。
　　A. 左手　　　　　　B. 右手　　　　　　C. 右手螺旋　　　　D. 左手或右手
215. AE008　当铁心线圈断电的瞬间,线圈中产生感应电动势的方向（　　）。
　　A. 与原来电流方向相反　　　　　　　　B. 与原来电流方向相同
　　C. 不可能产生感应电动势　　　　　　　D. 条件不够无法判断
216. AF001　测量技术是研究（　　）的一门科学。
　　A. 测量原理　　　　B. 测量技术　　　　C. 测量工具　　　　D. 以上三项
217. AF001　（　　）不是过程检测中要测量的热工量。
　　A. 温度　　　　　　B. 压力　　　　　　C. 液位　　　　　　D. 速度
218. AF001　（　　）不是过程检测中要检测的电工量。
　　A. 电压　　　　　　B. 电流　　　　　　C. 电阻　　　　　　D. 重量
219. AF002　按误差出现的规律,误差可分为系统误差、过失误差、（　　）。
　　A. 相对误差　　　　B. 绝对误差　　　　C. 粗大误差　　　　D. 干扰误差
220. AF002　按与被测量随时间变化的关系的误差称为（　　）。
　　A. 绝对误差　　　　B. 动态误差　　　　C. 干扰误差　　　　D. 随机误差
221. AF002　看错刻度线造成的误差属于（　　）。
　　A. 系统误差　　　　B. 随机误差　　　　C. 疏忽误差　　　　D. 干扰误差
222. AF003　仪表的精度级别指的是仪表的（　　）。
　　A. 误差　　　　　　　　　　　　　　　B. 基本误差
　　C. 最大误差　　　　　　　　　　　　　D. 基本误差的最大允许值
223. AF003　1.5级仪表的精度等级可写为（　　）。
　　A. ±1.5级　　　　　B. 1.5级　　　　　C. -1.5级　　　　　D. +1.5级
224. AF003　如要精确测量,因而必须单独进行标定的有（　　）。
　　A. 标准孔板　　　　B. 标准喷嘴　　　　C. 圆缺孔板　　　　D. 标准文丘利管
225. AF004　一个控制系统是由（　　）两部分组成。
　　A. 被控对象和自动控制装置　　　　　　B. 被控对象和控制器
　　C. 被控变量和自动控制装置　　　　　　D. 被控变量和控制器
226. AF004　过程控制系统的两种表达式是（　　）。
　　A. 传递图和结构图　　　　　　　　　　B. 方框（块）图和仪表流程图
　　C. 仪表流程图和结构图　　　　　　　　D. 传递图和方框（块）图

227. AF004 控制系统按基本结构形式可分为( )。
 A. 简单控制系统、复杂控制系统 B. 定值控制系统、随动控制系统
 C. 闭环控制系统、开环控制系统 D. 连续控制系统、离散控制系统

228. AF005 定值控制系统是( )固定不变的控制系统。
 A. 输出值 B. 测量值 C. 偏差值 D. 给定值

229. AF005 按( )区分,物位测量仪表可分为直读式、浮力式、静压式、电磁式、声波式等。
 A. 工作原理 B. 仪表结构 C. 仪表性能 D. 工作性质

230. AF005 物位是指( )。
 A. 液位 B. 料位 C. 界位 D. 以上三项

231. AG001 下列选项中不属于安全生产包括的内容的是( )。
 A. 安全法规 B. 安全技术 C. 职业卫生 D. 安全道德

232. AG001 职业卫生卫生,它是指( ),为防止高温、严寒、粉尘、振动、噪声、毒气、污染等对劳动者身体健康的危害,所采取的一系列防护或医疗措施。
 A. 生产之前 B. 生产之后 C. 生产过程中 D. 任何时候

233. AG001 职业卫生的内容包括( )。
 A. 环境治理 B. 作业控制 C. 健康保障 D. 以上全是

234. AG002 安全生产的主要方针是( )。
 A. "安全生产,预防为主" B. "防消结合,预防为主"
 C. "安全第一,生产第二" D. "贯穿全程,关键落实"

235. AG002 下列选项中不属于安全管理手段的是( )。
 A. 行政手段 B. 法制手段 C. 经济手段 D. 清洁手段

236. AG002 安全第一是从( )的角度,肯定安全在生产活动中的首要位置和重要性。
 A. 保护和发展生产力 B. 提高和促进生产力
 C. 保护和发展向心力 D. 提高和促进向心力

237. AG003 企业必须认真地对新工人进行安全生产的公司教育、车间教育和( ),并且经过考试合格后,才能准许进入操作岗位。
 A. 班组教育 B. 个人教育 C. 技术教育 D. 以上选项都不对

238. AG003 下列不属于安全教育规定的有关内容的是( )。
 A. 企业必须认真地对新工人进行安全生产的公司教育、车间教育和班组教育,并且经过考试合格后,才能准许进入操作岗位
 B. 对于从事特种作业的工人必须进行专门的安全操作技术训练,经过考试合格后,才能准许他们持证上岗操作
 C. 企业必须建立安全活动日和在班前班后会上检查安全生产情况等制度,对职工进行经常的安全教育。并且注意结合职工文化生活,进行各种安全生产的宣传活动
 D. 企业对生产中的安全工作,除进行经常的检查外,每年还应定期地进行二至四次群众性的检查,这种检查包括普遍检查、专业检查和季节性检查,这几种检查可以结合进行

239. AG003　在( )的时候,必须对工人进行新操作法和新工作岗位的安全教育。
　　A. 采用新生产方法　　　　　　　B. 添设新的技术设备
　　C. 制造新的产品　　　　　　　　D. 以上全是

240. AG004　下列不属于特殊作业的是( )。
　　A. 电工作业　　B. 爆破作业　　C. 打扫卫生　　D. 制冷作业

241. AG004　特种作业培训后要进行严格考核,经考核合格的,发给相应的( )。
　　A. 上岗证　　B. 特种作业证　　C. 资格证　　D. 毕业证

242. AG004　特种作业培训的学习的内容包括( )。
　　A. 安全技术理论　　　　　　　　B. 实际操作知识
　　C. 安全技术理论与实际操作知识

243. AG005　危险化学品共分( )类。
　　A. 6　　B. 7　　C. 8　　D. 9

244. AG005　在使用化学品过程中保持个人卫生的原则中,皮肤受伤时应( )。
　　A. 开放伤口　　B. 要完好地包扎　　C. 用大量水冲洗　　D. 放任不管

245. AG005　下列选项中属于使用化学品过程中保持个人卫生的原则的是( )。
　　A. 定期检查身体　　　　　　　　B. 防护用品要分放、分洗
　　C. 不直接接触能引起过敏的化学品　　D. 以上全是

246. AG006　燃烧是指可燃物与( )作用发生的放热反应。
　　A. 还原剂　　B. 氧化剂　　C. 电解质　　D. 有机物

247. AG006　燃烧通常伴有( )现象。
　　A. 发光　　B. 发热　　C. 发烟　　D. 以上全是

248. AG006　下列不属于燃烧的必要条件的是( )。
　　A. 可燃物　　B. 助燃物　　C. 燃烧环境　　D. 点火源

249. AG007　一般来说,凡是符合( )规定的疾病才能称为职业病。
　　A. 医院　　B. 法律　　C. 企业　　D. 行业

250. AG007　职业病是指用人单位的劳动者在( )中,因接触粉尘、放射性物质和其他有毒、有害物质等因素而引起的疾病。
　　A. 生活　　B. 娱乐　　C. 职业活动　　D. 以上全是

251. AG007　职业病是指( )等用人单位的劳动者在职业活动中,因接触粉尘、放射性物质和其他有毒、有害物质等因素而引起的疾病。
　　A. 企业　　B. 事业单位　　C. 个体经济组织　　D. 以上全是

252. AG008　职业病的危害因素主要取决于( )。
　　A. 有害因素　　B. 接触强度　　C. 以上全是　　D. 以上选项都不对

253. AG008　职业性有害因素是导致职业性损害的( )。
　　A. 间接因素　　B. 致病原　　C. 无关因素　　D. 以上选项都不对

254. AG008　生产工艺过程、劳动过程和工作环境中产生和(或)存在的,对职业人群的健康、安全和作业能力可能造成不良影响的( )条件或要素,统称为职业性有害因素。
　　A. 少数　　B. 多数　　C. 一切　　D. 以上选项都不对

255. AG009 在( )中产生的,存在于工作环境空气中的毒物称为生产性毒物。
A. 生活过程　　　　B. 娱乐过程　　　　C. 生产过程　　　　D. 休息过程

256. AG009 毒物是指,在一定的条件下,较小的剂量即可引起机体急性或慢性的病理变化,甚至危及生命的( )。
A. 物理物质　　　　B. 化学物质　　　　C. 有机物质　　　　D. 无机物质

257. AG009 劳动者在生产劳动过程中过量接触生产性毒物可引起( )。
A. 心里疾病　　　　B. 职业中毒　　　　C. 死亡　　　　　　D. 以上选项都不对

258. AG010 粉尘是指直径在( )μm 固体微粒。
A. 0.001~0.1　　　B. 0.1~10　　　　　C. 10~100　　　　　D. 100~1000

259. AG010 粉尘可以在( )下形成。
A. 自然环境中　　　B. 生产过程中　　　C. 生活过程中　　　D. 以上全是

260. AG010 生产性粉尘是指在( )中形成,并能够长时间漂浮在空气中的固体颗粒。
A. 自然环境　　　　B. 生活过程　　　　C. 生产过程　　　　D. 以上全是

261. AG011 作业场所常见的物理因素中,除了( )是由人工产生外,其他因素在自然界中均存在。
A. 伽马射线　　　　B. 紫外线　　　　　C. 红外线　　　　　D. 激光

262. AG011 作业场所空间物理因素的强度一般是( )的。
A. 均匀　　　　　　B. 不均匀　　　　　C. 不确定　　　　　D. 以上选项都不对

263. AG011 物理因素对人体的损害效应与物理参数不呈直线的相关关系。主要表现为( )。
A. 在某一强度范围内对人体无害
B. 高于或低于某一范围时人体产生不良影响
C. 影响的部位和表现形式可能完全不同
D. 以上全是

264. AG012 生产原料和生产环境中存在的对职业人群健康有害的致病微生物、寄生虫、昆虫等以及所产生的生物活性物质统称为( )。
A. 生产性毒物　　　B. 生产性粉尘　　　C. 物理有害因素　　D. 生物有害因素

265. AG012 下列不属于生物有害因素的是( )。
A. 动物毛皮上的病菌　　　　　　　　B. 动物或植物分泌的毒物
C. 生产副产品毒物　　　　　　　　　D. 以上选项都不对

266. AG012 下列不属于职业性传染病的是( )。
A. 炭疽　　　　　　B. 布氏杆菌病　　　C. 森林脑炎　　　　D. 天花

267. AG013 个人防护用品一般可以分为( )大类。
A. 五　　　　　　　B. 六　　　　　　　C. 七　　　　　　　D. 八

268. AG013 个人防护用品是指劳动者( )为免遭或减轻事故伤害或职业危害,个人随身穿(佩)戴的用品。
A. 在工作前　　　　B. 在工作中　　　　C. 在工作后　　　　D. 任何时候

269. AG013　在作业环境中尚不能消除或有效降低职业危害因素的浓度(强度)时,劳动者随身穿(佩)戴的个人防护用品,是(　　)防护措施。
　　　A. 主要的　　　　　B. 次要的　　　　　C. 辅助的　　　　　D. 无关的

270. AG014　根据用途,防护头盔可分为(　　)两类。
　　　A. 单纯式和组合式　　　　　　　B. 直接式和间接式
　　　C. 全覆盖和半覆盖　　　　　　　D. 以上选项都不对

271. AG014　下列选项中不属于组合式防护头盔的是(　　)。
　　　A. 带舌安全帽　　B. 矿用防尘帽　　C. 焊工防护帽　　D. 防噪声安全帽

272. AG014　在生产现场,为防止(　　),劳动者应当佩戴安全防护头盔。
　　　A. 意外重物坠落击伤　　　　　　B. 生产中不慎撞伤头部
　　　C. 有害物质的污染　　　　　　　D. 以上全是

273. AG015　下列选项中不属于付防热服的性能要求的是(　　)。
　　　A. 隔热　　　　　B. 阻燃　　　　　C. 牢固　　　　　D. 美观

274. AG015　下列选项中不属于防护服的主要作用的是(　　)。
　　　A. 减轻热辐射　　　　　　　　　B. 防止化学物污染机体
　　　C. 减轻微波辐射　　　　　　　　D. 保暖御寒

275. AG015　防酸碱服一般是由(　　)织物制作而成。
　　　A. 丙纶　　　　　B. 涤纶　　　　　C. 氯纶　　　　　D. 以上全是

276. AG016　防护眼镜一般用于各种焊接、切割、炉前工、微波、激光工作人员防御有害(　　)的危害。
　　　A. 辐射线　　　　B. 有毒物质　　　C. 工业粉尘　　　D. 静电

277. AG016　防护眼镜,可根据作用原理将防护镜片分为(　　)两类。
　　　A. 防护性和吸收性　　　　　　　B. 反射性和吸收性
　　　C. 干涉性和衍射性　　　　　　　D. 有色和无色

278. AG016　反射性防护镜片,在一般情况下,可反射的辐射线范围较宽(包括红外线、紫外线、微波等),反射率可达(　　)。
　　　A. 80%　　　　　B. 85%　　　　　C. 90%　　　　　D. 95%

279. BA001　具有良好调节性能的阀门是(　　)。
　　　A. 球阀　　　　　B. 闸阀　　　　　C. 蝶阀　　　　　D. 截止阀

280. BA001　适用于蒸气等高温介质的阀门是(　　)。
　　　A. 球阀　　　　　B. 截止阀　　　　C. 蝶阀　　　　　D. 旋塞阀

281. BA001　截止阀的(　　)比闸阀差。
　　　A. 流动性　　　　B. 节流性　　　　C. 密封性　　　　D. 调节性

282. BA002　离心泵启动前,应打开(　　)至全开状态。
　　　A. 出口阀　　　　B. 调节阀　　　　C. 止回阀　　　　D. 入口阀

283. BA002　离心泵启动运行平稳后,方可慢慢打开(　　)进行流量调节。
　　　A. 入口阀　　　　B. 调节阀　　　　C. 出口阀　　　　D. 止回阀

284. BA002 离心泵启动后,应检查泵的轴承温度不得高于( )。
    A. 60℃   B. 65℃   C. 70℃   D. 75℃
285. BA003 下列为反应设备的是:( )。
    A. 离心泵   B. 精馏塔   C. 捕集器   D. 流化床
286. BA003 间歇式反应器操作灵活,易于适应不同操作条件和产品品种,适用于( )批量、多品种、反应时间较长的产品生产。
    A. 小   B. 中   C. 大   D. 不受规模限制
287. BA003 下列不属于气液相或液液相反应过程的塔式设备的是( )。
    A. 填充塔   B. 搅拌釜式反应器
    C. 板式塔   D. 鼓泡塔
288. BA004 液位计根据测量的对象不同可以分为( )。
    A. 液位计、界位计、料位计   B. 液位计、界位计、衡浮式液位计
    C. 液位计、界位计、变浮式液位计   D. 以上都对
289. BA004 按( )区分,物位测量仪表可分为直读式、浮力式、静压式、电磁式、声波式等。
    A. 工作原理   B. 仪表结构   C. 仪表性能   D. 工作性质
290. BA004 物位是指( )。
    A. 液位   B. 料位   C. 界位   D. 以上三项
291. BA005 流量测量仪表的工作原理分为( )。
    A. 体积流量测量法和质量流量测量法   B. 直接法和间接法
    C. 容积法和声学法   D. 以上都不对
292. BA005 下面哪项不是体积流量的测量方法( )。
    A. 容积法   B. 电学法   C. 直接法   D. 光学法
293. BA005 转子流量计中的流体流动方向是( )。
    A. 自上而下   B. 自下而上
    C. 自上而下和自下而上都可以   D. 以上选择都不对
294. BA006 化工生产中应用最为广泛的换热器形式是( )。
    A. 混合式换热器   B. 间壁式换热器   C. 蓄热式换热器   D. 套管式换热器
295. BA006 ( )换热器是冷、热流体直接接触进行热量交换的。
    A. 混合式   B. 间壁式   C. 蓄热式   D. 列管式
296. BA006 化工生产中应用最为广泛的换热器形式是间壁式换热器,其种类很多,下列设备中属于间壁式换热器的是( )。
    A. 混合式换热器   B. 列管式换热器   C. 蓄热式换热器   D. 搅拌器
297. BA007 计量泵是可以调节流量、并对流量进行( )的泵类。
    A. 准确控制   B. 准确输出   C. 精确计量   D. 准确调节
298. BA007 计量泵从工作原理及结构形式上讲,多为( )泵。
    A. 叶片式   B. 容积式   C. 离心式   D. 其他类型

299. BA007 常用的计量泵有( )和旋转式两大类。
    A. 离心式   B. 轴流式   C. 屏蔽式   D. 往复式
300. BA008 下列阀门中属于流向限制阀的是( )。
    A. 截止阀   B. 闸板阀   C. 球阀   D. 止回阀
301. BA008 ( )是阀门中采用最广泛的一种连接方式。
    A. 法兰连接   B. 螺纹连接   C. 焊接连接   D. 卡套连接
302. BA008 下列阀门中能够起到流量调节的阀门的是( )。
    A. 截止阀   B. 安全阀   C. 减压阀   D. 止回阀
303. BA009 球阀的启闭件为( )。
    A. 柱塞   B. 闸板   C. 膜片   D. 球体
304. BA009 适用于蒸气等高温介质的阀门是( )。
    A. 球阀   B. 截止阀   C. 蝶阀   D. 旋塞阀
305. BA009 下列阀门中,产生流体阻力较大的是( )。
    A. 球阀   B. 旋塞阀   C. 截止阀   D. 隔膜阀
306. BA010 浮头换热器可以应用在较高( )条件下。
    A. 温差   B. 压差   C. 温差和压差 D. 变形
307. BA010 浮头式换热器适用于( )的流体。
    A. 不易结垢   B. 易结垢   C. 清洁   D. 温差不大
308. BA010 浮头式换热器的浮头易发生( ),不易发现。
    A. 变形   B. 应力   C. 损坏   D. 泄漏
309. BA011 机泵入口过滤器发生堵塞的特征是( )。
    A. 流量、压力明显上升
    B. 流量下降
    C. 温度升高
    D. 出口压力或流量开始下降,泵内有明显的响声并伴有振动
310. BA011 泵入口过滤器的连接方式有螺纹和法兰连接两种,其中( )连接方式最为广泛。
    A. 螺纹   B. 法兰   C. 焊接   D. 对夹
311. BA011 下列选项中是泵入口安装过滤器的作用的是( )。
    A. 降低入口压力   B. 提高入口压力
    C. 过滤杂物,保护机封、叶轮 D. 提高泵扬程
312. BA012 非离心泵主要性能参数的是( )。
    A. 流量   B. 扬程   C. 叶轮直径   D. 功率
313. BA012 离心泵出厂时各项性能参数是以( )为介质进行测定的。
    A. 实际工况流体 B. 清水   C. 煤油   D. 润滑油
314. BA012 离心泵扬程的代号是"H",单位是( )。
    A. N·m   B. m   C. m/s   D. kg/s

315. BA013 往复泵是通过（　　）将机械能以静压能形式传递给液体。
    A. 活塞　　　　　B. 活塞杆　　　　　C. 蜗轮　　　　　D. 蜗杆
316. BA013 往复泵适用于流量（　　）、波动范围（　　）、扬程高、液体黏度（　　），对含气量要求不严的场合。
    A. 大,小,小　　　B. 大,小,大　　　C. 小,小,大　　　D. 小,大,大
317. BA013 启动前不需要灌泵的机泵是（　　）。
    A. 离心泵　　　　B. 往复泵　　　　C. 高速泵　　　　D. 屏蔽泵
318. BA014 离心泵主要应用在（　　），中、低扬程的场合。
    A. 小流量　　　　B. 大流量　　　　C. 高黏度　　　　D. 清洁,杂质少
319. BA014 离心泵在运转过程中,常发生（　　）现象,即泵内进入空气,使泵不能正常工作。
    A. 汽蚀　　　　　B. 气缚　　　　　C. 堵塞　　　　　D. 抽空
320. BA014 按工作原理和结构分,离心泵属于（　　）。
    A. 容积泵　　　　B. 叶片泵　　　　C. 流体作用泵　　D. 电磁泵
321. BA015 通常润滑油的型号以该油品的（　　）来表示。
    A. 动力黏度　　　B. 运动黏度　　　C. 闪点　　　　　D. 凝固点
322. BA015 润滑油的黏度随温度升高而（　　）。
    A. 升高　　　　　B. 降低　　　　　C. 不变　　　　　D. 无法确定
323. BA015 润滑油三级过滤,滤网精度一级指的是（　　）。
    A. 40 目　　　　　B. 60 目　　　　　C. 80 目　　　　　D. 100 目
324. BA016 备用机泵应每（　　）进行一次盘车。
    A. 1d　　　　　　B. 2d　　　　　　C. 3d　　　　　　D. 7d
325. BA016 备用机泵盘车每次至少应转动（　　）。
    A. 1 圈　　　　　B. 1.5 圈　　　　C. 2 圈　　　　　D. 2.5 圈
326. BA016 当离心泵输送高差特别大时,在管道上应设置（　　）,防止回水倒流,控制离心泵的突然反转。
    A. 停电按钮　　　B. 球阀　　　　　C. 逆止阀　　　　D. 截止阀
327. BA017 机泵检修前,岗位应首先（　　）。
    A. 判断故障原因　B. 停泵　　　　　C. 倒泵　　　　　D. 处理
328. BA017 机泵故障原因判断明确后,岗位应（　　）。
    A. 关闭入口阀门　B. 停泵　　　　　C. 倒泵　　　　　D. 关闭出口阀门
329. BA017 机泵交付检修前,应先确认泵内的（　　）为零。
    A. 流量　　　　　B. 压力指示　　　C. 出口阀门　　　D. 入口阀门
330. BA018 润滑油的（　　）能降低机械运转摩擦所造成的温度上升。
    A. 力的传递　　　B. 冷却作用　　　C. 绝缘性　　　　D. 清洗作用
331. BA018 润滑油的（　　）是使杂质不停留在摩擦面破坏油膜,形成干摩擦。
    A. 清洗作用　　　B. 冷却作用　　　C. 减振作用　　　D. 密封作用

332. BA018　润滑油能降低摩擦面之间的（　　），而达到减少摩擦阻力的作用。
　　A. 摩擦阻力　　　　B. 摩擦系数　　　　C. 磨损阻力　　　　D. 磨损系数

333. BB001　机械密封又称为（　　）。
　　A. 填料密封　　　　B. 骨架密封　　　　C. 迷宫密封　　　　D. 端面密封

334. BB001　离心泵运行中，（　　）原因能造成机械密封的泄漏。
　　A. 介质中有颗粒
　　B. 液体黏度大
　　C. 介质中结胶性、腐蚀性、聚合性物质增多
　　D. 泵转速慢

335. BB001　离心泵运行中，（　　）原因能造成机械密封的泄漏。
　　A. 汽蚀　　　　　　　　　　　　　　B. 长时间憋压，损坏密封面
　　C. 气缚　　　　　　　　　　　　　　D. 堵塞

336. BB002　离心泵运行中，（　　）原因能使泵内产生杂音。
　　A. 泵轴与电动机轴不同心　　　　　　B. 地脚螺栓松动
　　C. 叶轮刮泵壳　　　　　　　　　　　D. 轴承温度高

337. BB002　离心泵运行中，（　　）原因能使泵内产生杂音。
　　A. 入口过滤器堵塞　　　　　　　　　B. 罐内液面较高
　　C. 出口阀门关闭　　　　　　　　　　D. 电动机丢转

338. BB002　离心泵运行中，（　　）原因能使泵内产生杂音。
　　A. 汽蚀现象　　　　B. 满负荷　　　　C. 叶轮正常　　　　D. 机封泄漏

339. BB003　造成离心式风机电动机超负荷的因素是（　　）。
　　A. 介质密度变大　　B. 环境温度高　　C. 风压降低　　　　D. 风量变小

340. BB003　造成离心式风机电动机超负荷的因素是（　　）。
　　A. 叶轮太重　　　　B. 电机单相断电　　C. 入口风压过高　　D. 环境温度高

341. BB003　造成离心式风机电动机超负荷的因素是（　　）。
　　A. 皮带过紧　　　　B. 轴承损坏　　　　C. 机壳漏气　　　　D. 风压降低

342. BB004　外管网氮气中断时，氮气储罐的（　　）流量出现零指示。
　　A. 出口　　　　　　B. 进口　　　　　　C. 放空　　　　　　D. 旁路

343. BB004　氮气中断时，氮气储罐的压力快速（　　），补充系统氮气消耗。
　　A. 上升　　　　　　B. 不变　　　　　　C. 降低　　　　　　D. 下降

344. BB004　氮气中断时，氮气储罐出口减压阀的阀位（　　）。
　　A. 开小　　　　　　B. 不变　　　　　　C. 波动　　　　　　D. 开大

345. BB005　仪表空气中断时，可以使用（　　）进行紧急临时替代。
　　A. 氮气　　　　　　B. 蒸汽　　　　　　C. 氧气　　　　　　D. 物料

346. BB005　仪表空气中断时，仪表空气储罐的压力开始快速（　　）。
　　A. 上升　　　　　　B. 不变　　　　　　C. 降低　　　　　　D. 下降

347. BB005　仪表空气储罐的（　　）流量出现零指示。
　　A. 出口　　　　　　B. 进口　　　　　　C. 放空　　　　　　D. 旁路

348. BB006　系统蒸汽压力下降时,装置区内的蒸汽总线的(　　)表指示出现上升。
　　A. 介质　　　　　　B. 流量　　　　　　C. 排气　　　　　　D. 旁路

349. BB006　系统蒸汽压力下降时,蒸汽加热器的温度(　　)。
　　A. 上升　　　　　　B. 不变　　　　　　C. 无法确定　　　　D. 下降

350. BB006　系统蒸汽压力下降时,蒸汽减压阀的压力指示(　　)。
　　A. 下降　　　　　　B. 不变　　　　　　C. 无法确认　　　　D. 上升

351. BB007　循环水压力下降时,装置区内的循环水总线的(　　)出现降低。
　　A. 介质　　　　　　B. 压力　　　　　　C. 排气　　　　　　D. 旁路

352. BB007　循环水压力下降时,循环水冷却器的出口温度将会(　　)。
　　A. 上升　　　　　　B. 不变　　　　　　C. 降低　　　　　　D. 下降

353. BB007　循环水压力下降时,结晶器的循环冷却水压力降低,会导致结晶器温度(　　)。
　　A. 平衡　　　　　　B. 不变　　　　　　C. 升高　　　　　　D. 降低

354. BB008　造成搅拌器停转的原因是(　　)。
　　A. 液位过高　　　　B. 电动机断电　　　C. 流速过快　　　　D. 流量过大

355. BB008　下列可引发搅拌器停转的因素是(　　)。
　　A. 减速机皮带脱落　　　　　　　　　　B. 液位过高
　　C. 流量过大　　　　　　　　　　　　　D. 流速过快

356. BB008　下列可引发搅拌器停转的因素是(　　)。
　　A. 联轴器螺栓松动　　　　　　　　　　B. 减速箱损坏
　　C. 联轴器脱落　　　　　　　　　　　　D. 主轴损坏

357. BB009　闸阀发生内漏的原因是(　　)。
　　A. 密封面磨损　　　B. 开关频繁　　　　C. 结构复杂　　　　D. 介质结焦

358. BB009　造成该阀门内漏故障的原因有很多,下列说法不正确的是(　　)。
　　A. 阀瓣/阀座密封面未贴合　　　　　　B. 阀瓣/阀座密封受损
　　C. 阀瓣与阀杆脱落　　　　　　　　　　D. 阀瓣或阀座密封面研磨质量好

359. BB009　不能引起衬氟截止阀门启闭失效的原因是(　　)。
　　A. 联轴节脱离　　　B. 阀芯脱落　　　　C. 丝母脱扣　　　　D. 安装位置不对

360. BB010　造成离心泵填料箱泄漏的直接原因是(　　)。
　　A. 泵轴或轴套的磨损严重　　　　　　　B. 泵腔内压过大
　　C. 泵负荷过大　　　　　　　　　　　　D. 电动机转速太低

361. BB010　不是造成离心泵填料箱泄漏原因的是(　　)。
　　A. 电动机轴与泵轴不对中　　　　　　　B. 泵轴弯曲
　　C. 填料过紧　　　　　　　　　　　　　D. 转子不平衡

362. BB010　离心泵使用的密封填料很多,但(　　)却不是主要产品。
　　A. 石墨环　　　　　B. 碳纤维盘根　　　C. 石棉绳　　　　　D. 巴金板

363. BB011　造成离心式压缩机润滑油供油温度高的原因是(　　)。
　　A. 润滑油压力高　　　　　　　　　　　B. 润滑油流量大
　　C. 油冷却器换热面积小　　　　　　　　D. 油冷器冷却水流量减小

364. BB011　下列关于离心式压缩机供油温度高的原因,描述不正确的是(　　)。
　　A. 油过滤器堵塞　　　　　　　　B. 润滑油量不足或中断
　　C. 油冷器冷却水温度低　　　　　D. 润滑油流量大

365. BB011　造成离心式压缩机回油温度高的原因是(　　)。
　　A. 油过滤器堵塞　　　　　　　　B. 油冷器换热效果差
　　C. 压缩机进料温度高　　　　　　D. 油箱油位高

366. BB012　在间歇反应器中发生放热反应时,加大换热能力,使反应热(　　),防止出现事故。
　　A. 增加　　　　B. 及时移出　　　　C. 降低　　　　D. 不变

367. BB012　在间歇反应器中发生吸热反应时,减小或停止(　　)的加入量,使反应维持平衡。
　　A. 加热介质　　B. 冷却水　　　　　C. 空气　　　　D. 氮气

368. BB012　反应器为连续进料,发生放热反应时,出现温度升高后立即切断进料,加大换热介质的流量,使反应热(　　)。
　　A. 增加　　　　B. 及时移出　　　　C. 降低　　　　D. 不变

369. BB013　反应器出现超压,而反应温度超出工艺控制指标,必须做(　　)处理。
　　A. 降温　　　　B. 升温　　　　　　C. 保持　　　　D. 平衡

370. BB013　反应器出现超压,可以通过设备的(　　)系统及时调节压力。
　　A. 真空　　　　B. 进料　　　　　　C. 排气　　　　D. 进水

371. BB013　反应器出现超压通常是反应(　　)导致的,所以中止进料,减缓反应速率是降低压力的有效手段。
　　A. 正常　　　　B. 停止　　　　　　C. 中断　　　　D. 异常

372. BB014　出现循环水中断后,车间首先应向(　　)进行汇报情况。
　　A. 调度室　　　B. 主任　　　　　　C. 生产主任　　D. 设备主任

373. BB014　如果出现循环水中断不能马上恢复供应,则可以按(　　)停车处理。
　　A. 正常　　　　B. 长期　　　　　　C. 紧急　　　　D. 短期

374. BB014　循环水中断事故的可能原因不包括(　　)。
　　A. 循环水系统故障跳车　　　　　B. 电源中断
　　C. 电动机或水泵坏　　　　　　　D. 水池水位高

375. BB015　下列情况中,能导致离心泵轴承温度升高的是(　　)。
　　A. 润滑油油位高　　　　　　　　B. 冷却水充足
　　C. 滚动轴承的滚动体卡死　　　　D. 润滑油标号高

376. BB015　下列情况中,不能导致离心泵轴承温度升高的是(　　)。
　　A. 油位低　　　B. 冷却水不足　　　C. 油品质量低下　D. 负荷高

377. BB015　离心泵运行过程中,轴承温度的上限是(　　)。
　　A. 60℃　　　　B. 65℃　　　　　　C. 70℃　　　　D. 75℃

378. BB016　干燥器温度过低,可以提高(　　)的量。
　　A. 氮气　　　　B. 惰性气体　　　　C. 冷却水　　　D. 加热介质

379. BB016 干燥器的加热介质为蒸汽,疏水器出现故障导致干燥器温度过低时,可以打开( )将凝液排出后,检修或更换疏水器。
    A. 导淋阀　　　　B. 进气阀　　　　C. 进料阀　　　　D. 排气阀

380. BB016 干燥器的加热介质为热空气,热空气的温度过低而造成导致干燥器温度过低时,可以( )空气加热器的加热介质的流量。
    A. 降低　　　　　B. 提高　　　　　C. 不变　　　　　D. 保持

381. BB017 蒸汽压力过低是由于蒸汽减压阀导致的,需对蒸汽减压阀进行( )。
    A. 安装　　　　　B. 拆除　　　　　C. 装配　　　　　D. 检修和调试

382. BB017 产汽压力过低,而使蒸汽管网压力低,可提高进水( )来实现。
    A. 流量　　　　　B. 产汽量　　　　C. 温度　　　　　D. 压力

383. BB017 产汽设备液位过高而造成蒸汽( )大,蒸汽压力过低时,可降低液位至控制指标。
    A. 温度　　　　　B. 压力　　　　　C. 含水量　　　　D. 流量

384. BB018 塔釜( )过高,上升的气流量大,精馏塔塔顶压力升高。
    A. 压力　　　　　B. 温度　　　　　C. 进料　　　　　D. 回流

385. BB018 精馏塔塔顶液相( )小,塔顶压力升高。
    A. 压力　　　　　B. 温度　　　　　C. 进料　　　　　D. 回流

386. BB018 精馏塔塔顶( )的冷却水进量小,塔顶压力过高。
    A. 冷凝器　　　　B. 加热器　　　　C. 预热器　　　　D. 再沸器

387. BB019 透平润滑油油箱( )过低,油压降低。
    A. 油位　　　　　B. 温度　　　　　C. 黏度　　　　　D. 湿度

388. BB019 透平的主油泵( )降低,润滑油循环回路的油压降低。
    A. 温度　　　　　B. 压力　　　　　C. 黏度　　　　　D. 扬程

389. BB019 润滑油( )出现堵塞,润滑油循环回路的油压降低。
    A. 加热器　　　　B. 过滤器　　　　C. 预热器　　　　D. 油箱

390. BB020 正运行的离心泵发生机械密封泄漏后,岗位应首先( )。
    A. 停泵　　　　　B. 倒泵　　　　　C. 关闭入口阀　　D. 关闭出口阀

391. BB020 因机械密封泄漏停运的离心泵,交检修前岗位应首先( )。
    A. 低点倒空物料　　　　　　　　　B. 关闭出口阀门
    C. 办理停电手续　　　　　　　　　D. 通知设备管理人员

392. BB020 密封失效的因素不包括( )。
    A. 操作中,因抽空、气蚀、憋压等异常现象,引起较大的轴向力,使动、静环接触面分离
    B. 对安装时机械密封压缩量过大
    C. 动环密封圈过紧
    D. 静环密封圈过紧

393. BB021 蒸汽压力过低时蒸汽管线内有液击声音,可提高蒸汽( )并排出凝液。
    A. 流量　　　　　B. 压力　　　　　C. 流速　　　　　D. 管线长度

394. BB021 产汽设备液位过高而造成蒸汽含水量大,可采取( )液位的方法。
    A. 升高　　　　　B. 保持　　　　　C. 降低　　　　　D. 变化

395. BB021　蒸汽管线送汽时暖管效果不佳存在死角,管线内有液击时,可(　　)处理。
　　A. 排气　　　　　B. 放空　　　　　C. 升温　　　　　D. 低点排凝液

396. BB022　油泵损坏,油泵齿轮的间隙过大,会造成供油量不足,措施是(　　)。
　　A. 检修油泵　　　B. 清理过滤器　　　C. 补充液压油　　　D. 提高油温

397. BB022　可造成压滤机压力不足的原因是(　　)。
　　A. 滤油器堵塞　　　　　　　　　　　B. 滤布损坏
　　C. 丝杠弯曲　　　　　　　　　　　　D. 溢流阀压力调节偏低

398. BB022　板框压滤机压力不足的原因是(　　)。
　　A. 减速机底座松动　　　　　　　　　B. 齿轮跳动
　　C. 电机功率偏小　　　　　　　　　　D. 液压缸未作漏油试验

399. BB023　当进行正常工艺操作时,发现改变调节阀的阀位,而现场调节阀没有动作,采取的措施为(　　)。
　　A. 加大阀门的开度
　　B. 减小阀门的开度
　　C. 自动变为手动操作,工艺走副线操作,同时知仪表维护人员处理
　　D. 直接到现场对调节阀进行检修

400. BB023　调节阀不动作故障现象及原因不包括(　　)。
　　A. 气源未开
　　B. 由于气源含水在冬季结冰,导致风管堵塞或过滤器、减压阀堵塞失灵
　　C. 过滤机故障
　　D. 气源总管泄漏

401. BB023　气源压力不稳定时应调整(　　)。
　　A. 空压站压力　　B. 改进设计　　　C. 调整参数　　　D. 消除干扰

402. BB024　离心泵的安装高度一定要(　　)泵的允许吸上高度,才会避免发生汽蚀。
　　A. 等于　　　　　B. 大于　　　　　C. 小于　　　　　D. 以上都不对

403. BB024　安装离心泵时,应注意选用较大的吸入管径,吸入管的直径不应(　　)泵进口的直径。
　　A. 等于　　　　　B. 大于　　　　　C. 小于　　　　　D. 以上都不对

404. BB024　安装离心泵时,应注意(　　)吸入管路的管件和阀门,缩短管长。
　　A. 增加　　　　　B. 减少　　　　　C. 不变　　　　　D. 添加

405. BB025　报火警电话时,要首先讲清(　　)等要素,以便消防队采用正确的灭火材料和灭火战斗方案。
　　A. 着火部位火势大小
　　B. 燃烧介质
　　C. 报警人姓名
　　D. 着火部位火势大小、燃烧介质、报警人姓名

406. BB025　火灾使人致命的最主要原因是(　　)。
　　A. 被人践踏　　　B. 烧伤　　　　　C. 中毒和窒息　　　D. 高温

407. BB025 如果电器设备发生火灾,首先应( )。
    A. 大声喊叫　　　　　　　　　　　　B. 打报警电话
    C. 寻找合适的灭火器灭火　　　　　　D. 关闭电源开关,关断电源

408. BB026 干粉灭火器应( )进行一次检查。
    A. 每月　　　　B. 每季度　　　　C. 每半年　　　　D. 每一年

409. BB026 下列推车式干粉灭火器的说法不正确的是( )。
    A. 不适用于电气火灾　　　　　　　　B. 移动方便
    C. 操作简单　　　　　　　　　　　　D. 灭火效果好

410. BB026 推车式灭火器使用步骤( )。
    A. 把干粉车拉或推到现场
    B. 右手抓着喷粉枪,左手顺势展开喷粉胶管,直至平直,不能弯折或打圈
    C. 除掉铅封,拔出保险销,左手持喷粉枪管托,右手把持枪把,用手指扣动喷粉开关,对准火焰根部喷射
    D. 其余选项均正确

411. BB027 二氧化碳灭火器应( )进行一次检查。
    A. 每月　　　　B. 每季度　　　　C. 每半年　　　　D. 每一年

412. BB027 扑灭精密仪器等火灾时,一般使用的灭火器( )。
    A. 二氧化碳灭火器　　　　　　　　　B. 泡沫灭火器
    C. 干粉灭火器　　　　　　　　　　　D. 卤代烷灭火器

413. BB027 仪表控制室内宜设置的灭火器为( )。
    A. 卤代烷灭火器　　　　　　　　　　B. 泡沫灭火器
    C. 干粉灭火器　　　　　　　　　　　D. 二氧化碳灭火器

414. BB028 换热器出现( ),传热效果差,必须对换热器进行清洗。
    A. 振动　　　　B. 水击　　　　C. 结垢　　　　D. 膨胀

415. BB028 换热器内冷凝液( ),排放不畅,进行排凝处理。
    A. 增多　　　　B. 减少　　　　C. 不变　　　　D. 流动

416. BB028 换热器内存有不凝气体,传热效果下降,打开( )进行排气操作。
    A. 排水阀　　　B. 进气阀　　　C. 进水阀　　　D. 排气阀

417. BB029 向防护站报警时,要讲清发生中毒事故的( )等,以便防护站人员准备适用的防护器具。
    A. 具体地点
    B. 中毒介质
    C. 中毒人数报警人姓名
    D. 具体地点、中毒介质、中毒人数、报警人姓名

418. BB029 当急性中毒病人出现休克时,应将病人平卧,头部( )。
    A. 稍高　　　　B. 稍低　　　　C. 与身体持平　　　　D. 随意

419. BB029 急性中毒抢救原则包括( )。
    A. 立即中止毒物接触　　　　　　　　B. 清除进入体内已被或尚未被吸收的毒物
    C. 促进已吸收的毒物排出体外　　　　D. 以上都对

420. BB030　离心泵发生抽空现象时,岗位应立即(　　),查找原因。
　　　A. 停泵　　　　　B. 倒泵　　　　　C. 关小入口阀门　　D. 关小出口阀门

421. BB030　离心泵发生抽空现象原因,描写错误的是(　　)。
　　　A. 泵进口管线堵塞　　　　　　　　B. 流程未导通,泵入口阀门没开
　　　C. 入口管线连接大罐液位过高　　　D. 泵叶轮堵塞

422. BB030　离心泵发生抽空现象时,岗位应(　　)。
　　　A. 提高泵入口罐液位和压力　　　　B. 降低泵入口罐液位和压力
　　　C. 提高出口压力　　　　　　　　　D. 提高出口流量

423. BB031　物料管线出现泄漏时,可以根据情况进行(　　)处理。
　　　A. 中和　　　　　B. 酸洗　　　　　C. 堵漏　　　　　D. 碱洗

424. BB031　带有保温的管线出现泄漏时,要将其漏点周围的(　　)去除,以便进行堵漏操作。
　　　A. 管线　　　　　B. 伴热　　　　　C. 机泵　　　　　D. 保温

425. BB031　如果管线泄漏严重,无法进行堵漏操作,可以(　　)管线。
　　　A. 吹扫　　　　　B. 置换　　　　　C. 检修　　　　　D. 更换

426. BB032　电动机如果短时超负荷运行会使电动机转速下降,温度增高。若运行时间过长,将出现超温事故,采取处理方法为(　　)。
　　　A. 继续运行　　　B. 降负荷运行　　C. 换电机　　　　D. 停止运行

427. BB032　电气设备应与通风、正压系统联锁。系统运行中停机时,应先停止(　　),再停止通风设备。
　　　A. 通风设备　　　B. 电气设备　　　C. 联锁　　　　　D. 工艺设备

428. BB032　电气设备运行前必须(　　)。
　　　A. 先通风　　　　B. 后通风　　　　C. 不需通风　　　D. 通风、不通风均可

429. BB033　如果加热蒸汽中断,蒸发器按(　　)停车处理。
　　　A. 长期　　　　　B. 检修　　　　　C. 正常　　　　　D. 紧急

430. BB033　蒸发器中处理的物料黏度大或易结晶,停(　　)后将物料放出或送回原储罐。
　　　A. 冷却水　　　　B. 空气　　　　　C. 蒸汽　　　　　D. 氮气

431. BB033　装置 1.0MPa 和 3.5MPa 同时中断的处理方法,下列哪项正确(　　)。
　　　A. 降量维持操作　　　　　　　　　B. 装置紧急停工
　　　C. 停进出物料,装置改全回流操作　D. 正常操作无影响

432. BB034　结晶器出料口发生堵塞后,立即(　　)放料操作。
　　　A. 继续　　　　　B. 重新　　　　　C. 开始　　　　　D. 停止

433. BB034　处理结晶器出料口发生堵塞,应根据其物料的(　　),佩戴好相应的防护用品,到现场处理。
　　　A. 性质　　　　　B. 熔点　　　　　C. 结晶　　　　　D. 溶解

434. BB034　结晶器出料口发生堵塞,可从放料管线通入蒸汽加热熔化结块的物料,根据物料的(　　)选择蒸汽的种类。
　　　A. 沸点　　　　　B. 熔点　　　　　C. 汽化温度　　　D. 过热温度

435. BB035 在狭小的地方使用二氧化碳灭火器容易造成( )事故。
　　A. 中毒　　　　　　B. 缺氧　　　　　　C. 爆炸　　　　　　D. 着火
436. BB035 二氧化碳灭火剂不适用扑灭( )。
　　A. 设备　　　　　　B. 电气　　　　　　C. 精密仪器　　　　D. 钾、钠、镁
437. BB035 使用二氧化碳灭火器时,人应站在( )。
　　A. 上风位　　　　　B. 下风位　　　　　C. 无一定位置　　　D. 侧风位
438. BB036 对企业发生的事故,坚持以( )原则进行处理。
　　A. 预防为主　　　　B. 四不放过　　　　C. 五同时　　　　　D. 安全第一
439. BB036 下列选项中不属于班组安全活动的内容是( )。
　　A. 对外来施工人员进行安全教育
　　B. 学习安全文件、安全通报
　　C. 安全讲座、分析典型事故,吸取事故教训
　　D. 开展安全技术座谈、消防、气防实地救护训练
440. BB036 HSE 管理体系规定,事故的报告、( )、事故的调查、责任划分、处理等程序应按国家的有关规定执行。
　　A. 事故的分类　　　B. 事故的等级　　　C. 损失计算　　　　D. 其余选项均是
441. BC001 在工艺流程图上,流程线应画成水平或垂直,转弯处画成( )。
　　A. 斜线　　　　　　B. 直角　　　　　　C. 圆弧　　　　　　D. 折线
442. BC001 在工艺流程图中,主要物料的流程线用( )表示。
　　A. 粗实线　　　　　B. 中实线　　　　　C. 细实线　　　　　D. 虚线
443. BC001 在工艺流程图中,除主要物料外的其他物料的流程线用( )表示。
　　A. 粗实线　　　　　B. 中实线　　　　　C. 细实线　　　　　D. 虚线
444. BC002 在工艺流程图中,设备位号 P-301 表示的是一台( )。
　　A. 塔　　　　　　　B. 反应器　　　　　C. 泵　　　　　　　D. 压缩机
445. BC002 在工艺流程图中,设备位号 E-206 表示的是一台( )。
　　A. 压缩机　　　　　B. 容器　　　　　　C. 工业炉　　　　　D. 换热器
446. BC002 在工艺流程图中,设备位号 V-006 表示的是一台( )。
　　A. 储罐　　　　　　B. 冷却器　　　　　C. 干燥器　　　　　D. 空压机
447. BC003 在工艺流程图上,符号"——H"表示的是( )。
　　A. 管端盲管　　　　B. 管端法兰　　　　C. 管帽　　　　　　D. 盲板
448. BC003 工艺流程图上,符号"—⋈—"表示的是( )。
　　A. 止回阀　　　　　B. 球阀　　　　　　C. 截止阀　　　　　D. 放空管
449. BC003 ⚲ 在流程图中箭头朝上表示( )阀。
　　A. 气开　　　　　　B. 气关　　　　　　C. 三通　　　　　　D. 单向
450. BC004 在带控制点的工艺流程图中,流量记录报警仪表用( )与阿拉伯数字表示。
　　A. FIA　　　　　　B. FIC　　　　　　 C. FRA　　　　　　D. FRC
451. BC004 在带控制点的工艺流程图中,温度指示控制仪表用( )与阿拉伯数字表示。
　　A. TI　　　　　　　B. TIC　　　　　　 C. TIA　　　　　　 D. TIS

452. BC004　在带控制点的工艺流程图中,压力指示报警仪表用(　　)与阿拉伯数字表示。
　　A. PI　　　　　　B. PIC　　　　　　C. PRA　　　　　　D. PIA

453. BC005　当1mol有机物的质量配制成1L溶液后,其摩尔浓度为(　　)。
　　A. 1mol/L　　　　B. 2mol/L　　　　C. 3mol/L　　　　D. 4mol/L

454. BC005　1摩尔任何物质,所包含的(　　)是相等的。
　　A. 微粒数　　　　B. 质量　　　　　C. 重量　　　　　D. 体积

455. BC005　1mol NaOH为(　　)。(原子量 H=1,O=16,Na=23)
　　A. 60g　　　　　B. 50g　　　　　C. 40g　　　　　D. 30g

456. BC006　人们规定温度为273.15K和(　　)时的状况为标准状况。
　　A. 压强为$1kg/cm^2$　　　　　　　B. 压强为101.3kPa
　　C. 压强为$1mH_2O$　　　　　　　 D. 压强为$760mmH_2O$

457. BC006　1MPa相当于(　　)。
　　A. $1kgf/cm^2$　　B. $2kgf/cm^2$　　C. $5kgf/cm^2$　　D. $10kgf/cm^2$

458. BC006　在1标准大气压下,水的沸点是100℃,那么在1.2标准大气压下,水的沸点是(　　)。
　　A. 100℃　　　　B. 大于100℃　　　C. 小于100℃　　　D. 120℃

459. BC007　273开尔文换算成热力学温度为(　　)。
　　A. 0℃　　　　　B. 10℃　　　　　C. 20℃　　　　　D. 30℃

460. BC007　480开尔文换算成热力学温度为(　　)。
　　A. 150℃　　　　B. 200℃　　　　C. 207℃　　　　D. 210℃

461. BC007　480℃换算成热力学温度为(　　)。
　　A. 480K　　　　B. 503K　　　　C. 753K　　　　D. 750K

462. BC008　在标准状况下,1mol任何气体所占的体积都约为(　　)。
　　A. $1m^3$　　　　B. 1L　　　　　C. 22.4L　　　　D. $22.4m^3$

463. BC008　1L=(　　)。
　　A. $1dm^3$　　　B. $10dm^3$　　　C. $100dm^3$　　　D. $1000dm^3$

464. BC008　1L=(　　)。
　　A. 1000mL　　　B. 100mL　　　　C. 10mL　　　　D. 1mL

465. BC009　欲用$10kgNaHCO_3$配制10%的$NaHCO_3$溶液,则需要水(　　)。
　　A. 95kg　　　　B. 105kg　　　　C. 90kg　　　　D. 100kg

466. BC009　欲配制25%的氢氧化钠溶液160g,需要用氢氧化钠(　　)。
　　A. 10g　　　　　B. 20g　　　　　C. 30g　　　　　D. 40g

467. BC009　120kg=(　　)。
　　A. 0.012t　　　　B. 0.12t　　　　C. 1.2t　　　　D. 12t

468. BD001　下列物质属于有机物范畴的为(　　)。
　　A. 苯　　　　　B. 二氧化碳　　　C. 硫酸　　　　D. 氢氧化钠

469. BD001　下列含碳化合物属于有机物范畴的是(　　)。
　　A. CH_4　　　　B. Na_2CO_3　　　C. CO_2　　　　D. $NaHCO_3$

470. BD001 有机物的种类繁多,其重要原因之一是( )。
    A. 含有碳元素   B. 同分异构现象   C. 碳为4价   D. 碳链长

471. BD002 化工生产的的特点为( )。
    A. 工艺简单易操作   B. 危险性小   C. 无毒无害   D. 易燃易爆

472. BD002 化工生产是通过一定的( )来实现。
    A. 反应   B. 工艺流程   C. 单元操作   D. 控制

473. BD002 化工生产过程贯穿着两种转换,物质转换和( )转换。
    A. 机械   B. 电力   C. 能量   D. 化学

474. BD003 为确保各水冷却器内充满水,装置引入循环水时应( )。
    A. 全开水冷却器的进出口阀门
    B. 先打开水冷却器的出口阀门进行排气,然后再打开其进口阀门
    C. 先打开水冷却器的进口阀门进行排气,然后再打开其出口阀门
    D. 没有具体要求,可以根据需要随时打开水冷却器的进出口阀门

475. BD003 循环水系统中最常见的并能造成危害的微生物大致分为细菌、真菌和( )。
    A. 藻类   B. 硫酸还原菌   C. 黏泥   D. 病毒

476. BD003 循环冷却水水质在使用过程中应保证( )。
    A. 无真菌   B. 无溶解杂质
    C. 无藻类   D. 以上三种物质控制达到要求

477. BD004 仪表空气使用前需进行( )处理。
    A. 化学   B. 中和   C. 干燥   D. 水洗

478. BD004 仪表空气干燥的目的是( )。
    A. 净化   B. 除尘   C. 除去水分   D. 增加流速

479. BD004 仪表空气的露点一定要低于( )。
    A. 常温   B. 环境温度   C. 工作温度   D. 环境最低温度

480. BD005 相同压力下,过热蒸气的温度比的饱和蒸气( )。
    A. 高   B. 低   C. 相同   D. 其他答案都不对

481. BD005 通常所说蒸气的压力等级是根据产汽的( )大小划分的。
    A. 温度   B. 管束   C. 压力   D. 流量

482. BD005 蒸汽水压力等级的升高,其温度( )。
    A. 不变   B. 相同   C. 降低   D. 升高

483. BD006 氮气置换合格后设备内的气体排放,应排入( )。
    A. 主火炬系统   B. 排放气火炬系统
    C. 排入大气   D. 主火炬或排放气火炬均可

484. BD006 易燃、易爆物质在投料前的设备应使用( )进行置换。
    A. 二氧化碳   B. 氮气   C. 氧气   D. 空气

485. BD006 由于氮气的( )性质比较稳定,氮气置换可以防止物料发生爆炸的危险。
    A. 物理   B. 化学   C. 溶解   D. 置换

486. BD007 临时线路装设使用期限为( )。
    A. 1个月   B. 2个月   C. 3个月   D. 4个月

487. BD007　电气灾害的主要形式(　　)。
　　A. 火灾和爆炸　　B. 漏电　　C. 设备故障　　D. 接触不良

488. BD007　设备送电应按要求办理(　　)。
　　A. 送电票　　B. 接线　　C. 停电　　D. 断电

489. BD008　氧化反应是物质与(　　)化合的单元反应。
　　A. 氧气　　B. 氧化剂　　C. 水　　D. 硫酸

490. BD008　氧化反应通常使用(　　),加快反应速度。
　　A. 助滤剂　　B. 水处理剂　　C. 催化剂　　D. 助剂

491. BD008　通常情况下,氧化反应为(　　)反应,为确保反应的正常进行反应热需要不断移出。
　　A. 吸热　　B. 放热　　C. 水解　　D. 加成

492. BD009　在相同的状态下,氮气比空气相比较,其密度(　　)。
　　A. 小　　B. 大　　C. 一样　　D. 其他答案都不对

493. BD009　吸入高浓度氮气可引起人(　　)。
　　A. 窒息　　B. 昏迷　　C. 头晕　　D. 其他答案都不对

494. BD009　氮气的化学性质比较(　　),工业上通常为保护物料给储罐加氮封。
　　A. 活泼　　B. 易溶解　　C. 稳定　　D. 易氧化

495. BD010　一般情况下,用(　　)吹扫有机物料管线。
　　A. 仪表空气　　B. 氮气　　C. 压缩空气　　D. 苯

496. BD010　吹扫有机物料管线以下说法正确的是(　　)。
　　A. 不可以直接吹扫流量计
　　B. 吹扫前应先用水冲洗管线
　　C. 用压缩空气吹扫有机物料管线
　　D. 管线内物料可直接吹扫至地面

497. BD010　在吹扫有机物料的管线时,要集中(　　)。
　　A. 用水　　B. 用气　　C. 用处理液　　D. 洗液

498. BD011　为防止出现漏电引起的触电事故,电气设备应安装(　　)。
　　A. 绝缘　　B. 漏电保护器　　C. 障碍　　D. 以上都不对

499. BD011　对地电压为(　　)以上为高压电。
　　A. 380V　　B. 360V　　C. 250V　　D. 180V

500. BD011　对地电压为(　　)以下为低压电。
　　A. 380V　　B. 360V　　C. 250V　　D. 180V

501. BD012　化工装置用来消除静电危害的主要方法为(　　)。
　　A. 泄漏法　　B. 中和法　　C. 接地法　　D. 释放法

502. BD012　在化工生产中,高压气体的喷射可以产生(　　),从而导致火灾爆炸事故。
　　A. 静电　　B. 流动　　C. 输送　　D. 压强

503. BD012　在有汽油、苯、氢气等易燃物质的场所,要特别注意防止(　　)。
　　A. 中和　　B. 稀释　　C. 静电危害　　D. 还原

504. BD013　对于固定床反应器,进料前需将催化剂的温度控制至(　　)。
　　A. 反应温度　　B. 活化温度　　C. 进料温度　　D. 脱膜温度

505. BD013　固定床催化剂装填完毕必须对催化剂进行(　　),才可使用。
　　A. 催化处理　　B. 升温处理　　C. 降温处理　　D. 活化处理
506. BD013　对于固定床反应器,催化剂装填结束,催化剂床层内的(　　)必须接线测试。
　　A. 压力　　B. 温度　　C. 测温点　　D. 压差
507. BD014　在化工生产中,采用板式过滤机操作时一般情况为两台以上(　　)。
　　A. 交替操作　　B. 同时操作
　　C. 交替或同时操作　　D. 连续操作
508. BD014　过滤机可根据物料的性质,增加过滤效果在进料前先进行(　　)的预涂。
　　A. 洗液　　B. 滤液　　C. 水　　D. 助滤剂
509. BD014　带式过滤机要想达到最佳的过滤效果必须保证(　　)运行正常。
　　A. 真空　　B. 出料　　C. 排液　　D. 进料
510. BD015　减少塔顶换热器的冷却介质量,可以使精馏塔塔顶液相(　　)降低。
　　A. 回流量　　B. 塔釜温度　　C. 塔釜液位　　D. 塔的压差
511. BD015　在精馏操作中,通过塔顶换热器向塔内提供(　　)。
　　A. 蒸气　　B. 冷却水　　C. 下降的回流液体　　D. 重组分
512. BD015　一般精馏塔的塔顶换热器为(　　)。
　　A. 加热器　　B. 冷却器　　C. 过热器　　D. 预热器
513. BD016　化工生产中,欲降低精馏塔塔釜温度,一般应当减少塔底换热器的(　　)。
　　A. 入料量　　B. 塔釜液位　　C. 塔顶气相温度　　D. 加热介质量
514. BD016　在精馏操作中,通过塔底换热器向塔内提供(　　)。
　　A. 上升的蒸气　　B. 冷却水　　C. 下降的回流液体　　D. 产品
515. BD016　精馏塔的塔釜温度升高则塔顶产品中(　　)含量增加。
　　A. 轻组分　　B. 最易挥发组分　　C. 最难挥发组分　　D. 重组分
516. BD017　在化工生产中,需要将不互溶的液体混合,将采取的操作是(　　)。
　　A. 萃取　　B. 搅拌　　C. 吸收　　D. 精馏
517. BD017　为促进液体与容器壁之间的传热并防止局部过热,设备需要添加(　　)。
　　A. 填料　　B. 挡板　　C. 搅拌器　　D. 叶轮
518. BD017　工业上将固体碱配制各种浓度的液碱溶液,通常使用带有搅拌的设备以达到混合(　　)。
　　A. 均匀　　B. 分层　　C. 溶解　　D. 溶化
519. BD018　为达良好的反应效果,反应器需设(　　)确保进料稳定。
　　A. 过滤器　　B. 旁路阀　　C. 混合器　　D. 进料缓冲罐
520. BD018　为防止原料突然中断的缓冲罐的位置应设在进料泵(　　)。
　　A. 之下　　B. 之上　　C. 之后　　D. 之前
521. BD018　缓冲罐主要用于各种系统中缓冲系统的(　　),使系统工作更平稳。
　　A. 压力波动　　B. 温度波动　　C. 液位波动　　D. 以上全是
522. BD019　容器为空容器、空罐加料(液体)时,其搅拌器(　　)。
　　A. 慢慢转动　　B. 启动　　C. 快速转动　　D. 不启动

523. BD019　当液体物料超过设备底层桨叶时可以启动(　　)。
　　A. 离心泵　　　　B. 电动机　　　　C. 搅拌器　　　　D. 传动器

524. BD019　搅拌器一定要控制好搅拌(　　),才能达到良好的搅拌效果。
　　A. 时间　　　　　B. 状态　　　　　C. 速度　　　　　D. 效率

525. BD020　离心泵启动时,应检查泵的轴承温度不得大于(　　)。
　　A. 60℃　　　　　B. 65℃　　　　　C. 70℃　　　　　D. 75℃

526. BD020　离心泵开车前,关闭出口阀门的目的是(　　)。
　　A. 防止离心泵超负荷
　　B. 防止电动机长时间超电流而跳电或者损坏电动机
　　C. 离心泵出口泄漏时能及时停车,避免发生严重泄漏
　　D. 防止离心泵启动时因过大的流量而产生气蚀

527. BD020　离心泵开车前进行盘车的目的是(　　)。
　　A. 防止轴弯曲
　　B. 防止机械密封泄漏
　　C. 检查机体内有无杂质、碰撞、卡涩等现象
　　D. 防止离心泵在启动前受热不均

528. BD021　可燃物开始着火所需的最低温度,叫作(　　)。
　　A. 闪点　　　　　B. 燃点　　　　　C. 自燃点　　　　D. 报燃点

529. BD021　蒸汽加热器的升温速率一般不大于(　　),防止因升温不均匀出现泄漏。
　　A. 20℃/h　　　　B. 30℃/h　　　　C. 40℃/h　　　　D. 50℃/h

530. BD021　换热器投用时,对设备进行排气的目的是(　　)。
　　A. 防止换热器内有空气的存在而产生液击水
　　B. 防止换热器内有空气存在,减少换热器的传热面积,并防止形成水锤
　　C. 防止换热器内有空气存在,减少换热器的传热面积,并防止形成气阻
　　D. 防止换热器内有空气存在形成气阻

531. BD022　流化床干燥器通常使用风机将加热的(　　)送入干燥器内,与湿物料接触后,水分被蒸发。
　　A. 空气　　　　　B. 水蒸气　　　　C. 物料　　　　　D. 废气

532. BD023　固定床反应器一般升温前需向反应器内装填(　　),以此实现反应器的升温。
　　A. 氮气　　　　　B. 催化剂　　　　C. 加热介质　　　D. 导热油

533. BD023　反应器升温就是使物料达到(　　)温度,使反应进行。
　　A. 吸收　　　　　B. 蒸馏　　　　　C. 反应　　　　　D. 结晶

534. BD023　在反应器开工初期,由于催化剂活性较高,反应器温度(　　)。
　　A. 控制稍低　　　B. 控制稍高　　　C. 无法判断　　　D. 快速提高

535. BD024　切换离心泵时首先要(　　)。
　　A. 关闭运行泵的出口阀　　　　　　B. 对备用泵进行运行前检查
　　C. 关闭运行泵电源　　　　　　　　D. 关闭运行泵的进口阀

536. BD024 运行泵停泵时首先要（　　）。
　　A. 缓慢关闭泵的出口阀　　　　B. 缓慢关闭泵的进口阀
　　C. 关电源,停电动机　　　　　　D. 开导淋阀

537. BD024 泵在切换时如果泵体内未充满液体,则会发生（　　）。
　　A. 停泵　　　B. 停电　　　C. 气蚀　　　D. 气缚

538. BD025 储罐切换时的正确方法（　　）。
　　A. 先打开备用罐进出物料阀门,再关闭原储罐进出物料阀门
　　B. 先打开原储罐进出物料阀门,再关备用罐进出物料阀门
　　C. 两者同时进行
　　D. 没有先后顺序

539. BD025 对储罐实施切换前要检查备用罐的（　　）,是否满足生产操作要求。
　　A. 材质　　　B. 规格　　　C. 液位　　　D. 阀门

540. BD025 对易结晶的物料,储罐切换前需向出料管线送（　　）,以免造成管线堵塞。
　　A. 惰性气体　　B. 氮气　　　C. 空气　　　D. 伴热

541. BD026 备用泵经检查符合启动条件后,方可进行（　　）。
　　A. 停用　　　B. 停料　　　C. 关阀　　　D. 切换

542. BD026 备用泵的输送介质结晶点较低时,启动前将泵（　　）,待手动盘车自如后方能启动。
　　A. 降温　　　B. 盘车　　　C. 预热　　　D. 送电

543. BD026 备用泵启动后应进行的检查工作有（　　）。
　　A. 检查电压、电流等参数变化是否符合要求
　　B. 检查机泵声音及震动是否正常
　　C. 检查润滑油系统是否正常
　　D. 其他三项均是

544. BD027 在进行清理过滤器操作时应首先（　　）。
　　A. 倒开备用过滤器或机泵　　　B. 关闭需清理过滤器出入口阀门
　　C. 打开泄压阀泄压　　　　　　D. 打开卸料阀卸料

545. BD027 高温介质泵在清理过滤器时,过滤器应首先进行（　　）。
　　A. 卸料　　　B. 泄压　　　C. 降温　　　D. 以上都对

546. BD027 清理离心泵过滤器时,卸除物料应（　　）。
　　A. 直接排入地沟　B. 尽可能回收　C. 用水稀释　D. 保留在过滤器内

547. BD028 反应控制不好,出现超温,将会导致反应器（　　）。
　　A. 降温　　　B. 降压　　　C. 超压　　　D. 反应停止

548. BD028 反应器超压达到排放指标时,安装在反应器上的防爆安全装置就进行（　　）。
　　A. 降温　　　B. 保温　　　C. 加压　　　D. 泄压

549. BD028 为防止反应器发生超压现象而造成不良的后果,反应器设有防爆（　　）或排放系统。
　　A. 放料　　　B. 进料　　　C. 真空　　　D. 安全装置

550. BD029　调节阀接收的信号为( )所发出的控制信号,改变调节参数,把被调参数控制在所要求的范围内。
　　　A. 变送器　　　　　B. 人的操作　　　　C. 调节器　　　　　D. 执行机构
551. BD029　调节阀的作用是在调节系统中,把所控制的流量( )。
　　　A. 控制在最大　　　　　　　　　　　B. 控制在最小
　　　C. 不变　　　　　　　　　　　　　　D. 控制在所要求的范围内
552. BD029　罐区内设备和进出料管线的伴热系统应作为一项重要巡检内容,检查( )是否好用。
　　　A. 压力表　　　　　B. 疏水器　　　　　C. 阀门　　　　　　D. 温度计
553. BD030　为物料储罐加设氮封的目的就是防止物料与空气接触发生( )。
　　　A. 氧化反应　　　　B. 还原反应　　　　C. 分解反应　　　　D. 硝化反应
554. BD030　透平系统在长期停车期间需进行( )保护,避免生锈。
　　　A. 机械　　　　　　B. 技术　　　　　　C. 施工　　　　　　D. 氮封
555. BD030　属于机泵巡检内容的是( )。
　　　A. 设备检修　　　　B. 泵出口压力　　　C. 介质温度　　　　D. 介质黏度
556. BD031　反应尾气中含有多种较难分离的气体烃类物质,采取的最有效的处理方法为( )。
　　　A. 溶解　　　　　　B. 吸收　　　　　　C. 燃烧　　　　　　D. 分解
557. BD031　利用反应尾气中不同的组分,在同一液体中的溶解度的不同,使气体得到分离净化。这种处理方法称为( )。
　　　A. 溶解　　　　　　B. 吸收　　　　　　C. 吸附　　　　　　D. 交换
558. BD031　燃烧净化法即是对含有可燃有害组分的混合气体进行( )或高温分解,从而使有害组分转化为无害物质。
　　　A. 水解　　　　　　B. 还原　　　　　　C. 氧化燃烧　　　　D. 吸附
559. BD032　再沸器为精馏提供塔底的( )回流。
　　　A. 液相　　　　　　B. 气相　　　　　　C. 进料　　　　　　D. 反应
560. BD032　再沸器使用蒸汽加热时,必须不断排除( ),否则冷凝水积存于换热器内加热就不能进行。
　　　A. 冷凝水　　　　　B. 蒸汽　　　　　　C. 介质　　　　　　D. 冷却剂
561. BD032　在物料流量一定的情况下,将再沸器的物料出口温度升高,可以将加热介质的流量( )。
　　　A. 下降　　　　　　B. 不变　　　　　　C. 减少　　　　　　D. 增加
562. BD033　两台离心泵串联使用,可以提高( )。
　　　A. 流量　　　　　　B. 流速　　　　　　C. 扬程　　　　　　D. 压力
563. BD033　两台离心泵并联使用,可以提高( )。
　　　A. 流量　　　　　　B. 流速　　　　　　C. 扬程　　　　　　D. 压力
564. BD033　离心泵运行中使用变速装置,可以改变叶轮的( ),方便地实现流量的调节。
　　　A. 流量　　　　　　B. 转速　　　　　　C. 扬程　　　　　　D. 压力

565. BD034 换热器正常操作时需要将加热介质进出口( )控制在正常范围之内。
　　A. 温差　　　　　B. 流速　　　　　C. 蒸汽　　　　　D. 凝液

566. BD034 换热器经过一定的生产周期使用后,必须进行检查和维修,才能保证其( )。
　　A. 换热面积　　　B. 换热效率　　　C. 换热介质　　　D. 加热介质

567. BD034 换热器使用蒸汽加热时,必须不断排除( ),否则换热器无法进行换热。
　　A. 冷凝水　　　　B. 蒸汽　　　　　C. 介质　　　　　D. 冷却剂

568. BD035 对于弹性式压力表,在测量稳定压力时,量程选择为最大压力值不应超过满量程的( )。
　　A. 1/4　　　　　　B. 2/4　　　　　　C. 3/4　　　　　　D. 4/4

569. BD035 我们现场用的压力表选择精度为( )。
　　A. 0.1级　　　　B. 0.2级　　　　C. 2.5级　　　　D. 5.0级

570. BD035 我们对现场指针式压力表进行读数时,视线应( )。
　　A. 水平　　　　　B. 垂直　　　　　C. 同压力表的刻度平视　能看清即可

571. BD036 在压力未泄尽排空前,带压设备不得( )。
　　A. 移动　　　　　B. 拆动　　　　　C. 运输　　　　　D. 动火

572. BD036 装置长期停车时,凝液系统应( )。
　　A. 保留存水　　　　　　　　　　　B. 管线充满水
　　C. 泵体充满水　　　　　　　　　　D. 打开底部导淋放净存水

573. BD036 生产装置精馏系统长期停车时,塔内无法正常生产的剩余物料应该( )。
　　A. 存放在所在设备里　　　　　　　B. 包装产品
　　C. 在系统里循环　　　　　　　　　D. 排放妥善处理

574. BD037 管线内径置换和吹扫无法清除的沉积物,要采取( )的方法。
　　A. 人工处理　　　B. 清理　　　　　C. 清洗　　　　　D. 清掏

575. BD037 为防冻防凝,原料输送线应该( )。
　　A. 关闭罐入口阀　　　　　　　　　B. 开导淋排净管线内物料
　　C. 收料完毕后及时吹扫管线　　　　D. 微开阀门连续进料

576. BD037 生产装置停车后,有机物料系统吹扫应使用( )。
　　A. 压缩风　　　　B. 氮气　　　　　C. 仪表风　　　　D. 蒸汽

577. BD038 清洗置换后的设备和工艺系统,必须经检验合格,以保证( )要求。
　　A. 安全　　　　　B. 工艺　　　　　C. 设备　　　　　D. 检验

578. BD038 停车后的设备置换清洗进行前需制定( )、绘制置换流程图。
　　A. 开车方案　　　B. 停车方案　　　C. 置换方案　　　D. 检修方案

579. BD038 停车后设备或管路的置换一定要彻底,置换后必须经分析( ),才能作业。
　　A. 取样　　　　　B. 气体　　　　　C. 合格　　　　　D. 惰性气体

580. BD039 固体废物可以运送至指定的( ),进行堆埋处理。
　　A. 堆埋场　　　　B. 堆放地点　　　C. 容器　　　　　D. 设备

581. BD039 目前对于危险废固处理的方法很多,( )就是其中的一种。
　　A. 蒸发　　　　　B. 吸收　　　　　C. 吸附　　　　　D. 化学法

582. BD039　停车后产出的固体废物可通过(　　)方法,将有害物质转化成无害物质。
　　A. 酸碱中和　　　B. 氧化还原　　　C. 其余选项均是　　　D. 安全土地填埋

583. BD040　扑灭可燃固体、可燃液体、可燃气体以及带电设备的初期火灾时,一般使用的灭火器为(　　)。
　　A. 二氧化碳灭火器　　　　　　　　B. 泡沫灭火器
　　C. 干粉灭火器　　　　　　　　　　D. 卤代烷灭火器

584. BD040　干粉灭火器使用时应选择在站在(　　)方向向火焰根部喷射。
　　A. 上风　　　　B. 下风　　　　C. 距离火源近　　　D. 距离火源远

585. BD040　下列关于与干粉灭火器使用方法描述中,错误的是(　　)。
　　A. 干粉灭火器最常用的开启方法为压把法
　　B. 将灭火器提到距火源适当位置后,先上下颠倒几次,使筒内的干粉松动,然后让喷嘴对准燃烧最猛烈处,拔去保险销,压下压把,灭火剂便会喷出
　　C. 如在室外,应选择在下风方向喷射
　　D. 开启干粉灭火器时,左手握住其中部,将喷嘴对准火焰根部,右手拔掉保险卡,旋转开启旋钮

586. BD041　进入设备作业分析合格后,如超过(　　)才作业,必须再次进行化验分析。
　　A. 0.5h　　　B. 1h　　　C. 2h　　　D. 4h

587. BD041　取样与动火的间隔期应尽量缩短,最长不准超过(　　)。
　　A. 10min　　　B. 20min　　　C. 30min　　　D. 40min

588. BD041　动火分析时,一般应(　　)至动火结束。
　　A. 留样　　　B. 取样　　　C. 检测　　　D. 测试

589. BD042　带压设备停车后要进行(　　),此项操作应缓慢进行,直至压力泄尽排空。
　　A. 加压　　　B. 泄压　　　C. 施压　　　D. 给压

590. BD042　传动设备(　　)电源,并在启动开关处挂上"禁止合闸"的标志或派专人看管。
　　A. 接通　　　B. 打开　　　C. 切断　　　D. 启动

591. BD042　停泵时首先缓慢关闭离心泵的(　　)。
　　A. 进口阀　　　B. 出口阀　　　C. 旁路阀　　　D. 排气阀

592. BD043　对于反应单元,紧急停车时需迅速切断(　　)的进料。
　　A. 预热器　　　B. 加热器　　　C. 再沸器　　　D. 冷却器

593. BD043　装置紧急停车过程中,(　　)设备最容易受到损害,所以在停车时一定要注意保护。
　　A. 催化剂　　　B. 反应器　　　C. 进料　　　D. 反应产物

594. BD043　出现公用工程停供,装置可以按(　　)处理。
　　A. 正常停车　　　B. 检修停车　　　C. 紧急停车　　　D. 长期停车

595. BD044　设备的管线隔离采用抽堵盲板时,一般盲板应当用(　　)制作。
　　A. 石棉板　　　B. 铁皮　　　C. 钢板　　　D. 油毡纸

596. BD044 装置停车后,设备管线隔离采用抽堵盲板时,盲板厚度一般应(　　)管壁厚度。

　　A. 大于　　　　　　B. 大于等于　　　　　C. 小于等于　　　　D. 小于

597. BD044 苯酐装置停车后,设备管线隔离采用抽堵盲板时,加盲板的位置应在有物料来源的阀门(　　)法兰处。

　　A. 任一　　　　　　B. 中部　　　　　　　C. 前部　　　　　　D. 后部

二、判断题(对的画"√",错的画"×")

(　) 1. AA001　同一物体在地球上和月球上的质量是不相同的。

(　) 2. AA002　参加化学反应的各物质的质量总和等于反应后生成的各物质的质量总和。

(　) 3. AA003　体积的国际单位是立方米。

(　) 4. AA004　使用摩尔时,基本单元可以是分子、原子、离子、电子及其他粒子,或这些粒子的特定组合体。

(　) 5. AA005　在标准状况下,1mol 理想气体所占的体积都是 22.4mL。

(　) 6. AA006　单位体积内所含物质的质量称为密度。

(　) 7. AA007　一杯水平均分为两杯后,每一杯的质量、体积和密度都变为原来的一半。

(　) 8. AA008　相对密度过去称为比重。

(　) 9. AA009　气体密度都可近似地按理想气体状态方程来计算。

(　) 10. AA010　温度越高,物质的热量就越大。

(　) 11. AA011　化学反应过程中不管放出还是吸收的热量,都属于反应热。

(　) 12. AA012　元素的化合价是原子参加反应时,失去或得到的电子数。

(　) 13. AA013　书写化学方程式要遵守两个原则:一是必须以客观事实为基础;二是要遵守质量守恒定律。

(　) 14. AA014　溶解过程是吸热过程。

(　) 15. AA015　气液两相平衡时,液面上方蒸气产生的压力称为液体的饱和蒸气压。

(　) 16. AA016　在某温度下,能再继续溶解某物质的溶液叫做该溶质的饱和溶液。

(　) 17. AA017　电解质全部电离时生成的阴离子全部是氢氧根离子的化合物叫作碱。

(　) 18. AA018　元素化合价升高的过程叫做还原。

(　) 19. AA019　氢氧化钠是白色固体,暴露在空气中不易潮解。

(　) 20. AA020　pH=1,则氢离子浓度为 1mol/L。

(　) 21. AA021　溶质和溶剂是相对而言的。

(　) 22. AA022　无论酸还是碱,溶液中都不可能同时存在 H^+ 和 OH^-。

(　) 23. AA023　浓硫酸具有强烈的吸水性、脱水性、氧化性和腐蚀性。

(　) 24. AA024　纯的硝酸为无色、易挥发、无刺激性气味的液体,能与水以任意比比例混合。

(　) 25. AA025　硬水中含有钙、镁离子,而软水中则没有。

(　) 26. AA026　狭义上的有机化合物主要是由碳元素、氢元素组成,是一定含碳的化合物,但是不包括碳的氧化物(一氧化碳、二氧化碳)、碳酸、碳酸盐、氰化物、硫氰化物、氰酸盐、金属碳化物、部分简单含碳化合物(如 SiC)等物质。

(　　)27. AA027　脂肪烃化合物没有苯环结构。
(　　)28. AA028　乙炔在常温常压下是气体(　　)。
(　　)29. AA029　丙烯跟溴化氢起加成反应时,1-溴丙烷是主要产物。
(　　)30. AA030　芳香烃一般是具有芳香性的化合物。
(　　)31. AA031　天然气是一种重要的化工原料,它是主要成分为氢气的混合物。
(　　)32. AB001　晴天和阴天同一地区的大气压强是相等的。
(　　)33. AB002　表压等于大气压强加上绝对压强。
(　　)34. AB003　在化工吸收过程中溶剂应选择易挥发、化学性质活泼的。
(　　)35. AB004　固体流态化是一种使固体颗粒通过与流体接触而转变成类似流体状态的操作。
(　　)36. AB005　旋风分离器是利用离心力的作用,将固体颗粒从气体中分离出来的设备。
(　　)37. AB006　过滤操作包括过滤,洗涤,去湿及卸料四个阶段。
(　　)38. AB007　热量传递是一种复杂现象(　　)。
(　　)39. AB008　只要有一定的温度,任何物体之间均能发生传热现象。
(　　)40. AB009　在化工生产中,流体在冷凝器中的冷凝,绝大部分属于膜状冷凝。
(　　)41. AB010　摩尔分数的 SI 单位为 1,即没有单位。
(　　)42. AB011　化工中,将不饱和空气等湿冷却到饱和状态时的温度称为露点。
(　　)43. AB012　沸点是液体沸腾时候的温度,也就是液体的饱和蒸气压与外界压强相等时的温度。
(　　)44. AB013　精馏是利用混合物中各组分挥发度不同而将各组分加以分离的一种分离过程,常用的设备有板式精馏塔和填料精馏塔。
(　　)45. AB014　提高压缩机的气缸容积系数,实际就是提高压缩机的生产能力。
(　　)46. AB015　利用雷诺数可区分流体的流动是层流或湍流,也可用来确定物体在流体中流动所受到的阻力。
(　　)47. AB016　蒸发操作一般都是在溶液的沸点以上进行的。
(　　)48. AB017　能量衡算的主要依据是能量守恒定律。
(　　)49. AB018　黏度是物质的一种物理化学性质,定义为一对平行板,面积为 A,相距 dr,板间充以某液体;今对上板施加一推力 F,使其产生一速度变化度所需的力。
(　　)50. AB019　质量流量是单位时间内通过导管任一截面的流体质量。
(　　)51. AB020　化工生产中的传热多数属于不稳定传热。
(　　)52. AB021　产品的产率和选择性不是一个概念。
(　　)53. AB022　产品的干燥有利于储藏、运输以及产品中有效成分的降低。
(　　)54. AB023　催化剂不仅能改变化学反应速度,而且能够启动化学反应。
(　　)55. AC001　在国际单位制中长度的基本单位是 m。
(　　)56. AC002　国际单位制导出单位是国际单位制的一部分,从七个国际单位制基本单位导出。

(　)57. AC003　弧度(rad)是国际单位制中的辅助单位。
(　)58. AC004　时间单位(分)是国家选定的非国际单位制单位。
(　)59. AD001　钢的含碳量在0.2%~2%。
(　)60. AD002　疏水量是指疏水阀全负荷时,在工作压差和温度的条件下,运行1min所能排出的最大凝结水量。是疏水阀功能及选型的主要指标。
(　)61. AD003　板式换热器单位体积的传热面积大于管壳式换热器。
(　)62. AD004　垫片的材质依使用介质的不同而不同。
(　)63. AD005　爆破片不属于压力容器安全附件。
(　)64. AE001　只有在通路的情况下,电路才有正常的短路电流。
(　)65. AE002　大小始终保持不变的电流称为直流电流。
(　)66. AE003　某"220V、60W"的用电器,正常工作时的电功率是60W。
(　)67. AE004　交流电感元件电路中,在相位上电压和电流的关系是电压滞后电流90°。
(　)68. AE005　所谓0区是指在正常情况下,爆炸性气体混合物可能出现的场所。
(　)69. AE006　在全部停电或部分停电的电气设备上工作,必须完成停电、验电、装设接地线、悬挂标示牌和装设遮栏后,方能开始工作。
(　)70. AE007　静电的主要危害是易引起爆炸和火灾、电击或人身触电,妨碍生产或降低产品质量。
(　)71. AE008　导体运行方向与磁力线垂直时感应电动势为零。
(　)72. AF001　测量结果与真值的百分数是绝对误差。
(　)73. AF002　测量误差主要分为三大类:系统误差、随机误差、粗大误差。
(　)74. AF003　一台流量计的重复性不好,自然其准确度无从谈起,重复性好的流量计不可能给出相同的不准确测量结果。
(　)75. AF004　控制系统是指由控制主体、控制客体和控制媒体组成的具有自身目标和功能的管理系统。
(　)76. AF005　温度是衡量物体冷热程度的一个物理量。
(　)77. AG001　安全生产是指在劳动过程中,要努力改善劳动条件,克服不安全因素,防止伤亡事故发生,使劳动在保护劳动者的安全和健康及国家、人民财产安全的前提下进行。
(　)78. AG002　预防为主是在建筑生产活动中,针对建筑生产的特点,对生产要素采取管理措施,有效地控制不安全因素的发展与扩大,把可能发生的事故消灭在萌芽状态,以保证生产活动中人的安全与健康。
(　)79. AG003　企业必须建立安全活动日和在班前班后会上检查安全生产情况等制度,对职工进行经常的安全教育。不需结合职工文化生活,进行各种安全生产的宣传活动。
(　)80. AG004　特种作业是指容易发生人员伤亡事故,对操作规程本人及其周围人员和设施的安全有重大危险因素的作业。
(　)81. AG005　为了防止化学品对人体的危害,遵守个人卫生规则十分重要。

(   ) 82. AG006　只要满足燃烧的三个必然条件就一定能发生燃烧。

(   ) 83. AG007　职业病是指在职业活动中,因接触粉尘、放射性物质和其他有毒、有害物质等因素而引起的疾病。

(   ) 84. AG008　职业性有害因素是导致职业性损害的致病原,其对健康的影响于有害因素的性质和接触强度(剂量)无关。

(   ) 85. AG009　生产性毒物不包括自热分解产物及反应产物。

(   ) 86. AG010　粉尘可引起包括尘肺在内的多种职业性肺部疾患。

(   ) 87. AG011　在生产和工作环境中,与劳动者健康密切相关的物理因素一般包括气象条件、噪声和振动、电磁辐射等。

(   ) 88. AG012　生产原料和生产环境中存在的对职业人群健康有害的致病微生物、寄生虫、昆虫等以及所产生的生物活性物质统称为生物有害因素。

(   ) 89. AG013　一般而言,个人防护用品可以分为防护头盔、防护服、呼吸防护器、防护眼睛、防护面罩、护耳器、皮肤防护用品以及一些多功能或复合的防护用品七大类。

(   ) 90. AG014　我国对安全帽没有专门规定。

(   ) 91. AG015　空气调节防热服,可分为通风服和制冷服两种。

(   ) 92. AG016　吸收性防护镜片和长期佩戴使用。

(   ) 93. BA001　截止阀具有良好的调节性能。

(   ) 94. BA002　离心泵启动后,可以通过出口阀门调节泵的流量。

(   ) 95. BA003　搅拌釜式反应器是工业生产中最广泛采用的反应器形式。

(   ) 96. BA004　玻璃管式液位计具有结构简单、经济实用、安装方便、工作可靠、使用寿命长等优点。

(   ) 97. BA005　按仪表的组合形式,可以分为基地式仪表、单元组合仪表、电动仪表。

(   ) 98. BA006　板式换热器操作温度、压力不能过高,密封周边较长,不易泄漏,流道较小易堵,适用于易结垢物料。

(   ) 99. BA007　计量泵易于计量,是因为它的流量与排出压力的变化有关。

(   ) 100. BA008　阀门型号的代号"Z"表示的阀门是止回阀。

(   ) 101. BA009　蝶阀不适用于制成较大口径阀门。

(   ) 102. BA010　浮头式换热器的紧凑性差,传热效率低。

(   ) 103. BA011　泵入口安装过滤器目的是为了防止机泵发生气蚀现象。

(   ) 104. BA012　离心泵的扬程与升扬高度是一个概念。

(   ) 105. BA013　往复泵是典型的容积式泵,它的工作原理与离心泵完全不同。

(   ) 106. BA014　离心泵运行中,润滑油温度应不高于60℃,不能有乳化、变质。

(   ) 107. BA015　润滑油的减震作用是指带走磨损下来的碎屑。

(   ) 108. BA016　通过盘车,可以检查机泵叶轮和泵壳是否有摩擦。

(   ) 109. BA017　机泵交付检修前的工艺确认工作有泵腔内的压力是否降为零、出入口管段的物料置换清洗完毕、电动机断电、清理现场。

(   ) 110. BA018　润滑油可以作为静力的传递介质,却不能作为动力的传递介质。

( )111. BB001　先启动电动机再打开离心泵入口阀门的操作不会造成机械密封泄漏。
( )112. BB002　离心泵运行时泵内有杂音对泵的影响不大,无需查明原因。
( )113. BB003　造成离心式风机电动机超负荷的原因只能是转子组件与机壳等静部件有摩擦。
( )114. BB004　外管网氮气中断时,装置氮气总线的压力迅速下降。
( )115. BB005　仪表空气中断时,装置区内的仪表空气总线的压力迅速下降。
( )116. BB006　系统蒸汽压力下降时,对减压使用的蒸汽无影响。
( )117. BB007　循环水压力下降时,会导致循环水冷却器进水流量也随之下降。
( )118. BB008　造成搅拌器停转的原因可能是电动机轴齿轮脱落或减速机皮带损坏。
( )119. BB009　截止阀内漏的可能原因是介质有颗粒或阀芯腐蚀。
( )120. BB010　冷却水少或中断会造成离心泵填料箱泄漏。
( )121. BB011　发生离心式压缩机供油温度高的现象时,首先应检查油冷却器的冷却水系统。
( )122. BB012　反应温度出现飞温现象,则按正常停车处理。
( )123. BB013　对于氧化还原反应,严格控制反应压力,防止因压力超高发生爆炸事故。
( )124. BB014　循环水长时间中断,不会影响装置的正常运行。
( )125. BB015　及时检查机泵油位和添加润滑油都能有效避免轴承温升高的现象。
( )126. BB016　打开干燥器时,不能往上掀盖,应用左手按住干燥器,右手小心地把盖子稍微推开,等冷空气徐徐进入后,才能完全推开,盖子必须仰放在桌子上。
( )127. BB017　蒸汽减压时,按照蒸汽压力等级由高-中-低的次序依次进行减压。
( )128. BB018　设备原因可能导致精馏塔塔顶压力升高。
( )129. BB019　辅助油泵前过滤器堵塞可能导致透平润滑油压力低。
( )130. BB020　离心泵抽空现象处理结束后,不需检查机械密封情况。
( )131. BB021　蒸汽与凝结水产生的气、液两相流是产生"破坏性液击"现象的内在原因。
( )132. BB022　溢流阀未调整能导致压滤机压力不足。
( )133. BB023　台调节阀不动作,工艺人员首先采取的措施为通知仪表人员处理,等调节阀维修完毕后再进行操作。
( )134. BB024　为保证离心泵的正常操作,避免发生汽蚀,泵的安装位置应尽可能高。
( )135. BB025　发生火灾后,要积极扑灭火灾,情况严重时可以拨打火警电话向消防队报告。
( )136. BB026　用手将推车摇动数次,防止干粉长时间放置后发生沉积,影响灭火效果。
( )137. BB027　在加压时将液态二氧化碳压缩在小钢瓶中,灭火时再将其喷出,有降温和隔绝空气的作用。
( )138. BB028　从传热上讲,逆流要比顺流效果好,传热系数高。
( )139. BB029　发生中毒事故后,应当立即将伤员送往医院,视情况向上级报告。
( )140. BB030　离心泵开车之前,必须打开进口阀和出口阀。
( )141. BB031　如果需停料动火处理,必须把管线的物料放净。

( )142. BB032　三相异步电动机正常情况下在冷状态下允许启动2~3次,在热状态下只允许启动一次。

( )143. BB033　蒸汽减压时,按照蒸汽压力等级由高-中-低的次序依次进行减压。

( )144. BB034　结晶时只有同类分子或离子才能排列成晶体,因此结晶具有良好的选择性,利用这种选择性即可实现混合物的分离。

( )145. BB035　工艺装置内手提式干粉型灭火器的每一配置点的灭火器数量不应少于2个,多层框架应分层配置。

( )146. BB036　《生产安全事故报告和调查处理条例》中规定:重大事故,是指造成3人以上(包括3人)10人以下死亡的事故。

( )147. BC001　在工艺流程图上,不同物料线交错时,主物料线断开,辅助物料线不断。

( )148. BC002　在工艺流程图上,不同的设备应编写设备位号并注写设备名称,相同的设备可以不用编写位号。

( )149. BC003　在管道布置图中,管接头、弯头、三通、法兰等,应按规定符号画出,并标出定位尺寸。

( )150. BC004　在带控制点工艺流程图中,仪表控制点的图形符号用一个中实线的圆表示,并用中实线连向设备或管路上的测量点。

( )151. BC005　氯化钠的摩尔质量是56.5。

( )152. BC006　1bar相当于0.01MPa。

( )153. BC007　273开尔文为国际温度单位。

( )154. BC008　25.5g氨在标准状况下的体积是20.6L。(原子量H=1,N=14)。

( )155. BC009　用500L水和25kg$NaHCO_3$配制成的溶液浓度为5%。

( )156. BD001　有机化合物按照碳原子结合方式的不同进行分类为链状化合物和环状化合物。

( )157. BD002　从石油、天然气、煤等天然资源中,得到有机化工的基本原料。

( )158. BD003　要使循环水取得良好的效果,对于循环水和补充水中的各种杂质应当有限制性的要求。

( )159. BD004　仪表空气在引入装置前不必排水。

( )160. BD005　蒸汽按压力大小分为:高压蒸汽、中压蒸汽、低压蒸汽等。

( )161. BD006　系统进行氮气置换时,氮气置换的最高压力,不应超过该系统的操作压力。

( )162. BD007　停送电前应办理相关票证。

( )163. BD008　最经济、最广泛应用的氧化剂是氧气。

( )164. BD009　必须进入高浓度氮(>90%)的环境进行抢险操作的不用佩戴供氧式呼吸器。

( )165. BD010　在吹扫有机物料的管线时,应该启动物料的输送泵,以便同时吹扫泵内的杂质。

( )166. BD011　在我国通常采用36V、24V、12V和6V为安全电压。

( )167. BD012　限制流体的流速可以控制静电电荷的产生量。

(　)168. BD013　对催化剂的升温可以超过催化剂自身所能允许的温度。
(　)169. BD014　过滤机进料必须为溶液。
(　)170. BD015　降低塔顶换热器中冷却剂用量可以降低塔顶压力。
(　)171. BD016　增大塔底换热器中加热介质的用量可以降低塔顶压力。
(　)172. BD017　液体搅拌是石化工业中不常见的一种操作。
(　)173. BD018　进料缓冲罐能起到减少物料输送波动。
(　)174. BD019　设备具备开车条件后,可以立即开电动机使搅拌运转。
(　)175. BD020　离心泵启动前,必须进行手动盘车。
(　)176. BD021　一切燃烧反应均是氧化还原反应。
(　)177. BD022　干燥器启动前的排风系统必须运行正常。
(　)178. BD023　反应器升温速度及具体要求,应按反应器催化剂的要求执行。
(　)179. BD024　离心泵在切换时先停运行泵再启动备用泵。
(　)180. BD025　对储罐实施切换前要检查阀门、压力表、液位计、安全装置等完好。
(　)181. BD026　泵切换时入口压力高可能使离心泵发生气缚。
(　)182. BD027　化工生产过程中离心泵入口过滤器可以不用清理。
(　)183. BD028　在进料量一定的情况下,反应器的压力一般是不变的。
(　)184. BD029　搞好设备卫生、管道及附件上的卫生、地面、设备要保持清洁无杂物。
(　)185. BD030　进行机泵巡检时不需检查泵出口压力。
(　)186. BD031　在催化剂的作用下,使废气中的有害组分发生化学反应转化为无害物质。
(　)187. BD032　再沸器操作时,必须严格控制进出口温度,不需检查进出口管线和介质流道是否结垢。
(　)188. BD033　调节离心泵进口阀的开度以改变管路流体阻力,从而达到调节流量的目的。
(　)189. BD034　使用换热器,要防止骤冷骤热,使用压力可以超过铭牌规定。
(　)190. BD035　我们现场用的压力表选择精度为2.5级。
(　)191. BD036　进设备作业的人员工具材料要登记,作业前后应清点,防止遗留在设备内。
(　)192. BD037　对管线设备中存有的易燃、易爆、有毒的物料应进行彻底置换。
(　)193. BD038　对可能积附易燃、易爆、有毒介质的残留物、油垢或沉淀物的设备,使用置换的方法完全可以清除干净。
(　)194. BD039　更换出的废催化剂,按生产厂家要求可做回收处理。
(　)195. BD040　有机化工装置常见的灭火器有手提式泡沫灭火器、干粉灭火器、二氧化碳灭火器等。
(　)196. BD041　动火分析的取样点要有代表性,取样气体必须与动火时的气体相同。
(　)197. BD042　设备的降温速度应按工艺要求进行,可用冷水直接降温。
(　)198. BD043　反应器的温度在停车后要严格控制,以免发生超温现象。
(　)199. BD044　停车后,置换作业应在抽堵盲板前完成。

答　案

一、单项选择题

1. A	2. C	3. C	4. B	5. C	6. C	7. B	8. C	9. C	10. A
11. D	12. D	13. C	14. A	15. A	16. B	17. A	18. C	19. A	20. D
21. A	22. C	23. D	24. A	25. C	26. A	27. A	28. A	29. B	30. B
31. B	32. C	33. C	34. A	35. C	36. B	37. B	38. D	39. B	40. B
41. C	42. C	43. C	44. C	45. D	46. A	47. A	48. A	49. A	50. D
51. A	52. B	53. C	54. B	55. A	56. D	57. C	58. A	59. B	60. A
61. C	62. C	63. B	64. B	65. A	66. C	67. B	68. A	69. A	70. C
71. A	72. D	73. C	74. C	75. A	76. D	77. C	78. A	79. B	80. B
81. C	82. C	83. B	84. A	85. D	86. B	87. A	88. C	89. D	90. D
91. B	92. C	93. D	94. B	95. D	96. A	97. C	98. C	99. A	100. B
101. A	102. C	103. D	104. D	105. A	106. C	107. B	108. C	109. B	110. A
111. C	112. A	113. B	114. C	115. A	116. A	117. B	118. C	119. A	120. C
121. B	122. A	123. C	124. B	125. C	126. A	127. B	128. A	129. A	130. A
131. A	132. B	133. A	134. B	135. C	136. D	137. C	138. C	139. B	140. C
141. D	142. A	143. C	144. A	145. B	146. D	147. A	148. A	149. D	150. A
151. B	152. B	153. D	154. B	155. A	156. B	157. C	158. D	159. A	160. C
161. D	162. B	163. B	164. C	165. D	166. B	167. D	168. A	169. A	170. A
171. C	172. D	173. A	174. C	175. D	176. D	177. C	178. B	179. A	180. D
181. B	182. D	183. B	184. D	185. C	186. B	187. D	188. C	189. D	190. D
191. D	192. A	193. C	194. B	194. B	196. C	197. C	198. B	199. C	200. A
201. B	202. B	203. A	204. B	205. A	206. C	207. C	208. A	209. B	210. B
211. D	212. C	213. C	214. A	215. B	216. D	217. D	218. D	219. C	220. B
221. C	222. D	223. B	224. C	225. A	226. B	227. C	228. C	229. A	230. D
231. D	232. C	233. D	234. A	235. D	236. A	237. A	238. D	239. D	240. C
241. B	242. C	243. C	244. B	245. D	246. B	247. D	347. D	248. C	249. B	250. C
251. D	252. C	253. B	254. C	255. C	256. B	257. B	258. B	259. D	260. C
261. D	262. B	263. D	264. D	265. C	266. D	267. C	268. B	269. A	270. A
271. A	272. D	273. D	274. D	275. D	276. A	277. B	278. D	279. D	280. B
281. C	282. D	283. C	284. B	285. D	286. A	287. B	288. A	289. A	290. D
291. A	292. C	293. B	294. B	295. A	296. B	297. C	298. B	299. D	300. D
301. A	302. A	303. D	304. B	305. C	306. C	307. B	308. D	309. D	310. B

311. C	312. C	313. B	314. B	315. A	316. D	317. B	318. B	319. B	320. B
321. B	322. B	323. B	324. A	325. B	326. C	327. A	328. C	329. B	330. B
331. A	332. B	333. D	334. C	335. B	336. C	337. A	338. A	339. A	340. B
341. B	342. B	343. D	344. D	345. A	346. D	347. B	348. B	349. D	350. A
351. B	352. A	353. C	354. B	355. A	356. A	357. B	358. D	359. B	360. A
361. C	362. D	363. D	364. C	365. C	366. B	367. A	368. B	369. A	370. C
371. D	372. A	373. C	374. D	375. C	376. B	377. B	378. D	379. A	380. B
381. D	382. D	383. C	384. B	385. D	386. A	387. A	388. B	389. B	390. B
391. A	392. D	393. B	394. C	395. D	396. A	397. C	398. C	399. C	400. C
401. A	402. B	403. C	404. B	405. D	406. C	407. D	408. D	409. A	410. D
411. A	412. A	413. D	414. C	415. A	416. D	417. D	418. B	419. D	420. D
421. C	422. A	423. C	424. D	425. D	426. B	427. D	428. A	429. D	430. C
431. C	432. D	433. A	434. B	435. B	436. D	437. A	438. B	439. D	440. D
441. B	442. A	443. B	444. C	445. D	446. A	447. B	448. C	449. C	450. C
451. B	452. D	453. A	454. A	455. C	456. B	457. B	458. B	459. B	460. C
461. C	462. C	463. A	464. C	465. D	466. C	467. C	468. C	469. C	470. B
471. D	472. B	473. C	474. C	475. A	476. D	477. C	478. C	479. D	480. A
481. C	482. D	483. C	484. B	485. D	486. C	487. B	488. A	489. B	490. C
491. B	492. A	493. A	494. C	495. B	496. D	497. B	498. B	499. C	500. C
501. C	502. A	503. C	504. A	505. D	506. C	507. C	508. C	509. A	510. A
511. C	512. B	513. D	514. A	515. D	516. B	517. C	518. A	519. B	520. D
521. A	522. D	523. C	524. C	525. D	526. B	527. C	528. B	529. B	530. C
531. A	532. C	533. C	534. A	535. B	536. A	537. D	538. A	539. C	540. D
541. D	542. C	543. D	544. A	545. C	546. B	547. C	548. B	549. D	550. C
551. D	552. B	553. A	554. D	555. B	556. C	557. B	558. C	559. B	560. A
561. C	562. C	563. A	564. B	565. A	566. B	567. A	568. C	569. C	570. C
571. B	572. D	573. D	574. C	575. C	576. B	577. A	578. C	579. B	580. A
581. D	582. C	583. C	584. A	585. C	586. A	587. C	588. A	589. B	590. C
591. B	592. B	593. B	594. C	595. C	596. D	597. D			

二、判断题

1. × 正确答案:同一物体在地球上和月球上的质量是相同的。 2. √ 3. √ 4. √ 5. × 正确答案:在标准状况下,1mol 理想气体所占的体积都约为 22.4L。 6. √ 7. × 正确答案:一杯水平均分为两杯后,每一杯的质量、体积都变为原来的一半,而密度保持不变。 8. √ 9. × 正确答案:在温度不太低和压力不太高的情况下,气体密度可近似地按理想气体状态方程来算出。 10. × 正确答案:温度越高,物质内部分子热运动就越快。 11. √ 12. √ 13. √ 14. × 正确答案:溶解过程可以是吸热过程,也可以是放热过程。 15. √ 16. × 正确答案:在某温度下,不能再继续溶解某物质的溶液叫做该溶质的饱和溶液。

17. √ 18. × 正确答案:元素化合价升高的过程叫做氧化。 19. × 正确答案:氢氧化钠是白色固体,暴露在空气中易潮解。 20. × 正确答案:PH=1,则氢离子浓度为0.1mol/L。 21. √ 22. × 正确答案:无论酸还是碱,溶液中都同时存在H^+和OH^-。 23. √ 24. × 正确答案:纯的硝酸为无色、易挥发、具有刺激性气味的液体,能与水以任意比比例混合。 25. × 正确答案:硬水和软水中都含有钙、镁离子,但软水中含量低。 26. √ 27. √ 28. √ 29. × 正确答案:丙烯跟溴化氢起加成反应时,2-溴丙烷是主要产物。 30. √ 31. × 正确答案:天然气是一种重要的化工原料,它主要成分为甲烷的混合物。 32. × 正确答案:晴天和阴天同一地区的大气压强晴天高于阴天。 33. × 正确答案:表压强=绝对压强-大气压强。 34. × 正确答案:在化工吸收过程中溶剂应选择不易挥发、化学性质稳定的。 35. √ 36. √ 37. √ 38. √ 39. × 正确答案:不一定。 40. √ 41. √ 42. √ 43. √ 44. √ 45. √ 46. √ 47. × 正确答案:蒸发操作一般都是在溶液的沸点以下进行的。 48. √ 49. √ 50. √ 51. × 正确答案:化工生产中的传热多数属于稳定传热。 52. × 正确答案:产品的产率和选择性是一个概念。 53. × 正确答案:产品的干燥有利于储藏、运输以及产品中有效成分的提高。 54. × 正确答案:催化剂只能改变化学反应速度,不能够启动化学反应。 55. √ 56. √ 57. √ 58. √ 59. × 正确答案:钢的含碳量应在0.02%~2%之间。 60. × 正确答案:疏水量是指疏水阀全负荷时,在工作压差和温度的条件下,运行1h所能排出的最大凝结水量。 61. √ 62. √ 63. × 正确答案:爆破片属于压力容器安全附件。 64. × 正确答案:只有在通路的情况下,电路才有正常的工作电流。短路情况不属于正常电路范畴。 65. × 正确答案:大小和方向都始终保持不变的电流称为直流电流。 66. √ 67. × 正确答案:交流电感元件电路中,在相位上电压和电流的关系是电流滞后电压90度。 68. × 正确答案:所谓0区是指在正常情况下,是连续出现或长期出现爆炸性气体混合物的场所。 69. √ 70. √ 71. × 正确答案:导体运行方向与磁力线平行时感应电动势为零。 72. × 正确答案:测量结果与真值之差是绝对误差。 73. √ 74. × 正确答案:一台流量计的重复性不好,自然其准确度无从谈起,但重复性好的流量计也有可能给出相同的不准确测量结果。 75. √ 76. √ 77. √ 78. √ 79. × 正确答案:企业必须建立安全活动日和在班前班后会上检查安全生产情况等制度,对职工进行经常的安全教育。并且注意结合职工文化生活,进行各种安全生产的宣传活动。 80. √ 81. √ 82. × 正确答案:满足燃烧的三个必然条件就不一定能发生燃烧。 83. √ 84. × 正确答案:职业性有害因素是导致职业性损害的致病原,其对健康的影响主要取决于有害因素的性质和接触强度(剂量)。 85. × 正确答案:生产性毒物有时也可来自热分解产物及反应产物,例如聚氯乙烯塑料加热至160~170℃时可以分解产生氯化氢;磷化铝遇湿分解产生磷化氢等。 86. √ 87. √ 88. √ 89. √ 90. × 正确答案:我国国家标准GB2811—81对安全头盔的形式、颜色、耐冲击、耐燃烧、耐低温、绝缘等技术性能有专门的规定。 91. √ 92. × 正确答案:吸收性防护镜片,使用一定时间后,须交有关检测机构校验,不能长期一直戴用。 93. √ 94. √ 95. √ 96. √ 97. × 正确答案:按仪表的组合形式,可以分为基地式仪表、单元组合仪表、综合控制装置。 98. × 正确答案:板式换热器操作温度、压力不能过高,密封周边较长,容易泄漏,流道较小易堵,不适用于易结垢物料。 99. × 正确答案:计量泵易于计量,是因为它的流量与排出压力的变化无关。 100.× 正确答案:阀门型号的代号"Z"表示的阀门是闸阀。 101.× 正确答案:蝶阀适用于制成较大口径阀门。 102.√ 103.× 正确答案:泵入口过滤器是为了去除设备和管道内的颗粒和杂物。 104.× 正确答案:离心泵的扬程与升扬高度不是一个概念。 105.√ 106.√ 107.× 正确答案:润滑油的冲洗作用是指带走磨损下来的碎屑。 108.√ 109.√ 110.× 正确答案:润滑油可以作为静力的传递介质,也可以作为动力的传递介质,这就是润滑油的力的传递作用。 111.× 正确答案:先启动电机再打开离心泵入口阀门的操作会造成机械密封泄漏。 112.× 正确答案:离心泵运行时发现泵内有杂音,应立即查明原因。 113.× 正确答案:造成离心式风机电机超负荷的原因不止一个。可能是转子组件与机壳等静部件有摩擦。 114.√ 115.√ 116.× 正确答案:系统蒸汽压力下降时,对减压使用的蒸汽也会有影响,阀门开度增大。 117.√ 118.√ 119.√ 120.√ 121.√ 122.× 正确答案:反应温度出现飞温现象,则按紧急停车处理。 123.√ 124.× 正确答案:循环水长时间中断,可能会造成装置停车。 125.√ 126.√ 127.√ 128.√ 129.√ 130.× 正确答案:离心泵抽空现象处理结束后,应检查机械密封是否泄漏,必要时交检修。 131.√ 132.√ 133.× 正确答案:一台调节阀不动作,工艺人员首先采取的措施为将自动变为手动操作,工艺走副线,通知仪表人员处理,等调节阀维修完毕后再投自动。 134.× 正确答案:为保证离心泵的正常操作,避免发生汽蚀,泵的安装位置不能太高。 135.× 正确答案:发生火灾后,要在积极扑灭初起火灾的同时,迅速拨打火警电话向消防队报告,以得到专业消防队伍的支援,防止火势进一步扩大和蔓延。 136.√ 137.√ 138.√ 139.× 正确答案:发生中毒事故后,在救治伤员的同时,应及时向上级报告,向防护站报警,以便得到专业人员的支援。 140.× 正确答案:离心泵开车之前,必须打开进口阀和关闭出口阀。 141.√ 142.√ 143.√ 144.√ 145.√ 146.× 正确答案:《生产安全事故报告和调查处理条例》中规定:较大事故,是指造成3人以上(包括3人)10人以下死亡的事故。 147.× 正确答案:在工艺流程图上,不同物料线交错时,主物料线不断,辅助物料线断。 148.× 正确答案:在工艺流程图上,每一台设备都应编写设备位号并注写设备名称。 149.× 正确答案:在管道布置图中,管道之间连接件如弯头、三通、法兰等不必全部划出,但为了安装和检修,一般法兰画出。 150.× 正确答案:在带控制点工艺流程图中,仪表控制点的图形符号用一个细实线的圆表示,并用细实线连向设备或管路上的测量点。 151.× 正确答案:氯化钠的摩尔质量是58.5。 152.× 正确答案:1bar相当于0.1MPa。 153.√ 154.× 正确答案:25.5克氨在标准状况下的体积是33.6升。 155.× 正确答案:用500L水和25千克$NaHCO_3$配制成的溶液浓度为4.76%。 156.√ 157.√ 158.√ 159.× 正确答案:仪表空气在引入装置前必须排水。 160.√ 161.× 正确答案:一般情况下,系统进行氮气置换时,常压系统的充氮最高压力,可以达到0.15MPa。 162.√ 163.× 正确答案:最经济、最广泛应用的氧化剂是空气。 164.× 正确答案:必须进入高浓度氮(>90%)的环境进行抢险操作的,应要戴好供氧式呼吸器。 165.× 正确答案:在吹扫有机物料的管线时,不能启动物料的输送泵。 166.√ 167.√ 168.× 正确答案:对催化剂的升温不能超过催化剂自身所能允许的温度。 169.× 正确答案:过滤机进料必须为悬浊液。 170.× 正确答案:增大塔顶换热器中冷却剂用量可以升高塔顶压力。 171.× 正确答案:降低塔底换热器中加热介质的用量可以升高塔顶压力。　172.× 正确答案:液体搅拌是石化工业中经常使用的一种操作。　173.√　174.× 正确答案:设备具备开车条件后,用微动方法启动搅拌,若无异常,再开电机使搅拌运转。　175.√　176.√　177.√　178.× 正确答案:反应器升温速度及具体要求,应按反应器的生产厂家规定执行。　179.× 正确答案:离心泵在切换时先启动备用泵,检查运行正常后,再停运行泵。　180.√　181.× 正确答案:泵切换时入口进入空气会造成使离心泵发生气缚。　182.× 正确答案:在机泵正常运行情况下,发现机泵出口流量变小,达不到生产工艺要求,排除设备原因,可判断是由于机泵过滤器含杂质过多,阻塞过滤网,此时必须清理过滤器。　183.× 正确答案:在进料一定量的情况下,反应器的压力是随反应温度的变化而变化的。　184.√　185.× 正确答案:进行机泵巡检时需要泵出口压力。　186.√　187.× 正确答案:再沸器操作时,必须严格控制进出口温度,定期检查进出口管线和介质流道是否结垢。　188.× 正确答案:离心泵调节出口阀的开度以改变管路特性曲线位置,从而达到调节流量的目的。　189.× 正确答案:使用换热器,要防止骤冷骤热,使用压力不可超过铭牌规定。　190.√　191.√　192.√　193.× 正确答案:对可能积附易燃、易爆、有毒介质的残留物、油垢或沉淀物的设备,使用置换的方法一般清除不尽,还应进一步进行吹扫作业。　194.√　195.√　196.√　197.× 正确答案:设备的降温速度应按工艺要求进行,不能用冷水直接降温,以防止设备变形、损坏。　198.√　199.× 正确答案:停车后,置换作业应在抽堵盲板之后进行。

附 录

附录1　职业技能等级标准

1　工种概况

1.1　工种名称
有机合成工。

1.2　工种定义
操作有机合成反应器等设备,进行有机化学反应、反应后处理及纯化,生产有机物中间体或成品的人员。

1.3　适用范围
有机原料、合成材料、染料、农药、助剂、溶剂、感光材料合成反应各岗位。

1.4　工种等级
本工种共设五个等级,分别为:初级(五级)、中级(四级)、高级(三级)、技师(二级)、高级技师(一级)。

1.5　工作环境
室内、外作业,工作场所接触有毒、临氢、易燃、易爆物质、粉尘、有害气体和噪声,部分场所可能存在射线源。

1.6　工种能力特征
身体健康,具有一定的学习理解和表达能力,四肢灵活,动作协调,听、嗅觉较灵敏,视力良好,具有分辨颜色的能力。

1.7　基本文化程度
高中毕业(或同等学历)。

1.8　培训要求
初级技能不少于120标准学时;中级技能不少于180标准学时;高级技能不少于210标准学时;技师不少于180标准学时;高级技师不少于180标准学时。

1.9　鉴定要求
1.9.1　适用对象
(1)新入职的操作技能人员。

(2)在操作技能岗位工作的人员。

(3)其他需要鉴定的人员。

1.9.2 申报条件

具备以下条件之一者可申报初级工:

(1)新入职完成本职业(工种)培训内容,经考核合格人员。

(2)从事本工种工作1年及以上的人员。

具备以下条件之一者可申报中级工:

(1)从事本工种工作5年以上,并取得本职业(工种)初级工职业技能等级证书。

(2)各类职业、高等院校大专及以上毕业生从事本工种工作3年及以上,并取得本职业(工种)初级工职业技能等级证书。

具备以下条件之一者可申报高级工:

(1)从事本工种工作14年以上,并取得本职业(工种)中级工职业技能等级证书的人员。

(2)各类职业、高等院校大专及以上毕业生从事本工种工作5年及以上,并取得本职业(工种)中级工职业技能等级证书的人员。

技师需取得本职业(工种)高级工职业技能等级证书3年以上,工作业绩经企业考核合格的人员。

高级技师需取得本职业(工种)技师职业技能等级证书3年以上,工作业绩经企业考核合格的人员。

1.9.3 鉴定方式

分理论知识考试和操作技能考核。理论知识考试采用闭卷笔试方式为主,推广无纸化考试形式;操作技能考核采用现场操作、模拟操作、实际操作笔试等方式。理论知识考试和操作技能考核均实行百分制,成绩皆达60分以上(含60分)者为合格。技师还需进行综合评审,综合评审包括技术答辩和业绩考核。综合评审成绩是技术答辩和业绩考核两部分的平均分。

1.9.4 鉴定时间

理论知识考试90min;操作技能考核不少于60min;综合评审的技术答辩时间40min(论文宣读20min,答辩20min)。

2 基本要求

2.1 职业道德

(1)遵规守纪,按章操作。

(2)爱岗敬业,忠于职守。

(3)认真负责,确保安全。

(4)刻苦学习,不断进取。

(5)团结协作,尊师爱徒。

(6)谦虚谨慎,文明生产。
(7)勤奋踏实,诚实守信。
(8)厉行节约,降本增效。

2.2 基础知识

2.2.1 化学基础知识
(1)物理和化学的基本量及概念。
(2)热力学基础知识。
(3)溶液及酸、碱、盐基础知识。
(4)化学反应基础知识。
(5)化学反应速度和化学平衡基础知识。
(6)有机化合物基础知识。

2.2.2 化工基础知识
(1)化工基本概念。
(2)流体力学基础知识。
(3)传热基础知识。
(4)传质基础知识。

2.2.3 计量基础知识
(1)计量。
(2)计量器具知识。
(3)计量相关法律、法规。

2.2.4 化工机械与设备基础知识
(1)常用阀门、垫片及动设备密封型式。
(2)有机化工常用机械设备的作用、原理。
(3)设备材质及使用。
(4)设备防腐知识。

2.2.5 仪表基础知识
(1)测量基本概念。
(2)常用温度、压力、流量、液位测量仪表的原理。
(3)特殊仪表的基本知识。
(4)调节阀的基本知识。
(5)自控系统基础知识。

2.2.6 化工安全知识
(1)安全生产知识。
(2)安全制度基本知识。
(3)消防安全基础知识。
(4)职业病防治基础知识。
(5)个人防护用品基础知识。

3 工作要求

3.1 初级

职业功能	工作内容	技能要求	相关知识
一、工艺操作	(一)开车准备	1. 能检查开车前循环水系统的投用条件 2. 能检查开车前装置氮气系统的投用条件	1. 有机化工的基本知识 2. 常用公用工程水、电、气、风的理化性质 3. 装置开车吹扫、置换,气密方案
	(二)开车操作	1. 能实施开车时接收物料的操作 2. 能进行离心泵的开车操作	1. 常用设备的投用方法 2. 精馏塔的基本知识 3. 催化剂的活化
	(三)正常操作	1. 能完成备用泵的切换操作 2. 能进行反应器温度的正常控制	1. 日常巡检的基本内容 2. 设备的切换方法巡检内容及制度 3. 现场仪表的使用方法 4. 设备工艺参数的调整方法 5. 废气的处理
	(四)停车操作	1. 能进行离心泵的停车操作 2. 能进行换热器的停车操作	1. 常见设备的停车操作 2. 装置停车操作的要求 3. 正常停车检修作业前的相关要求 4. 有毒、有害物质的允许浓度
二、设备使用与维护	(一)使用设备	1. 液位计的投用操作 2. 常用阀门的使用	1. 不同型号阀门的结构、性能、特点 2. 常用仪表的使用基本知识 3. 泵的使用基本知识 4. 换热器的使用基本知识 5. 反应器的使用基本知识
	(二)维护设备	1. 运转设备润滑油脂的正常补加 2. 机泵检修时监护	1. 润滑油的基本知识 2. 机泵维护的基本要求
三、事故判断与处理	(一)判断事故	1. 离心泵汽蚀的判断 2. 离心泵打量不足的判断	1. 常见设备一般异常原因分析 2. 公用工程系统工艺参数异常原因分析
	(二)处理事故	1. 离心泵汽蚀的处理 2. 离心泵打量不足的处理 3. 干粉灭火器的使用	1. 常见设备异常处理方法 2. 常见工艺参数异常处理方法 3. 一般事故处理 4. 急性中毒的现场抢救原则
四、绘图与计算	(一)绘图	单一物料工艺流程的绘制	1. 管线的表示方法 2. 设备的表示方法 3. 阀门及管件的表示方法 4. 仪表控制点的表示方法
	(二)计算	1. 表压的换算 2. 换热的单一物料计算	1. 物质的量的计算 2. 压力、温度、体积单位的换算

3.2 中级

职业功能	工作内容	技能要求	相关知识
一、工艺操作	(一)开车准备	1. 装置管线的吹扫 2. 公用工程的引入装置	1. 装填催化剂的检查内容 2. 装置引公用工程前的检查工作
	(二)开车操作	1. 换热器的开车操作 2. 正压精馏塔的进料	1. 常用设备投用的注意事项 2. 反应器的投用方法 3. 精馏、吸收操作 4. 干燥器启动的注意事项 5. 精馏塔结构与作用
	(三)正常操作	1. 反应器压力正常调节的方法 2. 反应器温度的调节方法 3. 精馏塔的正常操作	1. 吸收操作的概念及操作特点 2. 精馏操作的主要影响因素 3. 催化剂的使用 4. 洗涤塔液位控制方法 5. 萃取的方法 6. 精馏产量控制的方法 7. 反应温度、压力的调整方法 8. 结晶操作温度的控制方法 9. 调节离心泵流量的方法 10. 安装压力表注意事项 11. DCS的基本操作方法
	(四)停车操作	1. 精馏塔的停车操作 2. 精馏塔降采出的操作	1. 装置停车注意事项 2. 紧急停车检修作业前的相关要求 3. "三废"的排放标准 4. 装置停车管理规定
二、设备使用与维护	(一)使用设备	1. 离心泵的切换操作 2. 冷换设备的投用	1. 离心泵的使用 2. 冷凝器的使用与选用原则 3. 塔器的使用基本知识 4. 压力容器、压力表使用的基本知识 5. 干燥器、蒸汽透平的使用
	(二)维护设备	1. 机泵日常检查 2. 阀门正常维护	1. 润滑剂的使用 2. 设备、管线维修、维护的一般要求 3. 常用设备、管线维护的基本知识
三、事故判断与处理	(一)判断事故	1. 液位测量失真判断 2. 离心泵轴承温度异常的判断处理	1. 生产系统工艺参数异常原因分析 2. 常见设备紧急异常原因分析
	(二)处理事故	1. 储罐冒料事故处理 2. 物料管线着火事故处理	1. 常见工艺异常处理方法 2. 常见中毒处理方法 3. 设备异常处理方法 4. 石化行业事故的处理方法
四、绘图与计算	(一)绘图	1. 单元工艺流程图的绘制 2. 单元主要物料的PID图的绘制	1. 绘制简单的工艺流程图 2. 三视图的基础知识 3. 简单工艺流程图符号的含义 4. 设备图的简单识别方法
	(二)计算	泵的扬程计算	1. 压力表示方法及换算 2. 开工率的概念 3. 质量百分比溶液的计算 4. 扬程的计算 5. 轴功率的计算

3.3 高级

职业功能	工作内容	技能要求	相关知识
一、工艺操作	(一)开车准备	1. 仪表调节阀门阀位的确认 2. 系统开车前检查	1. 催化剂的装填注意事项 2. 装置引公用工程的注意事项 3. 开车前准备的注意事项
	(二)开车操作	1. 精馏塔气密性操作 2. 精馏系统的开车操作	1. 特殊机械设备的投用方法与注意事项 2. 反应器的控制要点及注意事项 3. 精馏单元的控制要点及相关计算
	(三)正常操作	1. 反应器出口指示的分析及控制 2. 精馏塔塔顶压力波动的调节	1. 远传仪表的使用 2. 设备工艺参数的作用及控制方法 3. 正常生产中催化剂的保护 4. 污染物的控制
	(四)停车操作	1. 反应器系统的停车操作 2. 装置停车"三废"排放处理	1. 常见设备停车的注意事项 2. 装置停车操作注意事项 3. "三废"的处理
二、设备使用与维护	(一)使用设备	1. 离心泵的预防汽蚀的操作 2. 往复泵的启动操作	1. 常用阀门的选用原则 2. 离心泵的使用注意事项 3. 常见压缩机的使用 4. 特种设备的使用注意事项 5. 管线设计的基本知识 6. 压力容器使用的注意事项
	(二)维护设备	1. 检修后设备的验收 2. 机泵检修的隔离确认	1. 润滑系统的基本知识 2. 常用设备、管线维护的方法 3. 设备、管线维修、维护的具体要求 4. "三查四定"相关内容 5. 大型机组结构及工作原理
三、事故判断与处理	(一)判断事故	1. 过滤器堵塞的判断 2. 液体物料跑料的判断	1. 管线泄漏原因分析 2. 特殊设备异常原因分析 3. 系统异常原因分析
	(二)处理事故	1. 液体跑料处理 2. 精馏塔出现泛液事故的处理	1. 紧急设备异常处理方法 2. 紧急工艺异常处理方法 3. 特殊天气防护原则
四、绘图与计算	(一)绘图	工艺配管单线图的绘制	1. 工艺流程图的绘制 2. 设备图的识别
	(二)计算	1. 反应转化率、收率的计算 2. 单一反应器的物料平衡计算	1. 开工率的计算 2. 质量百分比溶液的计算 3. 传热效率的计算
五、培训与指导	培训与指导	1. 能指导初、中级操作人员进行操作 2. 能参与初、中级操作人员技术指导	1. 培训基本要求 2. 技术指导相关内容

3.4 技师

职业功能	工作内容	技能要求	相关知识
一、工艺操作	(一)开车准备	1. 开车前系统的工艺检查 2. 物料管线的伴热的投用	1. 原材料的规格和技术指标 2. 开车流程确认要求 3. 开工方案编制方法 4. 生产准备相关内容
	(二)开车操作	固定床式反应器开车操作	1. 装置开车管理规定 2. 典型有机合成化工岗位催化剂使用要求 3. 各类反应器内物理传递过程对反应过程的影响
	(三)正常操作	1. 反应负荷的调整操作 2. DCS系统的操作	1. 装置历年主要技术改造情况 2. 工艺指标、产品质量指标的制定依据
	(四)停车操作	1. 循环水系统停车操作 2. 精馏系统的停车操作	1. 自修项目验收标准 2. 装置检维修管理规定 3. 实际消耗及理论消耗的计算 4. 装置综合能耗计算方法
二、设备使用与维护	(一)使用设备	1. 冷换设备的操作 2. 干粉灭火推车的使用	1. 设备验收标准 2. 设备检修内容、技术要求 3. 有机腐蚀机理与防腐技术 4. 压力容器监测技术 5. 设备维护、选用原则和条件 6. 新建、改扩建装置中交验收标准
	(二)维护设备	压力容器的维护	1. 设备大、中修规范 2. 设备防腐要求 3. 催化剂升温及钝化技术 4. 紧急停车系统程序及操作法
三、事故判断与处理	(一)判断事故	1. 冬季管线冻堵的判断 2. 压缩机级间压力异常的判断	1. 反事故演习方案 2. 应急反应系统 3. 事故应急预案
	(二)处理事故	1. 反应器发生超温事故处理 2. 现场火灾的处理	1. 本岗位有机反应系统应急预案 2. 事故处理"四不放过"原则 3. 各种灭火剂的灭火原理
四、绘图与计算	(一)绘图	工艺流程图的绘制	1. 装置设计资料 2. 零件图识读方法
	(二)计算	1. 单元物料衡算 2. 单元热量衡算	化工设计计算方法
五、管理	(一)质量管理	参与QC小组质量攻关	1. 全面质量管理方法 2. 质量管理体系运行要求
	(二)生产管理	能组织、指导班组进行经济核算和经济活动分析	1. 工艺技术管理规定 2. 基本统计方法 3. 装置标定方法

续表

职业功能	工作内容	技能要求	相关知识
五、管理	(三)编写技术文件	能撰写生产技术总结	1. 技术总结撰写方法 2. 装置开、停车方案编写方法
	(四)技术改进	1. 工艺设备改进方案 2. 参与技术革新项目实施	1. 国内同类装置常用技术应用信息检索方法 2. 本装置的历史数据
六、培训与指导	培训与指导	能培训初、中、高级操作人员操作经验和技能	教案编写方法

3.5 高级技师

职业功能	工作内容	技能要求	相关知识
一、工艺操作	(一)开车准备	1. 能编写、审核开车方案及网络计划 2. 能组织确认装置开车条件 3. 能编写单机和联动试车方案	1. 装置化工投料试车方案的编写要求 2. 开、停车网络计划及方案的编写、审核要求 3. 反应过程催化剂作用机理 4. 有机化工化学反应工程基本原理 5. 生产运行的组织 6. 装置开停车有关规定
	(二)开车操作	1. 能组织新建、改扩建装置的首次化工投料试车 2. 能指挥典型有机合成化工装置开车 3. 能指导同类装置的试车、投产工作	1. 装置化工投料试车方案的编写要求 2. 开、停车网络计划及方案的编写、审核要求 3. 反应过程催化剂作用机理 4. 有机化工化学反应工程基本原理 5. 生产运行的组织 6. 装置开停车有关规定
	(三)正常操作	1. 能解决同类装置的工艺技术难题 2. 能优化生产方案,指导优化生产	1. 装置化工投料试车方案的编写要求 2. 开、停车网络计划及方案的编写、审核要求 3. 反应过程催化剂作用机理 4. 有机化工化学反应工程基本原理 5. 生产运行的组织 6. 装置开停车有关规定
	(四)停车操作	1. 能指挥装置全系统停车 2. 能指导同类装置的停车检修工作	1. 装置化工投料试车方案的编写要求 2. 开、停车网络计划及方案的编写、审核要求 3. 反应过程催化剂作用机理 4. 有机化工化学反应工程基本原理 5. 生产运行的组织 6. 装置开停车有关规定

续表

职业功能	工作内容	技能要求	相关知识
二、设备使用与维护	(一)使用设备	1. 能分析各类设备的使用情况并提出操作改进意见 2. 能对设备的安装、调试提出建议	1. 设备安装、调试和使用方法 2. 各类设备腐蚀机理及防腐措施
	(二)维护设备	1. 能根据原料和工艺条件的变化提出装置防腐措施 2. 能完成重要设备、管线等工况安全的确认工作	1. 设备安装、调试和使用方法 2. 各类设备腐蚀机理及防腐措施
三、事故判断与处理	事故判断与处理	1. 能判断并处理工艺、设备等故障 2. 能判断事故原因 3. 能对国内外同类装置的事故原因进行分析	1. 国内外同类装置事故典型案例 2. 事故分析方法
四、绘图与计算	(一)绘图	能参与审定技术改造图	1. 装置初步设计 2. 工艺设计规范 3. 工艺设计原理 4. 装置综合能好的计算方法
	(二)计算	1. 能完成全装置的物料衡算 2. 能完成全装置的热量衡算	1. 装置初步设计 2. 工艺设计规范 3. 工艺设计原理 4. 装置综合能好的计算方法
五、管理	(一)质量管理	能提出产品质量的改进方案并组织实施	质量管理基本方法
	(二)生产管理	1. 能组织装置能耗、物耗的测评工作 2. 能组织实施节能降耗措施 3. 能组织装置生产标定工作	1. 经济活动分析方法 2. 装置物料平衡及能耗平衡计算
	(三)编写技术文件	1. 能撰写技术论文 2. 能参与制定各类生产方案 3. 能参与制定岗位操作法和工艺技术规程 4. 能参与编制装置标定方案 5. 能参与编制重大、复杂的事故处理预案	1. 技术论文撰写方法 2. 标定报告、技术规程等编写方法
	(四)技术改进	1. 能组织技术改造和技术革新 2. 能参与重大技术改造方案的审定	1. 国内外同类装置工艺、设备、自动化控制等方面的技术发展信息 2. 能用外语简单交流并可配合字典看懂本岗位设备外文说明书 3. 化工基础英语
六、培训与指导	培训与指导	员工理论和操作技能培训	员工理论和操作技能培训

4　比重表

4.1　理论知识

项目		初级(%)	中级(%)	高级(%)	技师(%)	高级技师(%)
基本要求	基础知识	48	49	45	39	39
相关知识	工艺操作	21	20	24	28	28
	设备使用与维护	8	11	11	12	12
	事故判断与处理	18	15	16	16	16
	绘图与计算	5	5	4	5	5
合计		100	100	100	100	100

4.2　技能操作

项目	初级(%)	中级(%)	高级(%)	技师(%)	高级技师(%)
工艺操作	40	45	40	30	30
设备使用与维护	20	20	19	13	9
事故判断与处理	25	20	19	17	17
绘图与计算	15	15	14	13	13
管理	0	0	0	22	26
培训与指导	0	0	8	5	5
合计	100	100	100	100	100

附录2 初级工理论知识鉴定要素细目表

行业：石油天然气　　　　工种：有机合成工　　　　等级：初级工　　　　鉴定方式：理论知识

行为领域	代码	鉴定范围（重要程度比例）	鉴定比重	代码	鉴定点	重要程度	备注
基础知识 A 48%	A	化学基础知识（29：2：0）	16%	001	质量的概念	X	上岗要求
				002	质量守恒定律的概念	X	上岗要求
				003	体积的概念	X	上岗要求
				004	物质的量的概念	X	上岗要求
				005	气体的标准摩尔体积的概念	X	
				006	相对密度的概念	X	
				007	液体密度的概念	X	上岗要求
				008	相对密度的概念	X	
				009	气体密度的概念	X	上岗要求
				010	温度的概念	X	上岗要求
				011	吸热、放热反应的概念	X	上岗要求
				012	元素化合价的概念	X	
				013	化学反应方程式的表示方法	X	上岗要求
				014	结晶、溶解的概念	X	
				015	饱和蒸汽压的概念	X	
				016	饱和溶液的概念	X	
				017	酸碱盐的概念	X	上岗要求
				018	氧化还原反应的概念	X	上岗要求
				019	氢氧化钠的性质	X	
				020	pH值的概念	X	上岗要求
				021	溶液的概念	X	上岗要求
				022	溶液的酸碱性	X	
				023	硫酸的性质	X	
				024	硝酸的性质	X	
				025	水硬度的概念	Y	
				026	有机化合物的概念	X	上岗要求
				027	烃的概念	X	
				028	乙炔的性质和用途	X	
				029	乙烯、丙烯、丁二烯的性质和用途	X	
				030	芳烃及常见苯系物的性质和用途	X	
				031	石油及天然气的主要成分	Y	

续表

行为领域	代码	鉴定范围（重要程度比例）	鉴定比重	代码	鉴定点	重要程度	备注
基础知识 A 48%	B	化工基础知识（20:1:2）	12%	001	压强的概念	X	上岗要求
				002	表压、绝压的概念	X	上岗要求
				003	吸收的基本概念	X	
				004	固体流态化的基本概念	Z	
				005	化工分离的基本知识	X	
				006	过滤的概念	X	上岗要求
				007	热量传递的基本方式	X	上岗要求
				008	导热、对流、辐射的基本概念	X	
				009	冷凝的概念	X	上岗要求
				010	摩尔分数的概念	X	
				011	露点的概念	X	
				012	沸点的概念	X	
				013	精馏的概念	X	上岗要求
				014	压缩比的概念	Z	
				015	雷诺数的概念	X	
				016	蒸发的基本概念	X	
				017	物料、能量平衡的概念	Y	上岗要求
				018	黏度的概念	X	
				019	流量的表示方法	X	
				020	稳定传热的概念	X	
				021	产品产率、收率的概念	X	
				022	干燥的作用	X	
				023	催化剂的概念、组成及对反应速度的影响	X	
	C	计量基础知识（3:1:0）	2%	001	国际单位制中的基本单位	X	上岗要求
				002	国际单位制的基本导出单位	X	
				003	国际单位制的辅助单位	Y	
				004	国家选定的非国际单位制	X	
	D	化工机械与设备知识（4:1:1）	3%	001	常用金属材料的种类	Y	上岗要求
				002	常用阀门的种类	X	上岗要求
				003	化工常用设备的种类	X	上岗要求
				004	真空泵的特点	X	
				005	垫片的用途	X	
				006	压力容器安全附件的种类	Z	上岗要求
	E	电工基础知识（5:2:1）	4%	001	电路的基本概念	X	上岗要求
				002	电压、电流的概念	X	上岗要求
				003	电功率、电阻的概念	Y	上岗要求

续表

行为领域	代码	鉴定范围（重要程度比例）	鉴定比重	代码	鉴定点	重要程度	备注
基础知识 A 48%	E	电工基础知识（5∶2∶1）	4%	004	电感、电容的基本概念	X	
				005	防火防爆电气设备的标识	X	
				006	触电的防治与救护	X	
				007	静电的危害	Y	上岗要求
				008	电磁感应的基本常识	Z	
	F	仪表基础知识（2∶2∶1）	3%	001	测量的基本概念	Y	上岗要求
				002	测量误差的概念	Y	
				003	仪表精度和灵敏度的概念	X	
				004	控制系统的基本概念	Z	
				005	常用测量仪表的分类	X	
	G	化工安全知识（16∶0∶0）	8%	001	安全生产的基本概念	X	
				002	安全生产的管理方针	X	
				003	安全教育基本知识	X	
				004	特种作业安全基本知识	X	
				005	危险化学品基本知识	X	
				006	消防基础知识	X	
				007	职业病的概念	X	
				008	职业病危害因素的基本知识	X	
				009	生产性毒物的基本知识	X	
				010	生产性粉尘的基本知识	X	
				011	物理性有害因素的基本知识	X	
				012	生物有害因素的基本知识	X	
				013	个人防护用品的基本知识	X	
				014	防护头盔的基本知识	X	
				015	防护服的基本知识	X	
				016	防护眼镜的基本知识	X	
专业知识 B 52%	A	设备使用与维护（18∶0∶0）	8%	001	截止阀的优点与缺点	X	上岗要求
				002	启停离心泵	X	上岗要求
				003	化学反应器的类型	X	
				004	液位计的分类与使用	X	
				005	仪表的分类方式	X	
				006	换热器的分类与使用	X	
				007	计量泵的应用	X	
				008	阀门的分类及代号含义	X	上岗要求
				009	常见阀门的特点	X	上岗要求
				010	列管式换热器的特点	X	

续表

行为领域	代码	鉴定范围（重要程度比例）	鉴定比重	代码	鉴定点	重要程度	备注
专业知识 B 52%	A	设备使用与维护 (18:0:0)	8%	011	泵入口过滤器的作用	X	上岗要求
				012	离心泵的铭牌标识	X	上岗要求
				013	往复泵的应用	X	
				014	离心泵的应用	X	
				015	润滑油的三级过滤内容	X	
				016	机泵维护的相关要求	X	上岗要求
				017	机泵的检修前检查相关要求	X	
				018	润滑油的作用	X	
	B	事故判断与处理 (11:21:4)	18%	001	离心泵机械密封泄漏的原因	X	上岗要求
				002	泵内有杂音的原因	X	上岗要求
				003	离心式风机电动机超负荷的原因	X	
				004	氮气中断的现象	X	上岗要求
				005	仪表空气中断的现象	X	上岗要求
				006	系统蒸汽压力下降的现象	X	上岗要求
				007	循环水压力下降的现象	Y	上岗要求
				008	搅拌机停止运转的原因	Y	
				009	阀门启闭失效的原因	Y	
				010	离心泵填料密封泄漏的原因	Y	
				011	离心式压缩机供油温度升高的原因	Y	
				012	反应器超温的处理方法	Y	上岗要求
				013	反应器超压的处理方法	Y	上岗要求
				014	循环水中断的处理方法	Y	上岗要求
				015	轴承温度高的处理方法	Z	
				016	干燥器温度低的处理方法	Y	
				017	蒸汽压力低的处理方法	Y	上岗要求
				018	精馏塔塔顶压力高的原因	Y	上岗要求
				019	透平润滑油压力低的原因	X	
				020	泵的机械密封发生泄漏的处理方法	Y	上岗要求
				021	蒸汽管线内有液击的处理方法	Y	上岗要求
				022	压滤机压力不足的处理方法	Y	
				023	调节阀操作不动的处理方法	Y	
				024	防止离心泵气蚀的措施	Y	上岗要求
				025	火灾的报警方法	Y	上岗要求
				026	推车式干粉灭火器的使用方法	X	
				027	二氧化碳灭火器的使用方法	X	上岗要求
				028	换热器传热效果差的处理方法	Z	

续表

行为领域	代码	鉴定范围（重要程度比例）	鉴定比重	代码	鉴定点	重要程度	备注
专业知识 B 52%	B	事故判断与处理 (11：21：4)	18%	029	急性中毒现场抢救的原则	Z	上岗要求
				030	离心泵抽空的处理方法	Y	上岗要求
				031	物料管线泄漏的处理方法	Y	上岗要求
				032	电动机超温事故的处理方法	Y	
				033	蒸发系统蒸汽中断的处理方法	Y	
				034	结晶器出料口堵塞的处理方法	X	
				035	常用的灭火方法	X	上岗要求
				036	事故处理的原则	Z	
	C	绘图与计算 (0：5：4)	4%	001	工艺流程图管线的表示方法	Y	上岗要求
				002	工艺流程图设备的表示方法	Y	上岗要求
				003	工艺流程图阀门及管件的表示方法	Y	上岗要求
				004	工艺流程图仪表控制点的表示方法	Y	上岗要求
				005	物质的量的计算	Z	
				006	压力单位的换算	Z	
				007	温度单位的换算	Y	
				008	体积单位的换算	Z	
				009	质量单位的换算	Z	
	D	工艺操作 (41：3：0)	22%	001	有机物的分类及特点	X	上岗要求
				002	有机化工生产的特点	X	上岗要求
				003	循环水的使用要求	X	上岗要求
				004	仪表空气的使用要求	X	上岗要求
				005	蒸汽的性质及使用要求	X	上岗要求
				006	氮气置换的目的	X	上岗要求
				007	停送电的基本要求	X	上岗要求
				008	氧化反应的条件	X	上岗要求
				009	氮气的物化性质	X	上岗要求
				010	物料管线吹扫的原则	X	上岗要求
				011	安全用电的原则	Y	上岗要求
				012	取样的注意事项	X	上岗要求
				013	催化剂的活化	Y	
				014	过滤机的启动	X	
				015	精馏塔塔顶换热器的作用	Y	上岗要求
				016	精馏塔塔底换热器的作用	X	上岗要求
				017	搅拌器的启动	X	
				018	进料缓冲罐的投用	X	
				019	搅拌器的启动注意事项	X	

续表

行为领域	代码	鉴定范围 (重要程度比例)	鉴定比重	代码	鉴定点	重要程度	备注
专业知识 B 52%	D	工艺操作 (41∶3∶0)	22%	020	离心泵启动的条件及方法	X	上岗要求
				021	换热器的投用方法	X	上岗要求
				022	干燥器启动的条件	X	
				023	反应器温度控制原则	X	上岗要求
				024	离心泵的切换方法	X	
				025	储罐切换的注意事项	X	
				026	离心泵切换的注意事项	X	上岗要求
				027	离心泵入口过滤器的清理方法	X	
				028	反应器压力的控制原则	X	上岗要求
				029	罐区的巡检内容	X	上岗要求
				030	机泵的巡检内容	X	上岗要求
				031	反应尾气处理的方法	X	上岗要求
				032	调节再沸器温度的方法	X	
				033	离心泵流量的控制方法	X	上岗要求
				034	换热器的调节	X	上岗要求
				035	压力表的使用方法	X	上岗要求
				036	正常停车程序及要求	X	上岗要求
				037	停车后管线清洗置换的注意事项	X	上岗要求
				038	停车后设备清洗置换的注意事项	X	上岗要求
				039	停车后固废的处理	X	上岗要求
				040	常见灭火器的使用要求	X	
				041	动火分析要求	X	上岗要求
				042	常见设备停用的要求及要点	X	上岗要求
				043	紧急停车的程序及要求	X	上岗要求
				044	添加盲板的要求	X	上岗要求

注：X—核心要素；Y——一般要素；Z—辅助要素。

附录3　初级工操作技能鉴定要素细目表

行业:石油天然气　　　工种:有机合成工　　　等级:初级工　　　鉴定方式:操作技能

行为领域	代码	鉴定范围 (重要程度比例)	鉴定比重	代码	鉴定点	重要程度	备注
技能要求 A 100%	A	工艺操作 (8:0:0)	40%	001	开车前循环水系统的投用	X	上岗要求
				002	开车前装置氮气系统的投用	X	上岗要求
				003	接收物料的操作	X	上岗要求
				004	离心泵的启动操作	X	上岗要求
				005	备用泵的切换操作	X	上岗要求
				006	反应器温度的正常控制	X	上岗要求
				007	离心泵的停车操作	X	上岗要求
				008	换热器的停车操作	X	上岗要求
	B	设备使用与维护 (4:0:0)	20%	001	液位计的投用操作	X	
				002	常用阀门的使用	X	
				003	运转设备润滑油脂的正常补加	X	
				004	机泵检修时监护	X	上岗要求
	C	事故判断与处理 (4:1:0)	25%	001	离心泵汽蚀的判断	X	上岗要求
				002	离心泵打量不足的判断	X	上岗要求
				003	离心泵汽蚀的处理	X	上岗要求
				004	离心泵打量不足的处理	X	上岗要求
				005	干粉灭火器的使用	Y	
	D	绘图与计算 (2:0:1)	15%	001	单一物料工艺流程的绘制	Y	
				002	表压的换算	Y	
				003	换热的单一物料计算	Z	

注:X—核心要素;Y—一般要素;Z—辅助要素。

附录4 中级工理论知识鉴定要素细目表

行业：石油天然气　　　　工种：有机合成工　　　　等级：中级工　　　　鉴定方式：理论知识

行为领域	代码	鉴定范围 （重要程度比例）	鉴定比重	代码	鉴定点	重要程度	备注
基础知识 A 49%	A	化学基础知识 （24∶2∶1）	14%	001	理想气体状态方程的概念	X	
				002	临界点的相关概念	X	
				003	道尔顿分压定律的内容	X	
				004	可逆反应的基本概念	X	
				005	原子结构的概念	X	
				006	化学平衡常数的概念	X	
				007	气体溶解度的影响因素	X	
				008	质量分数的概念	X	
				009	电解质的基本性质	X	
				010	离解平衡的概念	Y	
				011	化学反应速率的概念	X	
				012	化学平衡移动理论	Z	
				013	溶液物质的量浓度的计算	X	
				014	加成反应的定义	X	
				015	取代反应的定义	X	
				016	烷基化的反应定义	X	
				017	烯烃的聚合反应类型	X	
				018	丁二烯的加成、聚合反应	X	
				019	烷烃的分子通式	X	
				020	烯烃的分子通式	X	
				021	醚的通式	X	
				022	醇的通式及主要化学性质	X	
				023	醚的主要化学性质	X	
				024	环氧乙烷的性质和用途	X	
				025	醛、酮的主要化学性质	X	
				026	芳烃的取代反应	X	
				027	高分子化合物聚合反应的基本知识	Y	
	B	化工基础知识 （15∶2∶0）	9%	001	流体的基本知识	X	
				002	传热的概念	X	
				003	汽提的基本原理	X	
				004	挥发度、相对挥发度的概念	X	

续表

行为领域	代码	鉴定范围 (重要程度比例)	鉴定比重	代码	鉴定点	重要程度	备注
基础知识 A 49%	B	化工基础知识 (15:2:0)	9%	005	空速的概念	X	
				006	换热器的概念	X	
				007	密度的概念及计算	X	
				008	筛板塔的主要性能参数	Y	
				009	填料塔的主要性能参数	X	
				010	精馏塔操作的主要影响因素	X	
				011	液泛和雾沫夹带的概念	X	
				012	干燥的基本概念	X	
				013	流体产生阻力的原因	X	
				014	分子扩散的概念	Y	
				015	离心泵的主要性能参数	X	
				016	转化率、选择性、收率的应用与计算	X	
				017	催化剂的中毒和再生	X	
	C	计量基础知识 (2:1:1)	2%	001	计量立法的宗旨	X	
				002	计量印、证管理办法	X	
				003	计量检定遵循的原则	Y	
				004	计量器具的定义	Z	
	D	化工机械与 设备知识 (9:1:0)	5%	001	离心式压缩机的工作原理	Y	
				002	离心泵的工作原理	X	
				003	离心泵的结构	X	
				004	列管式换热器的种类	X	
				005	化学腐蚀的概念	X	
				006	疏水器的作用	X	
				007	电化学腐蚀的概念	X	
				008	常用过滤设备的结构和原理	X	
				009	常用除尘设备的结构和原理	X	
				010	螺旋板换热器的结构	X	
	E	电工基础知识 (2:1:0)	5%	001	正弦交流电的基本概念	X	
				002	接零保护的一般要求	X	
				003	短路造成的危害	Y	
				004	安全电压的概念	X	
				005	产生静电的原因	Y	
				006	电气防火、防爆的基本知识	Y	
				007	常用电工工具的种类	X	
				008	常用电工仪表的种类	X	
				009	电动机运行监视的内容	X	

续表

行为领域	代码	鉴定范围（重要程度比例）	鉴定比重	代码	鉴定点	重要程度	备注
基础知识 A 49%	F	仪表基础知识 （7∶5∶0）	6%	001	弹簧管式压力表测量原理	X	
				002	液柱式压力计的测量原理	Y	
				003	转子流量计测量原理	X	
				004	静压式液位计的测量原理	X	
				005	调节阀气开的作用方式	Y	
				006	调节阀气关的作用方式	Y	
				007	仪表标准信号的种类	Y	
				008	热电偶的作用	Y	
				009	比例调节的概念	X	
				010	积分调节的概念	X	
				011	微分调节的概念	X	
				012	调节器正作用的工作原理	X	
	G	化工安全知识 （16∶0∶0）	8%	001	安全生产文化建设	X	
				002	新员工"三级教育"内容	X	
				003	安全生产管理制度	X	
				004	火灾类型划分	X	
				005	职业病危害因素的分类	X	
				006	生产性毒物的存在形式	X	
				007	生产性毒物的接触	X	
				008	生产性粉尘的来源与分类	X	
				009	生产性粉尘对人体的影响	X	
				010	生产性粉尘对人体的致病作用	X	
				011	防护面罩的基本知识	X	
				012	过滤式呼吸面具的介绍	X	
				013	隔离(供气)式呼吸防护器具的介绍	X	
				014	防噪声用具的基本知识	X	
				015	皮肤防护用品的基本知识	X	
				016	复合防护用品的概念	X	
专业知识 B 51%	A	设备使用与维护 （13∶7∶2）	11%	001	压力容器的安全附件	Y	
				002	压力容器的分类及使用	X	
				003	安全阀的种类及使用范围	X	
				004	填料塔的结构	Y	
				005	筛板塔的结构	Y	
				006	离心泵的串、并联的目的	Y	
				007	离心泵的性能参数	Y	
				008	机泵冷却的作用	X	

续表

行为领域	代码	鉴定范围（重要程度比例）	鉴定比重	代码	鉴定点	重要程度	备注
专业知识 B 51%	A	设备使用与维护（13∶7∶2）	11%	009	干燥器的分类	Y	
				010	冷凝器的使用	X	
				011	蒸汽透平的结构分类	X	
				012	冷凝器的分类	X	
				013	离心泵不上量的原因	Z	
				014	设备完好标准	X	
				015	拆装盲板的操作要求	X	
				016	阀门的维护	X	
				017	压缩机的维护	X	
				018	过滤机的维护	X	
				019	设备管道防腐的目的	Y	
				020	设备管道保温的目的	Z	
				021	管道吹扫和清洗的一般规定	X	
				022	常用的润滑方式	X	
	B	事故判断与处理（28∶1∶0）	15%	001	反应器压力升高的原因	X	
				002	塔内漏的判断	X	
				003	吸收塔传热效果差的原因	X	
				004	塔设备壳体局部变形的原因	X	
				005	离心泵振动有异常响声的原因	X	
				006	一般性着火事故原因的判断	X	
				007	油泵发生火灾事故的原因	X	
				008	电动机发生崩烧事故的原因分析	X	
				009	反应器出口温度升高的原因	X	
				010	反应器床层压降增大的原因	X	
				011	精馏塔淹塔的原因	X	
				012	产品纯度低的原因	X	
				013	石化行业事故处理的原则	X	
				014	电气灭火救护方法	Y	
				015	苯中毒的救护方法	X	
				016	设备联轴节找正作用方法	X	
				017	硫化氢中毒的救护方法	X	
				018	离心泵轴承温度高的处理方法	X	
				019	电动机着火的处理方法	X	
				020	阀门内漏的处理方法	X	
				021	过滤机过滤效率明显降低的处理方法	X	
				022	板式换热器换热效果不好的处理方法	X	

续表

行为领域	代码	鉴定范围（重要程度比例）	鉴定比重	代码	鉴定点	重要程度	备注
专业知识 B 51%	B	事故判断与处理（28∶1∶0）	15%	023	列管式换热器换热效果下降的处理方法	X	
				024	装置停氮气的处理方法	X	
				025	蒸汽灭火的操作要点	X	
				026	淹塔事故的处理要点	X	
				027	水冷却器泄漏的处理方法	X	
				028	精馏塔顶温度偏低的处理方法	X	
				029	消防水带的使用方法	X	
	C	绘图与计算（3∶3∶4）	5%	001	简单工艺流程图符号的含义	X	
				002	设备图的简单识别方法	X	
				003	三视图的基础知识	Z	
				004	绘制简单的工艺流程图	Z	
				005	不同压力表示方法间换算关系	X	
				006	开工率的概念	Z	
				007	溶液质量分数的计算	Z	
				008	扬程的计算	Y	
				009	轴功率的计算	Y	
				010	传热效率的计算	Y	
	D	工艺操作（36∶7∶1）	20%	001	暖机的目的	X	
				002	管线吹扫的目的	X	
				003	装置气密性试验的目的	X	
				004	进料系统气密检查的方法	X	
				005	装填催化剂的检查内容	X	
				006	氮气置换合格标准	X	
				007	系统联锁的作用	X	
				008	设备隔离的注意事项	X	
				009	引蒸汽前的检查内容	X	
				010	开车流程确认的条件	Y	
				011	引循环水的检查内容	X	
				012	换热器投用的注意事项	X	
				013	精馏塔的操作注意事项	X	
				014	反应器的操作注意事项	X	
				015	控制精馏分离指标的方法	Y	
				016	反应器的操作要点	X	
				017	反应器的物料接收	X	
				018	精馏塔温度的控制方法	X	
				019	精馏塔压力的控制方法	Y	

续表

行为领域	代码	鉴定范围（重要程度比例）	鉴定比重	代码	鉴定点	重要程度	备注
专业知识 B 51%	D	工艺操作（36∶7∶1）	20%	020	精馏塔回流量的控制方法	X	
				021	精馏塔的操作原则	X	
				022	吸收塔的投用	X	
				023	干燥器启动的注意事项	X	
				024	精馏塔采出物料质量的控制方法	X	
				025	吸收操作的概念及操作特点	X	
				026	DCS的基本操作方法	X	
				027	催化剂的使用	Y	
				028	洗涤塔液位控制方法	X	
				029	萃取的方法	X	
				030	精馏产量控制的方法	Y	
				031	精馏操作的主要影响因素	Y	
				032	反应温度、压力的调整方法	X	
				033	结晶操作温度的控制方法	X	
				034	调节离心泵流量的方法	X	
				035	安装压力表注意事项	X	
				036	正常停车的操作原则	X	
				037	紧急停车的操作原则	X	
				038	临时停车反应器保温的注意事项	X	
				039	装置动火前的处理程序	X	
				040	精馏系统正常停车的注意事项	X	
				041	系统隔离时的注意事项	X	
				042	设备泄漏检修时的注意事项	Y	
				043	吸收系统正常停车的操作要点	X	
				044	"三废"的排放标准	Z	

注：X—核心要素；Y—一般要素；Z—辅助要素。

附录5 中级工操作技能鉴定要素细目表

行业:石油天然气　　　　工种:有机合成工　　　　等级:中级工　　　　鉴定方式:操作技能

行为领域	代码	鉴定范围 (重要程度比例)	鉴定比重	代码	鉴定点	重要程度	备注
操作技能 A 100%	A	工艺操作 (9:0:0)	45%	001	装置管线的吹扫	X	
				002	公用工程的引入	X	
				003	换热器的开车操作	X	
				004	正压精馏塔的进料	X	
				005	反应器压力正常调节的方法	X	
				006	反应器温度的调节方法	X	
				007	精馏塔的正常操作	X	
				008	精馏塔的停车操作	X	
				009	精馏塔降采出的操作	X	
	B	设备使用与维护 (4:0:0)	20%	001	离心泵的切换操作	X	
				002	冷换设备的投用	X	
				003	机泵日常检查	X	
				004	阀门正常维护	X	
	C	事故判断与处理 (4:0:0)	20%	001	液位测量失真判断	X	
				002	离心泵轴承温度异常的处理	X	
				003	储罐冒料事故处理	X	
				004	物料管线着火事故处理	X	
	D	绘图与计算 (0:2:1)	15%	001	单元工艺流程图的绘制	Y	
				002	单元主要物料的PID图的绘制	Y	
				003	泵的扬程计算	Z	

注:X—核心要素;Y—一般要素;Z—辅助要素。

附录6 高级工理论知识鉴定要素细目表

行业:石油天然气　　　工种:有机合成工　　　等级:高级工　　　鉴定方式:理论知识

行为领域	代码	鉴定范围 (重要程度比例)	鉴定比重	代码	鉴定点	重要程度	备注
基础知识A 45%	A	化学基础知识 (5:1:0)	8%	001	溶解度的计算	X	
				002	化学平衡常数的简单计算	X	
				003	氧化还原反应的配平	X	
				004	理想气体状态方程的计算	X	
				005	道尔顿分压定律的计算	X	
				006	化学平衡的影响因素	X	
				007	影响化学反应速度的因素	X	
				008	羧酸的主要化学性质	X	
				009	羧酸衍生物的主要化学性质	X	
				010	乙酰乙酸乙酯的结构式和用途	X	
				011	高分子化合物的加聚反应	Y	
				012	高分子化合物的缩聚反应	Y	
	B	化工基础知识 (17:2:0)	12%	001	流体静力学基本方程的应用与计算	X	
				002	稳定传热平均温差的计算	X	
				003	塔设备空速的计算	X	
				004	伯努利方程的应用	X	
				005	运用雷诺数判断流体流量形态	X	
				006	直管流体阻力的计算	X	
				007	热负荷的计算	Y	
				008	传热面积的计算	X	
				009	传热的基本原理	X	
				010	传热系数的简单计算	X	
				011	换热器中折流挡板的作用	X	
				012	除沫器的工作原理	X	
				013	物理吸附的机理	X	
				014	精馏塔的物料衡算	X	
				015	精馏塔理论塔板的概念	X	
				016	解吸剂的选择原则	Y	
				017	干燥速率的概念	X	
				018	最小回流比的概念	X	
				019	离心泵功率和扬程的计算	X	

续表

行为领域	代码	鉴定范围 (重要程度比例)	鉴定比重	代码	鉴定点	重要程度	备注
基础知识 A 45%	C	计量基础知识 (3∶0∶1)	3%	001	对计量违法的处罚	Z	
				002	计量的特点	X	
				003	计量检定人员资质	X	
				004	强制检定计量器具的概念	X	
	D	化工机械与 设备知识 (8∶1∶1)	6%	001	化工机械的常用密封种类	X	
				002	动设备润滑管理常识	X	
				003	机械密封的工作原理	X	
				004	金属材料的腐蚀种类	Y	
				005	管线的防腐措施	X	
				006	离心式压缩机的结构	Z	
				007	列管式换热器的结构	X	
				008	离心泵检修结束后的试车程序	X	
				009	列管式换热器泄漏的主要部位	X	
				010	管壳式换热器的结构特点	X	
	E	电工基础知识 (4∶1∶0)	6%	001	全电路欧姆定律的概念	X	
				002	常用防火防爆电气设备的操作	X	
				003	常用防火防爆电气设备使用的注意事项	X	
				004	临时用电的注意事项	X	
				005	电气设备绝缘老化的基本知识	Y	
				006	低压电气正常运行的知识	X	
				007	低压开关的保护知识	Y	
				008	防雷、防静电的主要措施	X	
				009	低压配电的基本常识	X	
				010	运行电机常见故障的判断方法	X	
	F	仪表基础知识 (10∶1∶0)	7%	001	压电式压力传感器的测量原理	X	
				002	常见流量计的测量原理	X	
				003	常见液位计的测量原理	X	
				004	热电偶的测量原理	X	
				005	调节阀的类型	X	
				006	复杂控制系统及工作原理	X	
				007	PLC系统的基本概念	X	
				008	简单控制系统及工作原理	Y	
				009	DCS的构成	X	
				010	气开、气关阀的选择原则	X	
				011	ESD系统的基本概念	X	

续表

行为领域	代码	鉴定范围（重要程度比例）	鉴定比重	代码	鉴定点	重要程度	备注
基础知识 A 45%	G	化工安全知识 (5:0:0)	3%	001	消防法律、法规相关知识	X	
				002	火灾等级的划分	X	
				003	炭疽杆菌的致病与接触	X	
				004	布氏杆菌的致病与接触	X	
				005	个人防护用品的使用与保养	X	
专业知识 B 55%	A	设备使用与维护 (13:4:1)	11%	001	压力容器的检查内容	X	
				002	离心泵的气蚀与气缚处理	X	
				003	起重设备使用的注意事项	Y	
				004	截止阀的选用原则	Y	
				005	闸阀的选用原则	Y	
				006	离心式压缩机的使用	X	
				007	往复式压缩机的使用	X	
				008	管线连接的方式	X	
				009	汽轮机的汽封	X	
				010	管线、设备检修前的检查内容	X	
				011	螺杆泵的维护	X	
				012	离心式压缩机的维护	X	
				013	搅拌器的维护	X	
				014	真空回转过滤机的维护	X	
				015	活塞式压缩机的维护	Y	
				016	润滑油系统的基本知识	Z	
				017	屏蔽泵的维护	X	
				018	离心泵完好标准相关内容	X	
	B	事故判断与处理 (24:1:0)	16%	001	原料系统异常原因分析	X	
				002	燃料系统异常原因分析	X	
				003	压缩机异常原因分析	X	
				004	空压机异常原因分析	X	
				005	反应器进料系统异常原因分析	X	
				006	物料管线异常原因分析	X	
				007	法兰泄漏原因分析	X	
				008	循环水系统异常原因分析	X	
				009	换热器壳程异常原因分析	X	
				010	固定床反应器催化剂床层异常原因分析	X	
				011	离心式压缩机出口风量异常的调整方法	X	
				012	雷雨天气巡检的注意事项	Y	

续表

行为领域	代码	鉴定范围（重要程度比例）	鉴定比重	代码	鉴定点	重要程度	备注
专业知识 B 55%	B	事故判断与处理（24∶1∶0）	16%	013	精馏塔液泛的处理方法	X	
				014	装置停电的处理方法	X	
				015	原料系统断料的处理方法	X	
				016	装置停蒸汽的处理方法	X	
				017	燃料系统中断的处理方法	X	
				018	装置停循环水的处理方法	X	
				019	装置停仪表空气的处理方法	X	
				020	仪表故障停车后的处理原则	X	
				021	有机物料泄漏后的处理方法	X	
				022	活塞式压缩机超温的处理方法	X	
				023	离心泵机封泄漏的处理方法	X	
				024	罗茨鼓风机过热的处理方法	X	
				025	法兰垫片因超温泄漏的处理方法	X	
	C	绘图与计算（2∶1∶4）	4%	001	常用工艺流程图符号的含义	X	
				002	设备图的识别方法	X	
				003	化工制图知识	Z	
				004	绘制工艺流程图	Z	
				005	开工率的计算	Z	
				006	溶液质量分数的计算	Z	
				007	传热效率的计算	Y	
	D	工艺操作（33∶5∶1）	24%	001	水压检验标准	X	
				002	装填催化剂的注意事项	X	
				003	引蒸汽前的注意事项	X	
				004	联锁确认的条件	X	
				005	引循环水的注意事项	X	
				006	管线的预膜处理	X	
				007	管线吹扫的注意事项	X	
				008	装置气密试验的注意事项	X	
				009	系统接收物料条件确认	X	
				010	引氮气的注意事项	X	
				011	精馏塔的进料状态	X	
				012	精馏塔的回流比控制要点	X	
				013	精馏塔的负荷控制要点	X	
				014	固定床反应器的特点	X	
				015	流化床反应器的特点	X	

续表

行为领域	代码	鉴定范围 (重要程度比例)	鉴定比重	代码	鉴定点	重要程度	备注
专业知识 B 55%	D	工艺操作 (33∶5∶1)	24%	016	影响反应的主要因素	Y	
				017	催化剂寿命的影响因素	X	
				018	压缩机的盘车方法	X	
				019	透平压缩机的投用	X	
				020	物料的输送方法	X	
				021	催化剂的选择性	Y	
				022	往复泵的使用与调节	Y	
				023	催化剂的失活与再生	X	
				024	精馏质量控制的方法	Y	
				025	换热器传热效果的调整	X	
				026	水污染的控制方法	X	
				027	反应压力的作用及控制方法	X	
				028	反应温度的作用及控制方法	X	
				029	调节阀的使用方法	X	
				030	DCS 的基本操作方法	Y	
				031	蒸汽加热炉停车的注意事项	X	
				032	离心式压缩机停车注意事项	X	
				033	有限空间作业的注意事项	X	
				034	紧急停车的注意事项	X	
				035	离心泵停车注意事项	X	
				036	真空系统停车注意事项	X	
				037	换热器停车注意事项	X	
				038	反应器正常停车的操作要点	X	
				039	"三废"的处理	Z	

注:X—核心要素;Y——般要素;Z—辅助要素。

附录7 高级工操作技能鉴定要素细目表

行业：石油天然气　　　工种：有机合成工　　　等级：高级工　　　鉴定方式：操作技能

行为领域	代码	鉴定范围 （重要程度比例）	鉴定比重	代码	鉴定点	重要程度	备注
操作技能 A 100%	A	工艺操作 （8:0:0）	40%	001	仪表调节阀门阀位的确认	X	
				002	系统开车前检查	X	
				003	精馏塔气密性操作	X	
				004	精馏系统的开车操作	X	
				005	反应器出口指示的分析及控制	X	
				006	精馏塔塔顶压力波动的调节	X	
				007	反应器系统的停车操作	X	
				008	装置停车"三废"排放处理	X	
	B	设备维护与使用 （4:0:0）	19%	001	离心泵的预防汽蚀的操作	X	
				002	往复泵的启动操作	X	
				003	检修后设备的验收	X	
				004	机泵检修的隔离确认	X	
	C	事故判断与处理 （4:0:0）	19%	001	过滤器堵塞的判断	X	
				002	液体物料跑料的判断	X	
				003	液体跑料处理	X	
				004	精馏塔出现泛液事故的处理	X	
	D	绘图与计算 （1:2:0）	14%	001	工艺配管单线图的绘制	Y	
				002	反应转化率、收率的计算	X	
				003	单一反应器的物料平衡计算	Y	
	E	培训与指导 （0:1:1）	8%	001	培训初、中级操作人员	Y	
				002	技术指导	Z	

注：X—核心要素；Y——般要素；Z—辅助要素。

附录8　技师理论知识鉴定要素细目表

行业:石油天然气　　　工种:有机合成工　　　等级:技师　　　鉴定方式:理论知识

行为领域	代码	鉴定范围 (重要程度比例)	鉴定比重	代码	鉴定点	重要程度	备注
基础知识 A 39%	A	化学基础知识 (7:1:0)	5%	001	化学平衡常数的计算	X	
				002	原料转化率的计算	X	
				003	不对称加成规则	X	
				004	双烯合成反应的机理	X	
				005	亲电加成反应的机理	X	
				006	亲核加成反应的机理	X	
				007	查依采夫规则	X	
				008	苯环上的取代反应机理	Y	
	B	化工基础知识 (17:1:1)	11%	001	精馏塔的热量衡算	Z	
				002	双组分精馏气液相平衡	X	
				003	精馏塔理论塔板数的计算	X	
				004	单板效率的计算	X	
				005	全塔效率的计算	X	
				006	精馏塔精馏段操作线方程的计算	X	
				007	精馏塔提馏段操作线方程的计算	X	
				008	对流传热系数的影响因素	X	
				009	流体阻力的计算	X	
				010	影响精馏塔理论塔板数的因素	X	
				011	平壁的导热计算	X	
				012	圆筒壁的导热计算	X	
				013	填料塔的理论板当量高度的概念	Y	
				014	影响吸收操作的因素	X	
				015	亨利定律	X	
				016	气液比对吸收操作的影响	X	
				017	气体吸收的操作线方程	X	
				018	吸收速率方程	X	
				019	精馏塔温度控制的基本原理	X	
	C	计量基础知识 (2:1:0)	2%	001	处理计量器具准确度引起纠纷的原则	Y	
				002	破坏计量器具准确度的定义	X	
				003	计量器具分级管理方法	X	

续表

行为领域	代码	鉴定范围（重要程度比例）	鉴定比重	代码	鉴定点	重要程度	备注
基础知识 A 39%	D	化工机械与设备知识（12∶0∶0）	7%	001	延长离心式压缩机使用寿命的主要措施	X	
				002	延长加热炉使用寿命的措施	X	
				003	机械密封失效的原因	X	
				004	填料塔检修方案的主要内容	X	
				005	板式塔检修方案的主要内容	X	
				006	换热器检修方案的主要内容	X	
				007	离心式压缩机检修方案的主要内容	X	
				008	往复式压缩机的结构	X	
				009	填料塔的验收标准	X	
				010	板式塔的验收标准	X	
				011	换热器的验收标准	X	
				012	离心式压缩机大修后的试车程序	X	
	E	电工基础知识（4∶0∶1）	6%	001	电子线路图的基本知识	X	
				002	三相交流电路的基本知识	X	
				003	常用电工仪表的使用知识	X	
				004	交流电动机正反转的原理	X	
				005	交流电动机启动的原理	X	
				006	电子调速器的知识	X	
				007	变频器的基本工作原理	Z	
				008	变频器的使用常识	Z	
				009	高、低压电气设备安全规程	X	
				010	电气设备常见故障的判断方法	X	
	F	仪表基础知识（11∶3∶0）	8%	001	大型旋转机械状态监测仪表构成的基本内容	X	
				002	大型机旋转机械状态监测仪表的测量原理	X	
				003	简单仪表故障的判断方法	X	
				004	DCS 网络的构成	X	
				005	PLC 系统的构成	Y	
				006	ESD 系统的构成	Y	
				007	FSC 系统的构成	X	
				008	防爆（隔爆、本安）仪表的特点	X	
				009	防爆（隔爆、本安）仪表的分类	X	
				010	可燃性气体报警仪的测量原理	X	
				011	联锁逻辑图的识读方法	Y	
				012	前馈调节系统的工作原理	X	
				013	压力测量仪表的分类	X	
				014	流量测量仪表的分类	X	

续表

行为领域	代码	鉴定范围 (重要程度比例)	鉴定比重	代码	鉴定点	重要程度	备注
专业知识 B 61%	A	设备使用与维护 (17:4:0)	12%	001	压力表的选择条件	X	
				002	流量表的选择条件	X	
				003	气动调节阀的安装使用要求	X	
				004	电动调节阀的安装使用要求	X	
				005	编制设备防冻凝方案	X	
				006	质量流量计的测量原理	Y	
				007	孔板流量计的测量原理	Y	
				008	转子流量计的测量原理	X	
				009	压缩机组的验收条件	X	
				010	透平超速实验	X	
				011	设备选型的原则	X	
				012	离心泵大修后验收内容	X	
				013	设备大修计划编制方法	X	
				014	常用金属材料的防腐方法	Y	
				015	设备防腐措施	Y	
				016	备用设备维护保养	X	
				017	设备完好对维护的要求	X	
				018	压力管道的使用管理	X	
				019	压力容器的定期检验的分类	X	
				020	压力容器的定期检验周期	X	
				021	压力容器检验的内容	X	
	B	事故判断与处理 (25:3:0)	16%	001	生产事故应急预案的编制要点	X	
				002	危险度和可操作性分析要点	Y	
				003	火灾原因分析方法	X	
				004	应急救援预案的编制要点	X	
				005	有机产品色度不合格的原因	X	
				006	催化剂结焦的故障判断原因	X	
				007	催化剂中毒的故障判断原因	X	
				008	精馏真空泵吸入压力低的原因	X	
				009	精馏塔产品质量突然变化的原因	X	
				010	精馏塔压差增大的原因	X	
				011	透平运行中的故障原因	Y	
				012	着火事故原因	X	
				013	装置隐患的排查方法	X	

续表

行为领域	代码	鉴定范围（重要程度比例）	鉴定比重	代码	鉴定点	重要程度	备注
专业知识 B 61%	B	事故判断与处理（25:3:0)	16%	014	事故教训及整改管理	X	
				015	阀门内漏的原因	X	
				016	换热器内漏原因	X	
				017	循环水消耗高的原因	X	
				018	装置防静电的措施	X	
				019	正常运行反应器飞温后的处理方法	Y	
				020	报火警程序	X	
				021	发生事故后的善后处理程序	X	
				022	防汛预案内容	X	
				023	火灾事故的预案内容	X	
				024	重大事故的处理原则	X	
				025	透平运转中发生水冲击的处理方法	X	
				026	循环水消耗高的处理办法	X	
				027	厂际间燃料气管线泄漏处理程序	X	
				028	真空系统泄漏处理程序	X	
	C	绘图与计算（2:1:5)	5%	001	PID图的绘制方法	Z	
				002	设备结构图识读要求	X	
				003	系统的物料衡算	Z	
				004	系统的热量衡算	Z	
				005	管道的传热计算	X	
				006	精馏塔相平衡的计算	Y	
				007	利用伯努利方程计算	Z	
				008	装置能耗的计算	Z	
	D	工艺操作（39:8:0)	28%	001	新扩建装置生产准备内容	X	
				002	循环水设备的预膜	X	
				003	循环水结垢的主要原因	X	
				004	气密试验标准	X	
				005	设备验收的内容	X	
				006	工艺联锁的投用后确认和检查	X	
				007	装置开车准备内容	X	
				008	装置开工方案的编制	X	
				009	新扩建装置试车方案的内容	X	
				010	水压试验规定	X	
				011	催化剂的装填方案的编制	X	
				012	总体试车方案的编制	Y	

续表

行为领域	代码	鉴定范围（重要程度比例）	鉴定比重	代码	鉴定点	重要程度	备注
专业知识 B 61%	D	工艺操作（39∶8∶0）	28%	013	编制开车网络进度图的方法	X	
				014	装置开车方案的选择原则	Y	
				015	开车条件确认的内容	Y	
				016	大型机组的单机试车方案的编制	Y	
				017	"三剂"的选择原则	X	
				018	装置开车流程的确认	X	
				019	全系统的优化操作方案	X	
				020	提负荷的注意事项	Y	
				021	联锁保护系统的检查确认	X	
				022	开车网络图的实施要求	X	
				023	开车过程中延长催化剂使用寿命的操作要点	X	
				024	影响催化剂反应活性的因素	X	
				025	装置安、稳、长、满、优运行的措施	X	
				026	影响装置物耗的主要因素	X	
				027	影响装置能耗的主要因素	X	
				028	装置冬季运行时注意事项	X	
				029	装置夏季运行时注意事项	X	
				030	生产运行状况分析要求	X	
				031	化工投料试车的生产考核内容	Y	
				032	反应器撤热的方法	X	
				033	消耗高的瓶颈解决方法	Y	
				034	避免反应器飞温控制方法	X	
				035	提高传热效率的途径	X	
				036	装置生产的优化与调整方法	X	
				037	生产中延长催化剂使用寿命的操作要点	X	
				038	反应器的工艺调整方法	X	
				039	装置停车流程的确认条件	X	
				040	正常停车操作步骤	X	
				041	紧急停车操作步骤	X	
				042	停车置换盲板的添加位置确定要求	X	
				043	开停车抽加盲板程序	X	
				044	停车方案编制要求	X	
				045	停车工艺指导的编制方法	X	
				046	监护设备检修时的注意事项	Y	
				047	装置局部停车注意事项	X	

注：X—核心要素；Y——般要素；Z—辅助要素。

附录9 技师操作技能鉴定要素细目表

行业:石油天然气　　　　工种:有机合成工　　　　等级:技师　　　　鉴定方式:操作技能

行为领域	代码	鉴定范围 (重要程度比例)	鉴定比重	代码	鉴定点	重要程度	备注
操作技能 A 100%	A	工艺操作 (7:0:0)	30%	001	开车前系统的工艺检查	X	
				002	物料管线的伴热的投用	X	
				003	固定床式反应器开车操作	X	
				004	反应负荷的调整操作	X	
				005	DCS系统的操作	X	
				006	循环水系统停车操作	X	
				007	精馏系统的停车操作	X	
	B	设备使用与维护 (2:1:0)	13%	001	冷换设备的操作	X	
				002	干粉灭火推车的使用	Y	
				003	压力容器的维护	X	
	C	事故判断与处理 (14:0:0)	17%	001	冬季管线冻堵的判断	X	
				002	压缩机级间压力异常的判断	X	
				003	反应器发生超温事故处理	X	
				004	现场火灾的处理	X	
	D	绘图与计算 (3:0:0)	13%	001	工艺流程图的绘制	X	
				002	单元物料衡算	X	
				003	单元热量衡算	X	
	E	管理 (3:2:0)	22%	001	参与QC小组质量攻关	X	
				002	班组经济活动分析	X	
				003	生产技术总结	X	
				004	工艺设备改进方案	Y	
				005	参与技术革新项目实施	Y	
	F	培训指导 (1:0:0)	5%	001	初、中、高级操作人员操作技能培训	X	

注:X—核心要素;Y—一般要素;Z—辅助要素。

附录10 高级技师操作技能鉴定要素细目表

行业:石油天然气　　　工种:有机合成工　　　等级:高级技师　　　鉴定方式:操作技能

行为领域	代码	鉴定范围 (重要程度比例)	鉴定比重	代码	鉴定点	重要程度	备注
操作技能 A 100%	A	工艺操作 (7:0:0)	30%	001	开车前系统的整体检查	X	
				002	压缩机开车前检查及开车条件的确认	X	
				003	装置开车方案编制	X	
				004	编制催化剂更换方案	X	
				005	装置生产的组织协调	X	
				006	装置停车方案编制	X	
				007	置换清洗方案的制订和实施	X	
	B	设备使用与维护 (2:0:0)	9%	001	设备运行故障的指导处理	X	
				002	大修后设备的调试验收	X	
	C	事故判断与处理 (4:0:0)	17%	001	现场着火原因的判断	X	
				002	产品质量事故的判断	X	
				003	隔离和动火条件的确认	X	
				004	反应器超温着火的处理	X	
	D	绘图与计算 (3:0:0)	13%	001	改造图的审定	X	
				002	全系统物料衡算	X	
				003	全系统热量衡算	X	
	E	管理 (6:0:0)	26%	001	组织QC小组质量攻关	X	
				002	节能降耗措施组织实施	X	
				003	撰写技术论文	X	
				004	编制优化操作方案	X	
				005	组织技术改造并实施	X	
				006	组织本装置优化生产	X	
	F	培训与指导 (1:0:0)	5%	001	员工理论和操作技能培训	X	

注:X—核心要素;Y—一般要素;Z—辅助要素。

参 考 文 献

[1] 陆德民,张振基,黄步余. 石油化工自动控制设计手册. 3 版. 北京:化学工业出版社,2000.
[2] 中国石油化工集团公司人事部,中国石油天然气集团公司人事服务中心. 汽(煤、柴)油加氢装置操作工. 北京:中国石化出版社,2007.
[3] 王志魁. 化工原理. 3 版. 北京:化学工业出版社,2004.
[4] 史子瑾. 聚合反应工程基础. 北京:化学工业出版社,2008.
[5] 潘祖仁. 高分子化学. 4 版. 北京:化学工业出版社,2007.
[6] 窦锦民. 有机化工工艺. 2 版. 北京:化工工业出版社,2010.
[7] 韩玉墀,王惠伦,张振坤. 化工工人技术培训读本. 2 版. 北京:化学工业出版社,2014.
[8] 中国石油化工集团公司职业技能鉴定指导中心. 有机合成工. 北京:中国石化出版社,2008.
[9] 中国石油化工集团公司人事部. 中国石油天然气集团公司人事服务中心. 二甲苯装置操作工. 北京:中国石化出版社,2008.
[10] 陈敏恒,丛德滋,方图南,等. 化工原理. 3 版. 北京:化学工业出版社,2006.
[11] 郭志军. 压力容器腐蚀控制. 2 版. 北京:化学工业出版社,2016.
[12] 朱玉琴. 管式加热炉. 北京:中国石化出版社,2016.
[13] 祁大同. 离心式压缩机原理. 北京:机械工业出版社,2019.
[14] 张清双,尹玉杰,明赐东. 阀门手册——选型. 北京:化学工业出版社,2013.
[15] 廖传华,朱挺凤,王妍. 工业过程设备维护与检修. 北京:化学工业出版社,2018.
[16] 乐庚熙. 风机技术知识问答. 北京:机械工业出版社,2013.
[17] 王勇. 换热器维修手册. 北京:化学工业出版社,2010.
[18] 张键. 机械故障诊断技术. 2 版. 北京:机械工业出版社,2019.
[19] 张克舫,沈惠坊. 汽轮机技术问答. 3 版. 北京:中国石化出版社,2011.
[20] 钱青松. 设备润滑技术问答. 北京:中国石化出版社,2005.
[21] 安定纲. 往复式压缩机技术问答. 2 版. 北京:中国石化出版社,2005.
[22] 刘小辉. 设备腐蚀与防护技术问答. 北京:中国石化出版社,2014.
[23] 刘运桃. 管式加热炉技术问答. 2 版. 北京:中国石化出版社,2008.
[24] 黄希贤,曹占友. 泵操作与维修技术问答. 2 版. 北京:中国石化出版社,2005.
[25] 梁利君. 塔设备技术问答. 北京:中国石化出版社,2005.
[26] 郑津洋,董其伍,桑芝富. 过程设备设计. 3 版. 北京:化学工业出版社,2010.
[27] 左景伊,左禹. 腐蚀数据与选材手册. 北京:化学工业出版社,1995.
[28] 北京石油化工工程公司. 氯碱工业理化常数手册. 北京:化学工业出版社,1988.
[29] 祝之光. 物理学. 5 版. 北京:高等教育出版社,2018.
[30] 张常山. 国际单位制与基本物理常数. 南京:东南大学出版社.
[31] 张改清,翟言强,薛玫,等. 无机化学. 北京:化学工业出版社,2018.